イメージ＆クレバー方式でよくわかる

栢木先生の基本情報技術者教室

令和04年

栢木厚 著

シラバス7.2対応

技術評論社

はじめに

情報処理技術者試験センター（JITEC）によれば，基本情報技術者（以下，基本情報）試験の試験対象者は，「情報技術全般に関する基本的な知識・技術を持つもの」となっています。具体的には，情報処理システム開発プロジェクトにおいて，上位技術者の指導のもと，プログラム設計書を作成し，プログラムの開発から単体テストまでの一連のプロセスを担当します。

基本情報の合格者は，一時金や資格手当などの報奨金が支給されたり，就職の際の前提条件にされたりするなど，企業から非常に高い評価を受けています。また，企業にとって，合格者数の多いことが企業の技術的能力の高さの証明にもなります。

このような理由から，プログラマやSE（システムエンジニア）に従事している方や，将来目指している方にとっては入門となる資格ですが，是非とも取っておきたい資格といえます。

しかし，基本情報の合格率は毎回20～30％と低く，実務経験者さえ容易に合格できる試験ではありません。資格試験である以上，合格するには試験対策が必要であるということです。

そこで，本書は時間の制約のある中で効率的に学習し，「途中で挫折することなく合格を目指す方」，「以前途中で挫折し，今回再チャレンジして合格を目指す方」をはじめ受験される方の手助けとなるように，受験者（エンドユーザ）の立場に立って，「出題頻度の高い分野」・「理解しがたいと思われる分野」を中心に，わかりやすく，イメージしやすいように工夫をしています。

基本情報を合格した人の多くが，応用情報技術者試験等のより高度な情報処理技術者試験に挑戦されています。今回基本情報を合格され，さらに将来高度な技術者を目指す第一歩となることを期待しております。

栢木　厚

本書のコンセプト

「難しい知識を難しく教えても意味がない。
難しい知識をわかりやすく教えることが重要である。」

目次
[学習予定表]

受験予定日　　年　　月　　日

第1章　コンピュータ構成要素

第2章　ソフトウェアとマルチメディア

第3章 基礎理論

第4章 アルゴリズムとプログラミング

第5章 システム構成要素

		ページ	出題頻度	学習予定日	学習日	メモ
5-01	システム構成	222	必須			
5-02	クライアントサーバシステム	228	必須			
5-03	RAIDと信頼性設計	234	必須			
5-04	システムの性能評価	238	必須			
5-05	システムの信頼性評価	242	超重要			
	5章の復習					

第6章 データベース技術

		ページ	出題頻度	学習予定日	学習日	メモ
6-01	データベース	250	必須			
6-02	データベース設計	254	必須			
6-03	データの正規化	258	必須			
6-04	トランザクション処理	264	超重要			
6-05	データベースの障害回復	272	必須			
6-06	データ操作とSQL	276	超重要			
6-07	SQL(並べ替え・グループ化)	284	必須			
6-08	SQL(副問合せ)	288	時々出			
6-09	データベースの応用	294	必須			
	6章の復習					

第7章 ネットワーク技術

第8章 情報セキュリティ

第9章　システム開発技術

		ページ	出題頻度	学習予定日	学習日	メモ
9-01	情報システム戦略とシステム企画	378	必須			
9-02	ソフトウェア開発	386	超重要			
9-03	業務モデリング	392	必須			
9-04	ヒューマンインタフェース	400	必須			
9-05	モジュール分割	406	時々出			
9-06	オブジェクト指向	410	超重要			
9-07	テスト手法	416	必須			
	9章の復習					

第10章　マネジメント系

		ページ	出題頻度	学習予定日	学習日	メモ
10-01	プロジェクトマネジメント	426	必須			
10-02	工程管理	434	必須			
10-03	ITサービスマネジメント	440	必須			
10-04	システム監査	446	超重要			
	10章の復習					

第11章 ストラテジ系

●スマホで読める「厳選英略語100暗記カード」の入手

①右のQRコードを読み込んで下さい。

②［本書のサポートページ］→［ダウンロード］で，次のIDとパスワードを入力し，PDFファイルをダウンロードして下さい。

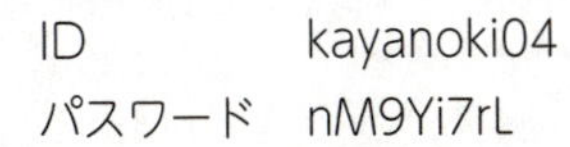

ID　kayanoki04

パスワード　nM9Yi7rL

③PDFリーダーソフトなどで読むことができます。

本書の使い方

本書は，基本情報技術者試験によく出題されるテーマだけを集め，構成しました。紙面は，次の要素からなっています。

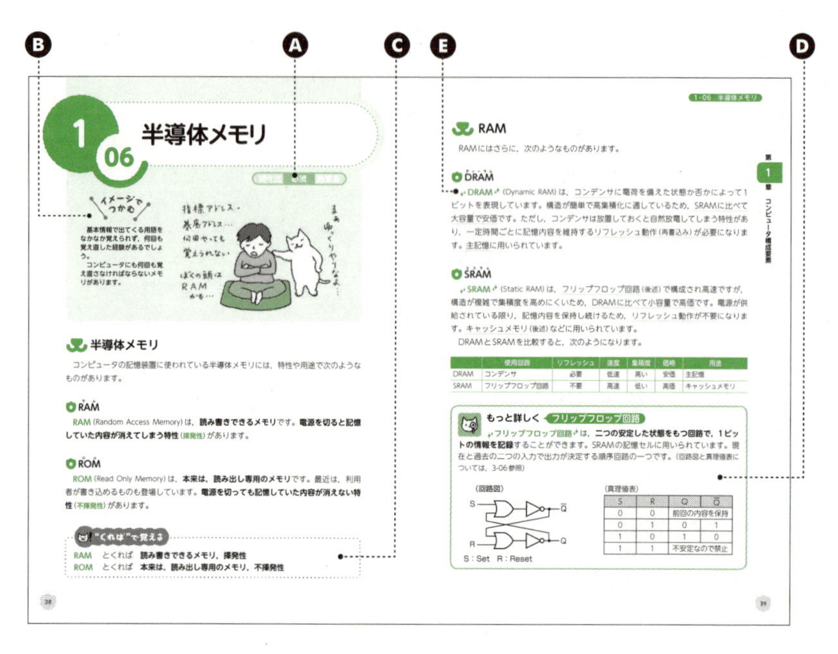

1-06 半導体メモリ

1 06 半導体メモリ

イメージでつかむ

基本情報で出てくる用語をなかなか覚えられず，何回も覚え直した経験があるでしょう。

コンピュータにも何回も覚え直さなければならないメモリがあります。

半導体メモリ

コンピュータの記憶装置に使われている半導体メモリには，特性や用途で次のようなものがあります。

RAM

RAM (Random Access Memory) は，**読み書きできるメモリ**です。**電源を切ると記憶していた内容が消えてしまう特性**（揮発性）があります。

ROM

ROM (Read Only Memory) は，**本来は，読み出し専用のメモリ**です。最近は，利用者が書き込めるものも登場しています。**電源を切っても記憶していた内容が消えない特性**（不揮発性）があります。

"くれば"で覚える

RAM　とくれば　**読み書きできるメモリ，揮発性**
ROM　とくれば　**本来は，読み出し専用のメモリ，不揮発性**

38

RAM

RAMにはさらに，次のようなものがあります。

DRAM

DRAM (Dynamic RAM) は，コンデンサに電荷を備えた状態か否かによって1ビットを表現しています。構造が簡単で高集積化に適しているため，SRAMに比べて大容量で安価です。ただし，コンデンサは放置しておくと自然放電してしまう特性があり，一定時間ごとに記憶内容を維持するリフレッシュ動作（再書込み）が必要になります。主記憶に用いられています。

SRAM

SRAM (Static RAM) は，フリップフロップ回路（後述）で構成され高速ですが，構造が複雑で集積度を高めにくいため，DRAMに比べて小容量で高価です。電源が供給されている限り，記憶内容を保持し続けるため，リフレッシュ動作が不要になります。キャッシュメモリ（後述）などに用いられています。

DRAMとSRAMを比較すると，次のようになります。

	使用回路	リフレッシュ	速度	集積度	価格	用途
DRAM	コンデンサ	必要	低速	高い	安価	主記憶
SRAM	フリップフロップ回路	不要	高速	低い	高価	キャッシュメモリ

もっと詳しく　フリップフロップ回路

フリップフロップ回路は，**二つの安定した状態をもつ回路で，1ビットの情報を記録**することができます。SRAMの記憶セルに用いられています。現在と過去の二つの入力で出力が決定する順序回路の一つです。（回路図と真理値表については，3-06参照）

（回路図）

（真理値表）

S	R	Q	$\overline{Q}$
0	0	前回の内容を保持	
0	1	0	1
1	0	1	0
1	1	不安定なので禁止	

第1章　コンピュータ構成要素

39

A 出題頻度

時々出	よく出題される，要注意テーマ
必須	ほぼ毎回出題される，必須のテーマ
超重要	絶対に取りこぼせない，最重要のテーマ

B イメージでつかむ　導入部では，そのテーマを理解するための手がかりを，イラストを使ってイメージしやすく解説

C "くれば"で覚える　例えば「DNS　とくれば　ドメイン名」のように，そのテーマの重要なポイントや，用語の要点を「～とくれば～」方式で再確認

→ **イメージ&クレバー方式**

D 囲み記事

知っ得情報	関連した知識を，まとめて効率よく覚える
攻略法	わかりにくい概念を，図解や例えでやさしく説明する
もっと詳しく	ちょっと掘り下げて，より深い理解を得る
アドバイス	試験合格のためのポイントを提示する
参考	理解を手助けするために背景を説明する

E 頻出用語　✨ ✨ マーク付きは超頻出の用語

テーマごとに，関連する過去問題を載せてあります。良問を選りすぐっていますので，本試験でまったく同じ問題が出題されるかも！

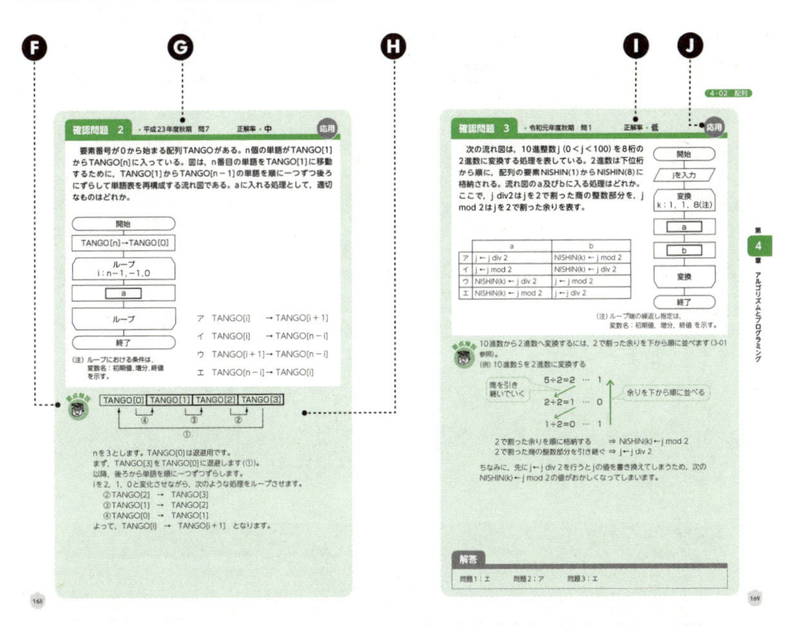

4-02 配列

確認問題 2 ・平成23年度秋期 問7　正解率・中　応用

要素番号が0から始まる配列TANGOがある。n個の単語がTANGO[1]からTANGO[n]に入っている。図は，n番目の単語をTANGO[1]に移動するために，TANGO[1]からTANGO[n－1]の単語を順に一つずつ後ろにずらして単語表を再構成する流れ図である。aに入れる処理として，適切なものはどれか。

```
開始
TANGO[n]→TANGO[0]
ループ
i:n−1,−1,0
a
ループ
終了
```

(注) ループにおける条件は，変数名：初期値，増分，終値を示す。

ア　TANGO[i]　→ TANGO[i＋1]
イ　TANGO[i]　→ TANGO[n－i]
ウ　TANGO[i＋1]→ TANGO[n－i]
エ　TANGO[n－i]→ TANGO[i]

TANGO[0] TANGO[1] TANGO[2] TANGO[3]
④ ③ ② ①

nを3とします。TANGO[0]は退避用です。
まず，TANGO[3]をTANGO[0]に退避します(①)。
以降，後ろから単語を順に一つずつずらします。
iを2，1，0と変化させながら，次のような処理をループさせます。
②TANGO[2] → TANGO[3]
③TANGO[1] → TANGO[2]
④TANGO[0] → TANGO[1]
よって，TANGO[i] → TANGO[i＋1] となります。

168

確認問題 3 ・令和元年度秋期 問1　正解率・低　応用

次の流れ図は，10進整数j (0＜j＜100) を8桁の2進数に変換する処理を表している。2進数は下位桁から順に，配列の要素NISHIN(1)からNISHIN(8)に格納される。流れ図のa及びbに入る処理はどれか。ここで，j div2はjを2で割った商の整数部分を，j mod 2はjを2で割った余りを表す。

```
開始
jを入力
変換
k:1, 1, 8(注)
a
b
変換
終了
```

	a	b
ア	j ← j div 2	NISHIN(k) ← j mod 2
イ	j ← j mod 2	NISHIN(k) ← j div 2
ウ	NISHIN(k) ← j div 2	j ← j mod 2
エ	NISHIN(k) ← j mod 2	j ← j div 2

(注) ループ端の繰返し指定は，変数名：初期値，増分，終値 を示す。

10進数から2進数へ変換するには，2で割った余りを下から順に並べます（3-01参照）。
(例) 10進数5を2進数に変換する

5÷2=2 … 1
2÷2=1 … 0
1÷2=0 … 1

商を引き継いでいく
余りを下から順に並べる

2で割った余りを順に格納する　⇒ NISHIN(k)←j mod 2
2で割った商の整数部分を引き継ぐ ⇒ j←j div 2

ちなみに，先にj←j div 2を行うとjの値を書き換えてしまうため，次のNISHIN(k)←j mod 2の値がおかしくなってしまいます。

解答
問題1：エ　問題2：ア　問題3：エ

第4章 アルゴリズムとプログラミング

169

F 要点解説　その問題を解く上で，最重要のポイントを解説

G 年度表示　その問題が，いつ出題されたかひと目でわかる

H 図解　問題の解説にも，図解を多用して理解を助ける

I 正解率　独自調査により，全問題に表示

J アイコン
- 基本　基礎的な用語の知識を問う
- 応用　具体的事例などで問う
- 計算　数値を求める計算問題
- 頻出　特によく出る要注意の問題

傾向と対策

「基本」という名前だけれど，簡単なの？

基本情報技術者は，システム開発技術者の登竜門となる試験と位置付けられています。令和元年秋期までのペーパー試験のときの合格率は，20 ～ 30%でした。

令和２年はコロナ禍で１年間試験が実施されず，令和３年１月より開始されたCBT試験（後述）では，合格率は以下のようになっています。

ペーパー試験と比較して合格率が高いのは，午前試験と午後試験が別の日に受験できるようになったため，個々の対策がしやすくなったことなどが原因のようです。

ただ，CBT開始直後は高めだった合格率が，その後だんだん下がってきています。これは，開始直後は久々の試験の再開で，準備万端で臨んだ方が多数を占めたものの，だんだん通常に戻りつつあるということなどが原因だと考えられます。

令和３年11月の場合，応募したものの受験しなかった方が14%います。試験を申し込んでからモチベーションを保ち，合格を勝ち取るまでの実質的な合格率（合格者数／応募者数）は34%ほどと，３人に１人しか合格していないことになります。

受験年月	応募者数	受験者数	合格者数	受験率	合格率
令和３年１月	8,988	8,519	4,934	95%	58%
令和３年２月	16,005	14,568	7,356	91%	50%
令和３年３月	35,418	29,906	13,209	84%	44%
令和３年５月	7,335	6,871	3,435	94%	50%
令和３年６月	29,669	25,637	10,087	86%	39%
令和３年10月	9,720	8,981	4,134	92%	46%
令和３年11月	50,755	43,850	17,033	86%	39%

出題範囲はとても広い

出題分野別の出題数は次のようになります。

「テクノロジ系」を中心に，「マネジメント系」，「ストラテジ系」の分野からも出題されており，今後もこの傾向が続くものと思われます。

不得意分野を出さずに１冊の参考書を仕上げて，早い段階から過去問題に取り組むことができるかが合格への鍵となります。

分野別出題数

分野	大分類	平成31年度春期	令和元年度秋期
テクノロジ系（50問）	基礎理論	8	11
	コンピュータシステム	15	13
	技術要素	22	21
	開発技術	5	5
マネジメント系（10問）	プロジェクトマネジメント	4	5
	サービスマネジメント	6	5
ストラテジ系（20問）	システム戦略	6	5
	経営戦略	8	9
	企業と法務	6	6
	合　計	80	80

令和元年度秋期試験から，午前問題では線形代数，確率・統計などの数学に関する問題の出題比率が増加しています。上記の表では「基礎理論」に含まれ，本書では3-11，3-12で解説しています。必ず理解しておきましょう。

また，IoT，AI，ビッグデータなどの第４次産業革命に関する用語の出題も増えているので要注意です。

午後試験では，令和２年度春期試験から，プログラミング能力を問う問題の配点がそれまでの40点から50点に増加すると発表されています。本書では4章で，基礎部分を学習します。

基本情報技術者の過去問題は，令和元年度秋期を最後に非公開となっていますが，試験対策をする上では，そこまでの過去問題を学習することが非常に効果的です。

また，一つ上の試験である応用情報技術者で出題された問題が，基本情報技術者でも出題されるということがよくあります。応用情報技術者は令和３年度も問題が公開されているので，本書はその中からも過去問題を掲載しています。

CBT試験の場合，過去問題にも出てこない新傾向問題も出題されていますが，まずは過去問題で対策しておけば，確実に合格ライン（100点満点で60点以上）に達すると予想できます。

CBT試験

CBTとは，Computer Based Testingの略で，コンピュータを利用して実施する試験方式です。受験者はコンピュータに表示された試験問題に対して，マウスやキーボードを用いて解答します。

基本情報技術者試験は，令和元年秋期試験までは春期・秋期の年2回，ペーパーテストによって実施されてきました。しかし令和2年度は，春期・秋期の試験ともに中止され，秋期の代替として令和3年1月から3月にCBT方式で実施されました。

令和3年度は，年2回の一定期間中に，複数の試験日を設定し，ペーパーテストの出題形式・出題数のまま，CBT方式により試験を実施されると発表され，実際には上期は5月～6月に，下期は10月～11月に実施されました。

本書執筆時点（第4刷）では，令和4年度の上期は4~5月に実施されます。

出題形式・出題数は以下の通りです。

午前試験	多肢選択式	80問中80問解答	2時間30分
午後試験	多肢選択式	11問出題5問解答	2時間30分

試験問題

一般的なCBT試験では，全受験者が同じ問題を解くのではなく，ストックされた問題の中から受験者ごとに別の問題が出題されます。まったくランダムに出題すると類似問題が重複したり，問題同士がヒントになったりする恐れがあるので，いくつか作成済の問題セットのうちどれかが出題される仕組みのようです。問題ストックには定期的に新作問題が追加され，問題セットが更新されます。

ペーパーテストの際は，試験後に問題が公開されていましたが，現状のCBT試験では非公開です。先行でCBT化されているITパスポートの場合は，年1回試験問題が1セット分公開されています。

午後問題

令和元年秋期試験までは，試験問題は4択式で問題文が短い午前問題と，多肢選択式で長文を読み解き，1問につき複数の設問に答える午後問題の二つでした。CBT化されても，この二つで構成されるのは変わりません。

午後問題は，出題分野別に必須問題と選択問題に分かれています。11問の大問が出題され，5問解答します。

ソフトウェア開発分野は，C・Python・Java・アセンブラ・表計算の5言語から1問を選択します。未経験の場合は，言語対策の学習が必要です。

分　野	問1	問2～5	問6	問7~11
情報セキュリティ	必須			
ソフトウェア・ハードウェア データベース ネットワーク ソフトウェア設計		3問 出題		
プロジェクトマネジメント サービスマネジメント システム戦略 経営戦略・企業と法務		1問 出題		
データ構造及びアルゴリズム			必須	
ソフトウェア開発				1問選択
出題数	1	4	1	5
解答数	1	2	1	1

本書に載せた過去問は午前問題のみですが，午後問題は午前問題の知識が前提となります。まずは本書で午前問題の知識をしっかり固め，過去問題集などで長文読解の演習を行いましょう。

試験申込み

試験センターのWebサイトで，空席のある試験会場・試験日時を選んで受験申込みをします。令和4年度上期の申込み受付は3月1日から開始です。なお試験会場ですが，各都道府県に設けられた試験会場に出向いて受験します。自宅での受験はできません。土日は混み合うので早めに申込みをしましょう。

受験料は，令和4年4月以降は7,500円（税込）です。支払方法は，受験者本人名義のクレジットカード決済・コンビニ決済・Pay-easy決済です。

午前試験・午後試験を異なる日で受験することも可能で，午前→午後という順番でなくても，午後試験から先に受けてもよいと発表されています。ただし，受験申込みは午前試験から行う必要があります。

申込み後に，受験日や受験会場を変更できます。ただし，午前試験と午後試験を別の期に受験することはできません。期間内に両方受験する必要があります。

なお，基本情報技術者には受験回数制限があり，期間内に一度だけしか受けられません。「令和4年度上期」の期間中に一度受験したら，その期にもう一度受けることはできず，その次の「令和4年度下期」になるまで受験できません。

試験当日

試験画面はITパスポート試験の画面とは異なっており，2画面で構成されます。左に問題文，右に選択肢と解答ボタンが表示されます。

選択肢の画面では，除外したい選択肢に目印をつけることができます。また，テキストはハイライト機能が使用でき，問題文の重要箇所にマーキングすることができます。

試験開始時間になると，「開始」ボタンが押せるようになるので，自分でボタンを押して開始します。午後問題の選択問題については，どの問題に解答する（採点対象とする）のか，問題選択画面で問題番号を選択する必要があります。

終了時間になると自動的に採点されます。時間前に自分で終了することも可能です。計算用紙が適宜配布されますが，終了後には回収されます。足りない場合追加でもらうことができます。

試験当日の流れと，CBT試験の画面例は，試験運営の委託先であるプロメトリック社のWebサイトで確認できます。

http://pf.prometric-jp.com/testlist/fe/exam_procedure.html

合格発表

令和3年の試験の場合，午前試験・午後試験の両方の受験が完了した翌月に合格発表が行われました。なお，期間内に午前試験・午後試験のどちらかしか受験していない場合は，その結果を次回以降に持ち越すことはできず，不合格になります。

試験センターWebサイト

試験に関するすべての情報は，試験センターのWebサイトにて発表されます。今後も変更される可能性がありますので，**公式の情報を，必ずご確認下さい。**

https://www.jitec.ipa.go.jp/

試験対策

インターレスGIFって知っていますか？

GIFは画像圧縮規格の一つです（知らない人は2-05節で学習してください）。インターレスGIFという拡張仕様があり，画像を表示する時、最初に全体がぼやっと表示されて，時間が経つにつれて次第に鮮明な画像が表示されていきます。インターネットの回線速度が遅い時代によく使われていました。

基本情報の試験範囲は広範囲にわたり，すべての分野からまんべんなく出題されるので，試験対策はこのインターレスGIFのような方法で進めていきましょう。

実務経験にもよりますが，最初のうちは知らない用語や，理解できない知識が次から次へと出てくるはずです。

最初は，参考書でぼやっとでも基本情報の出題範囲全体を実際に感じ取ることが重要です。その後，早い段階で問題集に取り組み、過去問を解くことによって不明な点を鮮明にしていきます。

本書は，出題頻度の高い分野を中心に，わかりやすく・イメージしやすいように工夫しています。

合格への秘訣は時間と勉強仲間とうまくつきあうこと！

基本情報では，仕事や学校が忙しくて時間がとれず，午前の試験対策を十分しないまま試験を迎える方が多く見受けられます。時間を効率よく使って，学習していくことが合格へのポイントになってきます。

実際に合格された方の体験談に基づいた五つのポイントを挙げておきますので，参考にしてください。

ポイント1 勉強時間は作るもの

勉強時間を作ること自体が大変な人もいます。机の前に座ることだけが勉強ではありません。通勤・通学電車の中，昼休憩の合間，トイレの中などちょっとした時間を有効に使いましょう。毎日行っていると日課となって苦にならずに勉強できるものです。

ポイント2 最初から完璧を目指さない

参考書を完璧に覚えてから過去問に取り組もうと考えている方は，挫折するか，時間切れのまま試験を迎えることになるかもしれません。少しぐらい理解できない分野があっても，気にせず次に進みましょう。あとで振り返ると「これはこういうことだったのか」ということがたくさんあります。これを繰り返すことによって，知らず知らずのうちに点の知識が線の知識へと膨らんでいきます。

ポイント3 理解できない知識や問題が出てくるたびに喜ぼう

試験勉強を進めていくと，次から次へ理解できない知識や問題が出て，モチベーションが下がってきます。しかし，本試験まで理解すればいいのです。「理解できない知識や問題が出てくるたびに，新しい知識が身に付く」と，プラス思考で勉強しましょう。試験を受ける頃には，たくさんの知識が身に付いていることに驚くはずです。

ポイント4 勉強仲間を作ろう

試験勉強を進めていくと，モチベーションが下がったり，こんな勉強方法でいいのだろうかと思ったりすることがあります。そんなときにネットの掲示板などを利用しましょう。同じ目標を持つものどうしが刺激し合うことでモチベーションを保つことができます。

ポイント5 理解できない知識や問題は共有しよう

試験勉強を進めていくと，理解できない知識や問題が出てきて行き詰まってしまうことがあります。質問に答えてくれる先生や友人が身近にいればなあと思ったことはありませんか。そんなときにネットの掲示板などを利用しましょう。理解できない知識や問題を共有することで，解決することができます。

第1章

コンピュータ構成要素

1-01 情報の表現

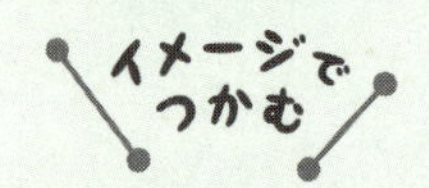

一つの豆電球では，“光っている状態”と“光っていない状態”があります。
　コンピュータ内部では，これが基本となっています。

情報量の単位

コンピュータ内部では，全ての情報は電気信号の「ON」と「OFF」のように2値で扱われているため，これを2進数の「1」と「0」に対応させ表現しています。

「1」や「0」のように，**コンピュータで扱う最小の情報量の単位**を**ビット**(bit)といい，2進数1桁に相当します。さらに，**8個のビットをひとまとめにしたもの**を**バイト**(Byte)といい，2進数8桁に相当します。1バイトは8ビット，2バイトは16ビット…です。バイトは，情報量の基本単位となっています。

例えば，「10001111」は1バイト(8ビット)の情報量であり，このような「1」と「0」の羅列は，**ビットパターン**と呼ばれることもあります。

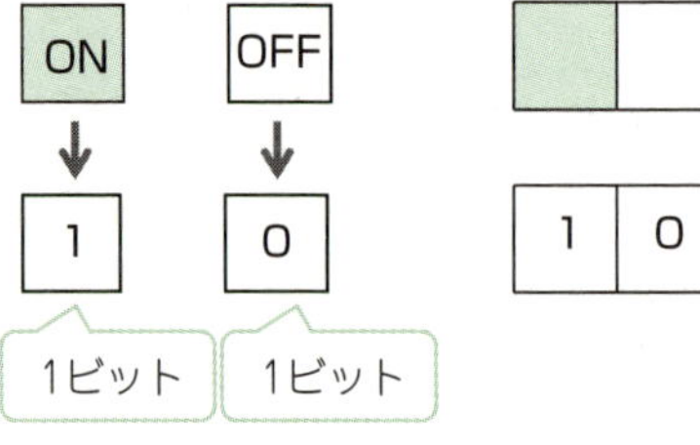

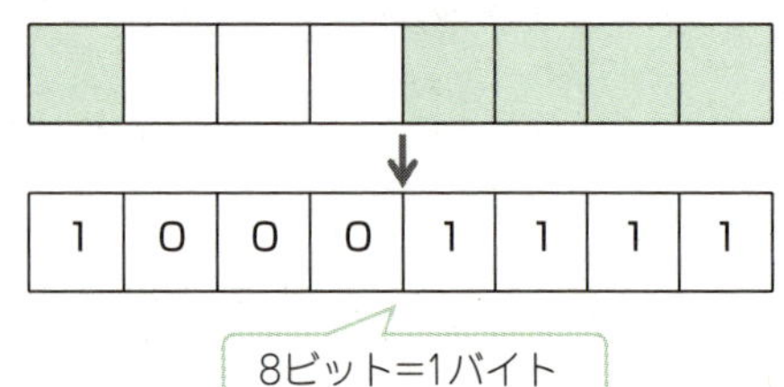

“くれば”で覚える

1バイト とくれば **8ビット**

表現可能な情報量

1ビットで表現可能な情報量は「0」と「1」の2 (=2^1) 通り，2ビットでは「00」「01」「10」「11」の4 (=2^2) 通り，3ビットでは「000」「001」「010」「011」「100」「101」「110」「111」の8 (=2^3) 通りです。

一般的に，nビットでは2^n通りの情報を表現することができます。

“くれば”で覚える

Nビットで表現できる情報量 とくれば **2^n通り**

大きな数値を表す接頭語

最近は，コンピュータが扱う情報量は膨大なものになっています。そこで，データ量を表すB (バイト) の前に10の整数乗倍を表す接頭語，**k** (キロ)，**M** (メガ)，**G** (ギガ)，**T** (テラ) が使われます。例えば，「今月のスマートフォンの通信量が○GB (ギガバイト)」，「ハードディスクの容量は○TB (テラバイト)」などのように使われます。

接頭語	意味
k (キロ)	10^3
M (メガ)	10^6
G (ギガ)	10^9
T (テラ)	10^{12}

1K=1,024 (2^{10}) と表すこともある

“くれば”で覚える

大きな数値を表す接頭語 とくれば **k (キロ) (10^3)，M (メガ) (10^6)，G (ギガ) (10^9)，T (テラ) (10^{12})**

小さな数値を表す接頭語

最近は，コンピュータの処理速度が非常に速くなっています。そこで，処理時間を表すS (秒) の前に10の整数乗倍を表す接頭語，**m** (ミリ)，**μ** (マイクロ)，**n** (ナノ)，**p** (ピコ) が使われます。

接頭語	意味
m (ミリ)	10^{-3}
μ (マイクロ)	10^{-6}
n (ナノ)	10^{-9}
p (ピコ)	10^{-12}

"くれば"で覚える

小さな数値を表す接頭語 とくれば m(ミリ) (10^{-3}), μ(マイクロ) (10^{-6}), n(ナノ) (10^{-9}), p(ピコ) (10^{-12})

参考 [指数の公式]

データ量や処理時間を計算するときに役立つのが，指数の公式です。主な公式をおさらいしておきましょう。なお，m，nは，正の整数とします。

指数計算	例
$a^m \times a^n = a^{m+n}$	$2^4 \times 2^3 = 2^{4+3} = 2^7$
$a^m \div a^n = a^{m-n}$ (a≠0，m＞nのとき)	$2^4 \div 2^3 = 2^{4-3} = 2^1$
$(a^m)^n = a^{m \times n}$	$(2^4)^3 = 2^{4 \times 3} = 2^{12}$
$a^0 = 1$ (a≠0のとき)	$2^0 = 1$
$a^{-m} = 1/a^m$ (a≠0，m＞0のとき)	$2^{-4} = 1/2^4$

文字の表現

コンピュータ内部は0と1の2進数で表現されているにもかかわらず，コンピュータが文字を扱うことができるのは，**文字コード**と呼ばれる，文字の一つひとつに0と1の2進数で表現された識別番号を割り振られているからです。

例えば，文字「あ」は，シフトJISコードでは「1000 0010 1010 0000」，Unicode (UTF-8)では「1110 0011 1000 0001 1000 0010」の識別番号が割り振られています。

メールなどで「文字化け」という現象が起こることがありますが，これは作成者が使った文字コードとは異なる文字コードを当てはめたことが原因です。

代表的な文字コードには，次のようなものがあります。

ASCII(アスキー)コード	英数字・記号・制御文字のみ。米国標準符号で最も基本となる文字コード。漢字・仮名の日本語はない
シフトJIS(ジス)コード	ASCIIコードに，漢字・仮名の日本語を加えたもの
EUC	UNIXやLinuxなどで使用される。漢字・仮名も使用できる
Unicode(ユニコード)	世界の文字の多くを一つの体系にしたもの。それを符号化する方式の一つにUTF-8がある

"くれば"で覚える

Unicode とくれば **世界の文字を一つに体系化したもの**

確認問題 1

▸ 平成28年度秋期 問4　　正解率 ▸ 高　　計算

32ビットで表現できるビットパターンの個数は，24ビットで表現できる個数の何倍か。

ア 8　　イ 16　　ウ 128　　エ 256

要点解説

nビットで表現できる情報量は2^n通り。
32ビットでは2^{32}，24ビットでは2^{24}通りのビットパターンが表現できます。
$2^{32} \div 2^{24} = 2^{32-24} = 2^8 = 256$倍です。

確認問題 2

▸ 平成30年度春期 問53　　正解率 ▸ 中

システム開発において，工数（人月）と期間（月）の関係が次の近似式で示されるとき，工数が4,096人月のときの期間は何か月か。

$$期間 = 2.5 \times 工数^{1/3}$$

ア 16　　イ 40　　ウ 64　　エ 160

要点解説

指数計算の問題です（人月については10-01参照）。
$4{,}096 = 2^{12}$
$(2^{12})^{1/3} = 2^4 = 16$
期間＝2.5×16＝40です。

【別解】
$4{,}096 = 2^{12}$とは気が付かなくても，選択式なので，概算で答えは求まります。$x^{1/3}$はxの三乗根です。3乗したら4,096になる数になる数を求めるために，何か計算しやすい数の3乗を考えてみます。$10^3 = 1{,}000$，$20^3 = 8{,}000$なので，10と20の間の数だなと見当がつきます。期間を求めるのに，さらに2.5を掛けているので，10×2.5と20×2.5の間の数，つまり25と50の間の数です。選択肢で該当するのはイの40しかありません。

解答

問題1：エ　　問題2：イ

1 02 コンピュータの構成

時々出　必須　超重要

イメージでつかむ

試験勉強するときは，机の上に参考書を置いてから始めます。

コンピュータも，まずは実行に必要なプログラムを主記憶装置の上に置きます。

コンピュータの構成

コンピュータは，制御装置・演算装置・記憶装置・入力装置・出力装置の五つの装置から構成されています。このうち，制御装置と演算装置を合わせて**中央処理装置**（CPU：Central Processing Unit）といい，コンピュータの頭脳に当たります。

それぞれ，以下のような役割を果たしています。

装置		役割
CPU	制御装置	記憶装置からプログラムの命令を取り出して解読し，各装置に指示を与える
	演算装置	四則演算（加減乗除）や論理演算（3-06参照）などを行う
記憶装置		データやプログラムを記憶する
入力装置		コンピュータの外部からプログラムやデータを読み込む
出力装置		コンピュータの内部で処理されたデータを外部へ書き出す

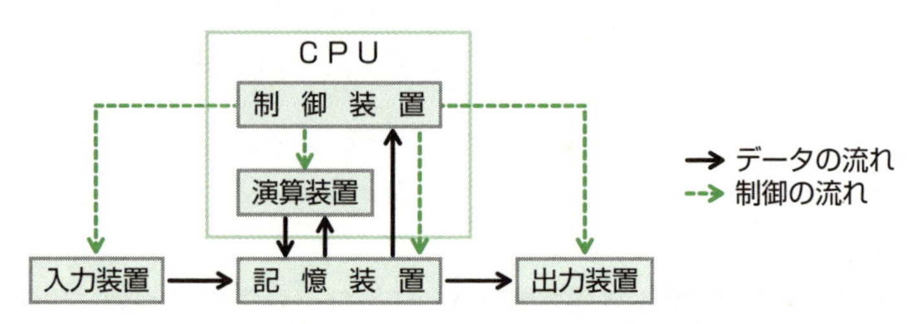

“くれば”で覚える

コンピュータの五つの装置 とくれば **制御・演算・記憶・入力・出力装置**

スマートフォンもコンピュータのうちの一つです。入力装置と出力装置が兼用になっていてPC (Personal Computer) などと見た目は違いますが，CPUや記憶装置も内蔵されています。

ハードウェアとソフトウェア

ここであげた五つの装置は，**ハードウェア**です。機械として物理的に存在します（制御装置や演算装置は，CPUの中に格納されています）。

これに対して，プログラムやアプリケーションソフトウェアは**ソフトウェア**です。記憶装置に記憶された「1」と「0」の信号という形で存在しています。

プログラム記憶方式

現代のコンピュータは，**主記憶装置（主記憶）に記憶されたプログラムを，CPUが順に取り出し，解読・実行する方式**です。**プログラム記憶方式**（プログラム格納方式）と呼ばれています。ハードウェアを変更しなくても，プログラムを変更することで，さまざまな処理を行うことができます。

確認問題 1 ▸平成26年度春期 問9 正解率 ▸中

主記憶に記憶されたプログラムを，CPUが順に読み出しながら実行する方式はどれか。

ア DMA制御方式　　イ アドレス指定方式
ウ 仮想記憶方式　　エ プログラム格納方式

要点解説 現在のコンピュータは，主記憶にあらかじめ配置されたプログラムを，CPUが順に呼び出すプログラム格納方式を採用しています。

解答

問題1：エ

1 03 CPU

時々出 必須 超重要

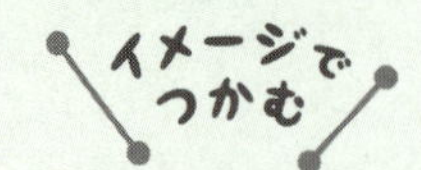

PCを購入するときは，CPUの性能を比較したりします。CPUは人の頭脳に当たり，パソコンの中枢的な役割を担っています。

CPU

前節で見たように，CPUはコンピュータの頭脳に当たり，**プロセッサ**とも呼ばれています。CPUの性能は，主にクロック周波数とバス幅で表されます。

クロック周波数

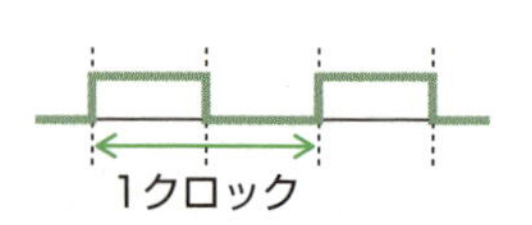

コンピュータの内部では，一定の間隔で電圧が規則的に「高」「低」を繰り返す信号が生成されています。これが**コンピュータの動作の基準となるクロック信号**（**クロックパルス**）です。クロック信号の高低のサイクルが1秒間に繰り返される回数を**クロック周波数**といいます。単位として，**Hz**（ヘルツ）が使われます。

例えば，クロック周波数2GHzとは，1秒間に2×10^9回の信号を生成していることを示しています。この信号に合わせて，コンピュータが動作しています。これは人に例えると，脈拍のようなイメージです。

もっと詳しく クロック周波数

CPU内部のクロック周波数は**内部クロック**，**CPUと主記憶などの周辺回路を結ぶ伝送路のクロック周波数**は**外部クロック**（システムクロック）といいます。内部クロックは，外部クロックの数倍の速度で動作しますが，PCのカタログなどにあるクロック数は内部クロックのことです。

一般的に，同一種類のCPUであれば，クロック周波数が高いほど処理能力は高くなります。ただし，主記憶やハードディスクなどの性能も関係してくるため，CPUのクロック数を2倍にすれば，システム全体も2倍になるわけではありません。
　また，CPU発熱量も増加するので，放熱処理が問題となり限界があるため，さまざまなCPUの高速化の方法が考えられています(1-05参照)。

バス

CPUや主記憶，キャッシュメモリ(1-06参照)などで，お互いが**データの送受信をするための伝送路**を**バス**といいます。これは人に例えると，血管のようなイメージです。
　一般的に，バス幅が広く，クロック周波数が大きいほど，高速にデータを送受信することができます。

確認問題 1 ▸平成28年度春期　問9改　正解率▸低　応用

PCのクロック周波数に関する記述のうち，適切なものはどれか。

ア　CPUのクロック周波数と，主記憶を接続するシステムバスのクロック周波数は同一でなくてもよい。
イ　CPUのクロック周波数の逆数が，1秒間に実行できる命令数を表す。
ウ　CPUのクロック周波数を2倍にすると，システム全体の性能も2倍になる。
エ　使用しているCPUの種類とクロック周波数が等しければ，2種類のPCのプログラム実行性能は同等になる。

ア　CPU内部のクロック周波数(内部クロック)と，メモリなどを接続するシステムバスのクロック周波数(外部クロック)とは同一でなくても問題ありません。
イ　1秒間に何回「高」「低」のサイクルが繰り返されるかを示します。一つの命令が何クロックで実行できるかは，CPUや命令の種類により異なります。
ウ　システム全体の性能は，主記憶や磁気ディスクその他の性能にも影響されるので，単純に2倍とはいきません。
エ　CPUの種類とクロック周波数が等しくても，主記憶や磁気ディスクその他の性能が違えば同等にはなりません。

解答

問題1：ア

1-04 CPUの動作原理

時々出　必須　超重要

イメージでつかむ

子供の頃，親や先生に「○○しなさい」と言われ，そのとおりに行動した経験があるでしょう。

プログラムは，コンピュータに対して「○○しなさい」という命令を集めたものです。

レジスタ

レジスタは，**CPUに内蔵されている高速な記憶装置**です。レジスタには，次のようなものがあり，命令の実行時に使用します。

命令レジスタ	実行する命令を格納する
命令アドレスレジスタ （**プログラムカウンタ**）	次に実行する命令のアドレスを格納する
指標レジスタ （インデックスレジスタ）	基準となるアドレスを格納する。指標アドレス指定方式（後述）で使用する
基底レジスタ （ベースレジスタ）	基準となるアドレスを格納する。基底アドレス指定方式（後述）で使用する
アキュムレータ（累算器）	演算対象や演算結果を格納する
汎用レジスタ	演算対象や演算結果を格納する。そのほか各種の目的に使用する

命令語

プログラムは，コンピュータに行わせる命令が集まったものです。プログラム言語（4-10参照）で記述された命令は，最終的にコンピュータが理解できる1と0の機械語（**命令語**）に変換され，解読・実行されます。

機械語の**命令語**は，**命令部**と**アドレス部**（**オペランド部**）で構成され，命令によっては，アドレス部がないものや，アドレス部が複数あるものもあります。

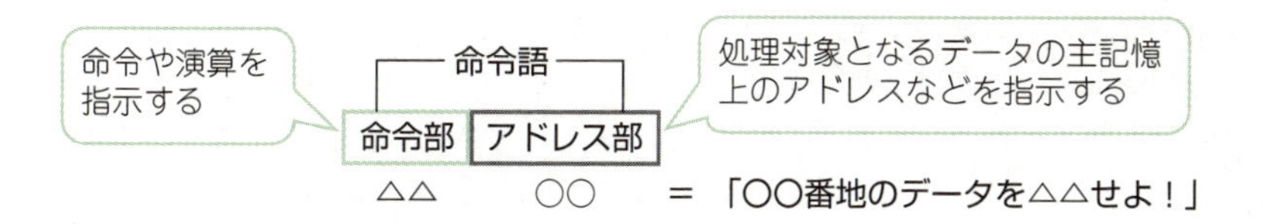

命令実行サイクル

コンピュータが一つの命令を実行するとき，次の①から⑥までのような段階（ステージ）で進んでいきます。表と図を見比べながら流れを追ってみて下さい。

なお，命令アドレスレジスタ（**プログラムカウンタ**）には，これから実行する命令が格納されている主記憶のアドレスが保持されています。

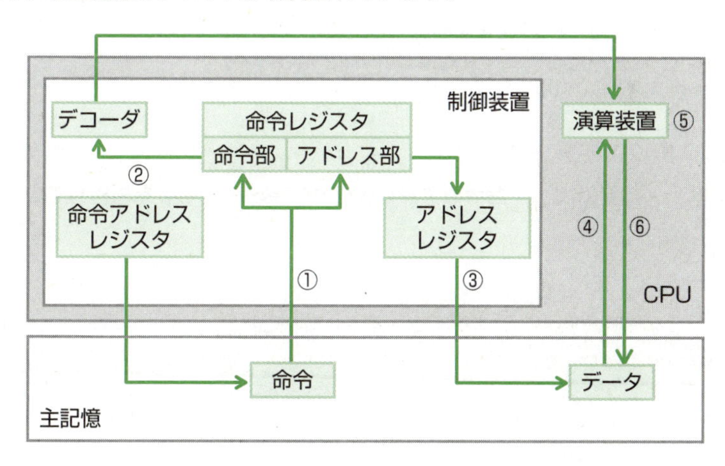

①**命令の取り出し**	命令アドレスレジスタ（プログラムカウンタ）を参照して，命令が格納されている主記憶上のアドレスを取得する。取得したアドレスから命令を取り出し（**命令フェッチ**），命令レジスタに格納する。このとき，命令アドレスレジスタには，次の命令のアドレスをセットする
②**命令の解読**	命令レジスタの命令部は，**デコーダ**（解読器）で解読され，演算装置に指示を出す
③**実効アドレス計算**	命令レジスタのアドレス部の値は，アドレスレジスタに送られ，処理対象のデータが格納されているアドレス（**実効アドレス**）を計算する
④**オペランドの取り出し**	処理対象のデータを取り出し，演算装置に送る
⑤**命令の実行**	演算装置で演算を実行する
⑥**演算結果の格納**	演算結果を格納する

"くれば"で覚える

命令実行サイクル　とくれば　**命令の取り出し→命令の解読→実効アドレス計算→オペランドの取り出し→命令の実行→演算結果の格納**

アドレス指定方式

コンピュータは，主記憶上にあるプログラムの命令を一つずつ取り出して，解読・実行しています。

アドレス指定方式は，**命令のアドレス部の値から処理対象のデータが格納されている実効アドレス（有効アドレス）を求める方式**です。アドレス修飾とも呼ばれています。

アドレス指定方式には，次のようなものがあります。

即値アドレス指定方式

即値アドレス指定方式は，**命令のアドレス部にデータそのものを格納している方式**です。

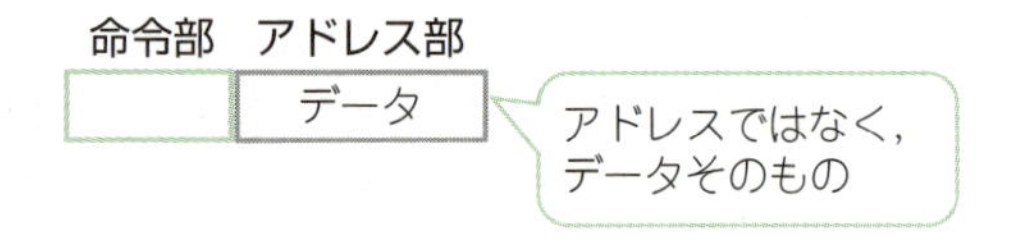

直接アドレス指定方式

直接アドレス指定方式は，**命令のアドレス部の値を，実効アドレスとする方式**です。

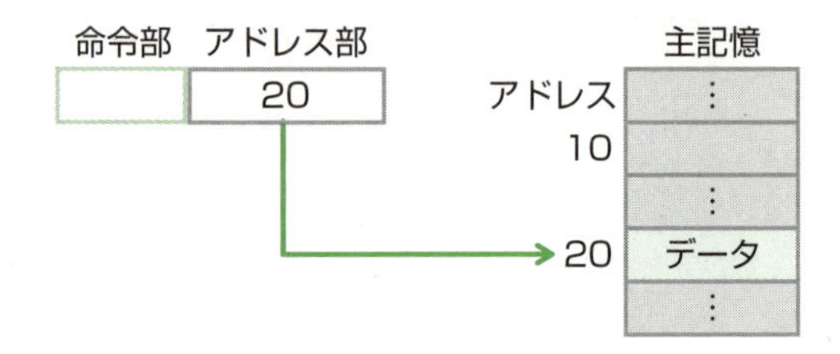

間接アドレス指定方式

間接アドレス指定方式は，**命令のアドレス部の値が示すアドレスに格納されている値を，実効アドレスとする方式**です。

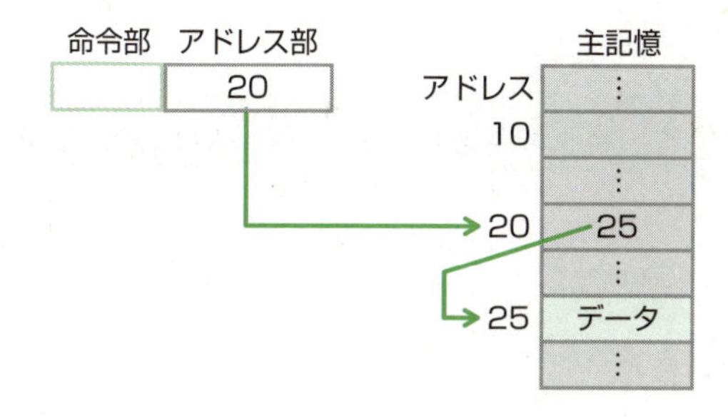

相対アドレス指定方式

相対アドレス指定方式は，**命令のアドレス部の値と命令アドレスレジスタ（プログラムカウンタ）の値の和を，実効アドレスとする方式**です。

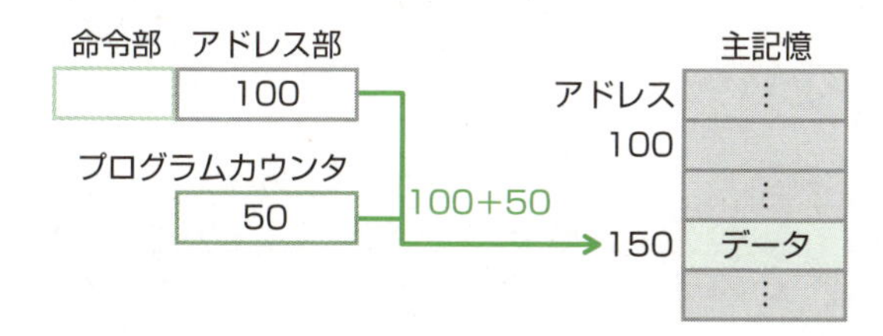

指標アドレス指定方式

指標アドレス指定方式は，**命令のアドレス部の値と指標レジスタの値の和を，実効アドレスとする方式**です。**インデックスアドレス指定方式**とも呼ばれています。

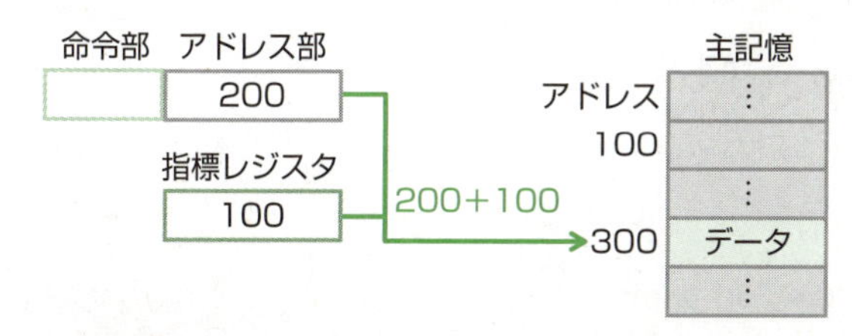

基底アドレス指定方式

基底アドレス指定方式は，**命令のアドレス部の値と基底レジスタの値の和を，実効アドレスとする方式**です。**ベースアドレス指定方式**とも呼ばれています。

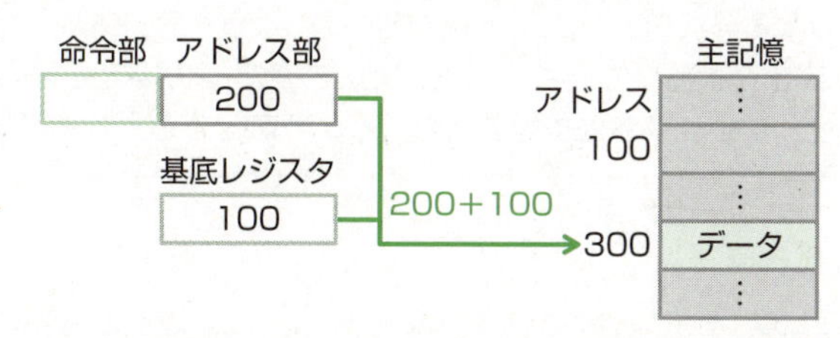

まとめると次のようになります。

アドレス指定方式	実効アドレスの求め方
即値	命令のアドレス部の値はデータそのもの
直接	アドレス部の値 ⇒ 実効アドレス
間接	アドレス部の値が示すアドレスに格納されている値 ⇒ 実効アドレス
相対	アドレス部の値＋プログラムカウンタの値 ⇒ 実効アドレス
指標	アドレス部の値＋指標レジスタの値 ⇒ 実効アドレス
基底	アドレス部の値＋基底レジスタの値 ⇒ 実効アドレス

知っ得情報 指標レジスタと基底レジスタ

指標レジスタには，基準値のアドレスを格納し，同じ数を加算していくことで，配列（4-02参照）などの主記憶の連続したデータに対して，同じ処理を繰返し実行できます。

基底レジスタには，主記憶に配置されたプログラムの先頭アドレスを格納することで，プログラムが主記憶のどこに配置されても，プログラムを変更することなく，同じようにデータにアクセスすることができます（4-09参照）。

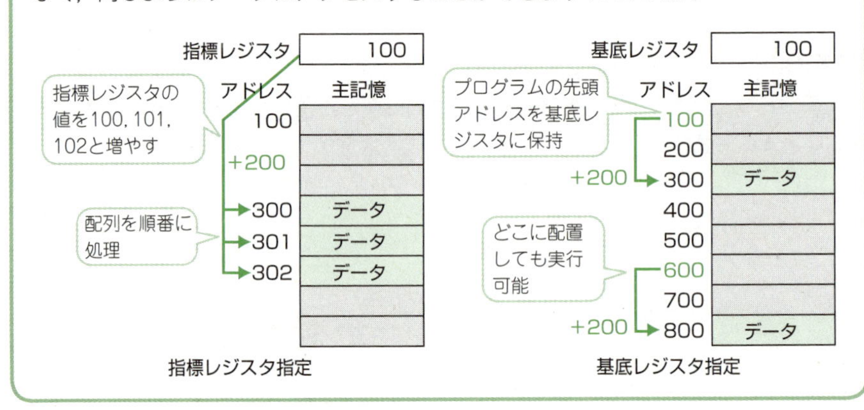

アドバイス ［第1章の難関］

機械語やCPUの世界の話なので，急に難しくなったように感じるかもしれません。午後試験の言語選択をアセンブラ（CASLII）にしようと思う方や，組込み系エンジニアの方にとっては避けて通れません。ただ，第1章の中でも難しい部分なので，ここで悩むよりはとりあえず先に進む，ということでも大丈夫です。

確認問題 1 ▸平成28年度秋期 問9 正解率▸高 基本

主記憶のデータを図のように参照するアドレス指定方式はどれか。

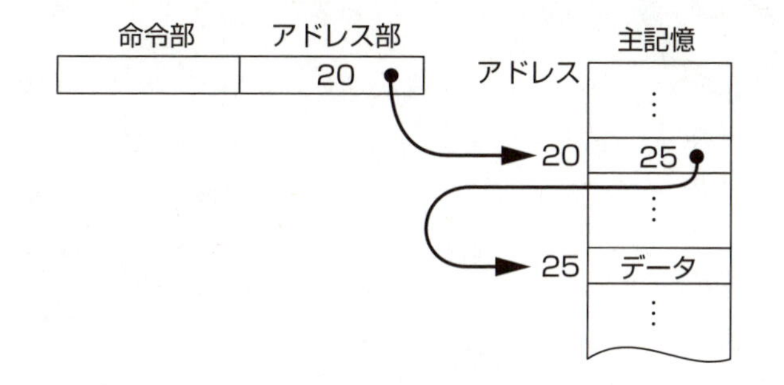

ア 間接アドレス指定　　イ 指標アドレス指定
ウ 相対アドレス指定　　エ 直接アドレス指定

問題のアドレス部にあるのは，実効アドレスが格納されているアドレスに格納されている値なので，間接アドレス指定となります。

確認問題 2 ▸平成30年度春期 問9 正解率▸中 応用

図はプロセッサによってフェッチされた命令の格納順序を表している。aに当てはまるものはどれか。

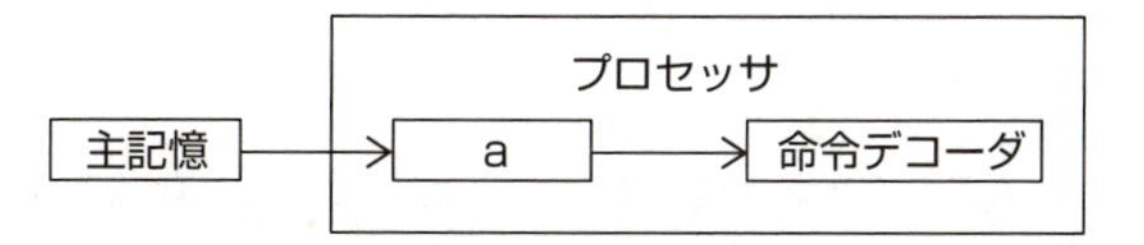

ア アキュムレータ　　イ データキャッシュ
ウ プログラムレジスタ（プログラムカウンタ）　　エ 命令レジスタ

主記憶から取り出された命令は，命令レジスタに格納されます。命令は命令部とアドレス部に分けられ，命令部が命令デコーダ（解読器）によって解読されます。

解答

問題1：ア　　問題2：エ

1 05 CPUの高速化技術

時々出 必須 超重要

イメージでつかむ

小学校の頃，「カエルの唄」を輪唱した経験があるでしょう。

コンピュータ内でも，きれいにオーバーラップさせながら高速化を図る工夫がされています。

CPUの高速化

前節で見たように，命令は，①命令の取り出し，②命令の解読，③実効アドレス計算，④オペランドの取り出し，⑤命令の実行，⑥演算結果の格納の六つのステージで行われます。このステージの実行方式がいくつかあります。

逐次制御方式

逐次制御方式は，六つのステージを**1命令ずつ順番に繰返し実行する方式**です。制御装置や演算装置が動作しない時間が生じてしまい，効率が悪くなります。

	①	②	③	④	⑤	⑥						
命令1	①	②	③	④	⑤	⑥						
命令2							①	②	③	④	⑤	⑥

そこで，処理を高速化するために，次のような方式が採用されています。

パイプライン方式

パイプライン方式は，**複数の命令を1ステージずつずらしながら並行処理することで，高速化を図る方式**です。

命令1	①	②	③	④	⑤	⑥	
命令2		①	②	③	④	⑤	⑥

この方式で効率は上がるのですが，分岐（4-01参照）命令が現れるとそれまで先読みしていた命令を破棄し，新たに分岐先の命令を実行しなくてはなりません。処理の順序が乱れることをパイプラインハザードといいます。分岐命令に対処するために，**実行される確率の高い方を予測する分岐予測**や，**予測した分岐先の命令を開始して結果を保持し，分岐先が正しければその結果を利用する投機実行**などの技術が使われています。

パイプライン方式　とくれば　**一つずつステージをずらしながら並行処理する方式**

攻略法 …… **これがパイプライン制御方式の欠点だ！**

授業中，先生が席の順番に問題を質問してきた。自分の質問される問題を先読みして準備していたが，全く予想とは違う問題を質問された。素早く対応できなかった。

スーパーパイプライン方式

スーパーパイプライン方式は，**パイプライン方式を更に細分化することで，高速化を図る方式**です。

命令1	①	②	③	④	⑤	⑥	
命令2		①	②	③	④	⑤	⑥

スーパースカラ方式

スーパースカラ方式は，**複数のパイプラインを使用して，同時に複数の命令を実行することで，高速化を図る方式**です。

命令1	①	②	③	④	⑤	⑥	
命令2	①	②	③	④	⑤	⑥	
命令3		①	②	③	④	⑤	⑥
命令4		①	②	③	④	⑤	⑥

知っ得情報 CPUの命令体系

CPUの命令セットアーキテクチャとして，CISCとRISCがあります。

CISC（シスク）(Complex Instruction Set Computer)は，**複雑な命令体系**（命令数が豊富）で1回の命令で複雑な処理を行わせることができます。主に，PCのCPUとして採用されています。

RISC（リスク）(Reduced Instruction Set Computer)は，**単純な命令体系**（単純な命令に絞る）で，命令の実行時間が均等になり，パイプラインで効率よく処理ができます。主に，スマートフォンやタブレット・組込みシステム（11-05参照）などのCPUとして採用されています。

マルチコアプロセッサ

マルチコアプロセッサは，**一つのCPU内に複数のコア（演算回路の中核部分）を備えたもの**です。従来のシングルコアに比べ，消費電力を抑えながら，処理速度の高速化を図ることができます。コアが2個ならデュアルコア，4個ならクアッドコア，8個ならオクタルコアなどと呼ばれます。それぞれのコアが同時に別の処理を実行（並行処理）することで，処理能力の向上を図っています。

例えば，iPhone 12のCPUには六つのコアが搭載されています。

GPU

GPU (Graphics Processing Unit)は，行列演算（3-11参照）を用いて**3Dの画像処理を高速に実行する画像処理装置**です。数千個ものコアでデータを並列処理します。最近のCPUの大半には，GPU機能が統合されています。GPUは，人工知能（機械学習）（3-10参照）などの分野で広く普及しています。

確認問題 1 ▸平成28年度秋期 問10 正解率▸中

CPUにおける投機実行の説明はどれか。

ア 依存関係にない複数の命令を，プログラム中での出現順序に関係なく実行する。

イ パイプラインの空き時間を利用して二つのスレッドを実行し，あたかも二つのプロセッサであるかのように見せる。

ウ 二つ以上のCPUコアによって複数のスレッドを同時実行する。

エ 分岐命令の分岐先が決まる前に，予測した分岐先の命令の実行を開始する。

投機実行は，パイプライン処理で分岐命令に対処するため，予測した分岐先の命令を実行しておき，分岐先が確定したらその結果を利用するものです。

確認問題　2

▸応用情報　令和3年度春期　問10　正解率▸高　基本

ディープラーニングの学習にGPUを用いる利点として，適切なものはどれか。

ア　各プロセッサコアが独立して異なるプログラムを実行し，異なるデータを処理できる。
イ　汎用の行列演算ユニットを用いて，行列演算を高速に実行できる。
ウ　浮動小数点演算ユニットをコプロセッサとして用い，浮動小数点演算ができる。
エ　分岐予測を行い，パイプラインの利用効率を高めた処理を実行できる。

要点解説　GPUは，画像処理の演算のために大量の行列演算を行えますが，ディープラーニングでも大量の行列演算が必要であり，GPUの能力を活用できます。

確認問題　3

▸平成28年度春期　問10　正解率▸低　応用

RISCプロセッサの5段パイプラインの命令実行制御の順序はどれか。ここで，このパイプラインのステージは次の五つとする。

① 書込み
② 実行とアドレス生成
③ 命令デコードとレジスタファイル読出し
④ 命令フェッチ
⑤ メモリアクセス

ア　③，④，②，⑤，①　　イ　③，⑤，②，④，①
ウ　④，③，②，⑤，①　　エ　④，⑤，③，②，①

要点解説　1-04の命令実行サイクルの箇所も参照して下さい。
次の順で命令が実行されます。
命令フェッチ（取出し）……………………………… ④
命令デコード（解読）・レジスタファイル読出し … ③
実行とアドレス生成………………………………… ②
メモリアクセス……………………………………… ⑤
演算結果の書込み…………………………………… ①

解答

問題1：エ　　問題2：イ　　問題3：ウ

1 06 半導体メモリ

時々出　必須　超重要

イメージでつかむ

基本情報で出てくる用語をなかなか覚えられず，何回も覚え直した経験があるでしょう。
コンピュータにも何回も覚え直さなければならないメモリがあります。

指標アドレス・
基底アドレス…
何回やっても
覚えられない

ぼくの頭は
RAM
かも…

まあ
ゆっくりやりなよ…

半導体メモリ

コンピュータの記憶装置に使われている半導体メモリには，特性や用途で次のようなものがあります。

RAM（ラム）

RAM（Random Access Memory）は，**読み書きできるメモリ**です。**電源を切ると記憶していた内容が消えてしまう特性**（**揮発性**）があります。

ROM（ロム）

ROM（Read Only Memory）は，**本来は，読み出し専用のメモリ**です。最近は，利用者が書き込めるものも登場しています。**電源を切っても記憶していた内容が消えない特性**（**不揮発性**）があります。

“くれば”で覚える

RAM　とくれば　**読み書きできるメモリ，揮発性**
ROM　とくれば　**本来は，読み出し専用のメモリ，不揮発性**

RAM

RAMにはさらに，次のようなものがあります。

DRAM（ディーラム）

DRAM（Dynamic RAM）は，コンデンサに電荷を備えた状態か否かによって1ビットを表現しています。構造が簡単で高集積化に適しているため，SRAMに比べて大容量で安価です。ただし，コンデンサは放置しておくと自然放電してしまう特性があり，一定時間ごとに記憶内容を維持するリフレッシュ動作（再書込み）が必要になります。主記憶に用いられています。

SRAM（エスラム）

SRAM（Static RAM）は，フリップフロップ回路（後述）で構成され高速ですが，構造が複雑で集積度を高めにくいため，DRAMに比べて小容量で高価です。電源が供給されている限り，記憶内容を保持し続けるため，リフレッシュ動作が不要になります。キャッシュメモリ（後述）などに用いられています。

DRAMとSRAMを比較すると，次のようになります。

	使用回路	リフレッシュ	速度	集積度	価格	用途
DRAM	コンデンサ	必要	低速	高い	安価	主記憶
SRAM	フリップフロップ回路	不要	高速	低い	高価	キャッシュメモリ

もっと詳しく フリップフロップ回路

フリップフロップ回路は，**二つの安定した状態をもち，1ビットの情報を記録する回路**です。SRAMの記憶セルに用いられています。現在と過去の二つの入力で出力が決定する順序回路の一つです。（回路図と真理値表については，3-06参照）

（回路図）

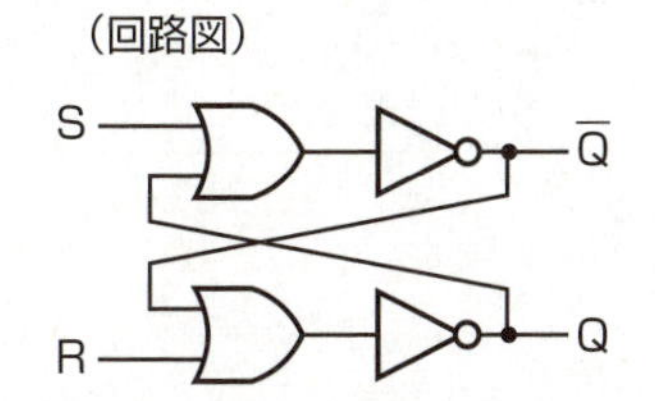

（真理値表）

S	R	Q	$\overline{Q}$
0	0	前回の内容を保持	
0	1	0	1
1	0	1	0
1	1	不安定なので禁止	

DRAM	とくれば	**コンデンサ，リフレッシュ必要** **SRAMに比べて低速，主記憶に用いる**
SRAM	とくれば	**フリップフロップ回路，リフレッシュ不要** **DRAMに比べて高速，キャッシュメモリに用いる**

ROM

ROMは本来，読出し専用のメモリですが，利用者が書き込めるPROM（Programmable ROM）も登場しています。

	書込み	消去	特　徴
マスクROM	×	×	製造時に書き込まれた後は，利用者は書き込めない
UV-EPROM (UV-Erasable PROM)	○	○	紫外線照射で全消去できる
EEPROM (Electrically EPROM)	○	○	電圧をかけて部分消去できる。消去・書込みは1バイト単位で可能
フラッシュメモリ (1-07)参照	○	○	電圧をかけて全消去・部分消去できる。書替えは，ブロック単位で消去後に書き込む

キャッシュメモリ

キャッシュメモリは，**主記憶よりも高速で，CPUと主記憶の間に配置するメモリ**です。主記憶のアクセス速度は，CPUの処理速度に比べて低速なため，CPUに待ち時間が発生してしまいます。そこで，高速なキャッシュメモリをこれらの間に配置して，主記憶から読み出したデータをキャッシュメモリに保持し，CPUが後で同じデータを読み出すときは，高速なキャッシュメモリから読み出すことで，実行アクセス時間の短縮を図っています。

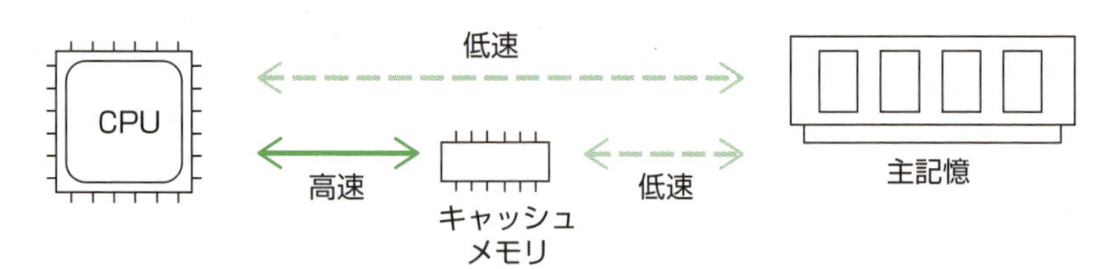

“くれば”で覚える

キャッシュメモリ とくれば **CPUと主記憶の間に配置してアクセスの高速化を図る**

実効アクセス時間

アクセスするデータは，キャッシュメモリか主記憶のどちらかに存在します。**アクセスするデータがキャッシュメモリに存在する確率**を**ヒット率**といいます。ヒット率と，キャッシュメモリのアクセス時間，主記憶のアクセス時間がわかれば，実効アクセス時間を求めることができます。これは，計算問題として出題されることがあります。

例えば，次の実効アクセス時間を求めてみましょう。

* ヒット率　　　　　　　　　　　　：80%
* キャッシュメモリのアクセス時間：10ナノ秒
* 主記憶装置のアクセス時間　　　　：60ナノ秒

キャッシュメモリにデータが存在する確率は80%，主記憶に存在する確率は100－80＝20%なので，次の式で求めることができます。

$$10 \times 0.8 + 60 \times 0.2 = 20\text{ナノ秒}$$

この場合，キャッシュメモリを使うことで，アクセス時間は60－20＝40ナノ秒短縮できます。

なお，**アクセスするデータが主記憶に存在する確率**（＝キャッシュメモリに存在しない確率）を，**NFP**（Not Found Probability）と呼ぶこともあります。

“くれば”で覚える

キャッシュメモリを使った実効アクセス時間 とくれば **ヒット率×キャッシュメモリのアクセス時間＋(1－ヒット率)×主記憶のアクセス時間**

1次キャッシュと2次キャッシュ

主記憶のアクセス時間とCPUの処理時間の差が大きい場合，1次キャッシュ，2次キャッシュと多レベルのキャッシュ構成にするとより効果が上がります。

CPUがアクセスする順番によって名称が付けられ，CPUは1次キャッシュ，2次キャッシュ，主記憶の順にアクセスします。L1キャッシュ，L2キャッシュとも呼ばれます。

ライトスルー方式とライトバック方式

キャッシュメモリへの書込みには，次のような方式があります。

方式	概要
ライトスルー方式	**キャッシュメモリと主記憶の両方を書き込む方式。** 常にキャッシュメモリと主記憶の内容が一致するため，一貫性が保たれるが，主記憶へのアクセスが頻繁に発生するため低速
ライトバック方式	**キャッシュメモリだけ書き込み，主記憶にはデータがキャッシュメモリから追い出されるときに書き込む方式。** キャッシュメモリと主記憶の内容が一致しないため，一貫性を保つための制御が複雑になるが，主記憶へのアクセスが減るため高速

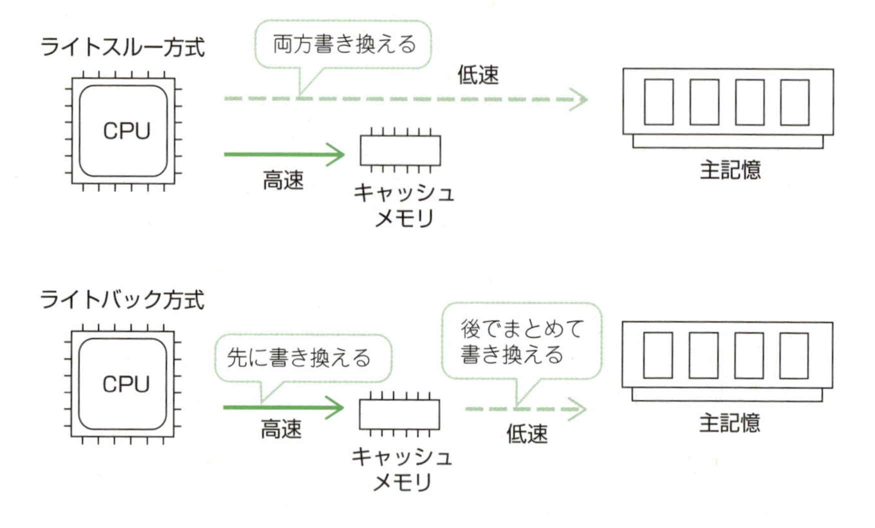

メモリインタリーブ

メモリインタリーブは，**主記憶装置を複数の区画（バンク）に分け，連続するアドレスの内容を並列アクセスすることで，アクセスの高速化を図る**方式です。

攻略法 …… **これがメモリインタリーブのイメージだ！**

PCのメモリを増設するときに，大容量のメモリを１枚増設するより，同容量２枚１組で装着すると，メモリインタリーブ機能に対応している場合は，アクセスの高速化を図ることができます。

知っ得情報 アクセス速度と容量

「アクセス速度の速い順番に並べなさい」という問題がよく出題されます。次の図のイメージを頭に入れておけば大丈夫です。なお**レジスタ**は，**CPUに内蔵されている演算処理用の記憶回路**です（1-04参照）。

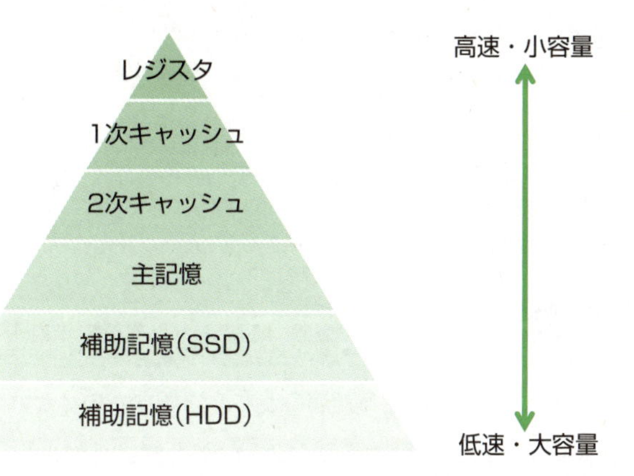

アドバイス［ 始めは全体の半分 ］

新しく物事を始めるのには勇気がいるもので，つい後回しにしがちです。ことわざに「始めてしまえば，もう半分終わったのと同じ」というものがあります。このページまで読んだ皆さんは，すでにスタートを切っているので，半分終わったも同じかもしれません！　毎日少しずつ読むことを習慣にして，がんばってみましょう。

確認問題 1

▸令和元年度秋期　問20　　正解率 ▸ 中　　基本

DRAMの特徴はどれか。

ア　書込み及び消去を一括またはブロック単位で行う。
イ　データを保持するためのリフレッシュ操作又はアクセス操作が不要である。
ウ　電源が遮断された状態でも，記憶した情報を保持することができる。
エ　メモリセル構造が単純なので高集積化することができ，ビット単価を安くできる。

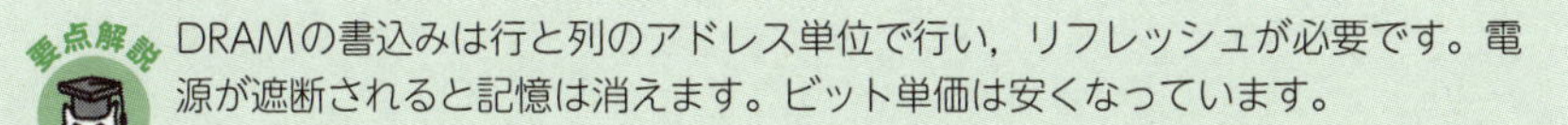

要点解説　DRAMの書込みは行と列のアドレス単位で行い，リフレッシュが必要です。電源が遮断されると記憶は消えます。ビット単価は安くなっています。

確認問題 2　▸平成30年度春期　問22　正解率▸中　基本

フラッシュメモリに関する記述として，適切なものはどれか。

ア　高速に書換えができ，CPUのキャッシュメモリなどに用いられる。
イ　紫外線でデータの一括消去ができる。
ウ　周期的にデータの再書込みが必要である。
エ　ブロック単位で電気的にデータの消去ができる。

ア　CPUのキャッシュメモリに使われるのはSRAMです。
イ　紫外線で消去できるのはUV-EPROMです。
ウ　データの再書込みが必要なのはDRAMです。
エ　フラッシュメモリは電気的に内容の消去ができます。

確認問題 3　▸平成30年度春期　問11　正解率▸中　頻出　応用

キャッシュメモリに関する記述のうち，適切なものはどれか。

ア　キャッシュメモリにヒットしない場合に割込みが生じ，プログラムによって主記憶からキャッシュメモリにデータが転送される。
イ　キャッシュメモリは，実記憶と仮想記憶とのメモリ容量の差を埋めるために採用される。
ウ　データ書込み命令を実行したときに，キャッシュメモリと主記憶の両方を書き換える方式と，キャッシュメモリだけを書き換えておき，主記憶の書換えはキャッシュメモリから当該データが追い出されるときに行う方式とがある。
エ　半導体メモリのアクセス速度の向上が著しいので，キャッシュメモリの必要性は減っている。

キャッシュの書込み方式には，キャッシュメモリと主記憶の両方を書き換えるライトスルー方式と，キャッシュメモリだけを書き換えておき，主記憶の書換えはキャッシュメモリから当該データが追い出されるときに行うライトバック方式があります。

ア　ヒットしないときには主記憶にアクセスします。割込み（2-02参照）は発生しません。
イ　CPUと主記憶の処理時間の差を埋めるために採用されます。
エ　CPUと主記憶の処理時間の差は大きく，キャッシュメモリの必要性は増しています。

確認問題 4

▸平成31年度春期　問10　　正解率 ▸ 中　　計算

A～Dを，主記憶の実効アクセス時間が短い順に並べたものはどれか。

	キャッシュメモリ			主記憶
	有無	アクセス時間（ナノ秒）	ヒット率（%）	アクセス時間（ナノ秒）
A	なし	–	–	15
B	なし	–	–	30
C	あり	20	60	70
D	あり	10	90	80

ア　A，B，C，D　　イ　A，D，B，C
ウ　C，D，A，B　　エ　D，C，A，B

Cの実効アクセス時間は
0.6 × 20 + (1 − 0.6) × 70 = 40
Dの実効アクセス時間は
0.9 × 10 + (1 − 0.9) × 80 = 17
短い順に，A (15)，D (17)，B (30)，C (40) となります。

解答

問題1：エ　　問題2：エ　　問題3：ウ　　問題4：イ

1 07 補助記憶装置

時々出　必須　超重要

イメージでつかむ

授業中に習った知識を全て頭の中に記憶することは難しいです。頭の中に入りきらない知識は，ノートなどに書き写して後から覚えることもできます。

補助記憶装置は，ノートのような役割をします。

補助記憶装置

CPUが直接読み書きできるのは，**主記憶**上にあるプログラムやデータだけです。主記憶は，小容量で，電源が切れると記憶内容が消失する揮発性の特徴があります。

補助記憶装置（単に補助記憶）は，主記憶に比べてアクセス速度は遅いですが，大容量，安価で，電源が切れても記憶内容が消えない不揮発性の特徴があります。補助記憶には，「主記憶を補う」という意味があります。

磁気ディスク装置

磁気ディスク装置（磁気ディスク）（HDD：Hard Disk Drive）は，**磁性体を塗った円盤状のディスクにデータが記録され，磁気ヘッドを移動させながらデータを読み書きする装置**です。アクセス速度とデータ転送が比較的高速で，大容量（数十GB～数TB程度）であり，通常，プログラムやアプリケーション，データなどは，磁気ディスク装置に保存されています。**ハードディスク**とも呼ばれます。

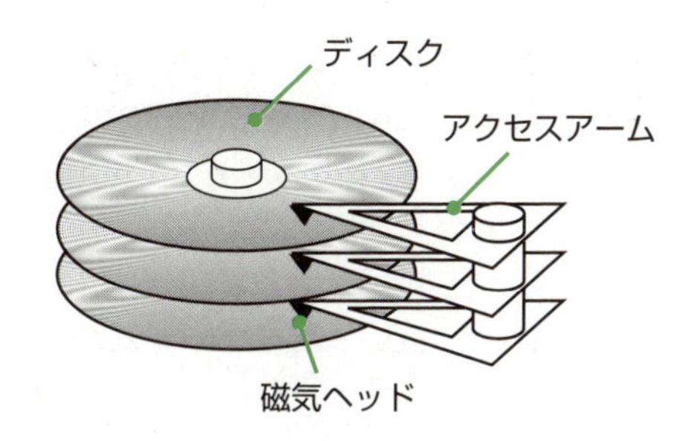

磁気ディスク装置の構造

ディスクは複数枚で構成されています。それぞれのディスクの表面には，**データを記録する最小単位**である**セクタ**があり，**セクタがいくつか集まって同心円状の**トラック，**トラックがいくつか集まって1面**を構成しています。さらに，**中心から等距離にあるトラックの集まり**を**シリンダ**といいます。この記録方式は**セクタ方式**と呼ばれています。

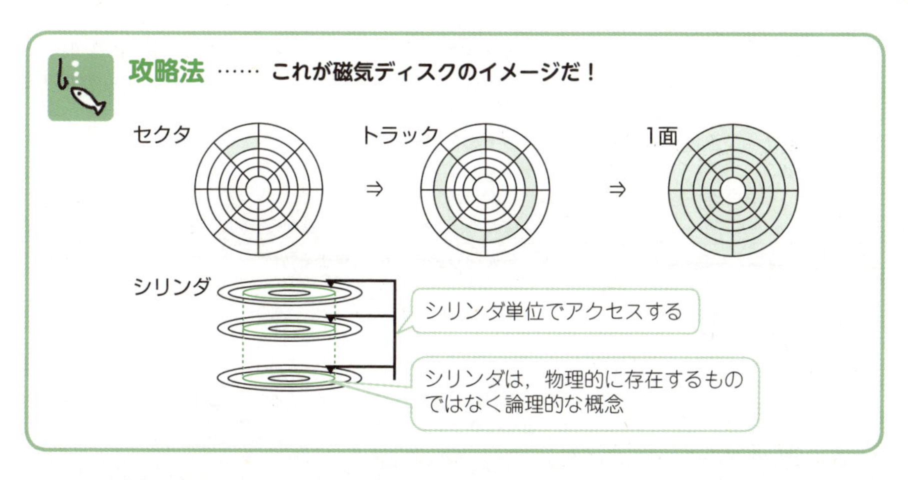

セクタ方式では，データをセクタ単位で読み書きします。一つのセクタに収まらない場合は複数のセクタをまたいで記録します。また，一つのセクタには複数のデータを書き込むことはできません。余った部分は何も記録されない無駄な領域となります。

例えば，セクタ長が512バイトのディスクに，1,000バイトの二つのデータを書き込む場合は，次のようになります。

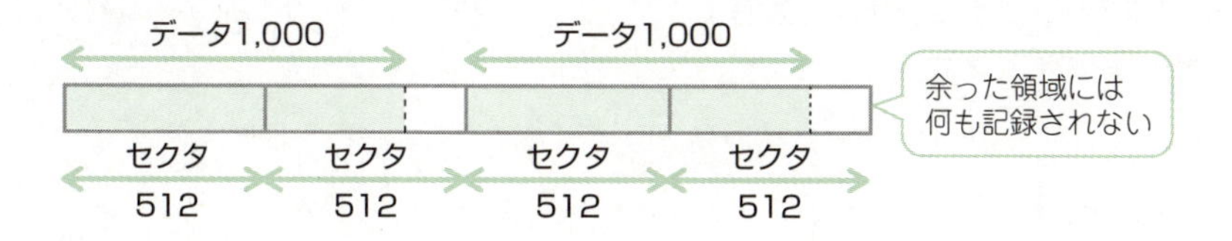

アクセス時間

CPUが，データの読み書きの指令を出してから，データの読み書きが終わるまでの時間を**アクセス時間**といいます。磁気ディスク装置のアクセス時間は，位置決め時間，回転待ち時間，データ転送時間の和で求まります。

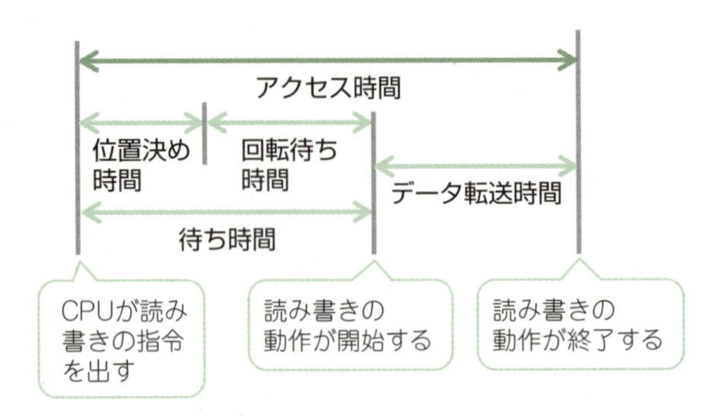

位置決め時間 （シーク時間）	**磁気ヘッドを目的のデータが存在するトラックまで移動させるのに要する時間。**アクセス開始時の磁気ヘッドの位置と目的のデータのトラック位置によって時間が異なるため，通常，平均位置決め時間が用いられる
回転待ち時間 （サーチ時間）	**目的のデータが，磁気ヘッドの位置まで回転してくるのを待つ時間。**目的データが存在するトラックに位置決めしたとき，運良く目的のデータが回ってくれば最も時間がかからず，運悪く目的のデータが通り過ぎたところなら最も時間がかかる。通常，平均回転待ち時間が使われ，1回転するのに要する時間の1/2が用いられる
データ転送時間	**目的のデータが磁気ヘッドを通り過ぎるのに要する時間**

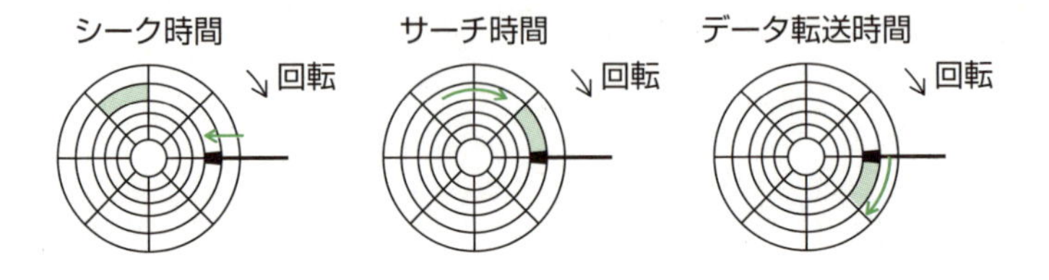

フラグメンテーション

フラグメンテーションは，**磁気ディスク装置にデータの追加や削除を繰り返すと，データが連続した領域に保存されなくなる（断片化する）現象**です。磁気ヘッドの移動が頻繁に発生することで，アクセス時間が遅くなります。

この**フラグメンテーションを解消**するのが**デフラグ**です。断片化したデータを連続した領域に再配置します。

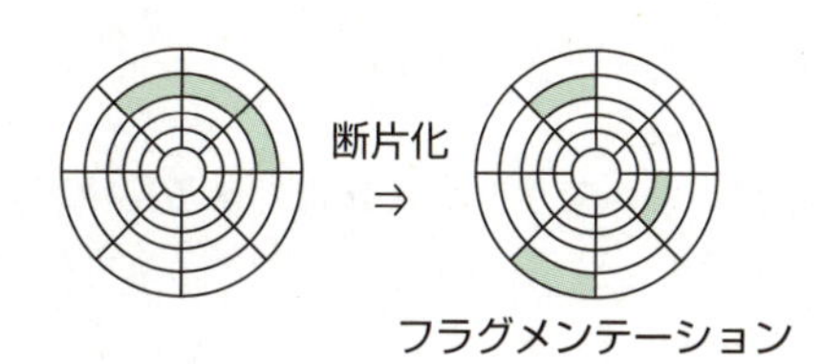

フラッシュメモリ

フラッシュメモリは，**電気的に全部または一部分を消去して内容を書き直せる半導体メモリ**です。大容量（数GB～数TB程度）で，アクセス速度が速くコンパクトであるため，ノートPCやスマートフォン，ディジタルカメラなどの媒体として用いられています。

代表的なものに，**USBメモリ**や**SDカード**などがあります。

SDカードは2GBまでしか記録できませんが，上位規格として32GBまで記録できるSDHCカードや，2TBまで記録できるSDXCカードがあります。また，一回り小さいサイズでスマートフォンのメモリなどで使われるmicroSDカードにもSDHC，SDXCカードがあります。

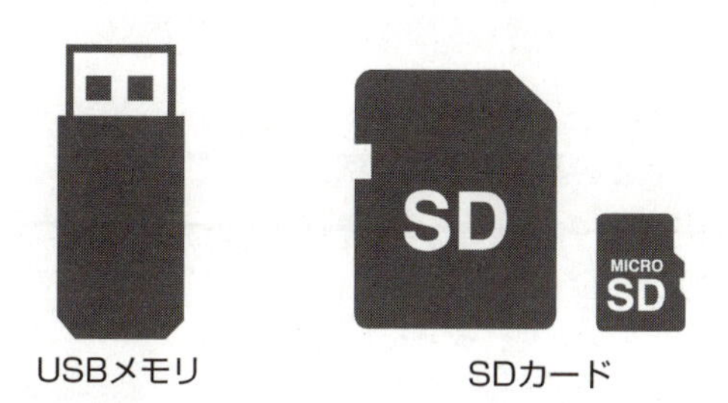

"くれば"で覚える

フラッシュメモリ とくれば **電気的に消去して書き直せるメモリ**

SSD

SSD（Solid State Drive）は，**フラッシュメモリを用いた，磁気ディスク装置の代わりとなる記憶媒体**です。磁気ディスク装置のような位置決め（シーク）や回転待ち（サーチ）といった機械的な動作がないために，静音で振動や衝撃に強く，消費電力が小さい，アクセス速度が速いなどの特徴があります。

光ディスク

光ディスクは，**レーザ光を使ってデータを読書きする記憶媒体**です。大容量，安価で耐久性に優れています。次のようなものがあります。

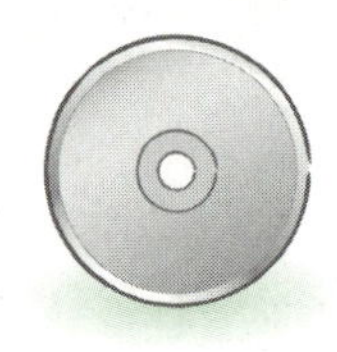

CD	Compact Discの略。音楽用のCDをPCのデータ記録用に応用したもの。ソフトウェアなどの配布に用いられる。	最大700MB
DVD	Digital Versatile Discの略。PCのデータ記録用だけでなく，映画などの映像を記録できる	最大17.08GB
BD	Blu-ray Discの略。青紫色のレーザ光線を使って，ハイビジョン映像を２時間以上記録できる	最大100GB

光ディスクの記憶方式と記憶容量

光ディスクの記憶方式には，再生専用型・追記型・書換え型があります。

再生専用型（利用者は書込み不可）	CD-ROM，DVD-ROM，BD-ROM
追記型（書込み可能。書換え不可）	CD-R，DVD-R，BD-Rなど
書換え型（書込み可能。書換え可能）	CD-RW，DVD-RW，BD-REなど

アドバイス［２の累乗の数は覚えておこう］

データ容量やダウンロード速度などの計算問題に，一見半端に見える数字が表れることがあります。例えば「文字データが8,192種類あるとき」「1,024kバイト」のような感じです。実は，8,192は2の13乗，1,024は2の10乗です。このことを知っている人は早く計算できます。

２の累乗の数はある程度まで覚えておくと，何かと便利です。

2^1	2^2	2^3	2^4	2^5	2^6
2	4	8	16	32	64
2^7	2^8	2^9	2^{10}	2^{11}	2^{12}
128	256	512	1024	2048	4096

確認問題 1

▶平成27年度春期　問12　　正解率 ▶ 中

回転数が4,200回／分で，平均位置決め時間が5ミリ秒の磁気ディスク装置がある。この磁気ディスク装置の平均待ち時間は約何ミリ秒か。ここで，平均待ち時間は，平均位置決め時間と平均回転待ち時間の合計である。

ア　7　　イ　10　　ウ　12　　エ　14

1ミリ秒とは，1/1000秒のことです。
平均回転待ち時間は，1回転に要する時間の1/2です。
1回転に要する時間は，

60,000ミリ秒　→　4,200回転
?　ミリ秒　←　1回転

1分間は
6万ミリ秒

たすき掛けに掛け算したものどうしが等しくなる

60,000　4,200
?　1

たすき掛け解法

4,200 × ? = 60,000 × 1

1回転に要する時間は60000／4200＝100／7ミリ秒なので，平均回転待ち時間はその1／2，つまり50／7≒7.14ミリ秒です。
平均待ち時間＝平均位置決め時間＋平均回転待ち時間
≒5＋7.14≒12.14　約12ミリ秒となります。

確認問題 2

▶平成30年度春期　問12　　正解率 ▶ 低

応用

SDメモリカードの上位規格の一つであるSDXCの特徴として，適切なものはどれか。

ア　GPS，カメラ，無線LANアダプタなどの周辺機能をハードウェアとしてカードに搭載している。
イ　SDメモリカードの4分の1以下の小型サイズで，最大32Gバイトの容量をもつ。
ウ　著作権保護技術としてAACSを採用し，従来のSDメモリカードよりもセキュリティが強化された。
エ　ファイルシステムにexFATを採用し，最大2Tバイトの容量に対応できる。

SDXCの特徴は，最大2Tバイトの容量に対応できることです。exFATは従来のファイルシステムであるFATを拡張したもので，最大容量や1ファイルの最大サイズが大きくなっています。

解答

問題1：ウ　　問題2：エ

1 08 入出力装置

時々出　必須　超重要

イメージでつかむ

ディスプレイは多数の点の集合で文字や画像を描いています。点の数が多いほど，きめ細かく，自然ななめらかさを表現することができます。

入力装置

入力装置は，**コンピュータにプログラムやデータのほか，音声や画像などを入力したり，コンピュータに指示を与えたりする装置**です。人に例えると五感に当たる部分です。

入力装置は，キーボードなどの文字や数字を入力する装置，マウスやタブレットなどの位置情報を入力する装置，イメージスキャナなどのイメージを入力する装置などに分類できます。

なお，位置情報を入力する装置を総称して，**ポインティングデバイス**と呼びます。

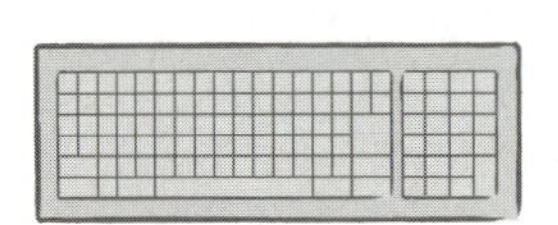

キーボード

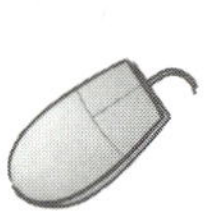

マウス

タブレット

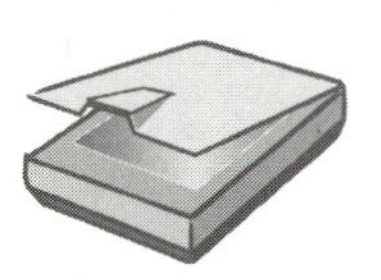

イメージスキャナ

知っ得情報　タッチパネル

銀行のキャッシュディスペンサやスマートフォン，タブレット端末などでは，タッチパネルの表面に電界が形成され，**タッチした部分の表面電荷の変化を捉えて位置を検出する静電容量方式タッチパネル**が用いられています。

バーコードリーダ

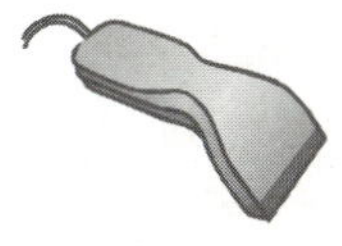

バーコードリーダは，**商品などに印字された帯状のバーコードを読み取る装置**です。POSシステムの入力装置として用いられています。

もっと詳しく POSシステム

POSシステム（POS：Point of Sales）は，レジ入力の自動化を図るだけでなく，**バーコードを使って商品の販売情報をリアルタイムに収集し，売筋商品や死筋商品を把握できるシステム**です。これにより，迅速な受発注を行うことができます。

次のようなバーコードが使われています。最近はスマートフォンでも読み取れます。

JANコード	**日本で流通しているさまざまな商品を管理するためのコード。**帯状の縞しまの並びがデータを表し，国コード・メーカコード・商品アイテムコード・チェックディジット（9-04参照）で構成されている
QRコード	**小さな領域に多くの情報を格納でき，エラー訂正機能を持つ二次元コード。**360度のどの方向からでも読み取り可能。「○○pay」などのQRキャッシュレス決済でも用いられている

知っ得情報 RFID

RFID（Radio Frequency IDentification）は，**極小のICチップにアンテナを組み合わせた電子荷札**です。電磁波を用いて情報を非接触で読み取ります。**ICタグ**とも呼ばれています。商品タグや電車の定期券（Suica，ICOCAなど），図書館の自動貸出機などで利用されています。また**NFC**は，**RFIDの国際規格**です。

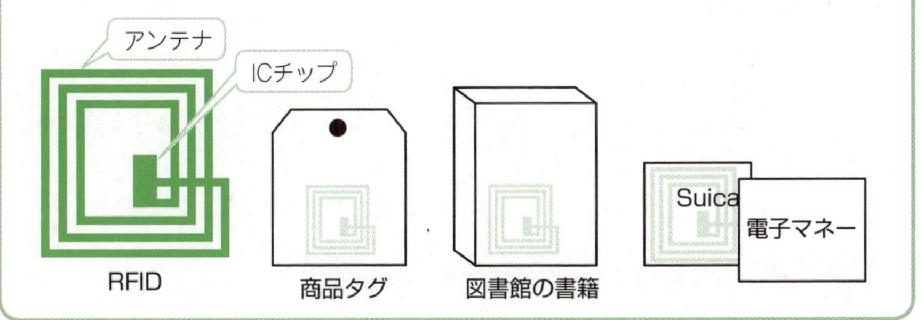

出力装置

出力装置は，**コンピュータ内部で処理したデータを外部に出力する装置**です。ディスプレイやプリンタなどがあります。

ディスプレイ

ディスプレイには，次のような種類があります。

液晶ディスプレイ	光の透過を画素ごとに制御し，カラーフィルタを用いて色を表現する。液晶自体は発光しないので，バックライトまたは外部の光を取り込む仕組みが必要
有機ELディスプレイ	電極の間に電気を通すと発光する特殊な有機化合物を挟んだ構造。発光ダイオードの一種で，自ら発光しバックライトが不要なため，薄型にでき，低電圧駆動・低消費電力

解像度

ディスプレイの文字や画像は，点（ドット）が集まって表現されています。このドットのことを**画素**や**ピクセル**（pixel）とも呼びます。

ディスプレイの**解像度**は，例えば「1,280×1,024ドット」のように横方向と縦方向のドット数で表します。同じ大きさのディスプレイなら，ドット数が大きいほど解像度が高く，きめ細かい自然な文字や画像を表現することができます。

VRAM

VRAM（Video RAM）は，**ディスプレイに表示される内容を一時的に記録するために使用される専用のメモリ**です。ディスプレイに表現できる解像度や色数は，VRAMの容量によって決まります。

1ドットに2色を表現するには1ビット（0，1），4色を表現するには2ビット（00，01，10，11），8色を表現するには3ビット（000，001，010，011，100，101，110，111）を，それぞれの色に対応させます。

一般的に，nビットでは2^n通りの色を対応させることができます。

1ドット当たりに必要なビット数	色　数
1ビット	2色（2^1）
8ビット	256色（2^8）
16ビット	65,536色（2^{16}）
24ビット	16,777,216色（2^{24}）

フルカラーともいう。最も自然な色を表現できる

参考 [光の3原色と色の3原色]

ディスプレイは，R (Red：赤)，G (Green：緑)，B (Blue：青) という光の3原色 (RGB) の組合せで表現しています。

プリンタは，C (Cyan：シアン)，M (Magenta：マゼンタ)，Y (Yellow：イエロー) の3原色の組合せに，K (Key plate：ブラック) を加えた4色 (CMYK) を使っています。最近は，さらに色を加えたプリンタがあります。

プリンタ

プリンタには，次のような種類があります。

レーザプリンタ 	コピー機と同じ原理で，光導電物質を表面に塗布した感光ドラムにレーザ光を当てて像を作り，ドラムに付着したトナーを紙に転写して印刷する。印字音が静かで，印刷品質も非常に高く，ページ単位で印刷するため高速で，ビジネス用のプリンタとしてよく用いられる。プリンタの性能を表す指標の一つに，1分間に印刷できるページ数を示す**PPM** (Page Per Minute) がある
インクジェットプリンタ 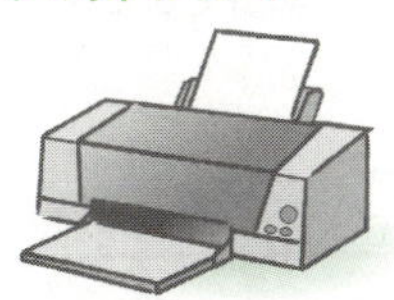	印字ヘッドのノズルからインクを吹き付けることによって印刷する。印字音が静かで，印刷品質も高く，低価格でカラー印刷できるため，個人向けのプリンタとしてよく用いられる
ドットインパクトプリンタ 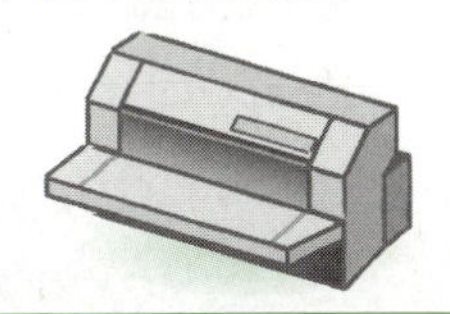	印字ヘッドの多数のピンでインクリボンに衝撃（インパクト）を与えることによって印刷する。衝撃を与え印字するために印字音が大きく，印刷品質も高くないが，複写式の伝票印刷に用いられる

もっと詳しく dpi

dpi (dots per inch) は，**解像度の単位**です。1インチ (約2.54㎝) 当たりのドット数で表します。プリンタやスキャナの解像度に用いられています。

1インチ
300ドット
300dpi

3Dプリンタ

3Dプリンタは，モデリングソフトで作成した**3Dのデータに基づいて，熱で溶かした樹脂や金属粉末を層状に積み重ねるなどの方法で立体物を作成できるプリンタ**です。工業製品の試作品や抜型の制作，医療など，さまざまな分野で利用されています。

アドバイス［8割正解を目指そう］

ここまでにいくつか過去問を解いてきたかと思います。簡単なもの，難しいもの，いろいろあったのではないでしょうか。

基本情報技術者試験は，60/100点が合格点です。4割までは間違えてもよいわけです。ただしうっかりミスなどもありますから，念のため保険をかけて，8割正解を目指しましょう。

確認問題 1　▸平成30年度春期　問72　正解率▸高　基本

コンビニエンスストアにおいて，ポイントカードなどの個人情報と結び付けられた顧客ID付きPOSデータを収集・分析することによって確認できるものはどれか。

ア　商品の最終的な使用者　　イ　商品の店舗までの流通経路
ウ　商品を購入する動機　　エ　同一商品の購入頻度

会計時にポイントカードを提示することで，顧客IDと販売データが紐づけられます。顧客ID付きPOSデータは，どのIDの客が，いつ，どの商品を買ったか把握できます。つまり同一商品をどのくらいの頻度で購入したかがわかります。

確認問題 2　▸応用情報　令和3年度春期　問21　正解率▸高

RFIDの活用事例として，適切なものはどれか。

ア　紙に印刷されたディジタルコードをリーダで読み取ることによる情報の入力
イ　携帯電話とヘッドフォンとの間の音声データ通信
ウ　赤外線を利用した近距離データ通信
エ　微小な無線チップによる人又は物の識別及び管理

ア　QRコード　　イ　Bluetooth　　ウ　IrDA　　エ　RFID

RFIDは，微小な電磁波を用いて情報を非接触で読み込み，人や物の管理に利用します。

最近は商品の値札に埋め込む事例もあります。

確認問題 3　▸平成31年度春期 問12　正解率 ▸ 中　基本

3Dプリンタの機能の説明として，適切なものはどれか。

ア　高温の印字ヘッドのピンを感熱紙に押し付けることによって印刷を行う。
イ　コンピュータグラフィックスを建物，家具など凹凸のある立体物に投影する。
ウ　熱溶解積層方式などによって，立体物を造形する。
エ　立体物の形状を感知して，3Dデータとして出力する。

要点解説
ア　感熱式プリンタ（レシートなどの印刷に使われる）
イ　プロジェクションマッピング（2-05参照）
ウ　3Dプリンタ
エ　3Dスキャナ

確認問題 4　▸平成25年度秋期 問11　正解率 ▸ 中

1文字が，縦48ドット，横32ドットで表される2値ビットマップのフォントがある。文字データが8,192種類あるとき，文字データ全体を保存するために必要な領域は何バイトか。ここで，1Mバイト＝1,024kバイト，1kバイト＝1,024バイトとし，文字データは圧縮しないものとする。

ア　192k　　イ　1.5M　　ウ　12M　　エ　96M

要点解説
2値ビットマップというのは，黒か白で表されるデータのことです。一つのドットの色情報を1か0かという1ビットで表せます。
必要な文字データの容量をバイト単位で算出すると，

48 × 32 × 1 × 8,192 ÷ 8 = 1,572,864バイト
1,572,864 ÷ 1,024 ÷ 1,024 = 1.5Mバイトとなります。

【別解】
ここで，文字数の「8,192」が1,024 × 8であることに気付くと，より効率よく計算できます。

48 × 32 ~~× 1 × 1,024 × 8 ÷ 8 ÷ 1,024~~ ÷ 1,024 = 1.5

解答

問題1：エ　　問題2：エ　　問題3：ウ　　問題4：イ

1-09 入出力インタフェース

時々出　必須　超重要

イメージでつかむ

各電気製品は，コンセントに接続すると使えます。これはコンセントの接続口や電圧などの規格が決まっているからです。

コンピュータの本体に周辺装置を接続する規格も決まっています。

入出力インタフェース

PC本体には，入出力装置や補助記憶装置などのさまざまな周辺装置を接続します。**入出力インタフェース**は，**PC本体と周辺機器を接続するための規格の総称**です。コネクタやケーブルの形状，データ転送の規格などを指します。

USB

USB（Universal Serial Bus）は，**PCと周辺装置を接続する標準的なシリアルインタフェース**（データを高速に1ビットずつ直列に転送するインタフェース）です。マウスやキーボード，磁気ディスク装置，プリンタ，スキャナなどの各種の周辺装置が接続できます。PCには，数個程度のポート（差込み口）がありますが，**USBハブ**という集線装置を使えば，最大127台までの機器を接続できます。

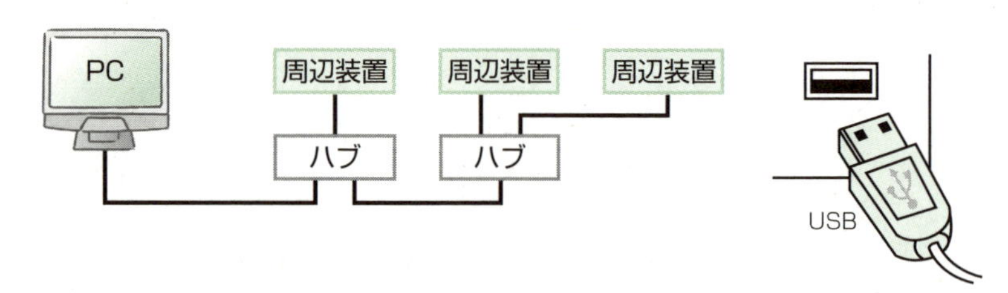

USBには，次のような規格があります。さらには，USB3.1（10Gbps）・USB3.2（20Gbps）なども登場してきています。

規　格	最大転送速度（bps：ビット/秒）	モード
USB1.1	12Mbps	フルスピード
USB2.0	480Mbps	ハイスピード
USB3.0	5Gbps	スーパースピード

USBはケーブルの両端のコネクタ形状が異なっており，次のようなものがあります。USB3.1では，両端の形状が同じで，コネクタの上下の区別が不要なType-Cを採用しています。さらには，Type-AとType-Bには小さいサイズminiやmicroもあります。

もっと詳しく　ホットプラグ・バスパワー

ホットプラグは，**接続されている機器の電源を入れたままで抜き差しできる機能**です。USBはホットプラグに対応しています。なお一昔前までは，機器を新たに接続する，または取り外す場合には，電源を切った状態で行う必要がありました。

バスパワーは，**USBのケーブルを介して，パソコンの本体から電源を供給する方式**です。ACアダプタが不要になり，配線の取り回しが容易です。接続できるのは消費電力の小さい機器に限られていましたが，USB PDという規格なら240Wまでの電力も供給できます。

HDMI

HDMIは，**映像や音声，制御信号を，1本のケーブルで入出力できるインタフェース**です。例えば，PCやスマートフォン，ディジタルカメラなどの映像・音声をTVに出力できます。端子は通常のサイズのものと，スマートフォンなどに使われるmicro HDMIがあります。

HDMI端子

Bluetooth

Bluetoothは，**免許不要の2.4GHz帯の電波を利用したインタフェース**です。半径100m程度の範囲で最大通信速度は24Mbpsです。指向性なく通信でき，ノート型PCやスマートフォンでのデータ交換やプリンタへの印刷データ送信などに用いられています。身近な例では，スマートフォン用のワイヤレスイヤホンなどに使われています。

また，**BLE**（Bluetooth Low Energy）は，Bluetoothの通信方式の一つです。少ない消費電力で長時間動作する特徴があり，IoT（11-05参照）機器に適しています。

Zigbee

Zigbeeは，**免許不要の2.4GHz帯の電波を利用したインタフェース**です。Bluetoothよりも電波の届く範囲は狭く，通信速度も最大で250kbpsと遅いですが，低コスト・低消費電力が特徴です。センサネットワークへの応用が進められています。

ここで，**LANよりも狭い，数m程度の近距離のIT機器同士が通信するネットワーク**を**PAN**（Personal Area Network）といいます。BLEやZigbeeなどが用いられます。

確認問題 1　平成30年度秋期　問12　正解率 中　応用

USB3.0の説明として，適切なものはどれか。

ア　1クロックで2ビットの情報を伝送する4対の信号線を使用し，最大1Gビット／秒のスループットをもつインタフェースである。
イ　PCと周辺機器とを接続するATA仕様をシリアル化したものである。
ウ　音声，映像などに適したアイソクロナス転送を採用しており，ブロードキャスト転送モードをもつシリアルインタフェースである。
エ　スーパースピードと呼ばれる5Gビット／秒のデータ転送モードをもつシリアルインタフェースである。

ア　LANの規格であるEthernetのうちの1000BASE-Tです。
イ　内蔵HDDなどを接続するシリアルATAです。
ウ　IEEE1394のことです。なおアイソクロナス転送とは一定時間あたりのデータ量を保証する方式で，ブロードキャスト転送とは1対多の送信が可能な方式です。

解答

問題1：エ

第2章

ソフトウェアとマルチメディア

2-01 ソフトウェア

時々出　**必須**　超重要

イメージでつかむ

基本情報の勉強は，基礎をマスターしてから応用に進みましょう。何事も基礎の上に応用が成り立っています。

ソフトウェアも，基本ソフトウェア上で応用ソフトウェアが動作します。

 OS

オペレーションシステム（**OS**：Operating System）は，**ハードウェアやアプリケーションソフトウェア（応用ソフトウェア）を管理・制御するソフトウェア**です。PCやタブレット，スマートフォンなどのコンピュータを動作させる機能を提供するものです。**基本ソフトウェア**とも呼ばれています。Windowsやmac OS，UNIX，Linux，Android，iOSなどがその例です。

制御プログラム

制御プログラムは，**ハードウェア資源の状態を常に監視して，コンピュータの効率的な利用を実現するソフトウェア群**です。狭義のOSとも呼ばれています。

その主な機能には，次のようなものがあります。

ジョブ管理	ジョブのスケジュール管理を行う。ジョブの投入から結果が出るまでの過程を提供する（2-02参照）
タスク管理	CPUを効率よく使用するための割当てを行う。CPUが複数のタスクを実行できるマルチタスクの機能を提供する（2-02参照）
記憶管理	主記憶を効率よく管理する。実記憶管理と仮想記憶管理を提供する（2-03参照）
ファイル管理	ディレクトリやファイルを管理するファイルシステムの機能を提供する（2-04参照）
その他	入出力管理，通信管理，セキュリティ管理，運用管理，障害管理，など

もっと詳しく 各種のソフトウェア

ワープロソフトや表計算ソフト，プレゼンテーションソフト，Webブラウザ，メールソフトなど，**OS上で稼働する特定の目的を実現するためのソフトウェア**は，**アプリケーションソフトウェア**（**応用ソフトウェア**）と呼ばれています。

さらに，**OSとアプリケーションソフトウェアの中間に位置し，統一的なインタフェースや共通の基本機能を提供するソフトウェア**である**ミドルウェア**があります。DBMS（6-01参照）などがその例です。

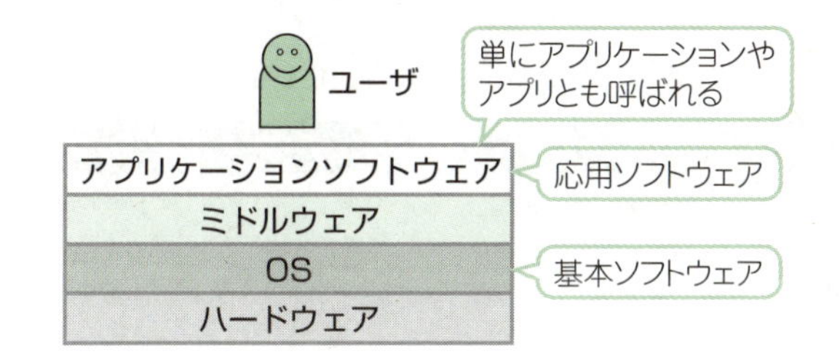

API

API（Application Program Interface）は，**アプリケーションから，OSが用意する各機能を利用するための仕組み**です。OSの各機能を利用するための規約が定められており，その規約に従えば機能を呼び出すだけで利用できます。ソフトウェアの開発者は，一から処理内容を記述する必要はなく，そのAPIを使用することで効率よくソフトウェア開発ができます。

知っ得情報 デバイスドライバ

デバイスドライバは，**PCに接続した周辺機器を制御するソフトウェア**です。アプリケーションからの要求に従って，ハードウェアを直接制御します。例えば，プリンタを新たに追加する場合には，プリンタドライバをインストールする必要があります。最近では，OSに周辺機器のデバイスドライバが多数内蔵されているので，**プラグアンドプレイ**（プラグを挿すだけで必要な設定をしてくれる機能）で使用できることも多くなっています。

OSS

オープンソースソフトウェア（**OSS**：Open Source Software）は，**ソースコードを公開しているソフトウェア**で，無保証を原則として，誰でも自由にソースコードを改変し再頒布することで，ソフトウェアを発展させていこうという考えがあります。

OSSを認定する非営利団体であるOSI（Open Source Initiative）では，OSSの最低条件として，「頒布先となる個人やグループ・利用分野を制限しない」，「再頒布で追加ライセンスを要求しない」，「特定製品に限定したライセンスにしない」，などを挙げています。

ここで，PC用やIoTデバイス用など，用途に応じてOSやGUI環境（9-04参照），フォント，アプリケーションソフトなどを組み合わせてパッケージにして再頒布する団体を**ディストリビュータ**といいます。

また，再頒布する際には，必ずしも無料にする必要はなく，機能やサービスを追加し有料にすることもできます。

代表的なOSSに次のようなものがあります。

分類	OSS
OS	Linux
オフィスツール	OpenOffice.org
WWWブラウザ	Firefox
電子メール	Thunderbird

分類	OSS
Webサーバ	Apache
DNSサーバ	Bind
メールサーバ	Postfix
データベース	MySQL
統合開発環境	Eclipse

OSSのライセンス

OSSを利用する際のライセンス条件の代表的なものに，BSD（Berkeley Software Distribution）ライセンスとGPL（GNU General Public License）があります。

BSDライセンスは，「無保証であること」，「改変後の再頒布の際に元のソフトウェアの著作権表示部分やライセンス条文は残すこと」の二つの制約があります。

GPLはこれに加えて，コピーレフトという制約があります。**コピーレフト**は，**著作権を保持したまま，プログラムの複製・改変・頒布を制限せず，そのプログラムから派生した二次著作物（派生物）には，オリジナルと同じ配布条件を適応するという考え方**です。つまり，「ソフトウェアを独占せず，みんなで改良して共有の財産にしよう」ということです。コピーレフトとなっているプログラムを改変してプログラムを作った場合は，頒布先にソースコードを開示しなければライセンスに違反します。

改変後の派生ソフトウェアの再頒布に対する制限の違いは，次のとおりです。

	保証	元ソースの著作権・ライセンス表示	変更したこと自体の表示	ソースコードの開示	別のライセンスにする
BSD	無保証	必要	必要なし	必要なし	可能
GPL	無保証	必要	必要	必要	禁止

確認問題 1 ▶平成31年度春期 問17 正解率 ▶ 高 基本

デバイスドライバの説明として，適切なものはどれか。

ア　PCに接続された周辺機器を制御するソフトウェア
イ　アプリケーションプログラムをPCに導入するソフトウェア
ウ　キーボードなどの操作手順を登録して，その操作を自動化するソフトウェア
エ　他のPCに入り込んで不利益をもたらすソフトウェア

要点解説

デバイスドライバは，PCに接続した周辺機器をアプリケーションから利用できるようにするためのソフトウェアです。

イ　インストーラ
ウ　RPA（11-01参照）
エ　マルウェア（8-02参照）

確認問題 2 ▶平成31年度春期 問20 正解率 ▶ 低 応用

OSIによるオープンソースソフトウェアの定義に従うときのオープンソースソフトウェアに対する取扱いとして，適切なものはどれか。

ア　ある特定の業界向けに作成されたオープンソースソフトウェアは，ソースコードを公開する範囲をその業界に限定することができる。
イ　オープンソースソフトウェアを改変して再配布する場合，元のソフトウェアと同じ配布条件となるように，同じライセンスを適用して配布する必要がある。
ウ　オープンソースソフトウェアを第三者が製品として再配布する場合，オープンソースソフトウェアの開発者は第三者に対してライセンス費を請求することができる。
エ　社内での利用などのようにオープンソースソフトウェアを改変しても再配布しない場合，改変部分のソースコードを公開しなくてもよい。

ア　利用分野は限定できません。
イ　自由に再配布可能です。なおGPLではこの条件があります。
ウ　追加のライセンス費は請求できません。
エ　改変部分の公開義務はありません。

解答

問題1：ア　　問題2：エ

2-02 ジョブ管理とタスク管理

時々出　必須　超重要

イメージでつかむ

病院へ行くと，診察前と診察後に病院の受付で待たされ，行列ができます。

コンピュータに仕事を与えると，同じように内部では待ち行列ができています。

ジョブとタスク

ジョブは，**利用者から見た仕事の単位**で，利用者がコンピュータに実行を依頼する単一のプログラムや，バッチ処理（5-01 参照）などの一連のプログラム群のことです。

これに対して，**タスク（プロセス）**は，**OSから見た仕事の単位**で，コンピュータに投入されたジョブはいくつかのタスクに分解されます。

OSには，このジョブやタスクを効率よく管理する機能があります。

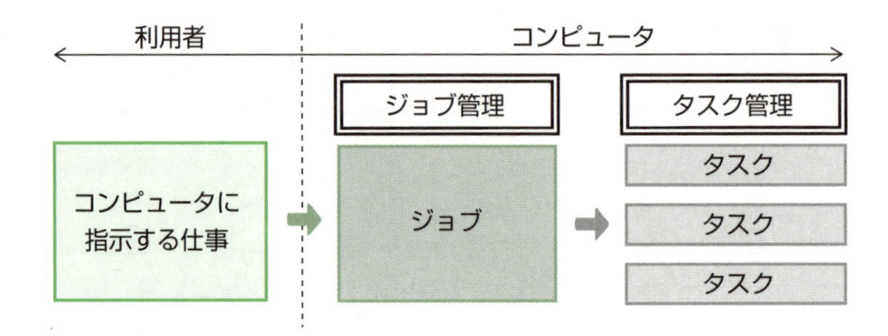

"くれば"で覚える

ジョブ　とくれば　**利用者から見た仕事の単位**
タスク　とくれば　**OSから見た仕事の単位**

ジョブ管理

ジョブ管理の機能の一つに，ジョブのスケジューリングがあり，ジョブの入力と出力を管理します。コンピュータに投入されたジョブは，**入力待ち行列**に登録され，順番に処理されるのを待ちます。また，処理された後は**出力待ち行列**に登録され，順番にプリンタなどに処理結果が出力されるのを待ちます。入力待ち行列・出力待ち行列は，キュー構造（4-04参照）です。これは，病院で診察前と診察後に受付で順番待ちしているようなイメージです。

スプーリング

スプーリングは，**主記憶装置と低速の入出力装置との間のデータ転送を，補助記憶装置を介して行うこと**です。例えば，プリンタへの出力データを一時的に磁気ディスクに書き込み，プリンタの処理速度に合わせて少しずつ出力させます。スプーリングは，スループット（5-04参照）の向上に役立ちます。

"くれば"で覚える

スプーリング とくれば **出力データを磁気ディスクに書き込んでから出力する（CPUの有効活用）**

タスク管理

タスク管理では，タスクの生成から消滅までを，実行可能状態・実行状態・待ち状態の三つの状態で管理しながら，CPUを有効活用しています。

実行可能状態 (Ready)	CPUの使用権が割り当てられるのを待っている状態。実行可能状態のタスクが複数存在する場合は，待ち行列を形成している
実行状態 (Run)	CPUの使用権が割り当てられ，実行している状態。CPUが一つしかない場合は，実行状態のタスクは一つだけ存在する
待ち状態 (Wait)	他のタスクが入出力装置を使用しているので，入出力処理が完了するのを待っている状態

タスクの状態遷移

タスクは次の図のように遷移（せんい）していきます。

①生成された直後のタスクは実行可能状態となる

②実行可能状態のタスクから実行するタスクを選択して，そのタスクにCPUの使用権を割り当てると実行状態へ遷移する。この**CPUの割当て**を**ディスパッチ**という

③実行状態中に，他の優先順位が高いタスクが実行可能状態になると，割込み（後述）が発生し，優先順位の高いタスクにCPUの使用権が割り当てられる。現在の実行状態のタスクは実行可能状態へ遷移する

④実行状態中に，入出力待ちが生じた場合は，入出力処理が完了するまで待ち状態へ遷移する

⑤入出力処理が完了すれば実行可能状態に遷移する

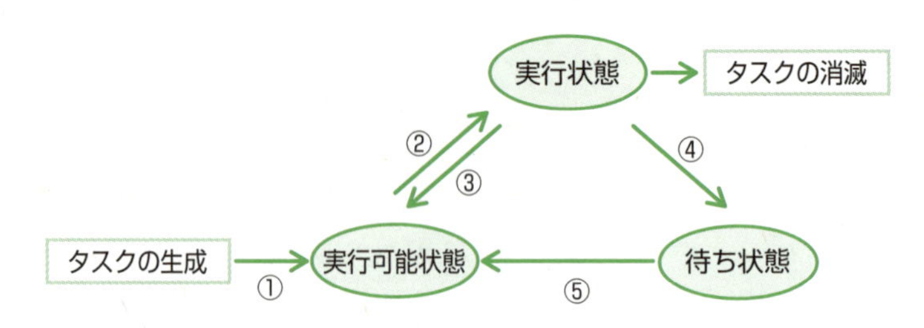

タスクのスケジューリング

複数のタスクの中から，どのタスクにCPUの使用権を割り当てるかを決める方式として，次のようなものがあります。

到着順方式	実行可能待ち行列の先頭にあるタスクから順に，CPUの使用権を割り当てる
処理時間順方式	処理予定時間が最も短いタスクから順に，CPUの使用権を割り当てる
優先度順方式	優先度の高いタスクから順に，CPUの使用権を割り当てる
ラウンドロビン方式	実行可能待ち行列の先頭にあるタスクから順に，CPUの使用権を割り当て，一定時間（**タイムスライス**）が経過した場合は，実行を中断して，実行可能待ち行列の最後尾に加える

マルチタスク

マルチタスクは，**複数のタスクにCPUの処理時間を順番に割り当てることで，タスクが同時に実行されているように見せる方式**です。これにより，CPUを有効活用することができます。**マルチプログラミング**とも呼ばれています。

"くれば"で覚える

マルチタスク　とくれば　**見かけ上，複数のタスクを並行処理する（CPUの有効活用）**

例えば，タスクAとBがあり，それぞれを単体で実行したときのCPU，入出力装置(I/O)の占有時間は，次のとおりだとします。

タスクA	CPU	→	I/O	→	CPU	→	I/O	→	CPU	
	20		30		20		40		10	ミリ秒
タスクB	CPU	→	I/O	→	CPU	→	I/O	→	CPU	
	10		30		20		20		20	ミリ秒

ここで，タスクAとBを1台のCPUのもとで同時に起動したとき，タスクBが終了するのは起動の何ミリ秒後かを見ていきましょう。タスクなどの実行条件は次のとおりです。

①タスクの実行優先度はAの方がBより高い
②タスクA，Bは同一の入出力装置を使用する
③CPU処理を実行中のタスクは，入出力処理を開始するまでは実行を中断されない
④入出力装置も入出力処理が終了するまで実行を中断されない
⑤CPU処理の切替え(タスクスイッチ)に必要な時間は無視できる

まずは，理解しやすくするために優先度が高いタスクAから考えましょう。タスクAは，単体では120ミリ秒かかります。

CPU	→→	→→	→	
I/O	→→	→→		

I/O処理を行っている間は，CPUは利用されず遊んでしまっています。この時間は，**遊休時間**(**アイドルタイム**)と呼ばれています。ここで，CPUを遊ばせておいては効率が悪いので，その間にタスクBを実行させます。

したがって，タスクBが終了するのは起動の160ミリ秒後です。

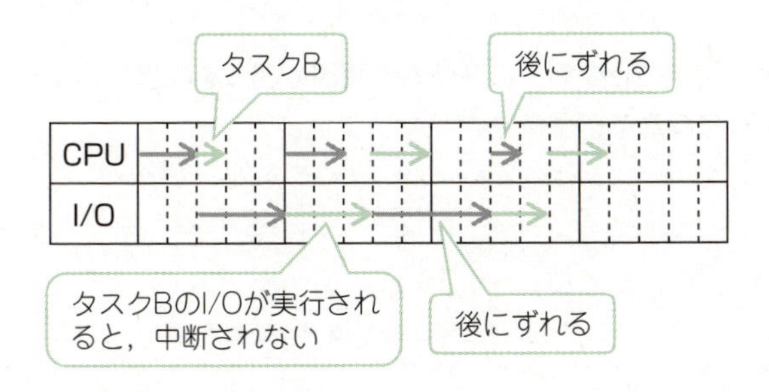

ここでは，理解しやすくするために個別に考えましたが，実際は並行しながら，あたかも同時に実行しているかのように見えます。

もっと詳しく タスクの実行方式

タスクの実行方式には，**OSがCPUを管理せずプログラムに任せる**ノンプリエンプティブ方式と，**OSがCPUを管理する**プリエンプティブ方式があります。

現在はプリエンプティブ方式が主流で，先で見たように，OSが実行中のタスクを中断しながら，他のタスクにCPUの使用権を割り当て処理する方式です。

知っ得情報 並行処理

マルチスレッドは，**一つのプログラムの中で並行処理が可能な部分を，複数の処理単位**（スレッド）**に分解して，それらを並行して処理するOSの機能**です。マルチコアCPUを使用したコンピュータの処理能力を有効活用することができ，複数のコアでスレッドを並行処理します。

割込み処理

割込みは，**実行中のプログラムを一時中断し，制御プログラムに制御を移して，必要とする別の処理に切り替えること**です。割込みが発生すると，割込みが発生したときに実行していた命令の次の命令アドレスが退避され，割込み処理が実行されます。割込み処理が完了すると，退避されていたアドレスが復帰され，割込み直前に実行していたプログラムの実行が再開されます。

攻略法 …… これが割込みのイメージだ！

読書をしていると電話がかかってきた（割込み）ので，読んでいたページにしおりを挟み（アドレス退避），電話に出た。用件を話し終えたので電話を切り，しおりを挟んでいたページを開いて読書を続けた（プログラムの再開）。

なお，割込みには，**実行中のプログラムが原因で起こる**内部割込みと，**実行中のプログラム以外が原因で起こる**外部割込みがあります。

内部割込み

プログラム割込み	ゼロによる除算，桁あふれ，ページフォルト（2-03参照），記憶保護例外など，不正な命令が原因で起こる
SVC割込み (SuperVisor Call)	プログラムがOSに入出力を要求したときなどに起こる

外部割込み

機械チェック割込み	電源異常，主記憶の故障など，ハードウェアの故障が原因で起こる
入出力割込み	入出力装置の入出力動作が完了したときに起こる
タイマ割込み	プログラムの実行時間が設定時間を超過したときに起こる
コンソール割込み	オペレータが介入したときに起こる

知っ得情報 M/M/1の待ち行列モデル

コンビニのレジでは，客が増えるとレジの処理が追い付かず，行列が発生します。このようなときの平均待ち時間を求めるのに使われるのが**待ち行列モデル**です。**M/M/1の待ち行列モデル**では，客の到着はランダムで，レジの処理時間も客ごとにランダム，処理する窓口は一つ，先着順に処理し，列への割込みや途中抜けはないという条件で考えます。

コンピュータの世界に応用され，ジョブを客に，CPUをレジに当てはめてたりして考えます。

確認問題 1　▸平成30年度秋期　問16　正解率▸中　頻出　計算

三つのタスクの優先度と，各タスクを単独で実行した場合のCPUと入出力装置(I/O)の動作順序と処理時間は，表のとおりである。優先度方式のタスクスケジューリングを行うOSの下で，三つのタスクが同時に実行可能状態になってから，全てのタスクの実行が終了するまでの，CPUの遊休時間は何ミリ秒か。ここで，CPUは1個であり，1CPUは1コアで構成され，I/Oは競合せず，OSのオーバヘッドは考慮しないものとする。また，表中の(　)内の数字は処理時間を示すものとする。

優先度	単独実行時の動作順序と処理時間(ミリ秒)
高	CPU(3) → I/O(5) → CPU(2)
中	CPU(2) → I/O(6) → CPU(2)
低	CPU(1) → I/O(5) → CPU(1)

ア 2　　イ 3　　ウ 4　　エ 5

I/Oは競合せずということは，複数のタスクで同時使用できるということです。優先度の高いタスクから見ていきます。図の→は「高」のタスク，→は「中」のタスク，→は「低」のタスクです。CPUの遊休時間は3ミリ秒となります。

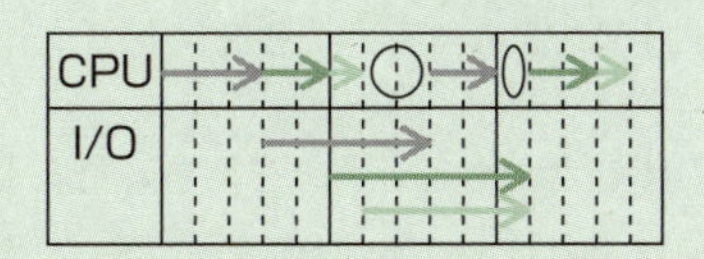

確認問題 2　▸平成30年度春期　問10　正解率 ▸ 中　頻出　基本

内部割込みに分類されるものはどれか。

ア　商用電源の瞬時停電などの電源異常による割込み
イ　ゼロで除算を実行したことによる割込み
ウ　入出力が完了したことによる割込み
エ　メモリパリティエラーが発生したことによる割込み

内部割込みは，実行中のプログラムが原因で起こる割込みです。プログラム上でゼロで除算を実行すると，エラー処理になりますが，これが内部割込みです。

確認問題 3　▸平成30年度秋期　問17　正解率 ▸ 中　基本

スプーリング機能の説明として，適切なものはどれか。

ア　あるタスクを実行しているときに，入出力命令の実行によってCPUが遊休（アイドル）状態になると，他のタスクにCPUを割り当てる。
イ　実行中のプログラムを一時中断して，制御プログラムに制御を移す。
ウ　主記憶装置と低速の入出力装置との間のデータ転送を，補助記憶装置を介して行うことによって，システム全体の処理能力を高める。
エ　多数のバッファから成るバッファプールを用意し，主記憶装置にあるバッファにアクセスする確率を上げることによって，補助記憶装置のアクセス時間を短縮する。

スプーリングは，システム全体のスループットを高めるため，主記憶装置と低速の入出力装置とのデータ転送を，高速の補助記憶装置を介して行う方式のことです。

確認問題 4　▸令和元年度秋期　問18　正解率 ▸ 中　応用

優先度に基づくプリエンプティブなスケジューリングを行うリアルタイムOSで，二つのタスクA，Bをスケジューリングする。Aの方がBよりも優先度が高い場合にリアルタイムOSが行う動作のうち，適切なものはどれか。

ア　Aの実行中にBに起動がかかると，Aを実行可能状態にしてBを実行する。
イ　Aの実行中にBに起動がかかると，Aを待ち状態にしてBを実行する。
ウ　Bの実行中にAに起動がかかると，Bを実行可能状態にしてAを実行する。
エ　Bの実行中にAに起動がかかると，Bを待ち状態にしてAを実行する。

Aの方がBよりも優先度が高いので，Bの実行中にAに起動がかかると，Bを実行可能状態にしてAを実行します。

確認問題 5

▸令和元年度秋期　問17　　正解率▸低　計算

図の送信タスクから受信タスクにT秒間連続してデータを送信する。1秒当たりの送信量をS，1秒当たりの受信量をRとしたとき，バッファがオーバフローしないバッファサイズLを表す関係式として適切なものはどれか。ここで，受信タスクよりも送信タスクの方が転送速度は速く，次の転送開始までの時間間隔は十分にあるものとする。

ア　L< (R − S) × T　　イ　L< (S − R) × T

ウ　L≧ (R − S) × T　　エ　L≧ (S − R) × T

要点解説

速度差のある装置間のギャップを補うものをバッファといいます。Bufferは，「緩衝」という意味です。

まず，栓のないバスタブ（バッファ）に水を入れるとイメージしましょう。入る量より出る量が少ないと水が貯まり，いつかあふれます（オーバフロー）。

1秒当たりの送信量がS，受信量がRで，受信タスクよりも送信タスクのほうが転送速度が速いので，受信側の処理が間に合わず，どんどんバッファに貯まっていくことになります。

バッファに貯まる量は，送信量と受信側の差です。つまり1秒あたりS − Rで，T秒間では (S − R) × Tとなります。

バッファに貯まる量（(S − R) × T）よりも，バッファサイズ（L）が同じか，大きければあふれません。これを式にすると

L≧ (S − R) × Tとなります。

選択肢が式なので身構えてしまいますが，よく読んでみると難しい問題ではありません。

解答

問題1：イ	問題2：イ	問題3：ウ	問題4：ウ	問題5：エ

2-03 記憶管理

時々出　必須　超重要

イメージでつかむ

調べものをしているときは，机が本でいっぱいになります。さらに本を広げたいときは，当面不要の本を本棚に戻します。

コンピュータも，同様のことをしています。

記憶管理

1-02でも触れましたが，**プログラム記憶方式**は，**プログラムを主記憶に読み込んでおき，CPUが順次読み出し実行する方式**です。現在のほとんどのコンピュータはこの方式で，プログラムは磁気ディスクなどの補助記憶に保存されていますが，実行時には主記憶上に配置し，実行が終われば主記憶上から消去されます（主記憶の解放）。

記憶管理では，主記憶の容量には限りがあるため，主記憶を効率よく管理します。

実記憶管理

主記憶そのもの（実記憶）を効率よく管理するために，次のような方式があります。

区画方式

区画方式は，主記憶をいくつかの区画に分割して，プログラムに割り当てる方式です。

固定区画方式	主記憶をあらかじめ決まった大きさの区画に分割する。各プログラムは格納できる大きさの区画に配置される。主記憶の使用効率は悪いが，処理時間は一定で速い
可変区画方式	主記憶をプログラムが必要とする大きさの区画を割り当て，配置される。主記憶の使用効率は良いが，処理時間は不定で遅い

なお，**OSが主記憶の領域の獲得と解放を繰り返していくと，細切れの未使用領域が発生する現象**を**フラグメンテーション**といいます。この発生によって，合計すると十分な未使用領域があるにもかかわらず，必要とする主記憶の領域を獲得できないことがあります。

フラグメンテーションを解決するために，**細切れの未使用領域を連続した一つの領域にまとめ，再び利用可能**にします。これが，**メモリコンパクション**です。

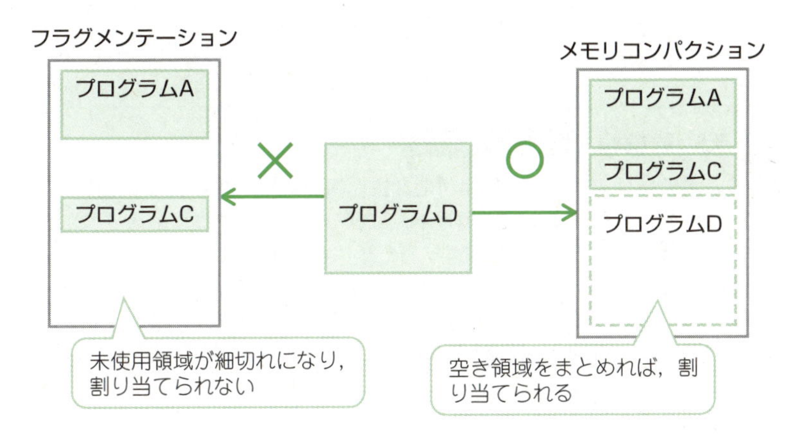

スワッピング方式

スワッピング方式は，主記憶の容量が不足し，複数のプログラムを主記憶上に配置できない場合には，**実行中のプログラムのうち優先度の低いプログラムを一時中断して磁気ディスクに退避**（**スワップアウト**）**して，優先度の高いプログラムを主記憶に配置する**（**スワップイン**）**方式**です。

オーバレイ方式

オーバレイ方式は，**あらかじめプログラムを同時に実行しない排他的な幾つかの単位**（**セグメント**）**に分割しておき，実行時に必要な部分だけを主記憶に配置して実行する方式**です。

例えば，次頁のセグメントAは共通セグメントで，セグメントBとCはセグメントAから呼び出される排他的セグメントです。プログラム全体を主記憶上に配置すると120kバイト必要ですが，セグメントBとCを必要に応じて配置すると80kバイトで済みます。

この方式は，大きなプログラムを小容量の主記憶上で実行させる技術として，家電製品等に組み込まれて動作するプログラムで利用されています。

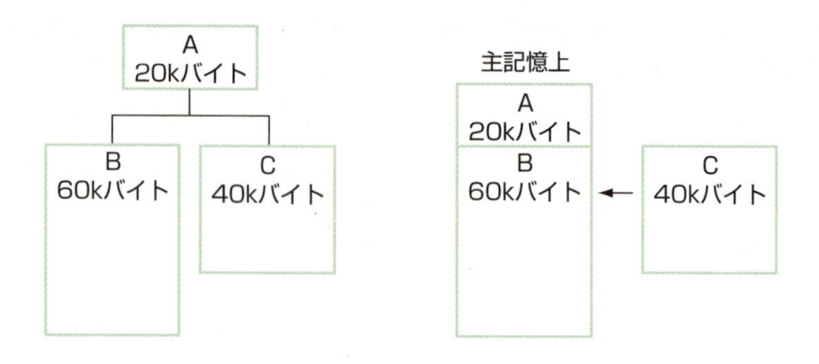

知っ得情報 メモリリーク

メモリリークは，**使用可能な主記憶の容量が減少すること**です。プログラムやOSのバグなどにより，実行中に確保した主記憶領域が解放されないことで発生します。メモリリークを解消するためには，**不要になった領域を解放するガーベジコレクション**を行うか，再起動する必要があります。

最近はスマートフォンでもメモリリークが発生するので，なんだか反応が遅いと感じるときは，再起動すると解消するかもしれません。

仮想記憶方式

仮想記憶方式は，**プログラムを仮想記憶空間に格納しておき，実行時に必要なプログラムやデータを動的に実記憶に配置して実行する方式**です。磁気ディスクやSSDなどの補助記憶を，仮想的な主記憶空間として使います。これにより，見かけ上の主記憶の容量が増え，主記憶の容量よりも大きなメモリを必要とするプログラムも実行できるようになります。今ではほとんどのOSが採用しています。

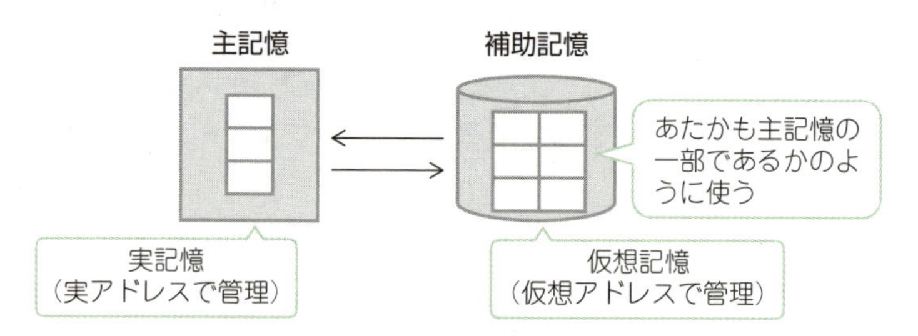

プログラムは仮想記憶空間に格納されているため，プログラムを実行するには仮想記憶上の番地（**仮想アドレス**）を主記憶上の番地（**実アドレス**）に変換する必要があります。この変換を，**動的アドレス変換機構**（**DAT**：Dynamic Address Translator）と呼ばれるハードウェアで行います。

"くれば"で覚える

仮想記憶方式 とくれば **補助記憶の一部を主記憶に見せかけて，大きな記憶空間を作る方式**

ページング方式

仮想記憶管理の一つに，**ページング方式**があります。これは，**主記憶とプログラムを固定長**（ページ）**に分割し，このページ単位で管理する方式**です。「大きなプログラムを実行するときも，ごく短い時間を見れば，必要なのは一部のみであること」を利用したものです。

この方式では，実行するページが主記憶に存在しないときは，**ページフォルト**と呼ばれる割込みが発生し，不要なページを実記憶から補助記憶に追い出し（**ページアウト**），必要なページを補助記憶から主記憶に配置します（**ページイン**）。

なお，**ページフォルトが多発すると，処理効率が急激に低下する現象**が発生します。この現象は，**スラッシング**と呼ばれています。この現象を抑えるためには，主記憶の増設や，ジョブの多重度を下げて主記憶の使用を抑制するなどの対策をとる必要があります。

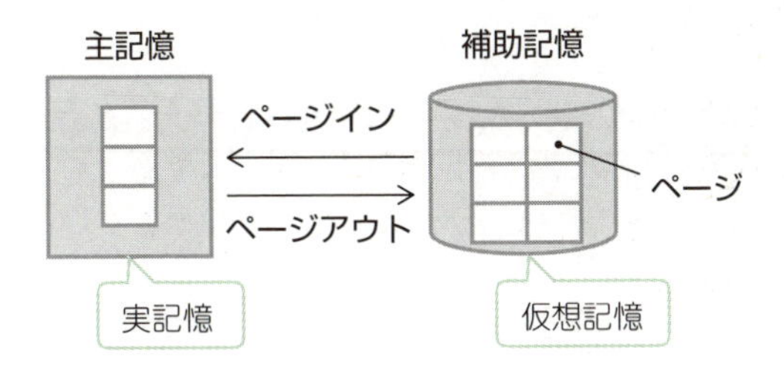

ページ置換えアルゴリズム

ページング方式で，不要なページを決定する主な方法には，次のようなものがあります。

方式	説明
FIFO方式 (First-In First-Out)	最も古くから主記憶に存在するページを置き換える
LRU方式 (Least Recently Used)	最後に参照されてから最も経過時間が長いページを置き換える
LFU方式 (Least Frequently Used)	参照回数が最も少ないページを置き換える

例えば，ページ枠（実記憶のページ数）が3で，初期状態は何も読み込まれていない場合を見ていきましょう。

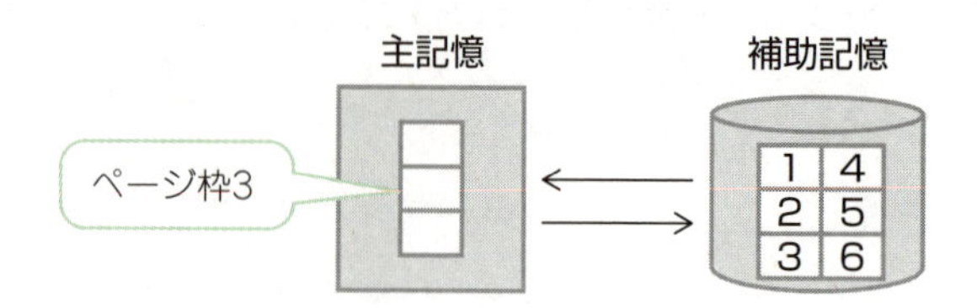

あるプログラムのページ参照順序が，1，2，2，1，3，1，4…であり，4のページを参照されるとします。

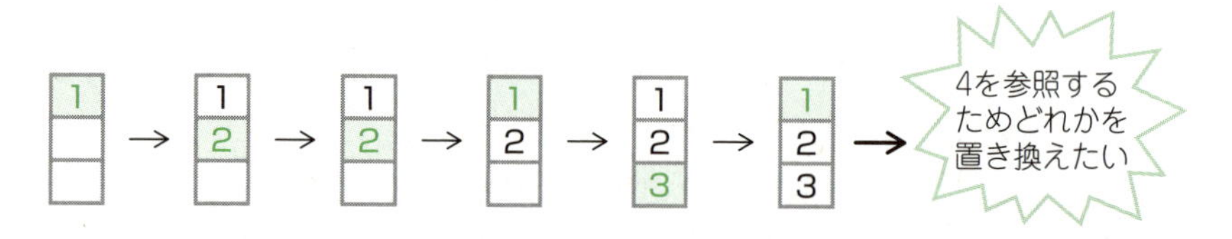

FIFO方式では，最も古くから主記憶に存在するページを置き換えるため，追い出されるページは1です。

LRU方式では，最後に参照されてから最も経過時間が長いページを置き換えるため，追い出されるページは2です。

LFU方式では，参照回数の最も少ないページを入れ替えるため，追い出されるページは3です。

確認問題 1　▸平成26年度春期　問16　正解率▸中　応用

ページング方式の仮想記憶を用いることによる効果はどれか。

ア　システムダウンから復旧するときに，補助記憶のページを用いることによって，主記憶の内容が再現できる。
イ　処理に必要なページを動的に主記憶に割り当てることによって，主記憶を効率的に使用できる。
ウ　頻繁に使用されるページを仮想記憶に置くことによって，アクセス速度を主記憶へのアクセスよりも速めることができる。
エ　プログラムの大きさに応じて大小のページを使い分けることによって，主記憶を無駄なく使用できる。

ページング方式は，仮想記憶空間と実記憶空間を，固定長であるページに分割して管理します。実行に必要なページを補助記憶から主記憶上にロードし，不要になったページは補助記憶に退避します。容量の小さい主記憶を効率的に使うことができます。

確認問題 2　▸平成28年度秋期　問17　正解率▸高

仮想記憶システムにおいて主記憶の容量が十分でない場合，プログラムの多重度を増加させるとシステムのオーバヘッドが増加し，アプリケーションのプロセッサ使用率が減少する状態を表すものはどれか。

ア　スラッシング　　イ　フラグメンテーション
ウ　ページング　　エ　ボトルネック

スラッシングは，アプリケーションの同時実行数を増やした場合に，主記憶容量が不足し，処理時間のほとんどがページングに費やされ，極端なスループットの低下を招く現象です。

確認問題 3 ▸平成29年度秋期 問19 正解率▸低 計算

図のメモリマップで，セグメント2が解放されたとき，セグメントを移動（動的再配置）し，分散する空き領域を集めて一つの連続領域にしたい。1回のメモリアクセスは4バイト単位で行い，読取り，書込みがそれぞれ30ナノ秒とすると，動的再配置をするのに必要なメモリアクセス時間は合計何ミリ秒か。ここで，1kバイトは1,000バイトとし，動的再配置に要する時間以外のオーバヘッドは考慮しないものとする。

セグメント1	セグメント2	セグメント3	空き
500kバイト	100kバイト	800kバイト	800kバイト

ア 1.5　　イ 6.0　　ウ 7.5　　エ 12.0

セグメント3にあるデータ800kバイトを，セグメント2の空きの分だけ4バイト単位で詰めて配置していけば，セグメント3の後ろに100kバイト空きができ，空き領域が一つにまとまります。再配置のためにメモリにアクセスする回数は，$800k \div 4 = 200k = 2 \times 10^5$回です。アクセスするたびに30ナノ秒＝$3 \times 10^{-8}$秒かかり，読取り書込みで2回処理が必要です。アクセス時間の合計は，$2 \times 10^5 \times 3 \times 10^{-8} \times 2 = 12 \times 10^{-3}$秒＝12ミリ秒です。

確認問題 4 ▸平成29年度春期 問19 正解率▸中 計算

仮想記憶方式のコンピュータにおいて，実記憶に割り当てられるページ数は3とし，追い出すページを選ぶアルゴリズムは，FIFOとLRUの二つを考える。

あるタスクのページのアクセス順序が

1，3，2，1，4，5，2，3，4，5

のとき，ページを置き換える回数の組合せとして，適切なものはどれか。

	FIFO	LRU
ア	3	2
イ	3	6
ウ	4	3
エ	5	4

以下の図の，色付き数字はアクセスされたページで，太枠は置き換えが発生したページです。
まずFIFOの場合を考えます。下図の網掛けは，その時点での一番古くから存在するページです。置き換えは3回発生しています。

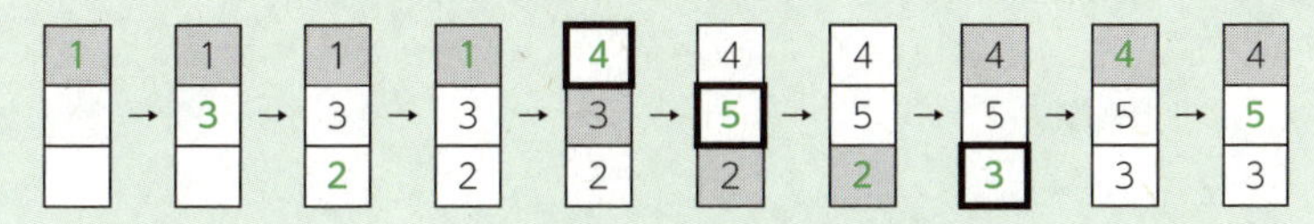

次にLRUの場合を考えます。下図の網掛けは，その時点で最後にアクセスされてからの経過時間が最も長いページです。置き換えは6回発生しています。

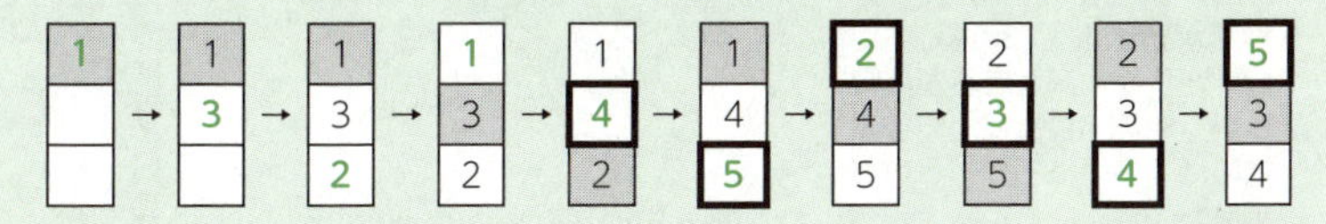

確認問題　5

▸平成29年度秋期　問16　　正解率▸中　　

メモリリークの説明として，適切なものはどれか。

ア　OSやアプリケーションのバグなどが原因で，動作中に確保した主記憶が解放されないことであり，これが発生すると主記憶中の利用可能な部分が減少する。
イ　アプリケーションの同時実行数を増やした場合に，主記憶容量が不足し，処理時間のほとんどがページングに費やされ，スループットの極端な低下を招くことである。
ウ　実行時のプログラム領域の大きさに制限があるときに，必要になったモジュールを主記憶に取り込む手法である。
エ　主記憶で利用可能な空き領域の総量は足りているのに，主記憶中に不連続で散在しているので，大きなプログラムをロードする領域が確保できないことである。

アプリケーションの動作には主記憶の領域が必要です。動作のために確保した領域は，使用後には開放されて，他のアプリケーションから使えるようになりますが，バグなどで開放されないことがあります。これがメモリリークです。
イ　スラッシング
ウ　オーバレイ方式
エ　フラグメンテーション

解答

問題1：イ　　問題2：ア　　問題3：エ　　問題4：イ　　問題5：ア

2 04 ファイル管理

時々出　必須　超重要

イメージでつかむ

技術評論社の住所は，「東京都新宿区市谷左内町」。これは，オフィスが市谷左内町という町の中にあり，市谷左内町は新宿区にあり…という階層を表しています。

コンピュータの中でファイルの場所を示すときも，このようなイメージです。

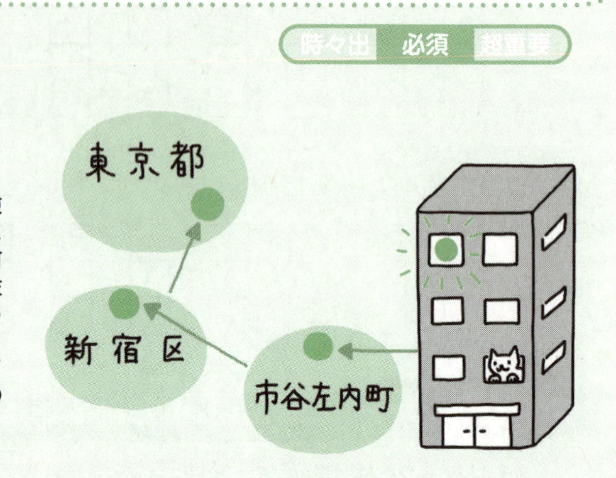

ファイル管理

ファイル管理も，OSの重要な機能の一つです。磁気ディスクなどの補助記憶では，プログラムやデータはファイル単位で格納され，ファイルは**ディレクトリ**を用いて管理されています。Windowsやmac OSでは，ディレクトリはフォルダといいます。

ディレクトリは，ファイルを効率よく管理するために，階層構造になっています。ここで，**階層構造の最上位にあるディレクトリ**を**ルートディレクトリ**といい，**ディレクトリの下位に作成されたディレクトリ**は**サブディレクトリ**と呼ばれています。また，**カレントディレクトリ**は，**現在，操作対象であるディレクトリ**です。

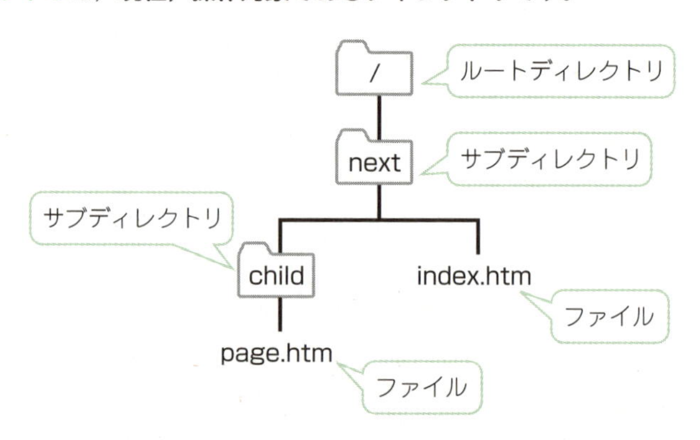

パス指定

ファイル管理の階層構造では，ディレクトリやファイルを特定するために，絶対パスと相対パスを用います。

絶対パス	ルートディレクトリを基点に，目的となるディレクトリやファイルまでの経路を指定する
相対パス	カレントディレクトリを基点に，目的となるディレクトリやファイルまでの経路を指定する

例えば，以下の図で，ルートディレクトリから目的ファイルのpage.htmまでの道筋を絶対パス指定で表すと，次のようになります。

/は，パス名の先頭にある場合は左端にルートディレクトリが省略されているものとし，中間にある場合はディレクトリ名またはファイル名の区切りを表します。また，OSによっては，¥を用いる場合があります。

また，カレントディレクトリを next としたとき，目的ファイルのpage.htmまでの経路を相対パス指定で表すと，次のようになります。

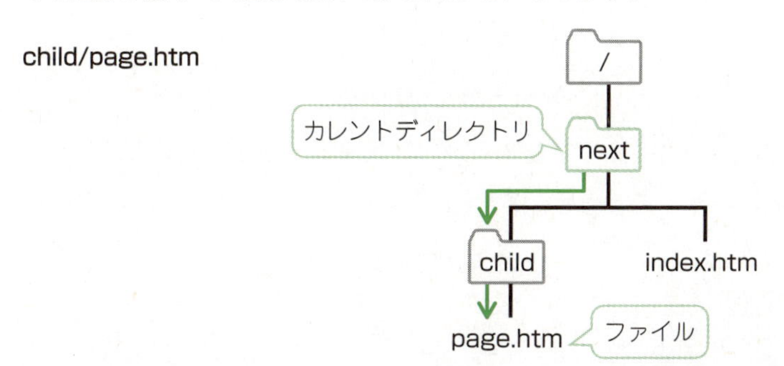

さらに，カレントディレクトリを child としたとき，目的ファイルのindex.htmまでの経路を相対パス指定で表すと，次のようになります。

ここで，1階層上のディレクトリに移動するときは，..で表します。

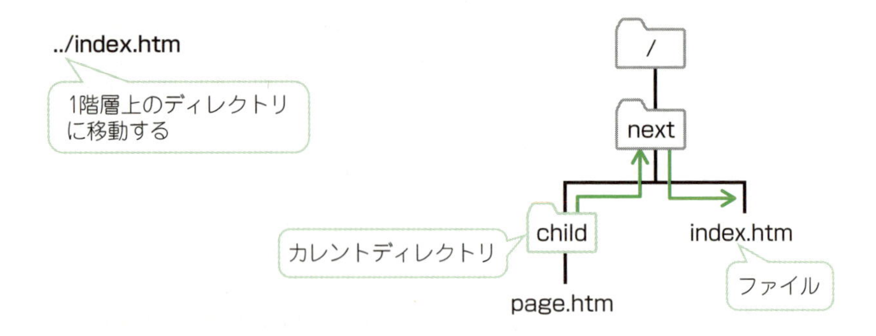

"くれば"で覚える

1階層上のディレクトリに移動する　とくれば　**..**

データのバックアップ

磁気ディスクの障害などに備えて，定期的にデータをバックアップしておきます。バックアップの方法には，次のようなものがあります。

フルバックアップ	磁気ディスクに保存されている全てのデータをバックアップする
差分バックアップ	前回のフルバックアップ以降に変更されたデータをバックアップする
増分バックアップ	前回のバックアップ以降に変更されたデータをバックアップする

例えば，8/1時点ではデータが50GBあり，それ以降，毎日2GBずつデータが追加された場合を見ていきましょう。

8/1	50GB			
8/2	50GB	2GB		
8/3	50GB	2GB	2GB	
8/4	50GB	2GB	2GB	2GB

ここで，左側は毎日バックアップするデータを示します。右側は，8/5に磁気ディスクに障害が発生したときに，8/4時点に復元するために必要なデータを表しています。

フルバックアップ

8/1	50GB			
8/2	50GB	2GB		
8/3	50GB	2GB	2GB	
8/4	50GB	2GB	2GB	2GB

8/4時点に復元するために必要なデータ

8/4	50GB	2GB	2GB	2GB

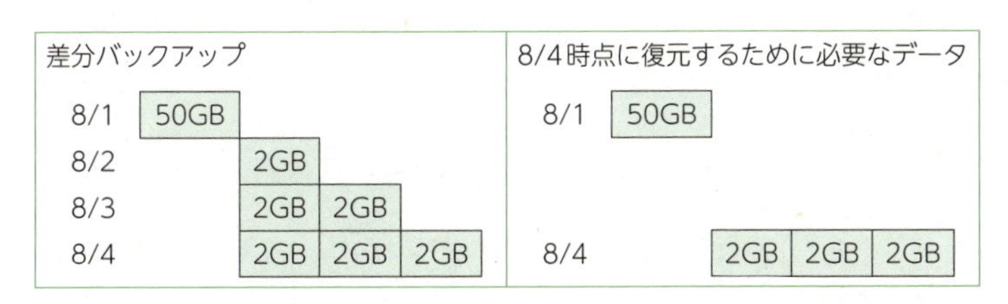

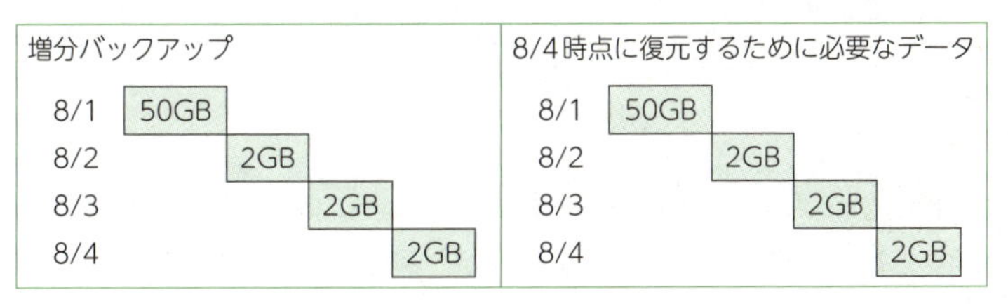

一般的に，フルバックアップは，バックアップの時間が長くなりますが，復元する時間は短くて済みます。これに対して，差分バックアップと増分バックアップは，バックアップの時間が短くて済みますが，復元するにはフルバックアップファイルに，それぞれ差分バックアップ・増分バックアップを反映させる必要があるため，復元時間が長くなります。

確認問題 1 ▸令和元年度秋期 問19 正解率 ▸中 応用

バックアップ方式の説明のうち，増分バックアップはどれか。ここで，最初のバックアップでは，全てのファイルのバックアップを取得し，OSが管理しているファイル更新を示す情報はリセットされるものとする。

ア 最初のバックアップの後，ファイル更新を示す情報があるファイルだけをバックアップし，ファイル更新を示す情報は変更しないでそのまま残しておく。

イ 最初のバックアップの後，ファイル更新を示す情報にかかわらず，全てのファイルをバックアップし，ファイル更新を示す情報はリセットする。

ウ 直前に行ったバックアップの後，ファイル更新を示す情報があるファイルだけをバックアップし，ファイル更新を示す情報はリセットする。

エ 直前に行ったバックアップの後，ファイル更新を示す情報にかかわらず，全てのファイルをバックアップし，ファイル更新を示す情報は変更しないでそのまま残しておく。

「更新情報をそのまま残す」とは，次回もそのファイルをバックアップするということで，「更新情報をリセットする」というのは，次回はバックアップしないということです。

まず，増分バックアップは，「全てのファイルをバックアップ」ではないので，イ・エは誤りです。

ア　ファイル更新を示す情報をそのまま残すので，前回バックアップしたものも次回バックアップされます。これは差分バックアップです。

ウ　ファイル更新を示す情報をリセットするので，前回バックアップしたファイルは次回バックアップされません。これは増分バックアップです。

確認問題　2

▶ 平成29年度春期　問18　　正解率 ▶ 低　

A，Bという名の複数のディレクトリが，図に示す構造で管理されている。“¥B¥A¥B”がカレントディレクトリになるのは，カレントディレクトリをどのように移動した場合か。ここで，ディレクトリの指定は次の方法によるものとし，→は移動の順序を示す。

〔ディレクトリ指定方法〕

(1) ディレクトリは，“ディレクトリ名¥…¥ディレクトリ名”のように，経路上のディレクトリを順に“¥”で，区切って並べた後に，“¥”とディレクトリ名を指定する。

(2) カレントディレクトリは，“.”で表す。

(3) 1階層上のディレクトリは，“..”で表す。

(4) 始まりが“¥”のときは，左端にルートディレクトリが省略されているものとする。

(5) 始まりが“¥”，“.”，“..”のいずれでもないときは，左端に“.¥”が省略されているものとする。

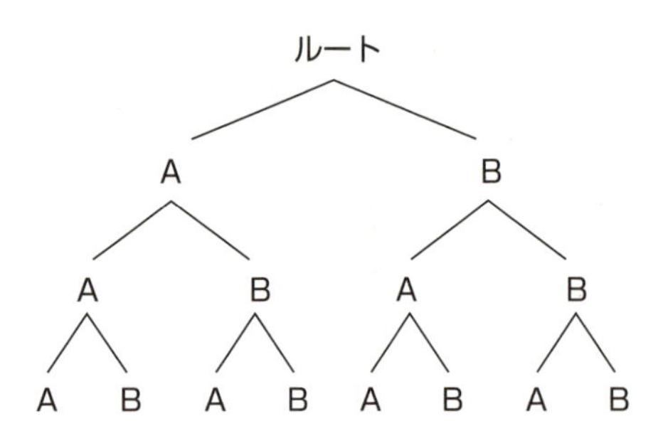

ア　¥A → ..¥B → .¥A¥B

イ　¥B → .¥B¥A → ..¥B

ウ　¥B → ¥A → ¥B

エ　¥B¥A → ..¥B

"¥B¥A¥B"は以下の図の○で示した場所です。
一瞬ウかなと思ってしまいますが，¥の記号が，ルートディレクトリの省略なのか，経路上の区切りなのかがポイントです。ウでは，「ルートからBに進み，ルートからAに進み，ルートからBに進む」ということになり，図のウの位置にたどり着きます。
ア の ¥A → ..¥B → .¥A¥Bは，
「ルートからAに進み，1階層上からBに進み，カレントディレクトリ下のA→B」で，以下のように移動します。これが正解です。

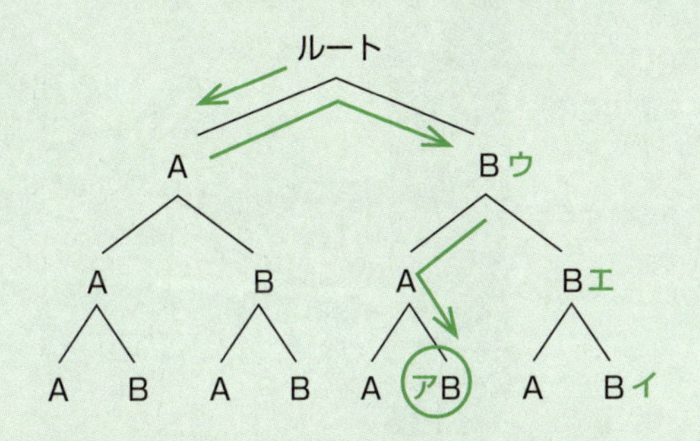

イ ルートからBに進み，カレントディレクトリ下のB→Aに進み，1階層上からB
ウ ルートからBに進み，ルートからAに進み，ルートからB
エ ルートからB→Aに進み，1階層上からB

解答

問1：ウ　　問2：ア

2 05 マルチメディア

時々出　必須　超重要

イメージでつかむ

インターネットを使ってスポーツができる時代がやってきました。あなたもオリンピックに出場できる日がくるかもしれません。

静止画・動画

静止画や動画は容量が大きくなるため，データのサイズを小さくする必要があります。**ある決まり事に従って，データのサイズを小さくすること**を**圧縮**といい，**逆に元に戻すこと**を**解凍**（**伸長**）といいます。補助記憶に保存するときは圧縮しておき，アプリケーションで開くときは解凍しています。

また，データの圧縮には，**圧縮した画像を完全に復元できる可逆圧縮方式**と，**完全に復元できない非可逆圧縮方式**があります。たとえ完全に復元できなくても，利用者にとって許容範囲や認知限界以下であれば使うことができます。

よく使う静止画や動画のファイル形式には，次のようなものがあります。

静止画	BMP（ビットマップ）	Microsoft（Windows）標準。フルカラー（約1,677万色）。圧縮されないため容量が大きい。壁紙などに使われる
	GIF（ジフ）	256色。可逆圧縮。イラストやアイコンなどに使われる
	PNG（ピング）	256色（PNG-8）と，フルカラー（PNG-24）の2種類。可逆圧縮。部分的に透明にすることができる。Web用の画像などに使われる
	JPEG（ジェイペグ）	国際標準規格。フルカラー。不可逆圧縮。写真などに使われる
動画	MPEG（エムペグ）	国際標準規格。不可逆圧縮。MPEG-1はビデオCD用，MPEG-2はDVDやディジタル放送用の規格。MPEG-4はMPEG-2よりも圧縮効率が高く，ビデオカメラやワンセグ放送で用いられており，**H.264/MPEG-4 AVC**として規格化されている。なお，**MP3**はMPEG1の音声部分の圧縮アルゴリズムを使用した音声データの圧縮形式

“くれば”で覚える

JPEG とくれば **静止画の国際標準規格**
MPEG とくれば **動画の国際標準規格**

知っ得情報 画像データの種類

画像データには，写真などのように**ピクセルの集まりで画像を表現する**ラスタデータと，**座標の位置や線分の長さなどを演算で表現する**ベクタデータの2種類があります。ベクタデータは，拡大しても図形の縁にギザギザ（ジャギー）は生じません。

また，ラスタデータは，色の種類や明るさがピクセルごとに調節できます。BMPやGIF，PNG，JPEGなどはラスタデータです。

なお，フォントは文字の形を表すデータですが，ビットマップフォントはラスタデータで，アウトラインフォントはベクタデータです。

知っ得情報 SVG

SVG（Scalable Vector Graphics）は，矩形や円，直線，文字列などの**図形オブジェクトをXML**（4-10参照）**で記述し，Webページでの図形描画にも使うことができる画像フォーマット**です。「大きさを変えられるベクター画像」という意味があります。ベクタデータなので，拡大してもジャギーは生じません。HTMLと合わせて使えば，画面の小さなスマホや大きなPCまで，さまざまな解像度に対応できます。

マルチメディアの応用

マルチメディアを応用したものに，次のような技術があります。

CG

コンピュータグラフィックス（CG：Computer Graphics）は，**コンピュータを使って画像を処理・生成する技術，またその画像のこと**です。次のような用語がよく出題されています。

アンチエイリアシング (anti aliasing：ギザギザに見えない)	斜め線や曲線などに発生するギザギザ（ジャギー）を目立たなくする
テクスチャマッピング (texture mapping：質感を与える)	物体の表面に柄や模様などを貼り付け，質感を与える
シェーディング (shading：影付け)	物体の表面に影付けをして，立体感を出す
レイトレーシング (ray tracing：光源追跡)	光源からの光線の反射や透過をシミュレートして，物体の形状を描写する
クリッピング (clipping：切り取る)	画像表示領域にウィンドウを定義し，ウィンドウ内の見える部分だけを取り出す
モーフィング (morphing：動き＋形態)	ある画像から別の画像へ，滑らかに変形させるために，その中間に補う画像を作成する
レンダリング (rendering：描写)	物体のデータとして与えられた情報を計算によって映像化する
ポリゴン (polygon：多角形)	立体の形状を表現するときに使用する基本的な要素。三角形や四角形などが用いられる
モーションキャプチャ (motion capture：動きをとらえる)	センサやビデオカメラなどを用いて人間や動物の自然な動きを取り込む
ソリッドモデル (solid model：固体＋型)	物体を，中身の詰まった固形物として表現する
ワイヤーフレーム (wire Frame：枠組み)	物体を，頂点と頂点をつなぐ線で結び，針金で構成されているように表現する
サーフェスモデル (surface model：面＋型)	物体を，面や曲面の集まりとして表現する
隠線消去(いんせん)(隠面消去)	物体の裏側で見えていない線を描画しないようにする
メタボール	物体を球やだ円体の集合として擬似的にモデル化する
ラジオシティ (radiosity：放射＋状態)	物体同士の相互反射も考慮して物体の明るさを決定する

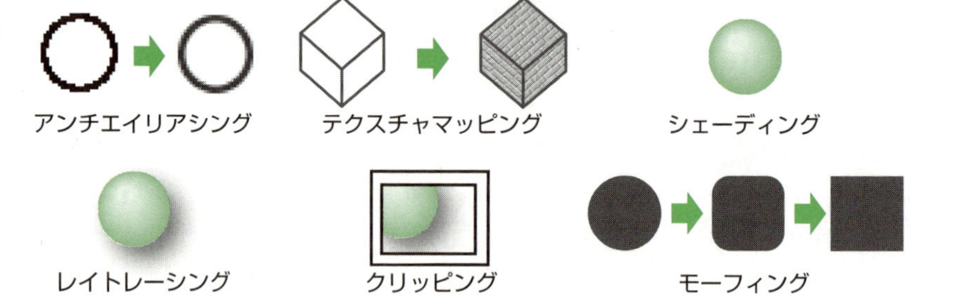

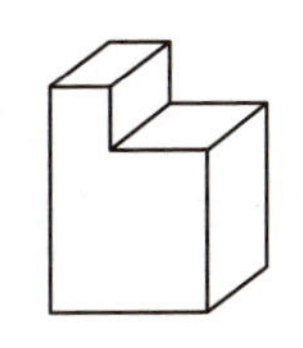
ソリッドモデル

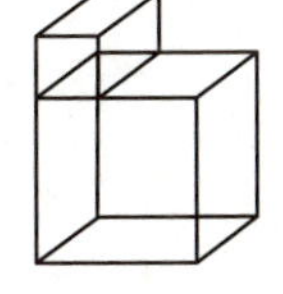
ワイヤフレーム

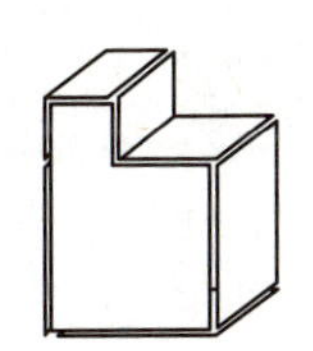
サーフェスモデル

バーチャルリアリティ

バーチャルリアリティ（**VR**：Virtual Reality）は，**仮想の空間に入り込んだような効果を生み出す技術**です。「仮想現実」と訳されます。ヘッドマウントディスプレイなどを使い，人の動作に応じて映像が変化したり，音や振動などと映像が連動したりすることで，効果を高めます。

AR

AR（Augmented Reality）は，**目の前にある現実の情景や風景の映像をコンピュータに取り込み，現実には存在しない仮想の情報を合成して映し出す技術**です。「拡張現実」と訳されます。例えば，実際には存在しない衣料品を仮想的に試着したり，過去の建築物を実際の画像上に再現したりすることができます。

アドバイス［朝活］

このあとの3・4章は，知識を覚えるというよりは頭を使うことが増える章になります。1日のうち，頭が一番はっきりしているのは朝目覚めた後なので，30分早起きしてみたり，朝の通勤通学時間を活用してみたりすると頭もよく動き，勉強もはかどります。

確認問題 1 ▸令和元年度秋期 問24 正解率 ▸ 中 頻出 基本

H.264/MPEG-4AVCの説明として，適切なものはどれか。

ア 5.1チャンネルサラウンドシステムで使用されている音声圧縮技術
イ 携帯電話で使用されている音声圧縮技術
ウ ディジタルカメラで使用されている静止画圧縮技術
エ ワンセグ放送で使用されている動画圧縮技術

要点解説 H.264/MPEG-4AVCは，ワンセグ放送やインターネットで使用されている動画圧縮技術です。

確認問題　2

▸平成30年度秋期　問25　　正解率▸中　　基本

液晶ディスプレイなどの表示装置において，傾いた直線の境界を滑らかに表示する手法はどれか。

ア　アンチエイリアシング　　　　イ　シェーディング
ウ　テクスチャマッピング　　　　エ　バンプマッピング

要点解説
斜めの直線を目立たないように滑らかに表示する技術は，アンチエイリアシングです。
なおバンプマッピングとは，物体の表面に凸凹があるかのように見せる技術です。

確認問題　3

▸平成30年度春期　問26　　正解率▸高　　基本

AR (Augmented Reality) の説明として，最も適切なものはどれか。

ア　過去に録画された映像を視聴することによって，その時代のその場所にいたかのような感覚が得られる。
イ　実際に目の前にある現実の映像の一部にコンピュータを使って仮想の情報を付加することによって，拡張された現実の環境が体感できる。
ウ　人にとって自然な3次元の仮想空間を構成し，自分の動作に合わせて仮想空間も変化することによって，その場所にいるかのような感覚が得られる。
エ　ヘッドマウントディスプレイなどの機器を利用し人の五感に働きかけることによって，実際には存在しない場所や世界を，あたかも現実のように体感できる。

ARは，Augmented Realityの略で，「拡張現実」と訳されます。Augmentには，「拡大」という意味があります。現実の映像に仮想の情報を重ねて映し出すことで，仮想の情報がより実感をもって体感できます。

解答

問1：エ　　問2：ア　　問3：イ

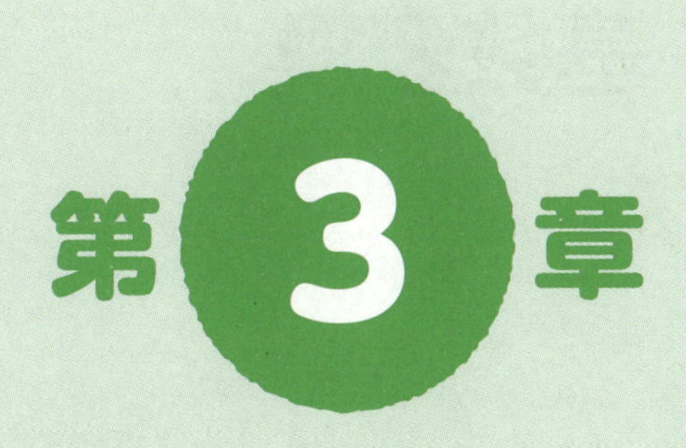

基礎理論

3 01 基数変換

時々出 必須 **超重要**

イメージでつかむ

私たちは，普段は10進数を使っていますが，時間を数えるときは60進数も使います。これに対して，コンピュータ内部では，2進数が使われています。コンピュータを理解するには2進数の理解が必要になります。

どの進数も，桁上がりのタイミングを意識しましょう。

進数

人が日常使っている**10進数**は，**0から9までの10種類**の数字を使って，**9の次が一つ桁上がり**します。他の進数も同じです。

```
  9
+ 1
 10
```

9の次が，一つ桁上がりする

2進数は，**0と1の2種類**の数字を使って，**1の次が一つ桁上がり**します。コンピュータ内部では2進数で表現していますが，2進数は桁数が非常に長くなるため，人が考えるときには，2進数と簡単に変換できる，8進数や16進数がよく使われます。

8進数は，**0から7までの8種類**の数字を使って，**7の次が一つ桁上がり**します。

16進数は，**0から9までの数字とA，B，C，D，E，F**を使って，**Fの次が一つ桁上がり**します。

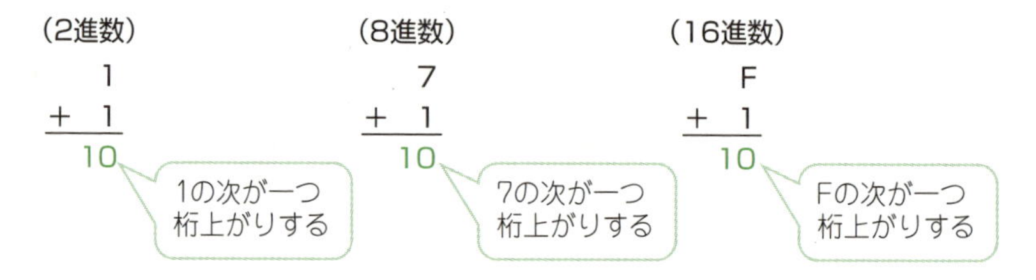

ここで，16進数のA～Fは文字ではなく，0～9と同じ数字扱いです。10進数の10～15を16進数では1桁で表したいので，数字としてA～Fを使います。

10進数と2進数・8進数・16進数の関係は，次の表のようになります。

10進数	2進数	8進数	16進数
0	0	0	0
1	1	1	1
2	10	2	2
3	11	3	3
4	100	4	4
5	101	5	5
6	110	6	6
7	111	7	7
8	1000	10	8
9	1001	11	9
10	1010	12	A
11	1011	13	B
12	1100	14	C
13	1101	15	D
14	1110	16	E
15	1111	17	F
16	10000	20	10

1桁の数字は，0から9までしかないため，英字を代用する

色が付いているところで桁上がりしている

基数と重み対応表

基数は，**各桁の重み付けの基本となる数**です。例えば，10進数123.45は，次のように表現することができます。

このように，10進数の基数は10であり，2進数の基数は2，8進数の基数は8，16進数の基数は16です。

また，N進数の各桁の重みは，小数点を基準に左へN^0，N^1，N^2…と増えていき，小数点を基準に右へN^{-1}，N^{-2} …と減っていきます。

10進数や2進数の重み対応表は，次のようになります。

（10進数の重み対応表）

…	10^2	10^1	10^0	.	10^{-1}	10^{-2}	…

（2進数の重み対応表）

…	2^2	2^1	2^0	.	2^{-1}	2^{-2}	…

8進数や16進数など，他の進数の重みも同じです。

“くれば”で覚える

N進数の重み　とくれば　**小数点を基準に左へ，N^0，N^1，N^2，…**
小数点を基準に右へ，N^{-1}，N^{-2}，…

N進数から10進数への基数変換

2進数101.101を10進数で表すと，5.625です。このように，ある進数で表現されている数値を別の進数で表現し直すことを**基数変換**といいます。では，10進数から2進数へ基数変換する方法を見ていきましょう。

2進数の数値を10進数で表現するには，各桁に2進数の重みを掛けて足します。

2進数	1	0	1	.	1	0	1	
	×	×	×		×	×	×	
2進数の重み	4	2	1	.	1/2	1/4	1/8	
	↓	↓	↓		↓	↓	↓	
掛けて足す	4+	0+	1+	.	0.5+	0+	0.125	=5.625

このように，N進数の値を10進数で表すには，各桁にN進数の重みを掛けて足します。

“くれば”で覚える

N進数→10進数　とくれば　**各桁にN進数の重みを掛けて足す**

10進数からN進数への基数変換

次は，10進数から2進数に基数変換する方法を見ていきましょう。

重み対応表を使う方法

10進数5.625を2進数で表現すると，101.101です。2進数の重み対応表を活用して，大きい重みから1を入れるべきかを考えます。まず4＜5.625なので重み4には

1，4＋2＝6＞5.625なので重み2には0，…という要領です。

2進数	1	0	1	.	1	0	1	
	×	×	×		×	×	×	
2進数の重み	4	2	1	.	1/2	1/4	1/8	
	↓	↓	↓		↓	↓	↓	
掛けて足す	4+	0+	1+	.	0.5+	0+	0.125	=5.625

例えば，外国で，25セント硬貨のような見慣れない通貨単位があると戸惑います。1.78ドルの商品なら，1ドル札1枚，25セント硬貨3枚，10セント硬貨0枚，…のようにお札や硬貨の枚数を考えます。

10進数から2進数への変換は，4・2・1・0.5・0.25・0.125円の硬貨がある国で，5.625円払うときの硬貨の枚数を考えるようなイメージです。

このように，10進数からN進数に変換する場合は，N進数の重み対応表を活用します。

割り算と掛け算を使う方法

別の方法もあります。10進数6.375を2進数で表現すると，2進数110.011です。この場合，整数部(6)と小数部(0.375)に分けて考えます。

10進数の数値の整数部を2進数で表現するには，2で割って余りを下から並べます。

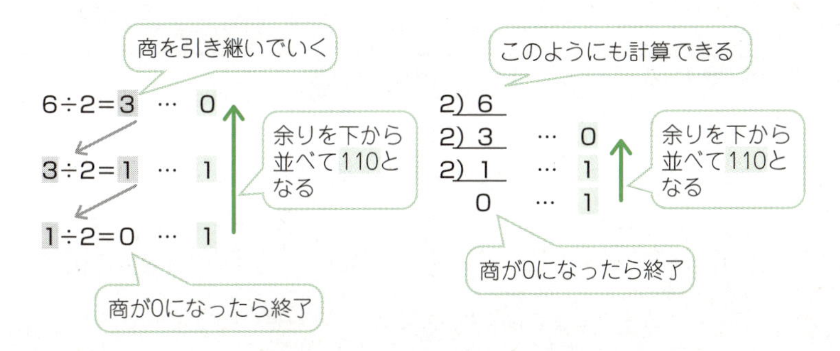

次に，小数部を2進数で表現するには，2を掛けて整数部を順に並べます。

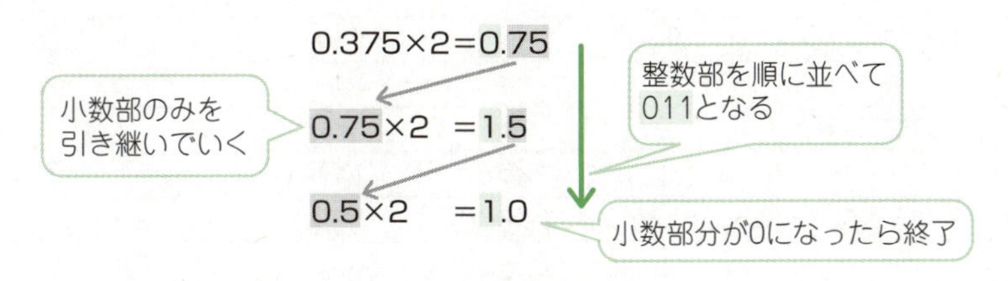

最後に，整数部と小数部を合わせて，110.011です。

このように，10進数の値をN進数で表すには，整数部はNで割って余りを下から並べ，小数部はNを掛けて順に整数部を並べます。

ここで，10進数6は，2進数110（$\mathbf{1}\times2^2+\mathbf{1}\times2^1+\mathbf{0}\times2^0$）です。2で割ると，

$(1\times2^2+1\times2^1+\mathbf{0}\times2^0)\div2$は，商が$1\times2^1+1\times2^0$で，余りが$\mathbf{0}\times2^0$　$2^0=1$

$(1\times2^1+\mathbf{1}\times2^0)\div2$は，商が$1\times2^0$で，余りが$\mathbf{1}\times2^0$

$(\mathbf{1}\times2^0)\div2$は，商が0で，余りが$\mathbf{1}\times2^0$

このように，余りとして各桁の数字が取り出せ，小数部も2を掛けると整数部として同じように取り出すことができるのです。

“くれば”で覚える

10進数→N進数　とくれば　**整数部は，Nで割って下から余りを並べる**
小数部は，Nを掛けて順に整数部を並べる

また，10進数0.2を2進数に基数変換してみましょう。

0.2	0.4	0.8	0.6	0.2	0.4
× 2	× 2	× 2	× 2	× 2	× 2
0.4	0.8	1.6	1.2	0.4	0.8

…　あれ，ループしてる？

2進数で表現すると，0.001100…と**無限小数**になります。このように，10進数で桁数が有限な小数を2進数に基数変換する場合，有限桁数で表現できるとは限りません。

2進数と8進数・16進数の関係

2進数と8進数・16進数との基数変換は，もっと簡単に行うことができます。

小数点を基準に，2進数3桁は8進数1桁で，2進数4桁は16進数1桁で表現します。

例えば，2進数1100.01を8進数で表現すると，14.2です。次のように，小数点を基準に3桁ずつ区切って（3桁にならない場合は0を補う），3桁ずつを8進数で表現します。

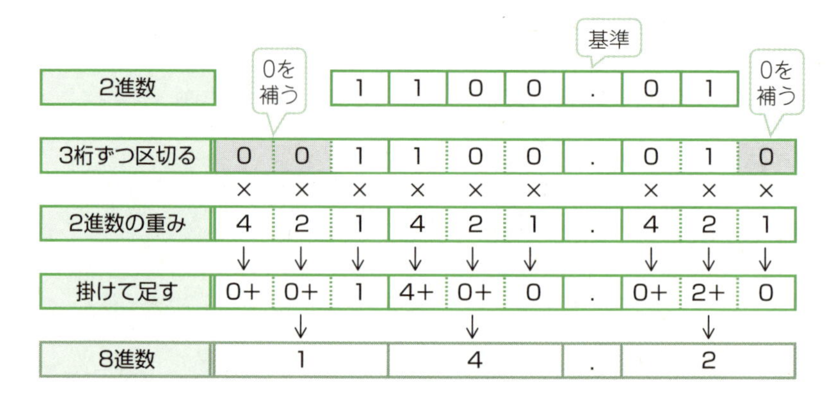

2進数			1	1	0	0	.	0	1	
3桁ずつ区切る	0	0	1	1	0	0	.	0	1	0
	×	×	×	×	×	×		×	×	×
2進数の重み	4	2	1	4	2	1	.	4	2	1
	↓	↓	↓	↓	↓	↓		↓	↓	↓
掛けて足す	0+	0+	1	4+	0+	0	.	0+	2+	0
8進数		1			4		.		2	

“くれば”で覚える

2進数→8進数 とくれば **小数点を基準に，3桁ずつ区切って，8進数に変換する**

また，2進数1100.01を16進数で表現すると，C.4です。小数点を基準に4桁ずつ区切って（4桁にならない場合は0を補う），4桁ずつを16進数で表現します。

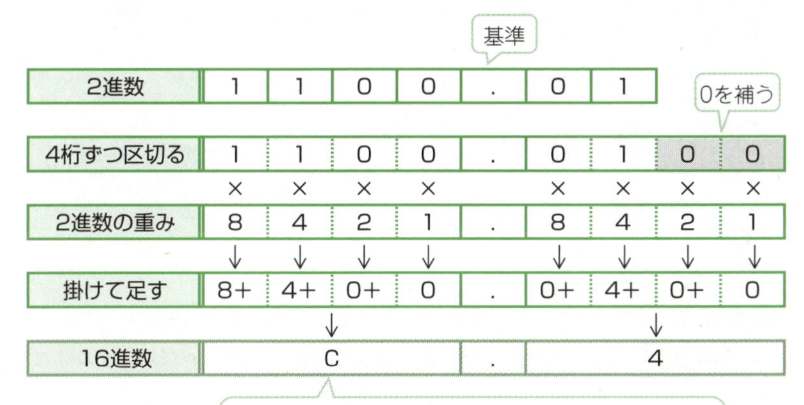

“くれば”で覚える

2進数→16進数 とくれば **小数点を基準に，4桁ずつ区切って，16進数に変換する**

なお，8進数から2進数に変換するときは8進数1桁を2進数3桁に，16進数から2進数に変換するときは16進数1桁を2進数4桁に，重み対応表を使いながら逆向きの変換を行います。

アドバイス ［2進数も10進数も仕組みは同じ］

2進数は慣れないと難しく感じるかもしれません。でも，2進数も10進数も同じ仕組みになっていて，基礎になる数字がちょっと違うだけなので，10進数がわかれば2進数もわかるはずです。問題を解きながら，ゆっくり慣れていきましょう。

確認問題 1

▸平成22年度春期　問1　　正解率▸高　計算

16進小数2A．4Cと等しいものはどれか。

ア　$2^5+2^3+2^1+2^{-2}+2^{-5}+2^{-6}$　イ　$2^5+2^3+2^1+2^{-1}+2^{-4}+2^{-5}$

ウ　$2^6+2^4+2^2+2^{-2}+2^{-5}+2^{-6}$　エ　$2^6+2^4+2^2+2^{-1}+2^{-4}+2^{-5}$

要点解説

選択肢からみると，基数が2であるので2進数で表します。16進数1桁は，2進数4桁に対応しています。

16進数	2	A	.	4	C
	↓	↓		↓	↓
2進数	0010	1010	.	0100	1100

2進数の重みを考えると，$2^5+2^3+2^1+2^{-2}+2^{-5}+2^{-6}$となります。

確認問題 2

▸平成14年度春期　問1　　正解率▸中　計算

2進数の1.1011と1.1101を加算した結果を10進数で表したものはどれか。

ア　3.1　　イ　3.375　　ウ　3.5　　エ　3.8

要点解説

まず2進数どうしを加算します。

$$\begin{array}{r} 1.1011 \\ +\ 1.1101 \\ \hline 11.1000 \end{array}$$

算数と同じ要領。下位桁から桁上がりに注意する

11.1を10進数にするには，各桁に2進数の重みを掛けて足します。
$1\times2^1+1\times2^0+1\times2^{-1}=2+1+0.5=3.5$となります。

確認問題 3

▸平成26年度秋期　問1　　正解率▸低　計算

10進数の分数$\frac{1}{32}$を16進数の小数で表したものはどれか。

ア　0.01　　イ　0.02　　ウ　0.05　　エ　0.08

要点解説

10進数の分数$\frac{1}{32}=\frac{1}{2^5}=2^{-5}$
2進数にすると0.00001
16進数にするときは，4桁ごとに区切って0を補う　0.0000 1000
4桁ごとに16進数に変換。すると，0.08となります。

確認問題 4

▸平成26年度春期 問1　正解率 ▸ 中　計算

次の10進小数のうち，2進数で表すと無限小数になるものはどれか。

ア 0.05　　イ 0.125　　ウ 0.375　　エ 0.5

要点解説

10進小数を，2進数に変換するには，2を掛けて小数部を引き継いでいきます。小数部が0になれば有限小数，ならなければ無限小数です。

ア　0.05×2＝0.1，0.1×2＝0.2，0.2×2＝0.4，0.4×2＝0.8，0.8×2＝1.6，0.6×2＝1.2…と無限小数になります。

イ・ウ・エは，有限小数になります。

確認問題 5

▸応用情報　令和元年度秋期 問1　正解率 ▸ 中　計算

あるホテルは客室を1,000部屋もち，部屋番号は，数字4と9を使用しないで0001から順に数字4桁の番号としている。部屋番号が0330の部屋は，何番目の部屋か。

ア 204　　イ 210　　ウ 216　　エ 218

要点解説

「0．1，2，3，5，6，7，8」の8つの数字だけを使って部屋番号を表します。8進数と同じことになります。ただし，4と9が抜けているので，「5」の数字は4の意味に，「6」は5の意味に，「7」は6の意味に，「8」は7の意味になります。

部屋番号「0330」を8進数として考えると，10進数では

$0 \times 8^3 + 3 \times 8^2 + 3 \times 8^1 + 0 \times 8^0 = 3 \times 64 + 3 \times 8 = 216$となり，216番目の部屋となります。

解答

問題1：ア	問題2：ウ	問題3：エ	問題4：ア	問題5：ウ

3 02 補数と固定小数点

時々出 必須 超重要

イメージでつかむ

「10－6」も「10＋(－6)」も計算結果は4です。
コンピュータ内部では，減算を加算で行う工夫がされています。

補数

1と0しか使えないコンピュータの内部で，負数を表現する方法の一つとして，補数があります。

補数とは，**「ある数」を「決められた数」にするために，「補う数」のこと**です。

N進数には「N－1の補数」と「Nの補数」があり，「ある数」に「N－1の補数」を補うと，与えられた桁数の最大値となり，「ある数」に「Nの補数」を補うと，与えられた桁数の次の桁に桁上がりします。

10進数には，「9の補数」と「10の補数」の二つの補数があります。例えば，10進数3桁で表現する場合，123の「9の補数」は876，「10の補数」は877です。

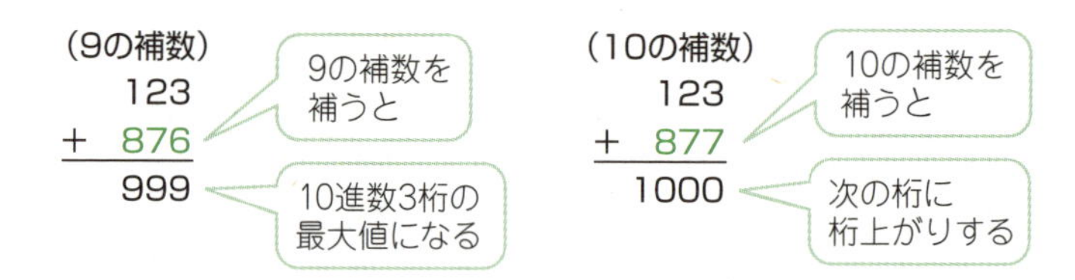

ここで，10進数3桁であるので，桁上がりをした1は無視されます。ということは，123＋877＝000となります。つまり，10の補数877は123の対の負数(－123)の意味になっています。このように，補数を使えば負数を表現することができるのです。

```
  123
+ 877
 1000
```
無視される

同じく，2進数には，「**1の補数**」と「**2の補数**」の二つの補数があります。例えば，2進数4ビットで表現する場合，0101の「1の補数」は1010，「2の補数」は1011です。

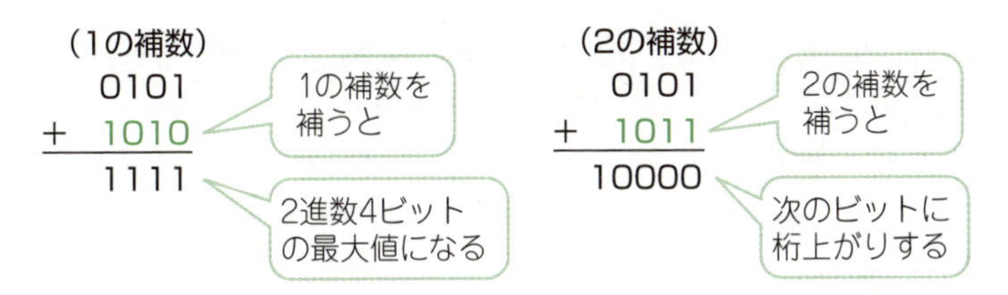

ここで，2進数4ビットであるので，桁上がりをした1は無視されます。ということは，0101＋1011＝0000，2の補数1011は0101の対の負数の意味になっています。

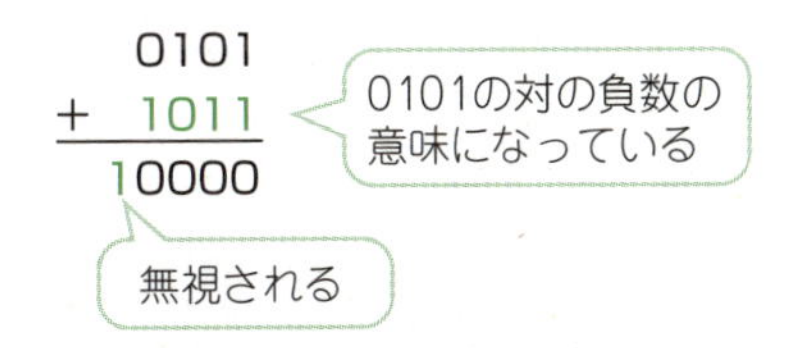

コンピュータ内部では，演算回路を簡単にするために，2の補数を使って負数を表現しています。補数を使うことで，減算を加算で処理できます。

2の補数の作り方

2の補数は，次のように簡単に作ることができます。

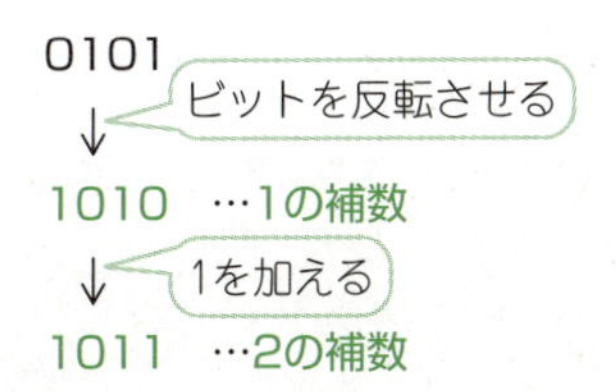

"くれば"で覚える

1の補数　とくれば　**ビットを反転する**
2の補数　とくれば　**1の補数に1を加える**

固定小数点

コンピュータ内部における数値の表現方法として，固定小数点と浮動小数点（3-03参照）があります。

固定小数点は，**小数点の位置を決められた場所に固定して表現するもの**です。整数型として扱う場合は，最右端の右側に小数点があります。

また，負数を扱う場合は，最左端ビットを符号ビットとした2の補数表現を用います。

例えば，2進数8ビットの固定小数点（負数は2の補数）を用いる場合は，最小値が10000000（10進数で－128），最大値が01111111（10進数で127）です。

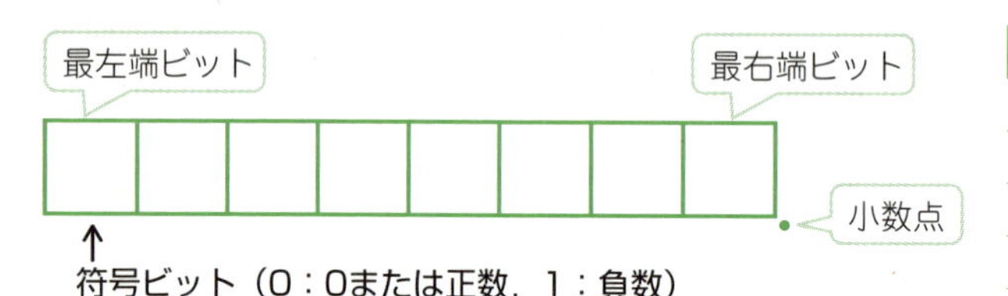

10進数	2進数
127	01111111
⋮	⋮
1	00000001
0	00000000
－1	11111111
⋮	⋮
－127	10000001
－128	10000000

確認問題 1　▸平成20年度秋期　問3　正解率▸中　計算

2の補数で表された負数10101110の絶対値はどれか。

ア　01010000　イ　01010001　ウ　01010010　エ　01010011

要点解説

2の補数で表された負数から，再度，2の補数をとると，対となる正数や絶対値が求めることができます。

10101110
　↓（ビットを反転）
01010001　…　1の補数
　↓（1を加える）
01010010　…　2の補数

確認問題 2　▸平成20年度春期　問3　正解率▸低　計算

負数を2の補数で表すとき，全てのビットが1であるnビットの2進数“1111…11”が表す数値又はその数式はどれか。

ア　$-(2^{n-1}-1)$　イ　-1　ウ　0　エ　$2^{n}-1$

要点解説

最上位ビットが1なので，負数です。再度，2の補数をとると，対となる正数が求まります。

1111…11

↓（ビットを反転）

0000…00　…　1の補数

↓（1を加える）

0000…01　…　2の補数

したがって，対となる正数が1となるので，答えは－1となります。

確認問題 3

▸ 平成23年度秋期　問2　　正解率 ▸ 低　　計算

10進数－5.625を，8ビット固定小数点形式による2進数で表したものはどれか。ここで，小数点位置は，3ビット目と4ビット目の間とし，負数は2の補数表現を用いる。

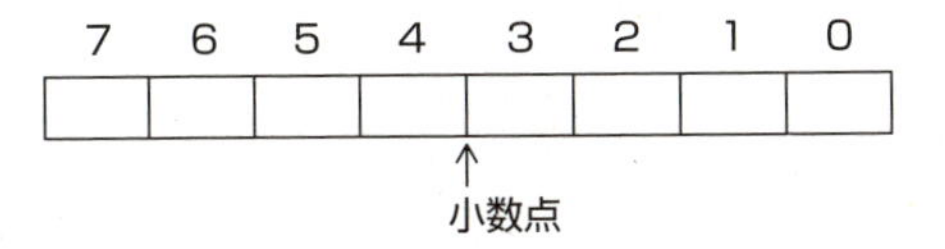

ア　01001100　イ　10100101　ウ　10100110　エ　11010011

固定小数点形式は，小数も表現することができます。

まずは，10進数5.625を2進数で表すと101.101になります。

小数点を基準にセットし，空いているビットには0を補います。

7	6	5	4	3	2	1	0
0	1	0	1	1	0	1	0

小数点

－5.625を，2の補数で表します。

01011010

↓（ビットを反転）

10100101　…　1の補数

↓（1を加える）

10100110　…　2の補数

解答

問題1：ウ　　問題2：イ　　問題3：ウ

3-03 浮動小数点

時々出　必須　超重要

イメージでつかむ

非常に大きな数や小さな数を表現するのに多くの桁数が必要です。指数を使えば，桁数を少なくすることができます。

浮動小数点

浮動小数点は，**実数**（小数点の付いた数）**を扱う場合に使用する形式**です。指数を使うことによって，大きな数や小さな数を固定小数点（3-02参照）よりも少ないビット数で表現できます。

ただし，例えば10進数123は，指数を使うと何通りも表現できてしまう（浮動とは，小数点がふわふわ浮いて移動するイメージからきている）ため，あらかじめどのように表現するか，形式を決めておきます。

：
$123.\times10^{0}$
12.3×10^{1}
1.23×10^{2}
0.123×10^{3}
：

指数部の値によって，小数点の位置が移動する

浮動小数点の形式

浮動小数点の形式にはいくつもの種類があり，試験では簡略化されたオリジナル的なものも出題されますので，問題の指示のとおり表現します。

ここでは代表的な形式であるIEEE754，32ビットの形式（単精度と呼ばれる）を考えてみましょう。

数値は，$(-1)^S \times B \times 2^E$ と表現するとあらかじめ決められています。

符号部 (S) 1ビット	指数部 (E) 8ビット	仮数部 (B) 23ビット

S：仮数部の符号（0：正，1：負）
E：2を基数として，実際の値に127を加えたバイアス値（後述）
B：絶対値を2進数で表す。1.M（1.xxx…）となるように，桁移動する（**正規化**）。

例えば，10進数7.25をIEEE754で表現してみましょう。

①10進数7.25は正数なので，符号（S）に0を入れます。

0	E	B

②10進数7.25を2進数で表現すると，111.01となり，仮数部が1.M（1.xxx…）になるように正規化します。

$$111.01 = 111.01 \times 2^0 \rightarrow (\text{正規化}) \rightarrow 1.1101 \times 2^2$$

仮数部（B）の最上位から順に1101，残りのビットに0を入れます。ここで，仮数部の「1.」はこの形式では自明なので省略されています。1桁節約していることになります。

0	E	**1101**00 … 00

③指数部（E）は，2＋127＝129，2進数に基数変換して10000001を入れます。

0	**10000001**	110100 … 00

知っ得情報 浮動小数点表示の体験

Excelがあれば，セルに「123456789012」を入力してみて下さい。セルの幅により「1.23E+11」とか「1.23457E+11」などと表示されます。「E+11」の部分は，10^{11}を表します。セルの幅によって仮数部の桁数が変化し，1.23×10^{11}や，1.23457×10^{11}などと表現しています。

もっと詳しく バイアス

バイアスは，**実際の数値に一定の数値を加えること**です。「下駄を履かせる」という意味があります。2進数8ビットの場合は，10進数の範囲は0～255なので中間辺りの127が，都合が良いとされました。実際の数に127を加えることで，指数部がマイナスにならないように工夫したものです。

実際の数	バイアス	指数部の値（2進数）
−127		0（00000000）
−126		1（00000001）
≀		≀
−1		126（01111110）
0	+127	127（01111111）
1		128（10000000）
≀		≀
+127		254（11111110）
+128		255（11111111）

確認問題 1

▸平成29年度春期　問2　　正解率▸中　　基本

0以外の数値を浮動小数点表示で表現する場合，仮数部の最上位桁が0以外になるように，桁合わせする操作はどれか。ここで，仮数部の表現方法は，絶対値表現とする。

ア　切上げ　　イ　切捨て　　ウ　桁上げ　　エ　正規化

要点解説　浮動小数点表示の仮数部を桁合わせする操作を正規化といいます。

確認問題　2

▸平成18年度秋期　問4　　　正解率▸低　　計算

次の24ビットの浮動小数点形式で表現できる最大値を表すビット列を，16進数として表したものはどれか。ここで，この形式で表現される値は$(-1)^{S} \times 16^{E-64} \times 0.M$である。

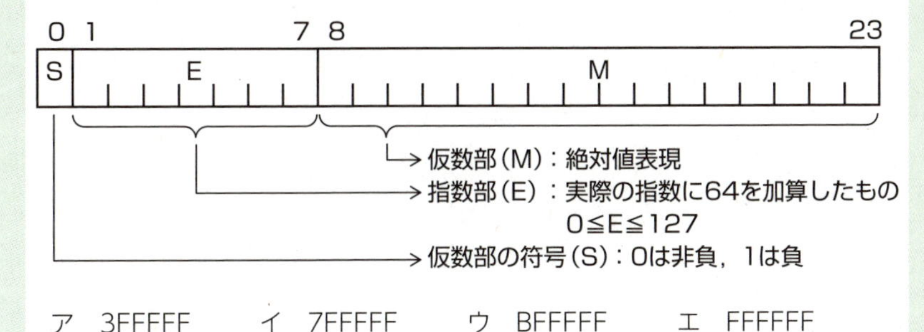

ア　3FFFFF　　イ　7FFFFF　　ウ　BFFFFF　　エ　FFFFFF

要点解説

問題が古いと思ったかもしれません。浮動小数点の計算問題は，午前には最近出なくなりましたが，午後問題ではときどき出題されるので要注意です。練習問題として解いてみましょう。

表現できる最大値は，
① 仮数部の符号(S)が非負
② 仮数部(M)は最大値
③ 指数部(E)は最大値
であるビット列です。

	S	E		M			
2進数	0	111	1111	1111	1111	1111	1111
16進数	7		F	F	F	F	F

【イメージ】
10進数でイメージしてみましょう。仮数部3桁，指数部2桁とした場合の最大値は，$+999 \times 10^{99}$と表現できます。
最大値をとるパターンは，仮数部の符号が+，仮数部は3桁で表現できる最大値，指数部は2桁で表現できる最大値です。

解答

問題1：エ　　問題2：イ

3-04 誤差

時々出　必須　超重要

イメージでつかむ

円周率は，3.14159…と限りなく続いて到底覚えられるものではありません。学校では，3.14まででいいよと教えられたものです。

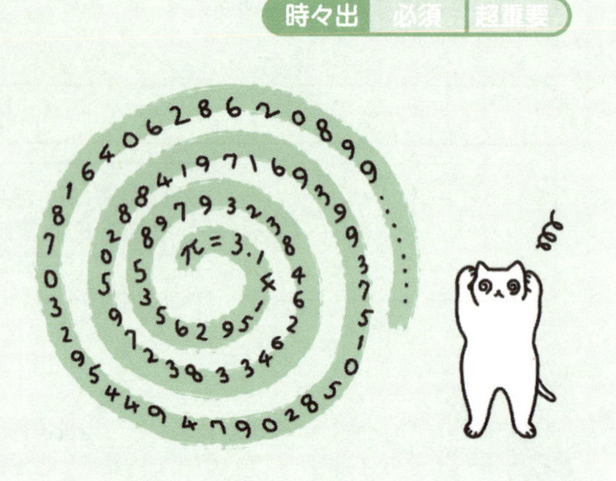

誤差

電卓なら8桁，12桁などのように，表現できる桁の上限が決まっています。コンピュータ内部でも，数値を指定されたビット数で表現しているために，**真の値と表現する値との間に差が発生**します。これを**誤差**といい，次のようなものがあります。

桁あふれ誤差

桁あふれ誤差は，**演算結果がコンピュータの表現できる範囲を超えることで発生する誤差**です。表現できる範囲を超えることを**オーバフロー**といいます。浮動小数点では限りなく0に近づいて表現しきれなくなり発生する**アンダフロー**があります。

（固定小数点・負数ありの場合）

（浮動小数点の場合）

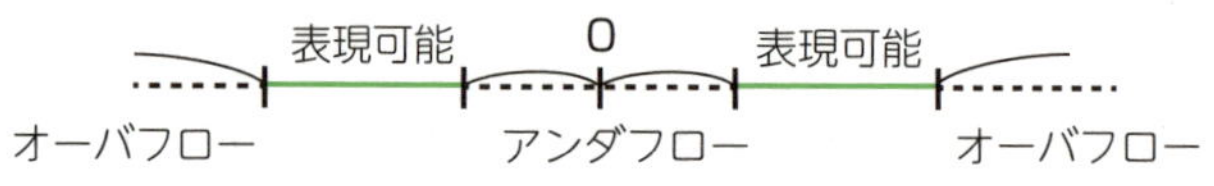

“くれば”で覚える

桁あふれ誤差 とくれば **表現できる範囲を超えることで発生する誤差**

丸め誤差

丸め誤差は，**指定された桁数で演算結果を表すために，切捨て・切上げ・四捨五入などを行うことで発生する誤差**です。

“くれば”で覚える

丸め誤差 とくれば **切捨て・切上げ・四捨五入することで発生する誤差**

桁落ち誤差

桁落ち誤差は，**絶対値がほぼ等しい数値の間で，同符号の減算や異符号の加算をしたときに，有効桁数が減ることで発生する誤差**です。

例えば，浮動小数点数の計算で　$0.556 \times 10^7 - 0.552 \times 10^7$ を見ていきましょう。ここで，有効桁数は，仮数部3桁とします。

有効桁数3桁

$$
\begin{array}{r}
0.556 \times 10^7 \\
-)\ \underline{0.552 \times 10^7} \\
0.004 \times 10^7
\end{array}
\Rightarrow \text{正規化} \Rightarrow 0.400 \times 10^5
$$

有効桁数1桁

正規化すると末尾に「00」が付きますが，この00は正確性とは関係のない数字で，有効桁ではありません。有効桁は1桁に減ってしまうことになります。このように，桁落ち誤差は，有効桁数が減ってしまう現象です。

“くれば”で覚える

桁落ち誤差 とくれば **有効桁数が減少することで発生する誤差**

知っ得情報 有効桁

測定値がどの桁まで意味があるのかを有効桁といいます。例えば1kg刻みの体重計で100kgと101kgの真ん中あたりを針が示した場合は，100kgとか101kgなどの表現よりも，100.5kgと表現したほうが真の値により近くなりそうです。「5」の部分は誤差を含む値で，正確ではありませんが，真の値により近いということで意味があります。この場合の有効桁数は4桁です。

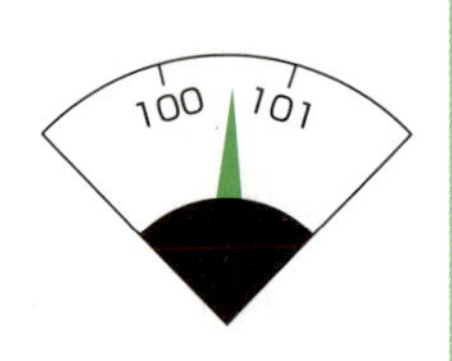

情報落ち誤差

情報落ち誤差は，**絶対値の差が非常に大きい数値の間で加減算を行ったときに，絶対値の小さい数値が計算結果に反映されないことで発生する誤差**です。

例えば，浮動小数点数の計算で　$0.123 \times 10^2 + 0.124 \times 10^{-2}$ を見ていきましょう。ここで，有効桁数は，仮数部3桁とします。

浮動小数点数どうしを加減算するときは，指数を揃える必要があります。指数は大きい方に揃えます。

$$
\begin{array}{rl}
 & 0.123 \qquad\quad \times 10^2 \\
+) & \underline{0.0000124 \times 10^2} \\
 & 0.1230124 \times 10^2 \Rightarrow \text{正規化} \Rightarrow 0.123 \times 10^2
\end{array}
$$

指数を揃える

仮数部3桁で表す

小さな数 0.124×10^{-2} が反映されていない

このように，情報落ち誤差は，絶対値の小さな数値の有効桁数の一部または全部が結果に反映されない現象です。

なお，数多くの数値の加減算を行うときは，絶対値の昇順（小→大の順）に数値を並び替えてから計算すると，情報落ちの誤差を小さくすることができます。

"くれば"で覚える

情報落ち誤差　とくれば　**小さな数値が計算結果に反映されないことで発生する誤差**

打切り誤差

打切り誤差は，**浮動小数点数の計算処理の打ち切りを，指定した規則で行うことによって発生する誤差**です。

例えば，円周率は3.14159…と続きますが，計算処理を打ち切って3.14とすることによって発生します。

“くれば”で覚える

打切り誤差 とくれば **計算処理を打ち切ることで発生する誤差**

確認問題 1

▶平成20年度春期 問5 正解率▶中 応用

浮動小数点表示の仮数部が23ビットであるコンピュータで計算した場合，情報落ちが発生する計算式はどれか。ここで，$(\quad)_2$内の数は2進数とする。

ア $(10.101)_2 \times 2^{-16} - (1.001)_2 \times 2^{-15}$
イ $(10.101)_2 \times 2^{16} - (1.001)_2 \times 2^{16}$
ウ $(1.01)_2 \times 2^{18} + (1.01)_2 \times 2^{-5}$
エ $(1.001)_2 \times 2^{20} + (1.1111)_2 \times 2^{21}$

情報落ちは，絶対値の差が非常に大きい数値間で加減算を行ったとき，絶対値の小さい数が計算結果に反映されないために発生する誤差です。

確認問題 2

▶平成27年度春期 問2 正解率▶中 基本

桁落ちの説明として，適切なものはどれか。

ア 値がほぼ等しい浮動小数点数同士の減算において，有効桁数が大幅に減ってしまうことである。
イ 演算結果が，扱える数値の最大値を超えることによって生じるエラーのことである。
ウ 浮動小数点数の演算結果について，最小の桁よりも小さい部分の四捨五入，切上げ又は切捨てを行うことによって生じる誤差のことである。
エ 浮動小数点数の加算において，一方の数値の下位の桁が結果に反映されないことである。

桁落ちは，ほぼ等しい数値の加減算で有効桁数が減ってしまうことです。
ア 桁落ち イ オーバフロー ウ 丸め誤差 エ 情報落ち

解答

問題1：ウ 問題2：ア

第3章 基礎理論

3-05 シフト演算

時々出 **必須** 超重要

イメージでつかむ

小学生の頃，一生懸命に九九表を覚えました。今も掛け算や割り算の基本になっています。

コンピュータは，桁をずらすだけで簡単にできてしまいます。

シフト演算

まずは，10進数123で考えてみましょう。

一つ左に桁をずらす（空いた桁には0が入る）と，元の数値に10を掛けた1230になります。二つ桁をずらすと，100を掛けた12300になります。逆に，一つ右に桁をずらすと元の数値を10で割った12.3に，二つ右に桁をずらすと100で割った1.23になります。10進数では左右に桁をずらすだけで，10を掛けたり10で割ったりすることができます。

2進数も左右にビットをずらすだけで，元の数値に2を掛けたり2で割ったりすることができます。**左右にビットをずらして（シフトして），乗算や除算の演算をすること**を**シフト演算**といいます。

なお，シフト演算には，符号を考慮しない論理シフトと，符号を考慮する算術シフトがあります。

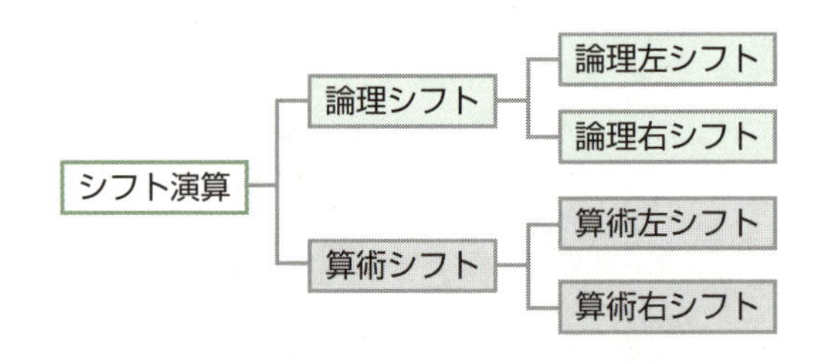

"くれば"で覚える

シフト演算 とくれば **nビット左にシフト → 2^n倍**
nビット右にシフト → $1/2^n$倍

論理シフト

論理シフトは，**符号を考慮しないシフト演算**です。論理シフトでは，左シフト・右シフトともあふれたビットは捨てられ，空いたビットには0が入ります。

論理左シフト

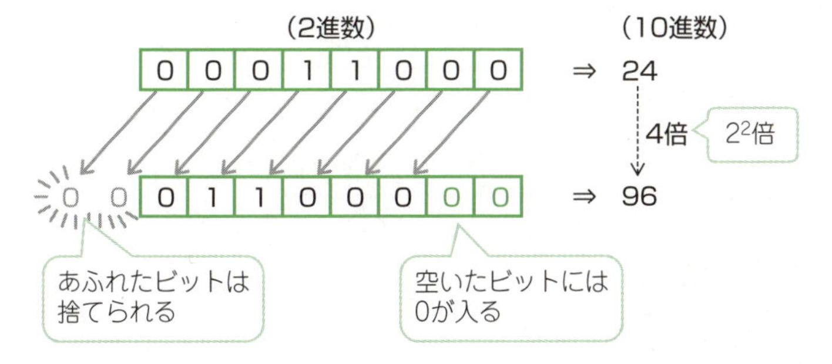

論理右シフト

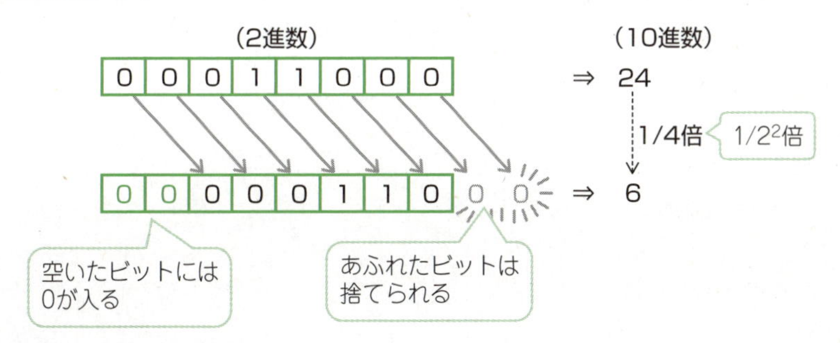

"くれば"で覚える

論理シフト とくれば **＊あふれたビットは捨てる**
＊空いたビットには0を入れる

算術シフト

算術シフトは，**符号を考慮するシフト演算**です。左シフトと右シフトとでは，空いたビットの取り扱い方が異なります。

算術左シフト

符号ビットはそのままの位置にとどまります。あふれたビットは捨てられ，空いたビットには0が入ります。

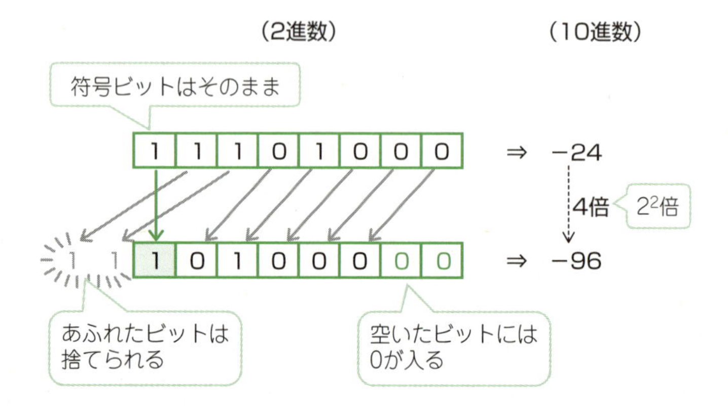

“くれば”で覚える

算術左シフト　とくれば　
* **符号ビットはそのまま**
* **あふれたビットは捨てられる**
* **空いたビットには0が入る**

算術右シフト

符号ビットはそのままの位置にとどまります。あふれたビットは捨てられ，空いたビットには符号ビットと同じビットが入ります。

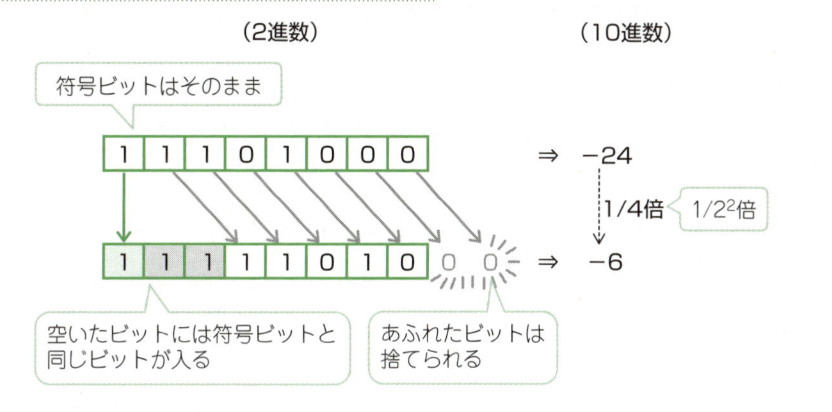

"くれば"で覚える

算術右シフト とくれば
* **符号ビットはそのまま**
* **あふれたビットは捨てられる**
* **空いたビットには符号ビットと同じビットが入る**

シフト演算と加算の組合せ

シフト演算を使うと，2^n倍や$1/2^n$倍は簡単にできることがわかりました。それでは，例えば，2進数mの9倍の値を求めるにはどうすればよいでしょうか。

こういう場合は，9を2のべき乗に分解します。

$$
\begin{aligned}
m \times 9 &= m \times (2^3 + 1) \\
&= m \times 2^3 + m
\end{aligned}
$$

このように変形して，mを3ビット左にシフト移動したものにmを加えると，9倍の数値を求めることができます。

確認問題 1

▸平成12年度春期　問4　　正解率▸高　　計算

正の2進整数を左に4ビットだけ，桁移動（シフト）した結果は元の数の何倍か。ここで，あふれはないものとする。

ア　0.0625　　イ　0.25　　ウ　4　　エ　16

要点解説

最近はこのような素直でやさしいボーナス問題は出なくなりましたが，基礎力固めで解いておきましょう。
2^4＝16倍となります。

確認問題 2

▸平成25年度秋期　問2　　正解率▸中　　計算

32ビットのレジスタに16進数ABCDが入っているとき，2ビットだけ右に論理シフトした値はどれか。

ア　2AF3　　イ　6AF3　　ウ　AF34　　エ　EAF3

要点解説

16進数を2進数で表します。

16進数	A	B	C	D
2進数	1010	1011	1100	1101

2ビット右に論理シフトします。

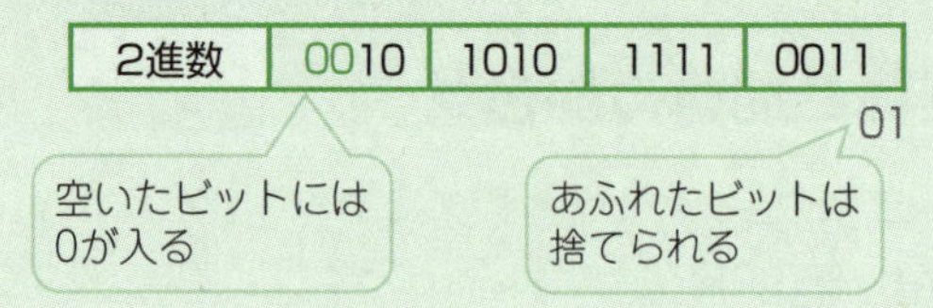

2進数	0010	1010	1111	0011

16進数に戻します。

16進数	2	A	F	3

なお本問の場合，16進数の一番左の数値だけで答えを絞り込めます。

確認問題　3

▸平成31年度春期　問1　　正解率▸高　計算

10進数の演算式7÷32の結果を2進数で表したものはどれか。

ア　0.001011　　イ　0.001101　　ウ　0.00111　　エ　0.0111

要点解説

7÷32ということで，32が2の倍数であることがポイントです。
つまり，$7 \div 32 = 7 \div 2^5$と変形できます。
7を2進数で表すと111です。これを2^5で割ればいいので，右に5ビットシフトすると，0.00111となります。

確認問題　4

▸平成29年度秋期　問1　　正解率▸中

数値を2進数で表すレジスタがある。このレジスタに格納されている正の整数xを10倍にする操作はどれか。ここで，桁あふれは起こらないものとする。

ア　xを2ビット左にシフトした値にxを加算し，更に1ビット左にシフトする。
イ　xを2ビット左にシフトした値にxを加算し，更に2ビット左にシフトする。
ウ　xを3ビット左にシフトした値と，xを2ビット左にシフトした値を加算する。
エ　xを3ビット左にシフトした値にxを加算し，更に1ビット左にシフトする。

要点解説

左に2ビットシフトすると$x \times 2^2$になります。
選択肢をそれぞれ式で表してみます。
ア　$(x \times 2^2 + x) \times 2^1 = 5x \times 2 = 10x$
イ　$(x \times 2^2 + x) \times 2^2 = 5x \times 4 = 20x$
ウ　$(x \times 2^3) + (x \times 2^2) = 8x + 4x = 12x$
エ　$(x \times 2^3 + x) \times 2^1 = 9x \times 2 = 18x$

解答

問題1：エ　　問題2：ア　　問題3：ウ　　問題4：ア

3-06 論理演算

時々出　必須　超重要

イメージでつかむ

中学生の頃，集合を考えるのにベン図を使いました。論理演算を理解するときも，ベン図が役に立ちます。

論理演算

コンピュータ内部では，電気信号のONとOFFを1と0に対応させて情報を処理しています。**論理演算**は，**「1と0」または「真と偽」のように，2値のうちいずれか一方の値を持つデータ間で行われる演算**です。**演算結果も「1と0」または「真と偽」**です。

主な論理演算には，論理和(OR)・論理積(AND)・否定(NOT)があります。論理演算を実際に行う電子回路が論理回路で，CPUに組み込まれています。

論理回路は，**MIL記号**（ミル）で図式化したり，入力の状態とそのときの出力の状態を表にまとめた**真理値表**で表現したりします。ベン図で考えると一層理解しやすくなります。

論理和(OR)

論理和は，**入力(A，B)の少なくとも一方が1であれば，出力(A＋B)は1となる演算**です。「+」は，論理和という意味です。

MIL記号	真理値表	ベン図
		A　B

A	B	A＋B
0	0	0
0	1	1
1	0	1
1	1	1

論理積（AND）

論理積は，**入力（A，B）の両方が1であれば，出力（A・B）は1となる演算**です。「・」は論理積という意味です。

MIL記号	真理値表	ベン図

A	B	A・B
0	0	0
0	1	0
1	0	0
1	1	1

否定（NOT）

否定は，**入力（A）が0であれば出力（$\overline{A}$）は1，入力（A）が1であれば出力（$\overline{A}$）は0になる演算**です。「$\overline{A}$」はAの否定を表します。

MIL記号	真理値表	ベン図

A	$\overline{A}$
0	1
1	0

"くれば"で覚える

論理和　とくれば　**入力が少なくとも一方が1ならば，出力が1**
論理積　とくれば　**入力の両方が1ならば，出力が1**
否定　とくれば　**入力が1ならば，出力が0。入力が0ならば，出力が1**

論理演算の組合せ

論理和・論理積・否定を組み合わせた，次のような演算があります。

排他的論理和（EOR，またはXOR）

排他的論理和は，**入力（A，B）が異なれば，出力（A⊕B）は1となる演算**です。「⊕」は排他的論理和という意味です。

MIL記号	真理値表	ベン図

A	B	A⊕B
0	0	0
0	1	1
1	0	1
1	1	0

また，排他的論理和は，$A \cdot \overline{B} + \overline{A} \cdot B$の式で表すことができ，論理和と論理積，否定の組合せで実現することができます。

排他的論理和　とくれば　**入力が異なれば，出力が1**

攻略法 …… **これが論理和・論理積・排他的論理和のイメージだ！**

①

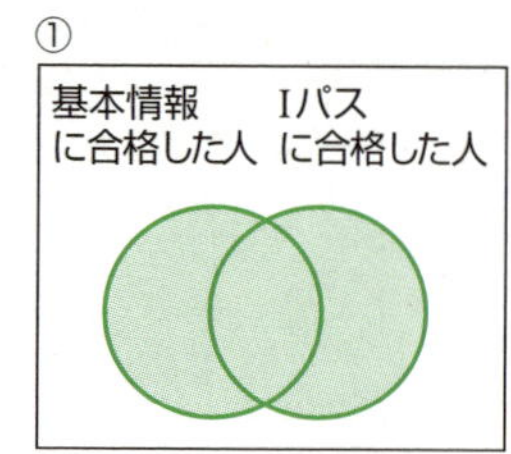

②

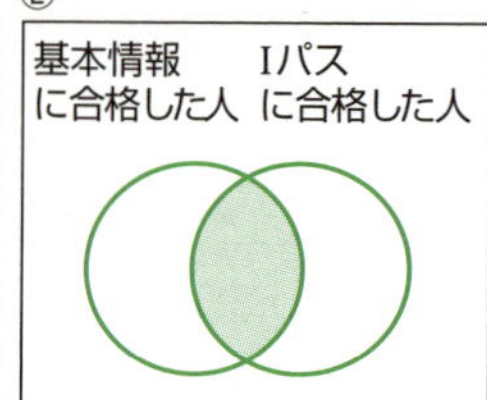

③

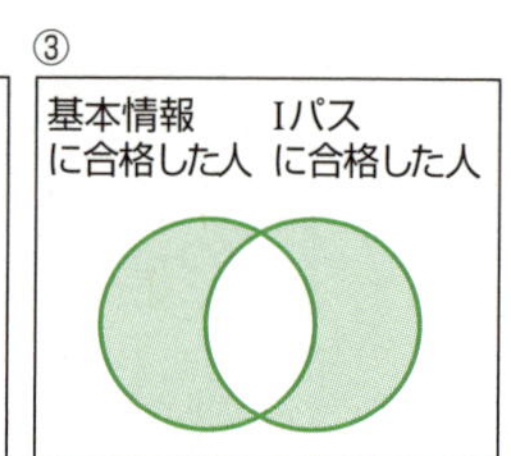

①論理和（OR）：基本情報かIパスのいずれか一方を合格した人の集合です。両方合格した人も含みます。

②論理積（AND）：基本情報とIパスの両方を合格した人の集合です。

③排他的論理和（EOR）：基本情報のみかIパスのみを合格した人の集合です。両方合格した人は含みません。

否定論理和（NOR）

否定論理和は，**論理和と否定を組み合わせた演算**です。「A＋B」の否定という意味です。

MIL記号	真理値表	ベン図

A	B	$\overline{A+B}$
0	0	1
0	1	0
1	0	0
1	1	0

否定論理積（NAND）

否定論理積は，**論理積と否定を組み合わせた演算**です。「A・B」の否定という意味です。

MIL記号	真理値表	ベン図
	（下表）	A B

A	B	$\overline{A \cdot B}$
0	0	1
0	1	1
1	0	1
1	1	0

"くれば"で覚える

否定論理和　とくれば　**論理和の否定**
否定論理積　とくれば　**論理積の否定**

知っ得情報　命題

命題は，**正しい（真）／正しくない（偽）のどちらかに決まる文**です。

例えば「白いねこはかわいい」は，客観的に正しいかどうかはわかりませんが，かわいいなら真，かわいくないなら偽になるので命題として扱うことができます。

「かわいいねこはよく寝る」「白いねこはかわいい」の二つの文が真なら，「白いねこはよく寝る」も真になります。命題も，集合で考えるとわかりやすくなります。

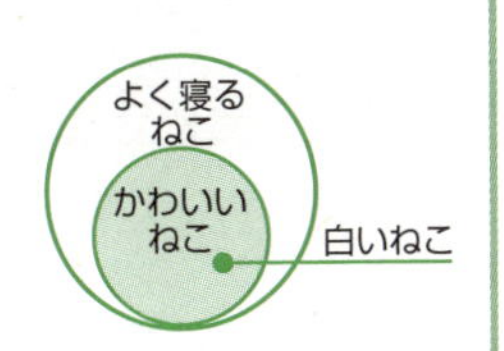

ビット演算

「元のビット列」と「特定のビット列」との間でビット演算を行い，ある特定のビットを取り出したり，反転させたりすることができます。このときの「特定のビット列」はマスクパターン（マスク）と呼ばれています。

例えば，2進数8ビット「00110001」の下位4ビットを操作していきましょう。下位4ビットを操作するには，下位4ビットに1，それ以外のビットに0を入れたビット列「00001111」をマスクパターンとして使います。

ビット列の取出し

下位4ビットを取り出してみましょう。特定のビットを取り出すには，元のビット列とマスクパターン(00001111)との間で，論理積(AND)を行います。

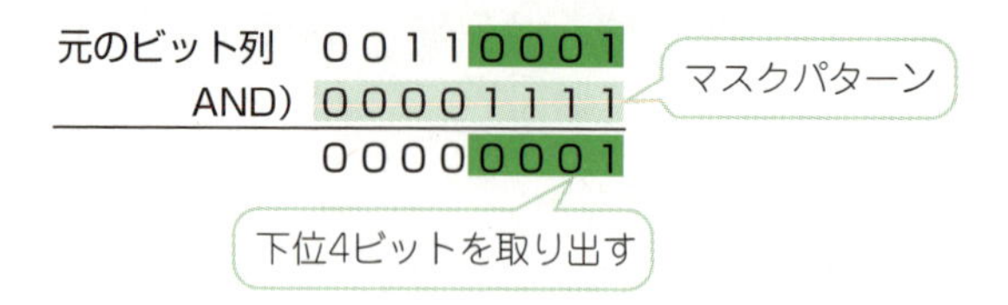

なお，このビット演算は，IPアドレスとサブネットマスクの処理などに用いられています(7-05参照)。

"くれば"で覚える

ある特定のビットを取り出す　とくれば　**取り出したいビットと1で論理積(AND)**

ビットの反転

下位4ビットを反転してみましょう。特定のビットを反転させるには，元のビット列とマスクパターン(00001111)との間で，排他的論理和(EOR)を行います。

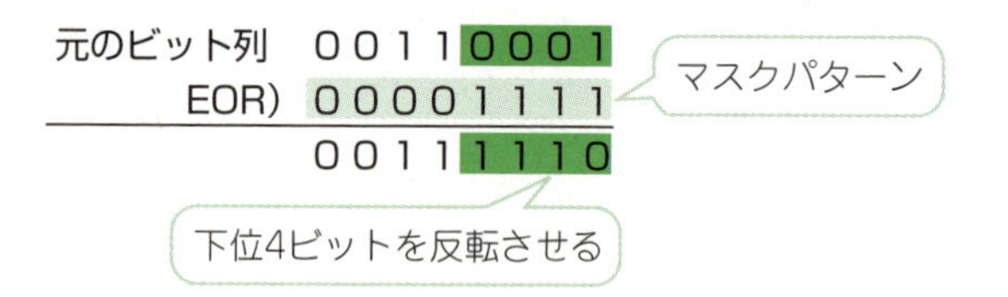

なお，このビット演算は，パリティ符号(データチェック用に追加するビット)や暗号化の処理などに用いられています。

"くれば"で覚える

ある特定のビットを反転させる　とくれば　**反転させたいビットと1で排他的論理和(EOR)**

知っ得情報 論理演算の法則

論理式の演算の際，よく使う法則として，ド・モルガンの法則があります。

$\overline{A \cdot B} = \overline{A} + \overline{B}$　論理積の否定は，それぞれの否定の論理和と同じ

$\overline{A + B} = \overline{A} \cdot \overline{B}$　論理和の否定は，それぞれの否定の論理積と同じ

$\overline{A \cdot B} = \overline{A} + \overline{B}$

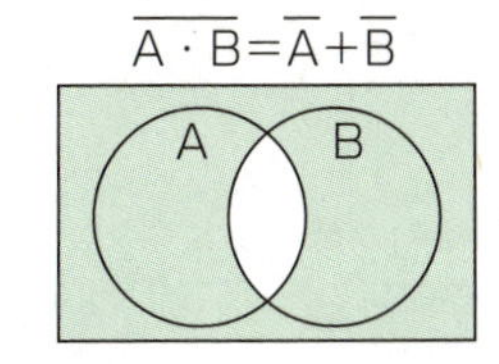

$\overline{A + B} = \overline{A} \cdot \overline{B}$

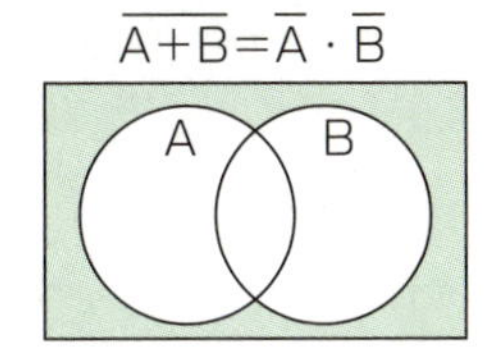

このほか，論理演算には以下の法則が成り立ちます。

$A \cdot A = A$　　$A + A = A$　　$\overline{\overline{A}} = A$

$A \cdot (B + C) = (A \cdot B) + (A \cdot C)$
$A + (B \cdot C) = (A + B) \cdot (A + C)$
（分配法則）

確認問題 1　▸平成31年度春期　問3　正解率 ▸ 中　応用

P，Q，Rはいずれも命題である。命題Pの真理値は真であり，命題 (not P) or Q及び命題 (not Q) or Rのいずれの真理値も真であることが分かっている。Q，Rの真理値はどれか。ここで，X or YはXとYの論理和，not XはXの否定を表す。

	Q	R
ア	偽	偽
イ	偽	真
ウ	真	偽
エ	真	真

命題とは真と偽のどちらかに定まる文のことで，論理演算が利用できます。ここでは真は1，偽は0と考えます。問題文からPは1であり，not Pは0です。(not P) or Qが1，つまり「0とQの論理和が1」が成立するためには，Qは1ということになります。また，Qが1ならば，not Qは0です。(not Q) or Rが1，つまり「0とRの論理和が1」ということは，Rは1です。Q，Rともに真となります。

確認問題 2

▶ 令和元年度秋期　問2　　正解率 ▶ 中　　応用

8ビットの値の全ビットを反転する操作はどれか。

ア　16進表記00のビット列と排他的論理和をとる。
イ　16進表記00のビット列と論理和をとる。
ウ　16進表記FFのビット列と排他的論理和をとる。
エ　16進表記FFのビット列と論理和をとる。

選択肢を見ると00かFFなので，全ビット0か全ビット1のビット列と何かの操作をすることになります。2ビットに簡略化し，仮に「01」というビットを反転させたいとして考えてみましょう。

01（仮のビット）	演算結果
00と排他的論理和	01
00と論理和	01

01（仮のビット）	演算結果
11と排他的論理和	10
11と論理和	11

特定のビット列を反転させるときは，1で排他的論理和をとります。

確認問題 3

▶ 平成23年度特別　問1　　正解率 ▶ 中　　応用

論理式 $\overline{(\overline{A}+B)\cdot(A+\overline{C})}$ と等しいものはどれか。ここで，・は論理積，＋は論理和，$\overline{X}$ はXの否定を表す。

ア　$A\cdot\overline{B}+\overline{A}\cdot C$　　イ　$\overline{A}\cdot B+A\cdot\overline{C}$
ウ　$(A+\overline{B})\cdot(\overline{A}+C)$　　エ　$(\overline{A}+B)\cdot(A+\overline{C})$

ド・モルガンの法則を用います。なお，$\overline{\overline{A}}=A$ です。

$\overline{(\overline{A}+B)\cdot(A+\overline{C})}$
$=\overline{(\overline{A}+B)}+\overline{(A+\overline{C})}$
$=\overline{\overline{A}}\cdot\overline{B}+\overline{A}\cdot\overline{\overline{C}}$
$=A\cdot\overline{B}+\overline{A}\cdot C$

確認問題 4　▸平成28年度春期　問23　正解率▸中　応用

図の論理回路と等価な回路はどれか。

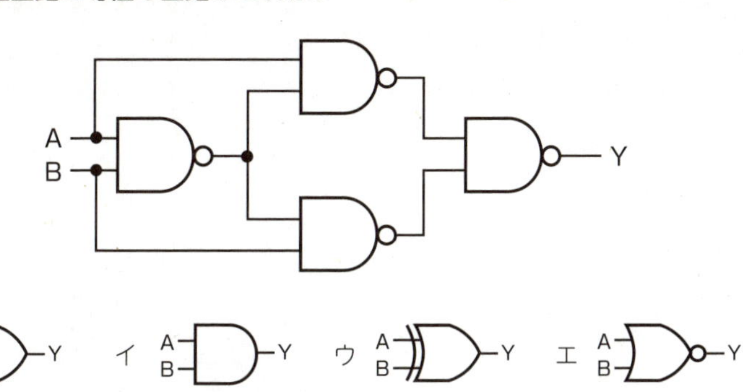

要点解説

AとBの入力が「00」「01」「10」「11」だったときどうなるか検証します。どこに同じ信号が行くかを見極めると省力化できます。各NAND端子の出力をC，D，E，Yとして考えてみます。

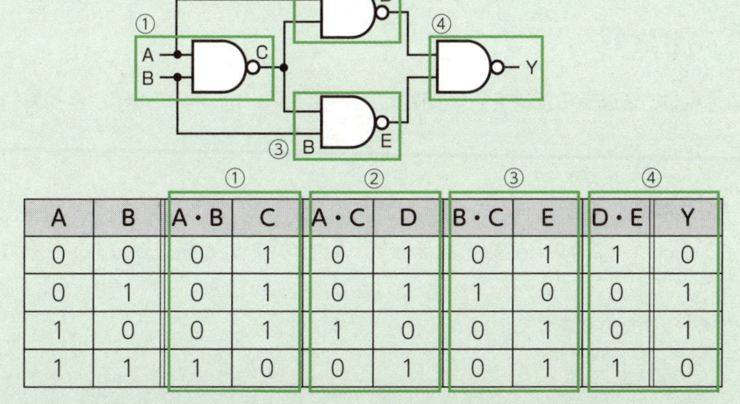

A	B	① A・B	C	② A・C	D	③ B・C	E	④ D・E	Y
0	0	0	1	0	1	0	1	1	0
0	1	0	1	0	1	1	0	0	1
1	0	0	1	1	0	0	1	0	1
1	1	1	0	0	1	0	1	1	0

YはAとBのどちらか一つが1のとき1なので，AとBの排他的論理和です。なお，論理回路から等価な回路や論理式を求める問題は頻出ですが，①真理値表で求める②ベン図で求める③論理式をド・モルガンの法則などで変形するという3種類の解法があります。問題により解きやすい解法は異なります。

解答

問題1：エ　　問題2：ウ　　問題3：ア　　問題4：ウ

3 07 半加算器と全加算器

時々出　必須　超重要

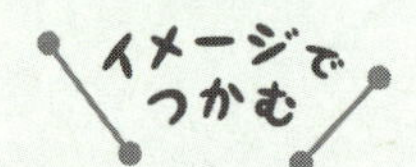

56＋45を計算する場合，上位桁への桁上がり，下位桁からの桁上がりを考慮しなければいけません。

加算器

加算器は，**2進数の加算を行う回路**です。加算器には，半加算器と全加算器があります。

半加算器

半加算器は，**二つの2進数を加算して，同桁の値（S）と桁上がり（C）を出力する加算器**です。ただし，下位桁からの桁上がりを考慮しないため，最下位桁で用いられます。

2進数1桁の加算をするには4パターンがあります。

$$\begin{array}{r}0\\+0\\\hline 0\end{array}\quad\begin{array}{r}0\\+1\\\hline 1\end{array}\quad\begin{array}{r}1\\+0\\\hline 1\end{array}\quad\begin{array}{r}1\\+1\\\hline 10\end{array}$$

攻略法 …… **これが半加算器のイメージだ！**

$$\begin{array}{r}1\\+\ 1\\\hline 10\end{array}\quad\Rightarrow\quad\begin{array}{r}X\\+\ Y\\\hline CS\end{array}$$

上位桁への桁上がり

最下位桁で用いる

半加算器は，入力(X，Y)と出力(C，S)からなり，次のような真理値表になります。

入力		出力	
X	Y	C	S
0	0	0	0
0	1	0	1
1	0	0	1
1	1	1	0

ここで，加算結果の同桁の値(S)は，入力(X，Y)が異なるときのみ出力は1になっているので排他的論理和，桁上がり(C)は，入力(X，Y)が両方1のときのみ出力は1になっているので論理積で表現できます。

このように，半加算器は，排他的論理和と論理積の組合せによって実現しています。

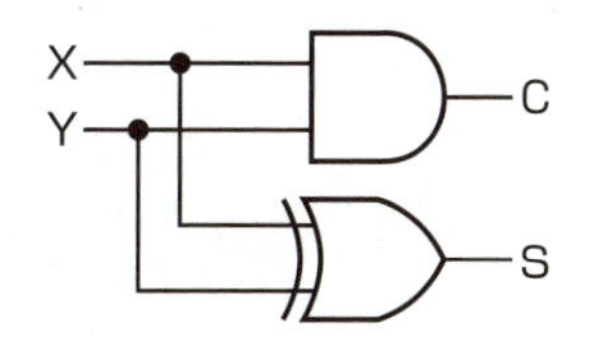

"くれば"で覚える

半加算器 とくれば **上位桁への桁上がりのみ考慮した加算器**

全加算器

全加算器は，**上位桁への桁上がり(C)だけでなく，下位桁からの桁上がり(C')も考慮した加算器**です。最下位桁以外の桁で用いられます。

攻略法 …… **これが全加算器のイメージだ！**

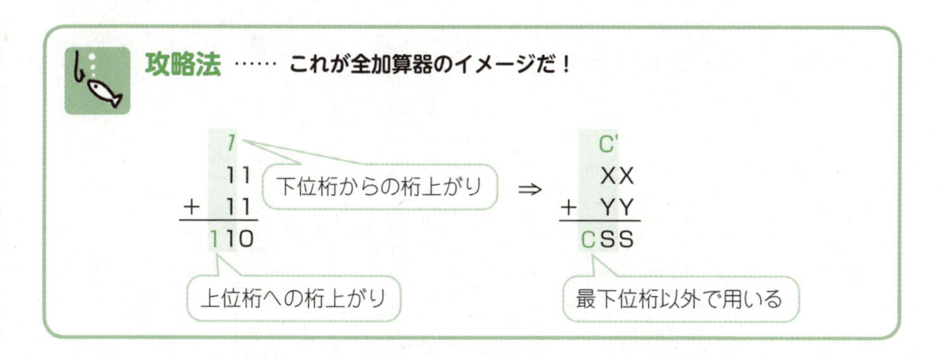

全加算器は，入力(X，Y，C')と出力(C，S)からなり，次のような真理値表になります。

入力			出力	
X	Y	C'	C	S
0	0	0	0	0
0	1	0	0	1
1	0	0	0	1
1	1	0	1	0
0	0	1	0	1
0	1	1	1	0
1	0	1	1	0
1	1	1	1	1

全加算器は，半加算器と論理和の組合せによって実現します。

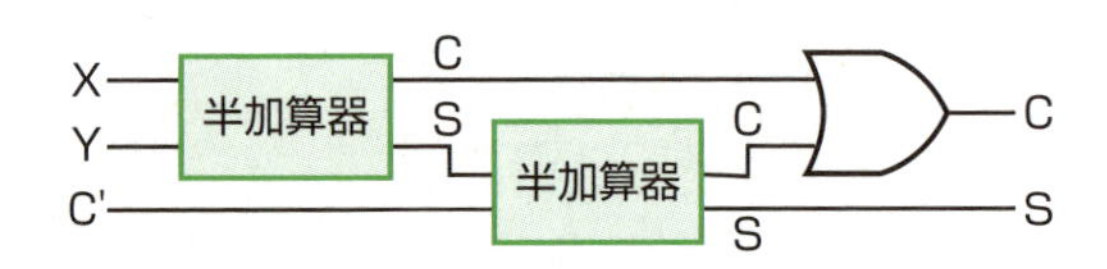

"くれば"で覚える

全加算器 とくれば **下位桁からの桁上がりと上位桁への桁上がりを考慮した加算器**

確認問題 1　平成16年度春期　問7　正解率 高　応用

1ビットの数A，Bの和を2ビットで表現したとき，上位ビットCと下位ビットSを表す論理式の組合せはどれか。ここで，"・"は論理積，"＋"は論理和，$\overline{X}$はXの否定を表す。

A	B	AとBの和	
		C	S
0	0	0	0
0	1	0	1
1	0	0	1
1	1	1	0

	C	S
ア	A・B	$(A \cdot \overline{B}) + (\overline{A} \cdot B)$
イ	A・B	$(A+\overline{B}) \cdot (\overline{A}+B)$
ウ	A+B	$(A \cdot \overline{B}) + (\overline{A} \cdot B)$
エ	A+B	$(A+\overline{B}) \cdot (\overline{A}+B)$

要点解説　上位ビットC(桁上げ)は，AとBの両方が1のときのみ1，つまり「AとBの論理積」です。下位ビットS(和の1桁目)は，AとBが異なるときのみ1，つまり「AとBの排他的論理和」です。

確認問題 2

▸平成29年度春期 問22 正解率▸中 頻出 応用

図に示す1桁の2進数xとyを加算し，z（和の1桁目）及びc（桁上げ）を出力する半加算器において，AとBの素子の組合せとして，適切なものはどれか。

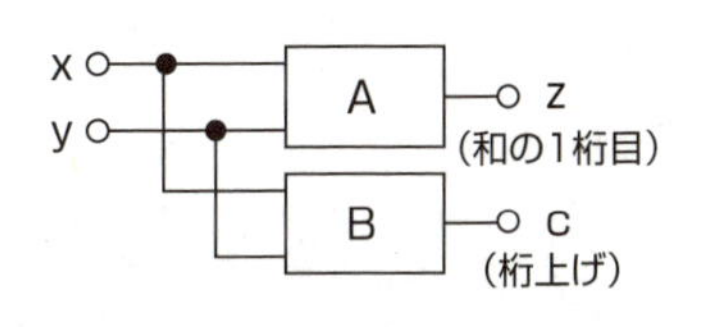

	A	B
ア	排他的論理和	論理積
イ	否定論理積	否定論理和
ウ	否定論理和	排他的論理和
エ	論理積	論理和

半加算器は，排他的論理和と論理積の組合せで実現しています。
図中のz（和の1桁目）を求めるには排他的論理和を，c（桁上げ）を求めるには論理積を用います。

確認問題 3

▸平成21年度秋期 問25 正解率▸中 応用

図は全加算器を表す論理回路である。図中のxに1，yに0，zに1を入力したとき，出力となるc（桁上げ数），s（和）の値はどれか。

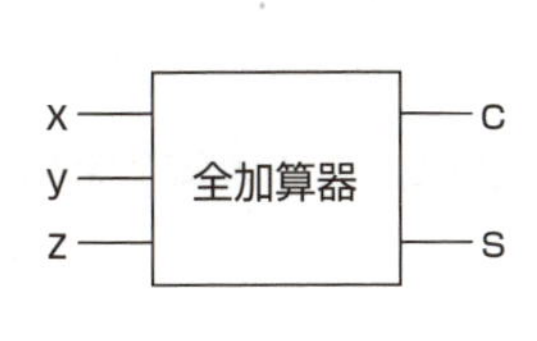

	c	s
ア	0	0
イ	0	1
ウ	1	0
エ	1	1

要点解説

全加算器は上位桁への桁上がりと下位桁からの位上がりを考慮する加算器です。x，y，zへの入力を全て加算したものを出力します。つまり，

$$
\begin{array}{r}
1 \\
0 \\
+1 \\
\hline
10
\end{array}
$$

したがってC＝1，S＝0となります。

解答

問題1：ア　問題2：ア　問題3：ウ

3 08 計測と制御

時々出　必須　**超重要**

イメージでつかむ

アナログ時計は連続的に針が動きますが，ディジタル時計は一定間隔で数値が変化して表示されます。

アナログとディジタル

音声などのように**連続的に変化する情報**を**アナログデータ**といい，**連続するアナログデータを細かく区切って「0」と「1」に置き換えた不連続な情報**を**ディジタルデータ**といいます。

これは，アナログ時計とディジタル時計のイメージと同じです。ディジタル時計では，「1秒」の次は「2秒」が表示されますが，アナログ時計では，「1秒」と「2秒」の間でも秒針が連続的に動いています。

A/D変換

A/D変換は，**アナログデータをディジタルデータに変換すること**です。ディジタルデータなら，「0」と「1」を判別するだけでよく，アナログデータと比較して，データの加工・編集・再利用・検索がしやすくなり，ノイズに強く，データの劣化が起こりにくいといった特徴があります。ただし，真の値との間に誤差（3-04参照）が発生する場合があります。

なお，人の耳は，ディジタルの音楽を直接聞くことはできません。iPhoneに入っているディジタルの音楽データをイヤホンで聞くようなときには，ディジタルデータをアナログデータに変換する**D/A変換**が必要になります。

PCM伝送方式

PCM伝送方式(Pulse Code Modulation:パルス符号変調方式)は，**アナログの音声信号をディジタル符号に変換する方式**です。標本化→量子化→符号化の順に変換します。

標本化

標本化は，**時間的に連続したアナログ信号の波形を，一定の時間間隔で測定すること**です。**サンプリング**とも呼ばれています。**1秒あたりのサンプリング回数**を**サンプリング周波数**といい，**Hz**(ヘルツ)で表します。例えば，音楽CDではサンプリング周波数44.1kHzであり，1秒間に44,100回のサンプルを測定します。

量子化

量子化は，**測定した信号をあらかじめ決められた一定の間隔(2^8，2^{16}，2^{24}など)に区切り数値化すること**です。区切る間隔を量子化ビット数としてビット(bit)で表します。例えば，音楽CDでは量子化ビット数16ビットであり，2^{16}＝65,536段階に区切って表現します。

符号化

符号化は，**量子化された値を2進数のディジタル符号に変換すること**です。

ここで，サンプリング周波数が短く，量子化の段階数が多いほど，元の音に近くなりますが，データの容量が大きくなります。

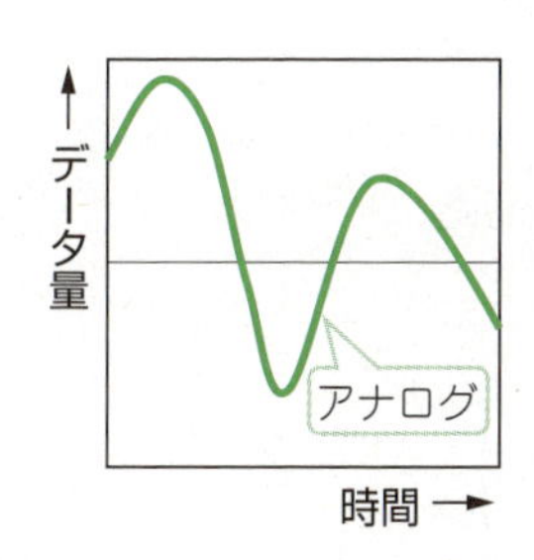

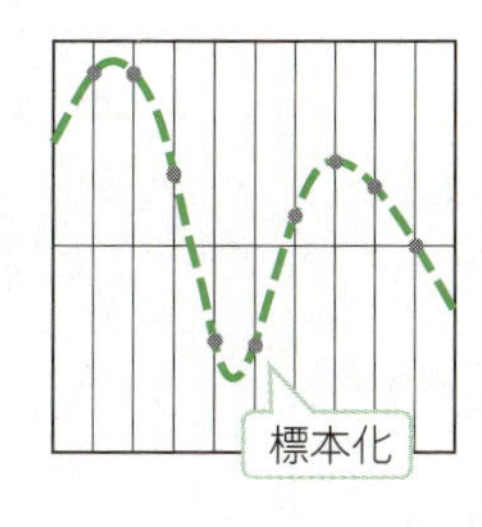

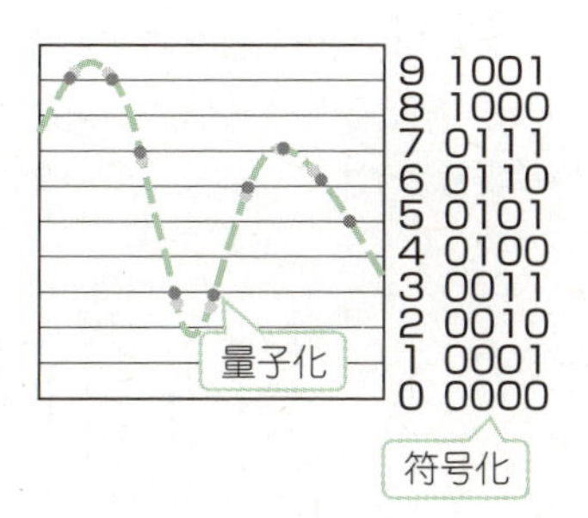

制御技術

よくコンピュータ制御という言葉を聞きます。例えば，エアコンを18度に設定すると，室温をセンサで計測し，運転量を上げたり下げたりしながら温度を一定に保とうとします。センサは計測した室温をアナログ電圧として出力し，コンピュータがディジタルデータに変換して，設定した値と比較しています。これがコンピュータ制御の例です。

このように，環境など**外部の作用（外乱）の影響をセンサで検知して，コンピュータが判断し，修正動作を行う制御**を**フィードバック制御**といいます。このほか，外乱があらかじめ予測できる場合に，**前もって必要な修正動作を行う**フィードフォワード制御や，**あらかじめ定められた順序または条件に従って，制御の各段階を逐次進めていく**シーケンス制御などもあります。

コンピュータ制御には，次のような要素を用います。

A/Dコンバータ	アナログ電気信号を，コンピュータが処理可能なディジタル信号に変える
センサ	物理量を検出して，電気信号に変える。温湿度センサや赤外線センサ，加速度センサなどのほかに以下のようなものもある ＊ひずみゲージ　：絶縁体の表面に貼り付けた金属箔の電気抵抗の変化により，物体の変形を検出 ＊ジャイロセンサ：端末の角速度（回転の速度）や傾き，振動を検出 ＊人感センサ　　：人体が発する赤外線や超音波を用いて存在を感知
アクチュエータ	コンピュータが出力した電気信号を回転運動・直線運動など力学的な運動に変える。シリンダやモータなど
アンプ	マイクロフォンやセンサなどが出力した微小な電気信号を増幅する

PWM

PWM制御（Pulse Width Modulation）は，**モータの回転速度やLEDの明るさなどをディジタル信号で制御する方式**です。パルス幅変調制御とも呼ばれています。

PWM制御の信号の値はオンとオフの2値だけで，周期の中のオンの時間を長くすると平均電流が大きくなり，モータの速度やLEDの明るさを上げることができます。

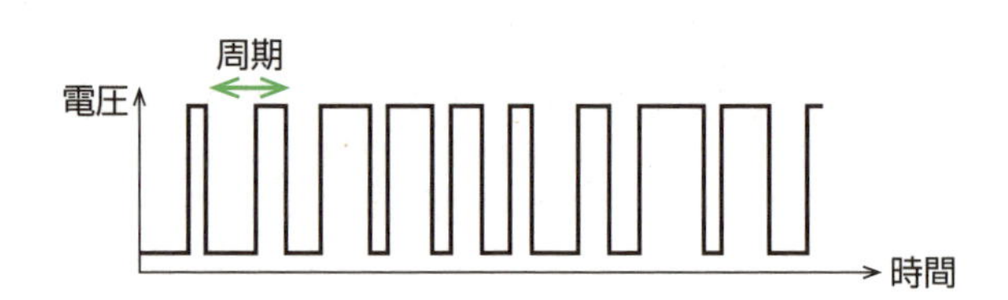

クロック信号

コンピュータは，内部で生成されるクロック信号で各装置の動作のタイミングをとっています(1-03参照)。もう少し詳しく見てみると，クロック信号の立上りや立下りのどちらかのタイミングに同期しています。電圧が高くなる点を立上り，低くなるところを立下りと呼びます。

ディジタル信号なので，電圧を1，0の2値に変換します。ある電圧より高い電圧(High)を1に，低い電圧(Low)を0とするのが正論理です。負論理はその逆で，高い電圧(High)を0に，低い電圧(Low)を1とします。

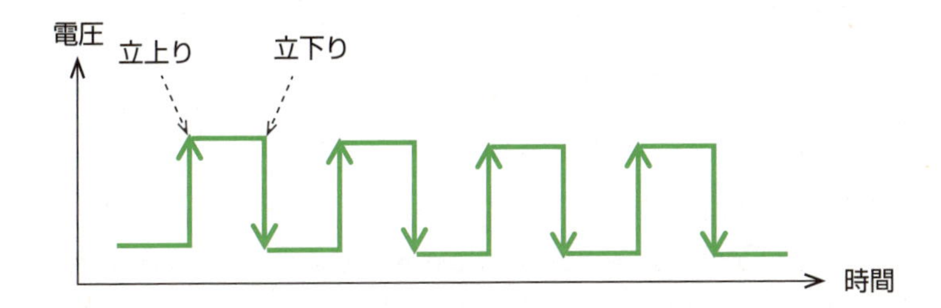

電力量

電気回路において，電気の流れの量を電流といい**A**(アンペア)で表します。また，電気を流そうとする力の強さを電圧といい**V**(ボルト)で表します。実際に消費される電気エネルギーが**W**(ワット)です。1Aの電流が流れ，電圧が1Vのとき，消費される電力が1A×1V＝1Wです。

電力量は**Wh**(ワット時)または接頭辞を付けたkWh(キロワット時)で表します。例えば「消費電力100W」という表示のある家電製品を2時間使った場合の電力量は，100W×2h＝200Wh＝0.2kWhとなります。

確認問題 1 ▸応用情報 平成27年度春期 問4改 正解率▸低 応用

ドローンに用いられるジャイロセンサが検出できるものはどれか。

ア ドローンに加わる加速度　　イ ドローンの角速度
ウ 地球上における高度　　エ 地球の磁北

要点解説
ア 加速度センサ　　イ ジャイロセンサ
ウ 圧力センサ　　エ 地磁気センサ

確認問題 2

▶平成30年度春期　問21　　正解率▶低　　基本

アクチュエータの説明として，適切なものはどれか。

ア　与えられた目標量と，センサから得られた制御量を比較し，制御量を目標量に一致させるように操作量を出力する。
イ　位置，角度，速度，加速度，力，温度などを検出し，電気的な情報に変換する。
ウ　エネルギー発生源からのパワーを，制御信号に基づき，回転，並進などの動きに変換する。
エ　マイクロフォン，センサなどが出力する微小な電気信号を増幅する。

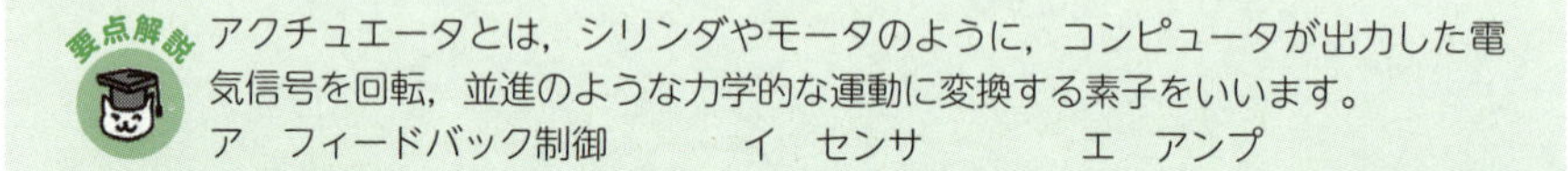

要点解説　アクチュエータとは，シリンダやモータのように，コンピュータが出力した電気信号を回転，並進のような力学的な運動に変換する素子をいいます。
ア　フィードバック制御　　イ　センサ　　エ　アンプ

確認問題 3

▶平成28年度春期　問4　　正解率▶中　　計算

PCM方式によって音声をサンプリング（標本化）して8ビットのディジタルデータに変換し，圧縮せずにリアルタイムで転送したところ，転送速度は64,000ビット／秒であった。このときのサンプリング間隔は何マイクロ秒か。

ア　15.6　　イ　46.8　　ウ　125　　エ　128

要点解説　x回サンプリングしたものを8ビットで量子化すると，1秒当たり64,000ビットのデータ量となったので，1秒当たりのサンプリング回数は，
64000÷8＝8000回。
1回サンプリングするのにかかる時間（サンプリング間隔）は，
1÷8000＝0.000125秒＝125マイクロ秒となります。

確認問題 4

▶応用情報　令和2年度秋期　問24　　正解率▶中　　計算

8ビットD/A変換器を使って負でない電圧を発生させる。使用するD/A変換器は，最下位の1ビットの変化で出力が10ミリV変化する。データに0を与えたときの出力は0ミリVである。データに16進数で82を与えたときの出力は何ミリVか。

ア　820　　イ　1,024　　ウ　1,300　　エ　1,312

要点解説 D/A変換器は，入力されたディジタルの数値をアナログの電圧に変換して出力します。電圧は10進数で表されています。
16進数の82は，10進数では$16^1 \times 8 + 16^0 \times 2 = 130$です。
最下位の1ビットが変化し，0が1になったとき，10ミリV変化します。
130なら10×130＝1,300ミリV変化します。

確認問題　5

▸令和元年度秋期　問21　　正解率▸低　計算

クロックの立上りエッジで，8ビットのシリアル入力パラレル出力シフトレジスタの内容を上位方向へシフトすると同時に正論理のデータをレジスタの最下位ビットに取り込む。また，ストローブの立上りエッジで値を確定する。各信号の波形を観測した結果が図のとおりであるとき，確定後のシフトレジスタの値はどれか。ここで，数値は16進数で表記している。

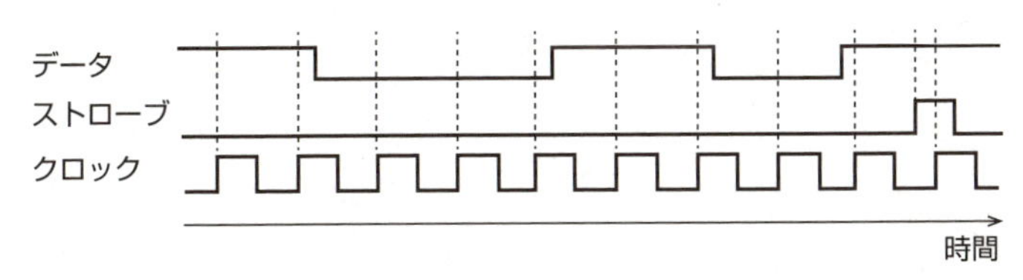

ア　63　　　イ　8D　　　ウ　B1　　　エ　C6

要点解説 8ビット分のデータを記録するレジスタに，クロックに同期して1ビットずつデータが取り込まれ，すでに取り込み済のデータは上位へシフトします。
ストローブはストロボと同じ言葉です。ストロボが光った瞬間の画像がカメラに記録されるように，順次取り込まれているデータ信号は，ストローブ信号が立ち上がった瞬間に，取り込み済みの8ビット分が確定します。
以下の網掛け部分が8ビットです。正論理なので，電圧が高いものが1，低いものが0です。

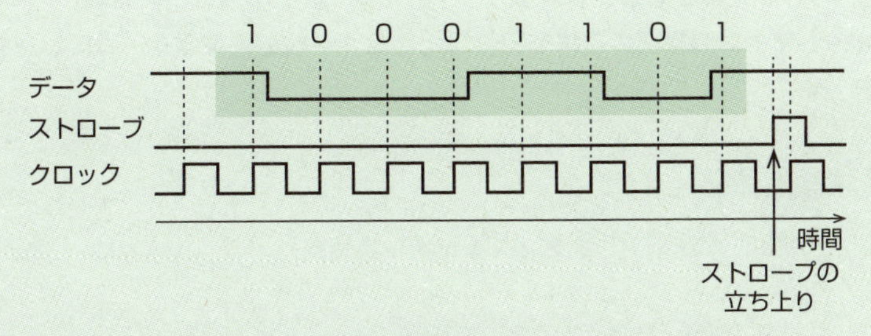

10001101という値となり，16進数に変換すると8Dとなります。

解答

問題1：イ　　問題2：ウ　　問題3：ウ　　問題4：ウ　　問題5：イ

第3章　基礎理論

3 09 オートマトン

時々出　必須　超重要

イメージでつかむ

1日の天気が移り変わっていくように，ある状態から次の状態へ移り変わっていく様子を図や表にしたりすることがあります。

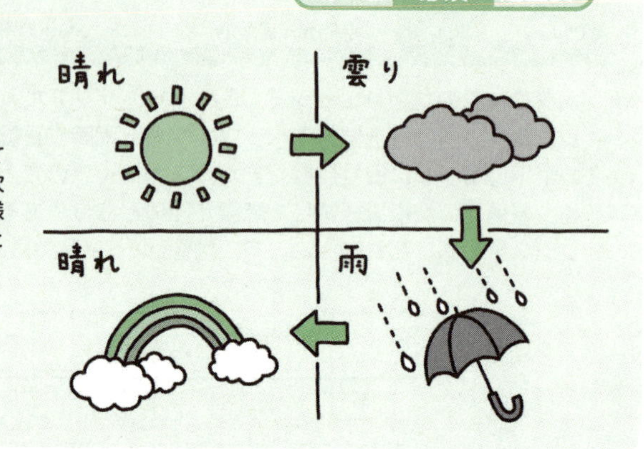

オートマトン

オートマトンは，**現在の状態と入力によって，出力が決定される機械をモデル化したもの**です。例えば，ジュースの自販機は，「お金が投入されるのを待つ → 投入されたら商品が選択されるのを待つ → 選ばれた商品を出し，最初の投入待ちの状態に戻る」というように，いくつかの状態を遷移します。これがオートマトンの代表例です。

さらに，オートマトンのうち，初期状態からいくつかの状態を遷移し，**最終的に受理状態（終了状態）になるもの**を**有限オートマトン**といいます。

オートマトンの状態の遷移を図にしたものが**状態遷移図**，**表にしたもの**が**状態遷移表**です。

状態遷移図

➡◯ は初期状態，◎ は受理状態を表します。

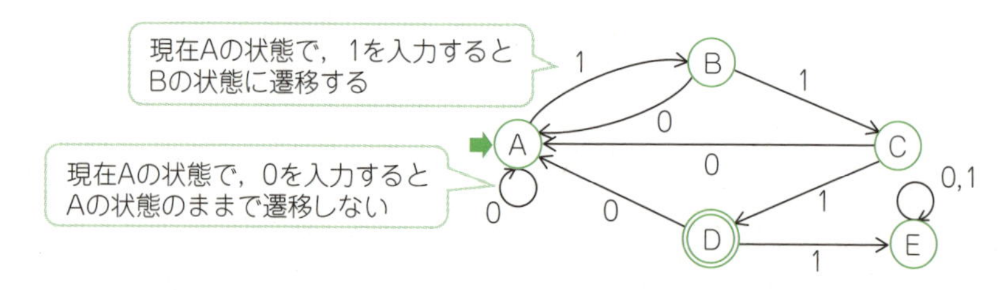

この状態遷移図では，例えば，文字列「10111」は受理されます。受理という言葉がわかりにくければ，「成功」「終了」と読み替えてみて下さい。

	1		0		1		1		1	
A	→	B	→	A	→	B	→	C	→	D

他にも文字列「111」や「00110111」なども受理されますが，文字列「01011」や「01111」などは受理されません。

状態遷移表

この状態遷移図を状態遷移表で表すと，次のようになります。

		遷移後の状態				
		A	B	C	D	E
遷移前の状態	A	0	1			
	B	0		1		
	C	0			1	
	D	0				1
	E					0,1

確認問題 1 ▸平成25年度春期　問46　正解率▸高　基本

設計するときに，状態遷移図を用いることが最も適切なシステムはどれか。

ア　月末及び決算時の棚卸資産を集計処理する在庫棚卸システム
イ　システム資源の日次の稼働状況を，レポートとして出力するシステム資源稼働状況報告システム
ウ　水道の検針データを入力として，料金を計算する水道料金計算システム
エ　設置したセンサの情報から，温室内の環境を最適に保つ温室制御システム

現在の状態と入力によって，出力が決定されるシステムに適しているのが状態遷移図です。エでは，現在の動作状況とセンサの情報の入力を比較し，温室の環境を最適に保つよう動作するので，状態遷移図での表示が適しています。ア・イ・ウでは，必要なデータを入力し，集計・計算するだけで出力が得られる（現在の状態との比較はない）ので，状態遷移図での表現が適しているとはいえません。

確認問題 2 ▸平成28年度秋期　問3　正解率▸高　応用

300円の商品を販売する自動販売機の状態遷移図はどれか。ここで，入力と出力の関係を“入力／出力”で表し，入力の“a”は“100円硬貨”を，“b”は“100円硬貨以外”を示し，S_0～S_2は状態を表す。入力が“b”の場合はすぐにその硬貨を返却する。また，終了状態に遷移する際，出力の“1”は商品の販売を，“0”は何もしないことを示す。

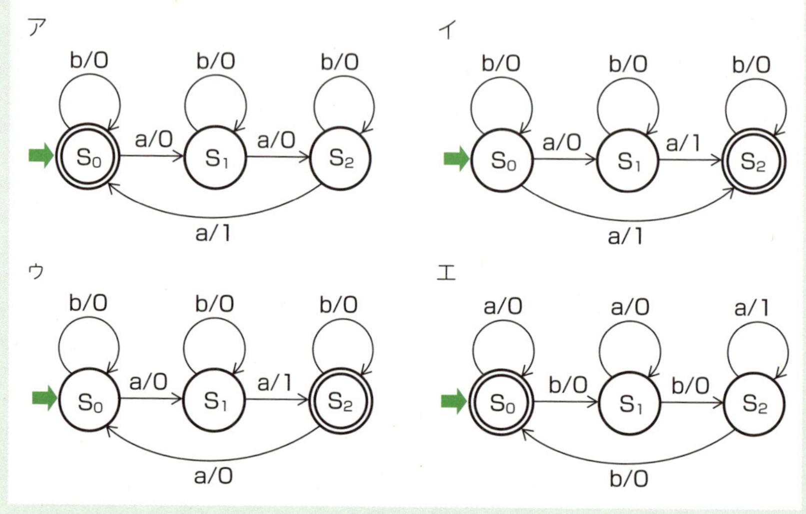

要点解説

初期状態は太い矢印で，終了状態は二重丸で表されます。

aは100円硬貨を入れることを，bは100円硬貨以外を入れることを示し，bの場合はすぐその硬貨を返却するとあります。つまり，100円硬貨しか使うことができない自動販売機なのです。100円の枚数をカウントし，3枚入れられたら商品を出して初期状態に戻るという動作だと考えられます。

100円入れるごとに，つまり入力がaなら何もせず次の状態に遷移し(a/0)，bなら状態はそのままでお金を返却します(b/0)。3回目のaのときに商品を販売し(a/1)，初期状態に戻ります。これを表しているのはアです。

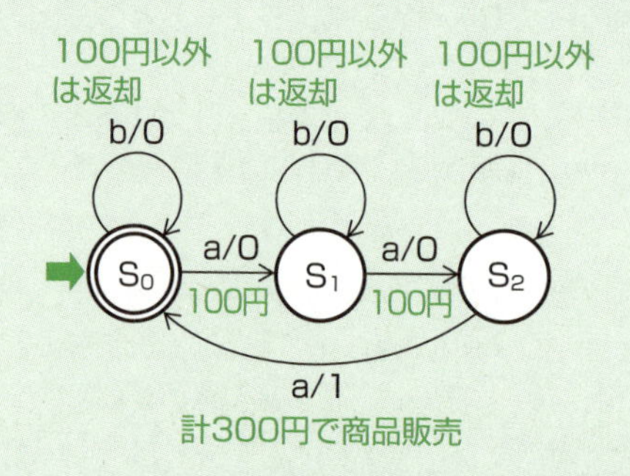

イは，100円入れたときに何もしないのか，商品を販売するのか不明です。
ウでは，200円で商品が出てきてしまいます。
エでは，何度100円を入れても戻ってきてしまいます。100円以外→100円以外→100円の組合せでないと商品が出ません。

確認問題 3

▸平成26年度春期 問5　正解率▸中　応用

表は，文字列を検査するための状態遷移表である。検査では，初期状態をaとし，文字列の検査中に状態がeになれば不合格とする。

解答群で示される文字列のうち，不合格となるものはどれか。ここで，文字列は左端から検査し，解答群中の△は空白を表す。

		文字				
		空白	数字	符号	小数点	その他
現在の状態	a	a	b	c	d	e
	b	a	b	e	d	e
	c	e	b	e	d	e
	d	a	e	e	e	e

ア　+0010　　イ　−1　　ウ　12.2　　エ　9.△

ア　(a)→+→(c)→0→(b)→0→(b)→1→(b)→0→(b)　合格
イ　(a)→−→(c)→1→(b)　合格
ウ　(a)→1→(b)→2→(b)→.→(d)→2→(e)　不合格
エ　(a)→9→(b)→.→(d)→△→(a)　合格

解答

問題1：エ　　問題2：ア　　問題3：ウ

3-10 AI

時々出　必須　超重要

イメージでつかむ

あなたは，猫の写真を見て猫と判断できます。いまはコンピュータも同じことができるようになっています。

AI

AI (Artificial Intelligence) は，**人が行うような学習・認識・予測・判断などの知的な活動を，コンピュータにさせる取組みやその技術のこと**です。「人工知能」と訳されます。

現在のAIを支える基礎技術が，次の機械学習やディープラーニングで，これらを土台として，画像認識・音声認識・動画認識・自然言語処理などの応用技術が発展しています。さらには，自動翻訳・金融工学・自動運転など，より高度な判断を要する処理を担うことも期待されています。

身近な例として，iPhoneなどに搭載されているAIアシスタントSiriや，Googleの画像検索などがあります。

機械学習

機械学習は，身の回りのあらゆるモノがインターネットにつながる**IoT** (11-05参照) の普及などにより生まれた，**大量のデータ** (**ビッグデータ**) **をコンピュータに解析させ，コンピュータ自らが予測や判断などができるように学習させること**です。

機械学習には，次のような学習方法があります。

教師あり学習

教師あり学習は，**あらかじめ問題（データ）と正解をコンピュータに提示し，誤りを指摘したりすることで，コンピュータ自らがそれらの特徴を学習すること**です。例えば，大量の猫の画像に「猫」とラベルを付け提示し，猫とはどういう特徴があるかをコンピュータが学習することで，ラベルがなくても猫を判断できるようになります。

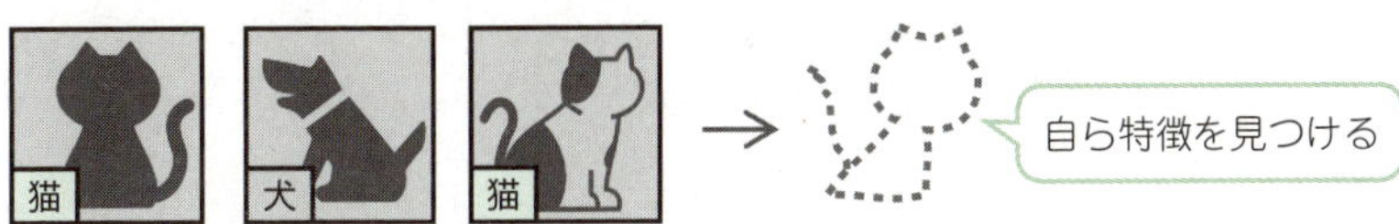

教師なし学習

教師なし学習は，**コンピュータ自らが，統計的性質やある種の条件に従い，データのグループ分け（クラスタリング）や，情報の集約を行うこと**です。教師あり学習と異なり，正解は提示しません。これは，正解が与えられないため，コンピュータ自らが導き出すイメージです。

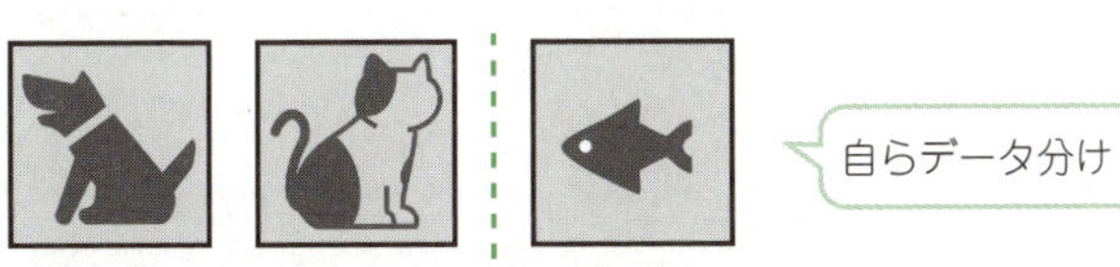

強化学習

強化学習は，**試行錯誤を通して，報酬（評価）が最も多く得られるような方策を学習すること**です。例えば，将棋や囲碁のようなゲーム用の人工知能に応用されています。

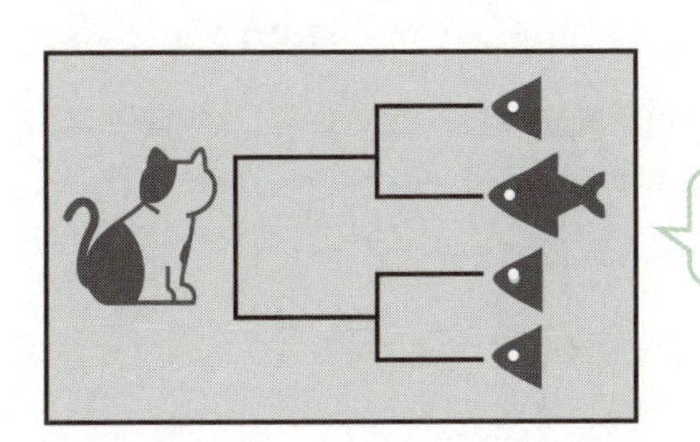

ディープラーニング

ディープラーニングは，**人の脳神経回路を模倣したモデル**（**ニューラルネットワーク**）**で解析し，AI自らがデータを判別するための特徴を探し出すこと**です。「深層学習」と訳されます。これは，機械学習をさらに複数の段階で行うことで，複雑な判断を可能にした技術です。

例えば，GoogleがSHOULD大量のYouTubeデータをコンピュータに読み込ませたところ，猫の識別を学習した例が有名です。

アドバイス［入力より出力で覚えよう］

参考書の文字を追っているだけだと，なかなか頭に入らなかったりします。出力というのは思い出すということです。思い出すことで，記憶が定着しやすくなります。

確認問題を解くのも出力の一つですが，お風呂の中などで，その日に学習した内容を，思い出してみるのもよい方法です。完璧に思い出す必要はありません。「こんな用語があったなあ」程度でもOKです。

確認問題 1 ▸令和元年度秋期 問73 正解率▸高

生産現場における機械学習の活用事例として，適切なものはどれか。

ア 工場における不良品の発生原因をツリー状に分解して整理し，アナリストが統計的にその原因や解決策を探る。
イ 工場の生産設備を高速通信で接続し，ホストコンピュータがリアルタイムで制御できるようにする。
ウ 工場の生産ロボットに対して作業方法をプログラミングするのではなく，ロボット自らが学んで作業の効率を高める。
エ 累積生産量が倍増するたびに工場従業員の生産性が向上し，一定の比率で単位コストが減少する。

機械学習では，大量のデータをAIに読み込ませ，コンピュータ自身が予測や判断をします。生産現場の場合，効率的な作業方法をコンピュータ自らが見つけ出します。

確認問題 2

▸平成31年度春期　問4　　正解率▸高　　基本

機械学習における教師あり学習の説明として，最も適切なものはどれか。

ア　個々の行動に対しての善しあしを得点として与えることによって，得点が最も多く得られるような方策を学習する。
イ　コンピュータ利用者の挙動データを蓄積し，挙動データの出現頻度に従って次の挙動を推論する。
ウ　正解のデータを提示したり，データが誤りであることを指摘したりすることによって，未知のデータに対して正誤を得ることを助ける。
エ　正解のデータを提示せずに，統計的性質や，ある種の条件によって入力パターンを判定したり，クラスタリングしたりする。

ア　強化学習　　　イ　教師なし学習
ウ　教師あり学習　エ　教師なし学習

解答

問題1：ウ　　問題2：ウ

3-11 線形代数

時々出　必須　超重要

イメージでつかむ

遠足でクラス全員が同じ場所に行くなら，バスでまとまって移動するほうが便利です。まとめて扱うと便利なのは行列の演算も同じです。

スカラーとベクトル

線形代数は数学の一ジャンルで，ざっくりいうと行列を扱う学問です。用語が少しややこしいですが，本書で扱う範囲は四則演算がわかれば理解できます。

スカラーは，**大きさを表す数値のこと**です。このあと説明するベクトルや行列と区別するための言い方で，「−5.0」・「3」・「π」などが該当します。

ベクトルは，**数値，つまりスカラーを一列に並べたもの**です。横方向に並べたものを行ベクトル，縦方向に並べたものを列ベクトルといいます。ベクトルを構成する要素を**成分**と呼びます。

行ベクトル　　列ベクトル

$$y=(3\ \ 4\ \ 2) \qquad x=\begin{pmatrix}2\\5\\2\end{pmatrix}$$

行列

行列は，**行と列から構成されたもの**です。横方向のまとまりが**行**で，縦方向のまとまりが**列**です。

行列

$x = \begin{pmatrix} 1 & 2 \\ 0 & 5 \\ 3 & 2 \end{pmatrix}$ $y = \begin{pmatrix} 5 & 6 \\ 8 & 2 \end{pmatrix}$

行 $\begin{pmatrix} 1 & 2 \\ 0 & 5 \\ 3 & 2 \end{pmatrix}$ $\begin{pmatrix} 1 & 2 \\ 0 & 5 \\ 3 & 2 \end{pmatrix}$ 列

上からi行目，左からj列目の成分を，a_{ij}のように表します。

例えば，行列$A = \begin{pmatrix} a_{11} & a_{12} \\ a_{21} & a_{22} \end{pmatrix} = \begin{pmatrix} 5 & 6 \\ 8 & 2 \end{pmatrix}$とすると，$a_{12} = 6$です。

CGの画像処理やディープラーニング（3-10参照）などでは，大量のデータを変換する必要がありますが，行列を使うとデータをまとめて計算しやすくなります。行列は，データの変換手段として，ITのさまざまな分野で活躍しています。

“くれば”で覚える

行列 とくれば **横方向のまとまりが行，縦方向のまとまりが列**

行列の加算

行列を加算するには，同じ位置の成分同士を加算します。加算できるのは，行と列の数がそれぞれ同じ行列同士だけです。減算も同じです。

行列$A = \begin{pmatrix} 5 & 4 \\ 1 & 2 \end{pmatrix}$，行列$B = \begin{pmatrix} 2 & -3 \\ 2 & 1 \end{pmatrix}$のとき，$A + B = \begin{pmatrix} 5+2 & 4-3 \\ 1+2 & 2+1 \end{pmatrix} = \begin{pmatrix} 7 & 1 \\ 3 & 3 \end{pmatrix}$となります。

行列のスカラー倍

行列を2倍・3倍にしたり，1/2倍・1/3倍にしたりするときは，各成分それぞれに掛けます。

行列$A = \begin{pmatrix} 5 & 4 \\ 1 & 2 \end{pmatrix}$のとき，$A \times 2 = \begin{pmatrix} 5\times2 & 4\times2 \\ 1\times2 & 2\times2 \end{pmatrix} = \begin{pmatrix} 10 & 8 \\ 2 & 4 \end{pmatrix}$となります。

行列同士の乗算

行列$A\begin{pmatrix} 3 & 4 & 2 \\ 6 & 5 & 1 \end{pmatrix}$と行列$B\begin{pmatrix} 1 & 2 \\ 1 & 4 \\ 1 & 6 \end{pmatrix}$を乗算してみましょう。

行列Aに行列Bを乗算するときは，行列Aの列数と，行列Bの行数が同じである必要があります。

この例では，行列Aの列数は3，行列Bの行数は3なので乗算でき，計算結果は2行2列の行列になります。つまり，m行n列の行列と，n行p列の行列しか乗算できず，計算結果はm行p列の行列になります。

それぞれの成分は，行列Aは行で，行列Bは列でまとめ，それぞれの成分を掛けたものの和を求めます。この例では，積の1行目の2列目は，次のように計算します。他の成分も同様に計算します。

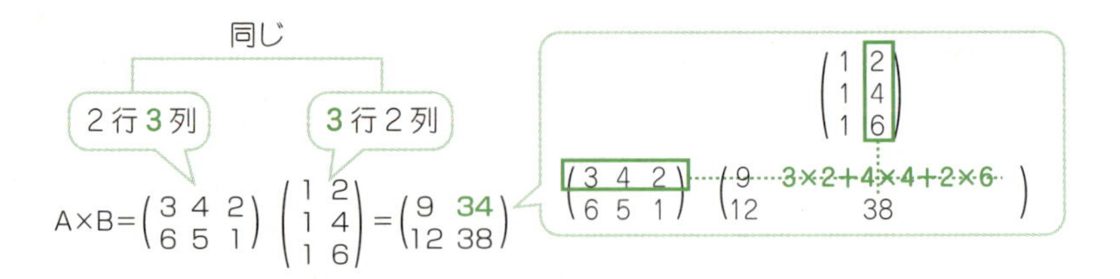

例えば，次の表から，製品AにはLEDが何個必要になるかを計算してみましょう。上記と同じ計算方法になるはずです。行列の乗算をこのように行うことで求めることができます。

	部品X	部品Y	部品Z
製品A	3	4	2
製品B	6	5	1

	IC	LED
部品X	1	2
部品Y	1	4
部品Z	1	6

	IC	LED
製品A	9	34
製品B	12	38

なお，通常の乗算は掛ける順序を入れ替えても結果は同じ（例えば，a×bとb×a）になりますが，行列同士の乗算の場合は結果が変わってきます。つまり交換法則は成立しません。

逆行列

行と列が同じ数になっている行列を**正方行列**といいます。また，**左上からの対角線上の成分が1，それ以外の成分が0である正方行列**を**単位行列**といい，Eで表します。

$$\begin{pmatrix} 1 & 0 \\ 0 & 1 \end{pmatrix}, \begin{pmatrix} 1 & 0 & 0 \\ 0 & 1 & 0 \\ 0 & 0 & 1 \end{pmatrix}$$

ある正方行列に単位行列を掛け合わせると，元の行列と同じになります。これは，ある数に1を掛けると元の数になるのと同じイメージです。

$$A \times E = \begin{pmatrix} 5 & 4 \\ 1 & 2 \end{pmatrix}\begin{pmatrix} 1 & 0 \\ 0 & 1 \end{pmatrix} = \begin{pmatrix} 5 & 4 \\ 1 & 2 \end{pmatrix}$$

また，行列Aに行列Bを掛けて単位行列が得られた場合，行列Bは行列Aの**逆行列**といい，A^{-1}で表します。いいかえると，行列Aに逆行列を掛けると単位行列になります（ただし，逆行列を持たない行列もあります）。

$$A \times A^{-1} = E$$

これは，数学で習った「nの逆数はn^{-1}」とか「$n \times n^{-1} = 1$」と同じイメージです。

確認問題 1

▸ 応用情報 平成22年度春期 問4 正解率 ▸ 低

計算

連立一次方程式 $\begin{cases} 2x + 3y = 4 \\ 5x + 6y = 7 \end{cases}$ から，xの項の係数，yの項の係数，及び定数だけを取り出した表（行列）を作り，基本操作（1）～（3）のいずれかを順次施すことによって，解 $\begin{cases} x = -1 \\ y = 2 \end{cases}$ が得られた。表（行列）が次のように左から右に推移する場合，同じ種類の基本操作が施された箇所の組合せはどれか。

〔基本操作〕
(1) ある行に0でない数を掛ける。
(2) ある行とほかの行を入れ替える。
(3) ある行にほかの行の定数倍を加える。

〔表（行列）の推移〕

$$\begin{array}{|c|c|c|}\hline 2&3&4\\\hline 5&6&7\\\hline\end{array} \xrightarrow{a} \begin{array}{|c|c|c|}\hline 2&3&4\\\hline 1&0&-1\\\hline\end{array} \xrightarrow{b} \begin{array}{|c|c|c|}\hline 1&0&-1\\\hline 2&3&4\\\hline\end{array} \xrightarrow{c} \begin{array}{|c|c|c|}\hline 1&0&-1\\\hline 0&3&6\\\hline\end{array} \xrightarrow{d} \begin{array}{|c|c|c|}\hline 1&0&-1\\\hline 0&1&2\\\hline\end{array}$$

ア a とb　　イ a とc　　ウ b とc　　エ b とd

連立一次方程式を解くための掃き出し法という手順です。成分が変化している箇所で，どの操作が行われているか順にみていきます。
aでは，(5　6　7)から(1　0　−1)を得ています。これは，1行目に−2を掛けたもの(−4　−6　−8)を加えています。→(3)
bでは，1行目と2行目の入れ替えが行われています。→(2)
cでは，(2　3　4)から(0　3　6)を得ています。これは，1行目に−2を掛けたもの(−2　0　2)を加えています。→(3)
dでは，(0　3　6)から(0　1　2)を得ています。これは，1/3を掛けています。→(1)
同じ種類の基本操作が施されたのはaとcなので，答えはイとなります。
つまり，

$$\begin{pmatrix} 2 & 3 \\ 5 & 6 \end{pmatrix}\begin{pmatrix} x \\ y \end{pmatrix} = \begin{pmatrix} 4 \\ 7 \end{pmatrix}$$

⋮　基本操作(3)(2)(3)(1)

$$\begin{pmatrix} 1 & 0 \\ 0 & 1 \end{pmatrix}\begin{pmatrix} x \\ y \end{pmatrix} = \begin{pmatrix} -1 \\ 2 \end{pmatrix}$$

で解を求めています。

解答

問題1：イ

3-12 確率・統計

時々出　必須　超重要

イメージでつかむ

3割のヒットを打つ好打者であっても，裏返して言えば，7割もアウトになっています。

確率

確率は，**ある事象の起こる可能性の度合いのこと**です。次の式で求めることができます。

$$確率 = \frac{ある事象が起こる場合の数}{起こりうる事象のすべての場合の数}$$

例えば，ボール5個（①，②，③，④，⑤）の中からボール①を取り出すときの確率は，$\frac{1}{5}$です。

なお，全ての場合の確率を足すと1になります。このため，ボール①以外を取り出すときの確率は，$1 - \frac{1}{5} = \frac{4}{5}$です。

場合の数

確率を考えるときに重要なのが「場合の数」です。全部で何通りかということです。

複数の事象が同時に起こる場合の数を考えるときは，乗算をします。例えば，大小二つのサイコロを投げたとき，両方とも奇数になるパターンは，大「1・3・5」の3通りに対して，小「1・3・5」の3通りあるので，3×3＝9通りです。

複数の事象が別々に起こる場合の数を求めるときは加算をします。例えば，大小二つのサイコロを投げたときに，目の数を足して11以上になるパターンは，「5・6」，「6・5」，「6・6」のパターンなので，合計3通りです。

順列

順列は，**n個の中からr個取り出して並べたもの**です。何通りの並び順があるかは，以下の式で求めることができます。

n個の中からr個を取り出す順列の数は，$_nP_r = \frac{n!}{(n-r)!}$　$(n \geqq r)$

ここで，n！は「nの階乗」と呼ばれます。例えば，5！＝5×4×3×2×1＝120の意味です。

例えば，ボール5個(①，②，③，④，⑤)の中から2個取り出すときの並び順を考えてみましょう。先ほどの式で求めることができます。

$$_5P_2 = \frac{5!}{(5-2)!} = \frac{5!}{3!} = \frac{5 \times 4 \times \cancel{3 \times 2 \times 1}}{\cancel{3 \times 2 \times 1}} = 20\text{通り}$$

全て数え上げてみると，以下のようになります。

①②，①③，①④，①⑤
②①，②③，②④，②⑤
③①，③②，③④，③⑤
④①，④②，④③，④⑤
⑤①，⑤②，⑤③，⑤④

組合せ

組合せは，**n個の中から並び順を考慮せずにr個取り出したもの**です。例えば，①②と②①は同じ意味になります。何通りの組合せがあるかは，以下の式で求められます。

n個の中からr個を取り出す組合せの数は，$_nC_r = \frac{n!}{r!(n-r)!}$　$(n \geqq r)$

例えば，ボール5個(①，②，③，④，⑤)の中から2個取り出すときの組合せを考えてみましょう。先ほどの式で求めることができます。

$$_5C_2 = \frac{5!}{2!(5-2)!} = \frac{5!}{2!3!} = \frac{5 \times \overset{2}{\cancel{4}} \times \cancel{3 \times 2 \times 1}}{\cancel{2} \times 1 \times \cancel{3 \times 2 \times 1}} = 10\text{通り}$$

全て数え上げると，以下のようになります。

①②，①③，①④，①⑤
②③，②④，②⑤
③④，③⑤
④⑤

統計

データを集めて全体の傾向を割り出すものが統計です。次のような指標が使われます。次の8個のデータで考えてみましょう。

データ

45	55	55	55	65	65	70	70

平均値は，**各データの合計をデータの個数で割って求めた値**です。

(45＋55＋55＋55＋65＋65＋70＋70)÷8＝60です。

メジアン(中央値)は，**データを順番に並べて中央に位置する値**です。データの個数が偶数の場合は，中央の二つの値の平均値です。(55＋65)÷2＝60です。

45	55	55	55	65	65	70	70

モード(最頻値)は，**出現頻度の最も高い値**です。55です。

45	55	55	55	65	65	70	70

レンジ(範囲)は，**データの最大値と最小値の差**です。70－45＝25です。

45	55	55	55	65	65	70	70

“くれば”で覚える

メジアン	とくれば	**中央値(真ん中の値)**
モード	とくれば	**最頻値(最も頻繁に現れる値)**
レンジ	とくれば	**範囲(最大値－最小値)**

分散は，**平均値からのばらつきを表し，偏差(平均値との差)の2乗の総和の平均値**です。

$$\{(45-60)^2+(55-60)^2+(55-60)^2\cdots(70-60)^2\}\div 8=68.75$$ です。

標準偏差は，**分散の平方根(√)**です。

$$\sqrt{68.75}\fallingdotseq 8.29$$

標準偏差が小さければ，平均値のまわりのデータが多くばらつきが小さい，標準偏差が大きければ，ばらつきが大きいということになります。

正規分布

正規分布は，**平均値を中心とした左右対称の釣り鐘型の分布**です。テストの点数や身長などの分布は，通常では正規分布に近くなります。

次のグラフは，平均が60，標準偏差が10の正規分布です。

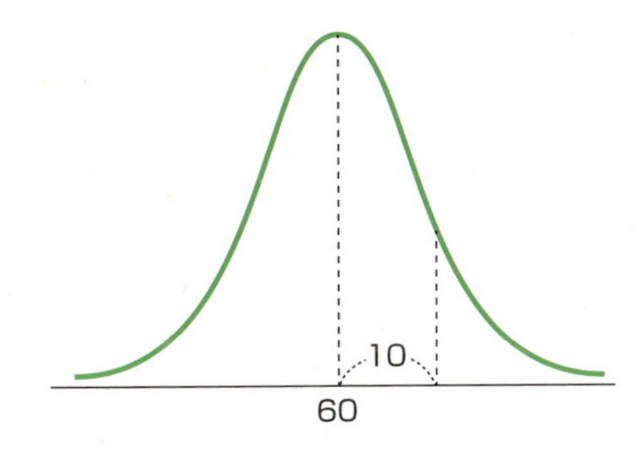

なお，正規分布では，平均値±標準偏差の範囲に約68%，平均値±標準偏差×2の範囲に約95%のデータが含まれます。

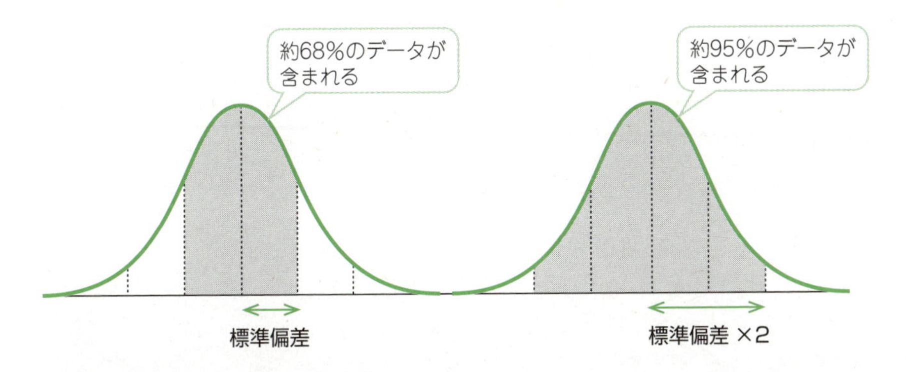

"くれば"で覚える

正規分布 とくれば **釣り鐘型に分布する**

確認問題 1

▸応用情報　令和3年度春期　問55　正解率▸中　計算

プロジェクトメンバが16人のとき，1対1の総当たりでプロジェクトメンバ相互の顔合わせ会を行うためには，延べ何時間の顔合わせ会が必要か。ここで，顔合わせ会1回の所要時間は0.5時間とする。

ア　8　　イ　16　　ウ　30　　エ　60

要点解説

16人の中から順番は考慮せず2人選ぶ組合せは，

$$ {}_{16}C_2 = \frac{16!}{2!(16-2)!} = \frac{16!}{2!14!} = \frac{16 \times 15 \times \cancel{14 \times \cdots \times 1}}{2 \times 1 \times \cancel{14 \times \cdots \times 1}} = 120\text{通り} $$

ここで，延べ時間を求めるので，120×0.5＝60時間となります。

確認問題 2

▸平成28年度秋期　問2　正解率▸中　基本

ある工場では，同じ製品を独立した二つのラインA，Bで製造している。ラインAでは製品全体の60%を製造し，ラインBでは40%を製造している。ラインAで製造された製品の2%が不良品であり，ラインBで製造された製品の1%が不良品であることが分かっている。いま，この工場で製造された製品の一つを無作為に抽出して調べたところ，それは不良品であった。その製品がラインAで製造された確率は何%か。

ア　40　　イ　50　　ウ　60　　エ　75

要点解説

全体を1000個として考えるとわかりやすくなります。
ラインAでは，60%＝600個のうち2%，つまり12個が不良。
ラインBでは，40%＝400個のうち1%，つまり4個が不良。
不良品合計16個のうち，ラインAで作られたのは12個なので，
12/16＝75%となります。

確認問題 3

▸令和元年度秋期 問6　正解率 ▸ 中　基本

Random (n) は，0以上n未満の整数を一様な確率で返す関数である。整数型の変数A，B及びCに対して次の一連の手続を実行したとき，Cの値が0になる確率はどれか。

A=Random (10)　　B=Random (10)　　C=A－B

ア　1/100　　イ　1/20　　ウ　1/10　　エ　1/5

Random (10) は，0～9の10通りの整数を返します。
Aで10通り，Bで10通りなので，全部で100通りのパターンがあります。
C＝A－Bで，C＝0になる確率なので，A＝Bとなる確率を考えます。
A＝Bとなるのは，A＝B＝0，A＝B＝1，…，A＝B＝9の10通りなので，10/100＝1/10となります。

確認問題 4

▸平成30年度春期 問2　正解率 ▸ 高　応用

図の線上を，点Pから点Rを通って，点Qに至る最短経路は何通りあるか。

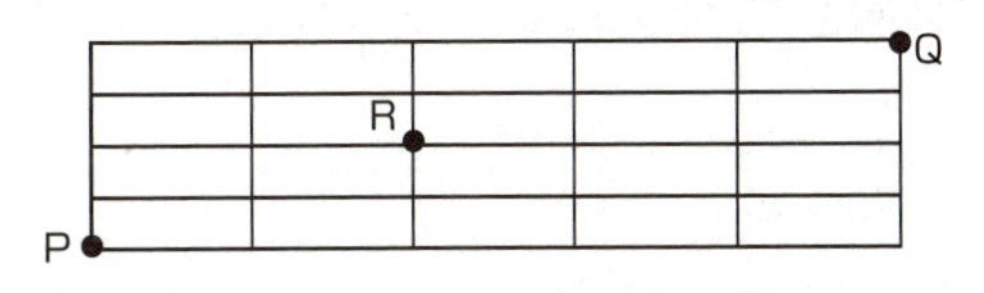

ア　16　　イ　24　　ウ　32　　エ　60

点Pから点Rの経路は，「右右上上」「右上右上」などのように表せます。最短経路であれば必ず右に2回，上に2回移動します。4回の移動のうち，2回が上（残りは右）であるものの組合せは，

$$_4C_2 = \frac{4!}{2!(4-2)!} = \frac{4!}{2!2!} = \frac{4 \times 3 \times \cancel{2 \times 1}}{2 \times 1 \times \cancel{2 \times 1}} = 6\text{通り}$$

点Rから点Qまでの組合せも同様に，5回の移動のうち2回が上であるものの組合せは，

$$_5C_2 = \frac{5!}{2!(5-2)!} = \frac{5!}{2!3!} = \frac{5 \times 4 \times \cancel{3 \times 2 \times 1}}{2 \times 1 \times \cancel{3 \times 2 \times 1}} = 10\text{通り}$$

これらを掛け合わせた，6×10＝60通りとなります。

確認問題　5

▸応用情報　平成30年度秋期　問3　正解率▸中　応用

受験者1,000人の4教科のテスト結果は表のとおりであり，いずれの教科の得点分布も正規分布に従っていたとする。90点以上の得点者が最も多かったと推定できる教科はどれか。

教科	平均点	標準偏差
A	45	18
B	60	15
C	70	8
D	75	5

ア　A　　イ　B　　ウ　C　　エ　D

正規分布では，平均値±標準偏差×2の範囲に約95%のデータが含まれます。その範囲から外れるデータは約5%で，その範囲より上のデータは約2.5%と考えられます。つまり上位から約2.5%の人は，平均値＋標準偏差×2より上の点数を取っています。

各教科で平均値＋標準偏差×2の値を出してみると以下のようになります。一番高いのは教科Bで，90点以上取った人が一番多いと推定できます。

教科	平均点	標準偏差	平均値＋標準偏差×2
A	45	18	81
B	60	15	90
C	70	8	86
D	75	5	85

解答

問題1：エ　　問題2：エ　　問題3：ウ　　問題4：エ　　問題5：イ

第4章

アルゴリズムとプログラミング

4 01 アルゴリズム

時々出　必須　超重要

イメージでつかむ

私たちは，レシピに記述されたとおりに料理を作っていきます。

コンピュータは，アルゴリズムに記述されたとおりの動作をしていきます。

アルゴリズム

アルゴリズムは，**何らかの問題を有限の時間で解くための手順のこと**です。何らかの問題を，コンピュータに処理させるには，「ああして，こうして」といった手順を与えてやる必要があります。これは，料理でいうならレシピのようなイメージです。

変数

アルゴリズムでは，**変数**と呼ばれる**データを格納する領域**を用いて，変数に値を格納しながら手順を記述していきます。変数に値を格納することを「代入する」といいます。

実際にプログラムを実行するときには，変数は格納するデータの種類によって，数値や文字列，論理値（真や偽）などのデータ型を宣言することで，主記憶上に領域が確保されます。また，主記憶上のどこを確保したか，その場所を示すアドレスも与えられます。

フローチャート（後述）では，変数に値を代入するには，次のような記述をします。

● **例1　数値「5」を，変数intAに代入する**

5　→　intA

●**例2　文字列「基本情報」を，変数txtAに代入する**

"基本情報"　→　txtA

●**例3　変数intAに1を加える**

（変数intAに格納されている数値に1を加えて，その結果を再び変数intAに代入する）

intA + 1 →　intA

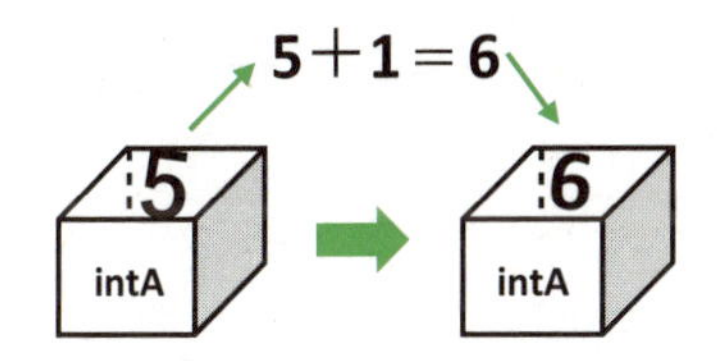

フローチャートと擬似言語

アルゴリズムを記述する方法には，フローチャートや午後試験に出題される擬似言語などがあります。

フローチャート

フローチャートは，次のような記号を用いて，アルゴリズムを記述する方法です。流れ図とも呼ばれています。

記　号	名　称	説　明
	端子	プログラムの開始と終了，またはサブプログラムの入口と出口を表す
	処理	任意の種類の処理を表す
	判断	二つ以上に分岐する判定を表す
	ループ端	ループ（繰返し）の開始と終了を表す
	線	データ，または制御の流れを表す

アルゴリズムの制御構造

アルゴリズムは，次の三つの制御構造，①**順次**（Aの次にBをする），②**選択**（もしCだったらDをする），③**繰返し**（Eになるまで繰り返す）を用いて作成します。どんなに複雑なアルゴリズムでも，この制御構造の組合せでできているといえます。

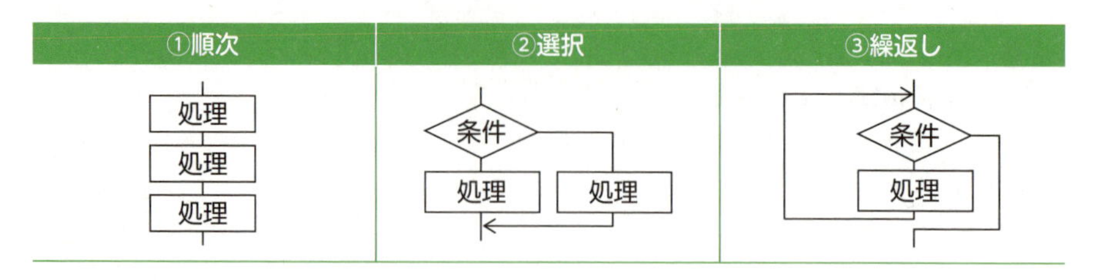

●選択（分岐）

選択には，双岐選択と多岐選択があります。

双岐選択	二つの処理のうちいずれかを選択する
多岐選択	三つ以上の処理のうちいずれかを選択する

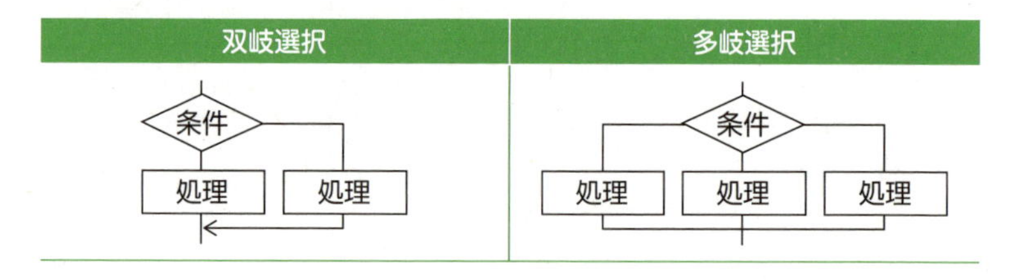

●繰返し

繰返しには，前判定繰返しと後判定繰返しがあります。

前判定繰返し	繰返し処理の前で終了条件の判定を行う。終了条件次第で処理を１回も実行しないことがある
後判定繰返し	繰返し処理の後で終了条件の判定を行う。終了条件に関わらず処理を少なくとも１回は実行する

前判定繰返し
条件
処理

後判定繰返し
処理
条件

もっと詳しく 構造化プログラミング

構造化プログラミングは，**プログラム全体を機能ごとに分割し，処理の制御構造としては，順次・選択・繰返しだけを用いることを原則とするプログラミングの手法**です。これにより，誰が作成しても同じようなアルゴリズムとなり，第三者にも理解しやすい，保守性の優れたプログラムが作成できるということです。

さらに，現在はオブジェクト指向プログラミング（9-06参照）が登場し，主流となっています。

アルゴリズムの例

簡単なアルゴリズムを考えてみましょう。

●例1　1から3までの累計

次のフローチャートは，1から3までの数値の累計を求めるアルゴリズムです。NとSUMという二つの変数を用います。Nは，次に加算する数値を格納する変数で，初期値は1，繰返しのたびに2，3，4と1ずつ増えていきます。繰返しの終了条件に達したかどうかの判定にも使われます。SUMは，その時点までに加算された数値の累計を格納しておく変数で，初期値は0です。

まず初期値を代入し，SUMにNを加算し（SUMとNを足したものを新たなSUMとし），次にNを1増やします。これを3回繰り返した時点でN＞3（Nが4）になったので終了します。SUMは6です。

もし1から3までではなく，300までの数値を累計するときは，「N＞3」の部分を「N＞300」に変更すればよいわけです。

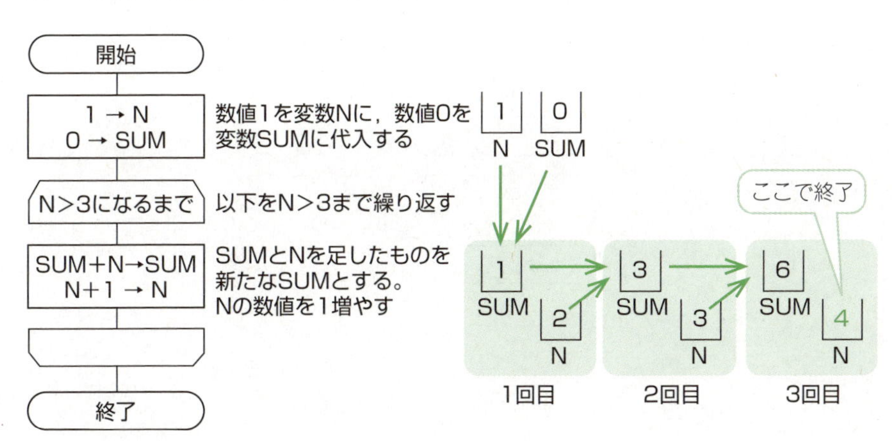

第4章 アルゴリズムとプログラミング

アルゴリズムをたどって変数の変化を追跡することを**トレース**といいます。トレースは，午後問題のアルゴリズムを解く上で必須です。先の例をトレースすると，次のようになります。

	N	SUM
初期値	1	0
1回目終了後	2	1
2回目終了後	3	3
3回目終了後	4	6

●例2　偶数の数値の累計

次は1～100までの数値のうち，偶数の数値の累計を求めるアルゴリズムです。初期値や終了条件の設定，繰返しの最後にN＋1としているのは，例1と同じです。違うのは，選択の記号での分岐です。N％2＝0とは，「N÷2の余りが0である」という意味です。Yesであれば，2で割り切れる偶数だと判断できるので，SUMにNを加算します。その後1，2，3…とNをカウントアップしながら，偶数ならNをSUMに加算していき，Nが100を超えたら終了という処理になっています。

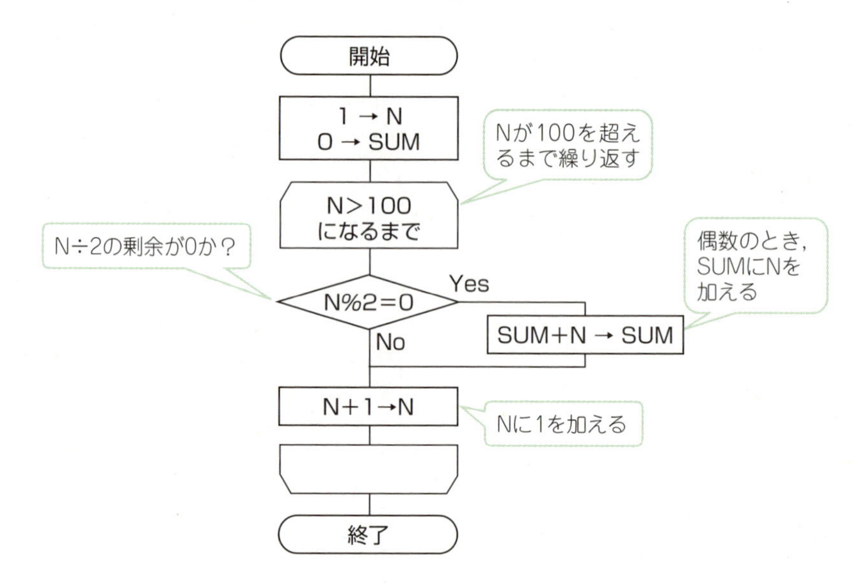

擬似言語

午後問題で必須のアルゴリズムは，フローチャートではなく疑似言語で出題されます。実際に，プログラミング言語で記述する場合と近いイメージです。次のような形式で記述します。これも順次・選択・繰返しのみを使っています。

記述形式		説　明
○		手続き，変数などの名前，型などを宣言する。
/* 文 */		文に注釈を記述する。
処理	・変数 ← 式	変数に式の値を代入する。
	・手続（引数，…）	手続を呼び出し，引数を受け渡す。
	▲ 条件式 処理 ▼	単岐選択処理を示す。 条件式が真のときは処理を実行する。
	▲ 条件式 処理1 ――― 処理2 ▼	双岐選択処理を示す。 条件式が真のときは処理1を実行し，偽のときは処理2を実行する。
	■ 条件式 処理 ■	前判定繰り返し処理を示す。 条件式が真の間，処理を繰り返し実行する。
	■ 処理 ■ 条件式	後判定繰り返し処理を示す。 処理を実行し，条件が真の間，処理を繰返し実行する。
	■ 変数：初期値，条件式，増分処理 ■	繰返し処理を示す。 開始時点で変数に初期値（式で与えられる）が格納され，条件式が真の間，処理を繰り返す。また，繰り返すごとに，変数に増分（式で与えられる）を加える。

次の例は，例2のフローチャートと同じアルゴリズムを擬似言語で書いたものです。○で示される名前や型の宣言がある点も，実際のプログラミング言語に似ています。この例ではプログラム名を定義し，SUMとNは整数を扱う変数だと，宣言しています。

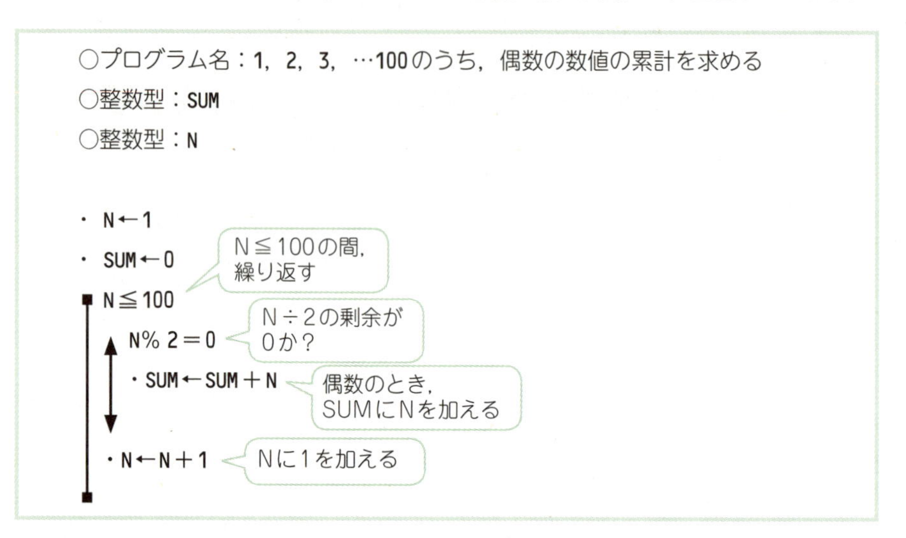

知っ得情報 決定表

決定表は，**条件とその条件に対する動作とを表形式に整理したもの**です。複雑な条件判定を伴う要求仕様の記述手段として有効です。プログラム制御の条件漏れなどのチェックにも効果があります。

次の表は試験の合否を判定する決定表です。試験は労務管理・経理・英語の3科目で構成され，それぞれの満点は100です。

（決定表の例）

業務経験年数≧5	Y	Y	Y	N
3科目合計得点≧260	Y	Y	N	−
英語得点≧90	Y	N	−	−
合格	X	−	−	−
仮合格	−	X	−	−
不合格	−	−	X	X

条件
Y：Yes　N：No

行動
X：eXecute　−：何もしない

確認問題 1 ▸平成28年度春期 問8 正解率 ▸ 中 応用

xとyを自然数とするとき，流れ図で表される手続を実行した結果として，適切なものはどれか。

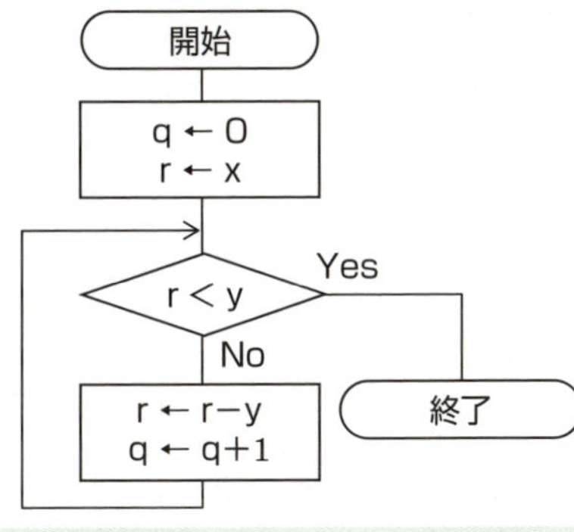

	qの値	rの値
ア	x÷yの余り	x÷yの商
イ	x÷yの商	x÷yの余り
ウ	y÷xの余り	y÷xの商
エ	y÷xの商	y÷xの余り

自然数とは正の整数のことです。この流れ図では，変数rにxを代入し，yとの大小を比較し，yのほうが大きければ終了です。rのほうが大きければ，rからyを引いてもう一度比較します。つまりxからyを何度も引いていくことになります。

変数qは0から順に1ずつ増えていきます。r－yの回数をカウントしていることになります。

これは，x÷yをxからyを何度も引くことにより計算する方法です。実行結果のqは引いた回数，つまり商で，rは引ききれなかった余りとなります。仮にxを5，yを3として考えてみます。

	q	r
初期値	0	5
r<yの比較　5＜3はNo		
Noの場合は代入	0＋1＝1	5－3＝2
r<yの比較　2＜3はYes		
Yesの場合は終了		

qは1，rは2となりました。5÷3の商は1，余りは2なので，x÷yの商はq，余りはrとなります。

解答

問題1：イ

4-02 配列

時々出　必須　**超重要**

イメージでつかむ

電車は同じ型の車両が連なっています。区別するためには，1号車，2号車…と番号が付けられています。

データ構造の中にも，同じ型が連なって番号で区別するものがあります。

データ構造

データ構造は，**データを効率よく管理するための形式**です。次の配列のほか，リスト(4-03参照)，キューとスタック(4-04参照)，木構造(4-05参照)などがあります。アルゴリズムで効率よく処理をするには，適切なデータ構造を選択する必要があります。これは，アルゴリズムがレシピだとすると，データは具材であり，この具材をどのように組み合わせれば，料理が美味しく作れるかというようなイメージです。

配列

配列は，複数の値を保存できる変数で，**同じデータ型(数値型，文字列型，論理型など)の複数の要素が連続してまとまったデータ構造**です。各要素を識別するためには，添字(そえじ)(インデックス)を使います。

次の図は，配列名をTとし，添字を1番から順に付け，各要素に数値を格納した例です。このような配列を**1次元配列**といいます。書き方もT(1)とT[1]の2種類があり，1次元では，一つの添字が必要です。これは，同じ型の列車が連なり，識別するために1号車，2号車，…と付けられているようなイメージです。

78	60	83	58	71
T(1)	T(2)	T(3)	T(4)	T(5)

←添字

さらに，**2次元配列**もあり，行と列で構成された表のイメージです。2次元配列では各要素を識別するためには，次のように二つの添字が必要となります。

T(1,1)	T(1,2)	T(1,3)	T(1,4)	T(1,5)
65	44	63	75	90
78	60	83	58	71
T(2,1)	T(2,2)	T(2,3)	T(2,4)	T(2,5)

行　列
T(1,5)

配列の特徴は，添字そのものも変数にすれば，「配列の各要素の処理を，添字を変化させながら繰り返す」ことができることです。通常はアルゴリズムの繰返しと組み合わせ，データの整列（4-06参照）・データの探索（4-07参照）などにも用いられています。

“くれば”で覚える

配列 とくれば **添字を用いてデータを取得するデータ構造**

確認問題 1 ▸平成28年度春期 問6　正解率▸中　応用

2次元の整数型配列aの各要素a(i, j)の値は，2i＋jである。このとき，a (a(1, 1)×2, a(2, 2)＋1)の値は幾つか。

ア 12　　イ 13　　ウ 18　　エ 19

【ヒント】「各要素a (i, j)の値は2i＋jである」の意味は，図のように，添字の値から要素の値が求められるということです。i, jの値が定まれば，a (i, j)の値が定まります。

?	?
?	?

i行　j列　a(i,j)　?＝2i+j

要点解説 まず，(i, j)の値が定まっている部分から計算します。
a (a(1, 1)×2, a(2, 2)＋1) … ①
a(1, 1)＝2×1＋1＝3 … ②
a(2, 2)＝2×2＋2＝6 … ③
②，③を①に代入すると
a (3×2, 6＋1)＝a (6, 7)＝2×6＋7＝19となります。

確認問題 2 ▸平成23年度秋期 問7 正解率 ▸中 応用

要素番号が0から始まる配列TANGOがある。n個の単語がTANGO[1]からTANGO[n]に入っている。図は，n番目の単語をTANGO[1]に移動するために，TANGO[1]からTANGO[n − 1]の単語を順に一つずつ後ろにずらして単語表を再構成する流れ図である。aに入れる処理として，適切なものはどれか。

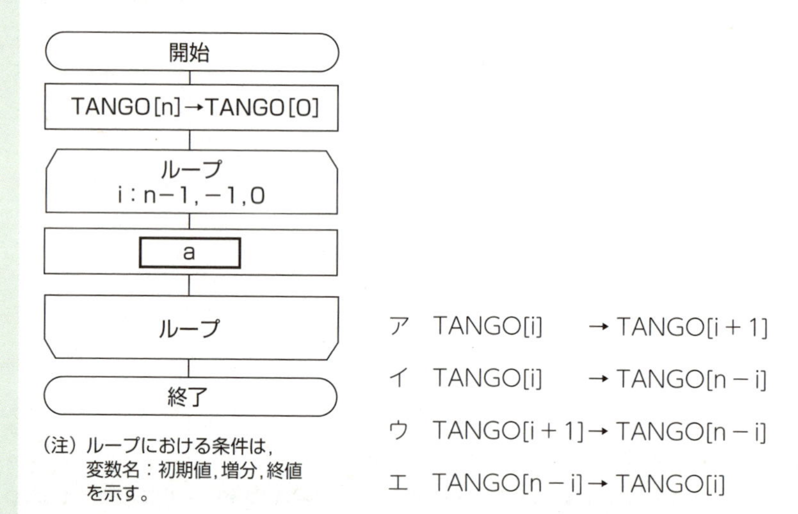

ア　TANGO[i]　→ TANGO[i + 1]

イ　TANGO[i]　→ TANGO[n − i]

ウ　TANGO[i + 1] → TANGO[n − i]

エ　TANGO[n − i] → TANGO[i]

要点解説 本問のように，配列の要素番号を0から始める場合もあります。

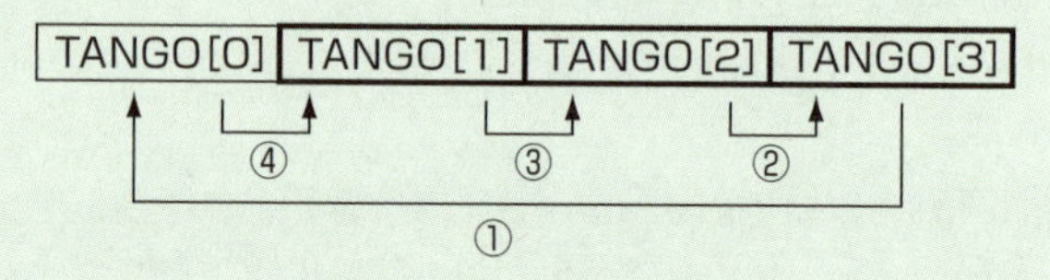

nを3とします。TANGO[0]は退避用です。
まず，TANGO[3]をTANGO[0]に退避します(①)。
以降，後ろから単語を順に一つずつずらします。
iを2，1，0と変化させながら，次のような処理をループさせます。

②TANGO[2] → TANGO[3]
③TANGO[1] → TANGO[2]
④TANGO[0] → TANGO[1]

よって，TANGO[i] → TANGO[i + 1] となります。

確認問題 3 ▸令和元年度秋期 問1 正解率▸低 応用

次の流れ図は，10進整数j（0＜j＜100）を8桁の2進数に変換する処理を表している。2進数は下位桁から順に，配列の要素NISHIN(1)からNISHIN(8)に格納される。流れ図のa及びbに入る処理はどれか。ここで，j div2はjを2で割った商の整数部分を，j mod 2はjを2で割った余りを表す。

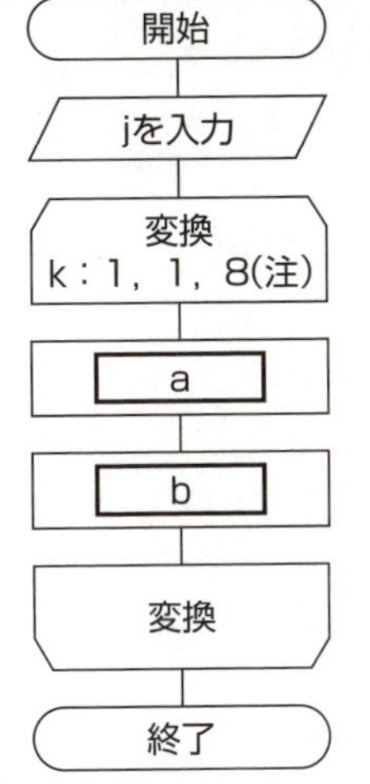

	a	b
ア	j ← j div 2	NISHIN(k) ← j mod 2
イ	j ← j mod 2	NISHIN(k) ← j div 2
ウ	NISHIN(k) ← j div 2	j ← j mod 2
エ	NISHIN(k) ← j mod 2	j ← j div 2

（注）ループ端の繰返し指定は，
変数名：初期値，増分，終値 を示す。

要点解説 10進数から2進数へ変換するには，2で割った余りを下から順に並べます（3-01参照）。

(例) 10進数5を2進数に変換する

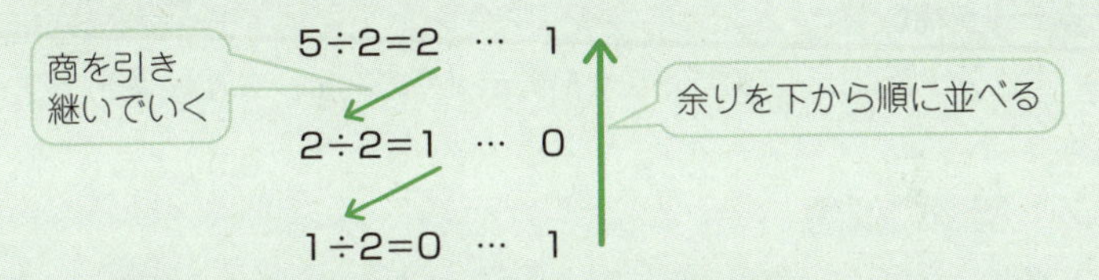

2で割った余りを順に格納する ⇒ NISHIN(k)←j mod 2
2で割った商の整数部分を引き継ぐ ⇒ j←j div 2

ここで，先にj←j div 2を行うとjの値を書き換えてしまうため，次のNISHIN(k)←j mod 2の値がおかしくなってしまいます。

解答

問題1：エ　問題2：ア　問題3：エ

4-03 リスト

時々出　必須　超重要

イメージでつかむ

駅のプラットフォームには，次の駅名と前の駅名を書いた案内板があります。
データ構造の中にも，前の情報と次の情報をもったものがあります。

リスト

リストは，**データを記録するデータ部とデータの格納位置を示すポインタ部で構成されるデータ構造**です。ポインタをたどることによって，データを取り出すことができます。ポインタ部には，次のデータや前のデータのアドレス（格納場所）が入っています。

リスト構造の種類

リスト構造にはポインタの指す方向によって，次のようなものがあります。

単方向リスト	次のデータへのポインタをもっている
双方向リスト	次のデータへのポインタと，前のデータへのポインタをもっている
環状リスト	データが環状に連結されている

図は単方向リストのイメージです。

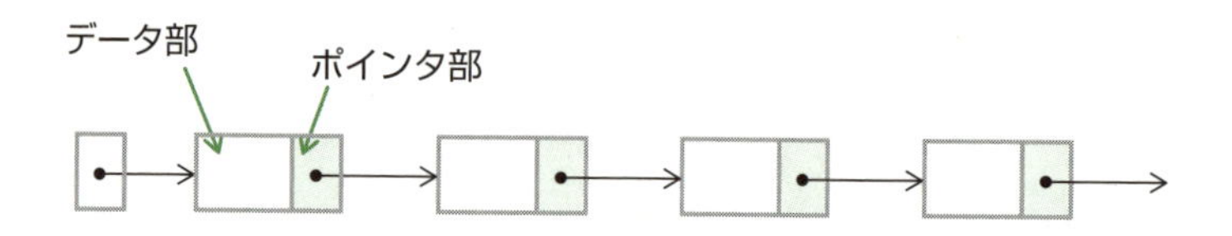

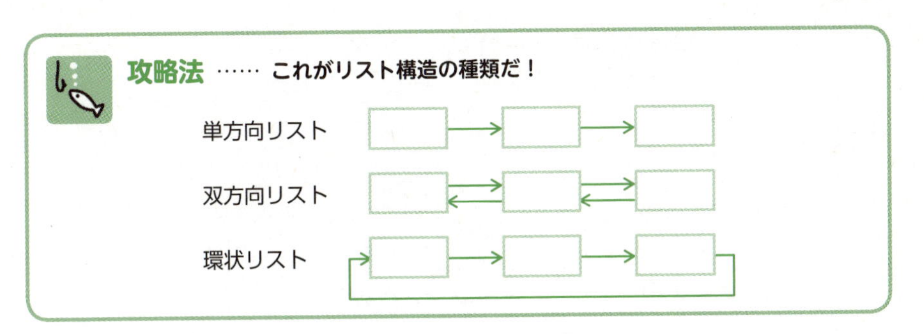

例えば，次の単方向リストを見ていきましょう。

「東京」がリストの先頭であり，そのポインタには，次のデータのアドレス「50」が格納されています。また，「名古屋」はリストの最後であるため，そのポインタには「0」が格納されています。

先頭へのポインタ：10

アドレス	データ	ポインタ
10	東京	50
30	名古屋	0
50	新横浜	90
70	浜松	30
90	熱海	70
150	静岡	

次のようにポインタによって連結しているイメージです。

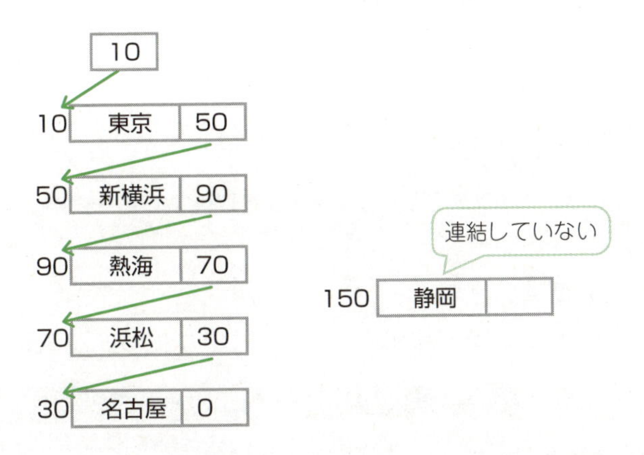

ここで，アドレス「150」に置かれた「静岡」を，「熱海」と「浜松」の間に追加する場合は，「熱海」のポインタを「150」，「静岡」のポインタを「70」に変更します。

先頭へのポインタ：10

アドレス	データ	ポインタ
10	東京	50
30	名古屋	0
50	新横浜	90
70	浜松	30
90	熱海	150
150	静岡	70

追加後の単方向リストは，次のようにポインタで連結しているイメージです。

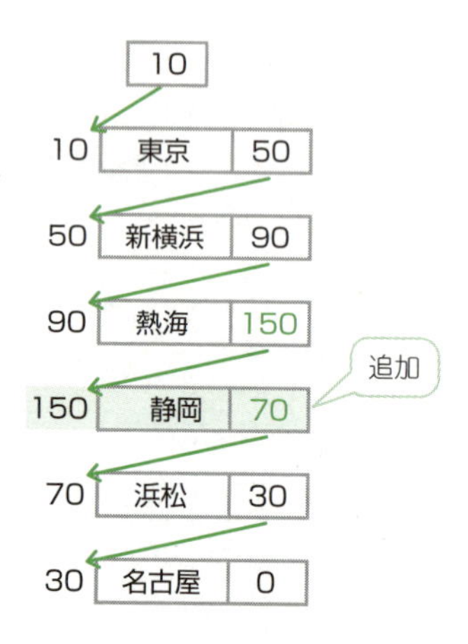

このように連結していることをイメージしやすいように配置しましたが，実際，リストには，データのアドレス（格納場所）を変更しなくても，ポインタの値を変更するだけで，データを追加したり削除したりすることができる特徴があります。

“くれば”で覚える

リスト とくれば **ポインタをたどってデータを取得するデータ構造**

配列とリスト構造の比較

配列・リストは，ともにデータの順番と値を格納しますが，以下の違いがあります。

	配　列	リスト
格納領域	連続領域に順番通りに格納	非連続領域・非順番通りで可
総データ数	先に決定（無駄な領域も発生）	柔軟に変更可能
データ挿入・削除	後ろのデータもずらす必要があり処理時間大	前後のポインタのみ修正するので処理時間小
データへのアクセス	添字ですぐアクセスできる	ポインタをたどるので遅い

確認問題 1

▸ 平成22年度春期　問5　　　正解率 ▸ 中　　応用

双方向のポインタをもつリスト構造のデータを表に示す。この表において新たな社員Gを社員Aと社員Kの間に追加する。追加後の表のポインタa～fの中で追加前と比べて値が変わるポインタだけを全て列記したものはどれか。

表

アドレス	社員名	次ポインタ	前ポインタ
100	社員A	300	0
200	社員T	0	300
300	社員K	200	100

追加後の表

アドレス	社員名	次ポインタ	前ポインタ
100	社員A	a	b
200	社員T	c	d
300	社員K	e	f
400	社員G	x	y

ア　a, b, e, f　　　イ　a, e, f　　　ウ　a, f　　　エ　b, e

【イメージ図】

追加前

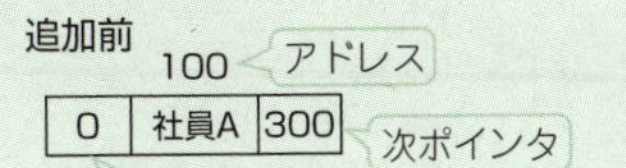

⇄ 300: 100 | 社員K | 200 ⇄ 200: 300 | 社員T | 0

追加後

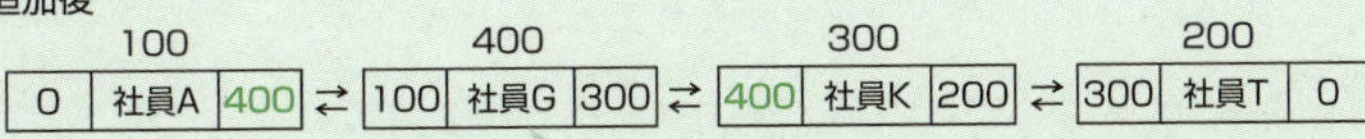

データの追加

よって，変更するのは社員Aの次のポインタ(a)と社員Kの前ポインタ(f)となります。

第4章 アルゴリズムとプログラミング

確認問題 2　▸平成30年度春期　問6　正解率▸低　応用

リストを二つの1次元配列で実現する。配列要素box[i]とnext[i]の対がリストの一つの要素に対応し，box[i]に要素の値が入り，next[i]に次の要素の番号が入る。配列が図の状態の場合，リストの3番目と4番目との間に値がHである要素を挿入したときのnext[8]の値はどれか。ここで，next[0]がリストの先頭（1番目）の要素を指し，next[i]の値が0である要素はリストの最後を示し，next[i]の値が空白である要素はリストに連結されていない。

	0	1	2	3	4	5	6	7	8	9
box		A	B	C	D	E	F	G	H	I

	0	1	2	3	4	5	6	7	8	9
next	1	5	0	7		3		2		

ア　3　　イ　5　　ウ　7　　エ　8

box[i]とnext[i]をペアで使って，単方向リストを実現しています。
box[i]が値そのもので，next[i]は次の要素がどこに格納されているかを示すポインタです。
next[0]がリストの先頭を示しています。next[0]＝1なので，box[1]＝Aが最初の要素です。box[1]とペアになるnext[1]＝5なので，次の要素はbox[5]＝Eです。
この要領で順に追っていくと，リストの4番目の要素までは以下のようなイメージになります。

【イメージ図】

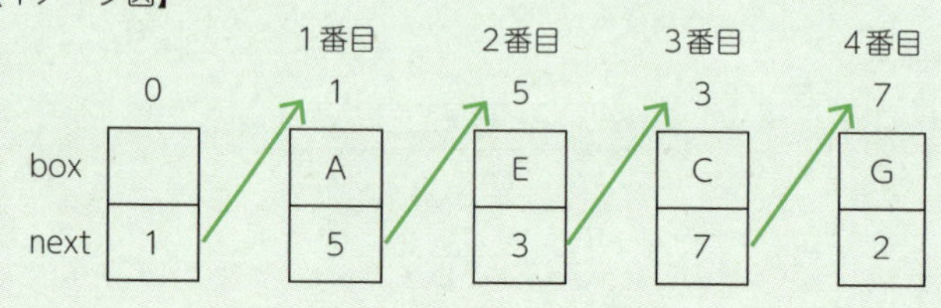

ここで，挿入したい「値がHである要素」は，box[8]にあります。box[8]をリストの3番目と4番目の間に挿入するには，まずリストの3番目にあるnext[3]を8に書き換えます。また，挿入したいbox[8]に対応するnext[8]は，元のリストの4番目にあった（挿入後は5番目となる）box[7]を指すようにするので，next[8]＝7となります。

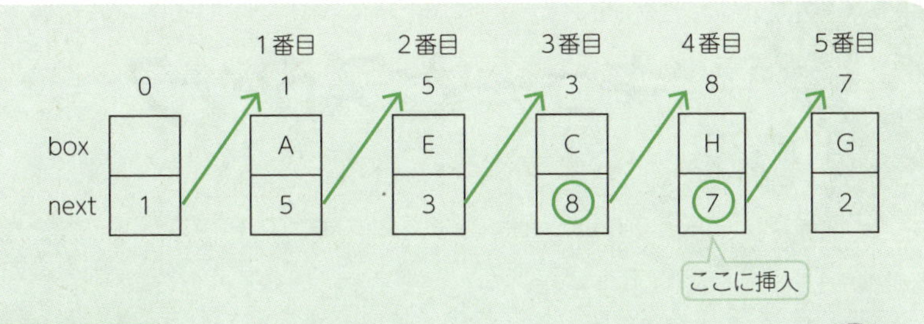

確認問題　3

▸応用情報　令和元年度秋期　問6　　正解率▸中　応用

先頭ポインタと末尾ポインタをもち，多くのデータがポインタでつながった単方向の線形リストの処理のうち，先頭ポインタ，末尾ポインタ又は各データのポインタをたどる回数が最も多いものはどれか。ここで，単方向のリストは先頭ポインタからつながっているものとし，追加するデータはポインタをたどらなくても参照できるものとする。

ア　先頭にデータを追加する処理
イ　先頭のデータを削除する処理
ウ　末尾にデータを追加する処理
エ　末尾のデータを削除する処理

単方向の線形リストは，データの挿入削除の際，前後のデータのポインタを変更します。アクセスするためにはポインタをたどらねばならず，末尾のデータにいくほど時間がかかります。単方向のため，末尾からさかのぼることはできませんが，この問題の場合は末尾ポインタがあるので，末尾のデータにはすぐアクセスできます。

ア　①「追加データ」の次ポインタに，現在の「先頭ポインタ」の値を設定
　　②「先頭ポインタ」に，「追加データ」を指すポインタを設定
イ　①「先頭ポインタ」の値から「先頭データ」をたどる（1回）
　　②「先頭ポインタ」に，現在の「先頭データ」の次ポインタの値を設定
ウ　①「末尾ポインタ」の値から「末尾データ」をたどる（1回）
　　②「末尾データ」の次ポインタに，「追加データ」を指すポインタを設定
　　③「末尾ポインタ」に，「追加データ」を指すポインタを設定
エ　①「先頭データ」から「末尾データの一つ前のデータ」まで順番にポインタをたどる（ほぼ全件）
　　②「末尾データの一つ前のデータ」の次ポインタに空白を設定
　　③「末尾ポインタ」に，「末尾データの一つ前のデータ」を指すポインタを設定

解答

問題1：ウ　　問題2：ウ　　問題3：エ

4-04 キューとスタック

時々出　必須　超重要

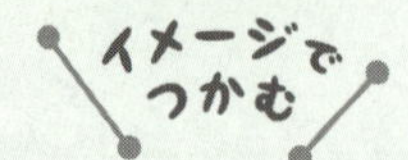

エスカレータは先に乗った人から順に降りやすいが，エレベータは後に乗った人が順に降りやすい。

データ構造の中にもこのような性質をもったものがあります。

キュー

キューは，**格納した順序でデータを取り出すことができるデータ構造**です。最初に格納したデータは最初に取り出す**FIFO**（First-In First-Out：先入れ先出し）の特徴があります。

また，キューにデータを格納することを**エンキュー**（**enqueue**），キューからデータを取り出すことを**デキュー**（**dequeue**）といいます。

キューは，ジョブ待ち（2-02参照）の待ち行列などにも用いられています。

enqueue →［　｜　｜　］→ dequeue

"くれば"で覚える

キュー　とくれば　**先に格納したデータから先に取り出すデータ構造**（FIFO）

スタック

スタックは，**格納した順序とは逆の順序でデータを取り出すことができるデータ構造**です。最後に格納したデータを最初に取り出す**LIFO**（Last-In First-Out：後入れ先出し）の特徴があります。

また，スタックにデータを格納することを**プッシュ**（**push**），スタックからデータを取り出すことを**ポップ**（**pop**）といいます。

スタックは，再帰呼出し（4-09参照）やデータ退避などにも用いられています。

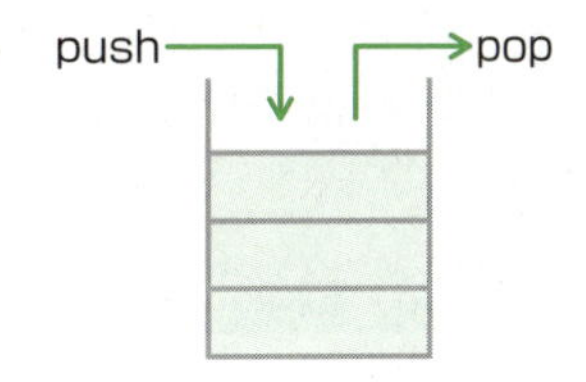

"くれば"で覚える

スタック　とくれば　**後に格納したデータから先に取り出すデータ構造（LIFO）**

確認問題 1　▶平成26年度秋期　問5　正解率▶中　基本

加減乗除を組み合わせた計算式の処理において，スタックを利用するのが適している処理はどれか。

ア　格納された計算の途中結果を，格納された順番に取り出す処理
イ　計算の途中結果を格納し，別の計算を行った後で，その計算結果と途中結果との計算を行う処理
ウ　昇順に並べられた計算の途中結果のうち，中間にある途中結果だけ変更する処理
エ　リストの中間にある計算の途中結果に対して，新たな途中結果の挿入を行う処理

要点解説　スタックは，処理の途中のデータを一時的に保存し，別の処理をした後で再度呼び出すデータ退避に使われます。

確認問題 2　▸平成27年度春期　問5　正解率▸高　基本

キューに関する記述として，最も適切なものはどれか。

ア　最後に格納されたデータが最初に取り出される。
イ　最初に格納されたデータが最初に取り出される。
ウ　添字を用いて特定のデータを参照する。
エ　二つ以上のポインタを用いてデータの階層関係を表現する。

要点解説　キューは，最初に格納したデータを最初に取り出すことができるデータ構造です。
ア　スタック　　　ウ　配列
エ　木構造(4-05参照)。二つ以上の子を持つ二分木または多分木です。

確認問題 3　▸平成30年度春期　問5　正解率▸中　応用

次の二つのスタック操作を定義する。

PUSH n：スタックにデータ(整数値n)をプッシュする。
POP：スタックからデータをポップする。

空のスタックに対して，次の順序でスタック操作を行った結果はどれか。

PUSH1→PUSH5→POP→PUSH7→PUSH6→PUSH4→POP→POP→PUSH3

ア
1
7
3

イ
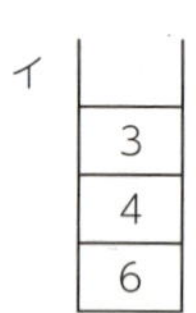

ウ
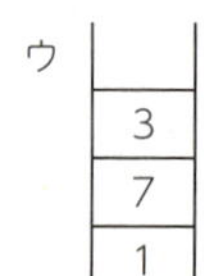

エ
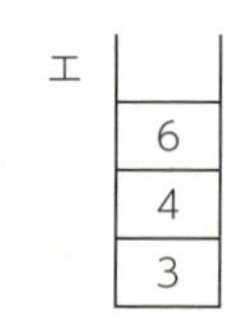

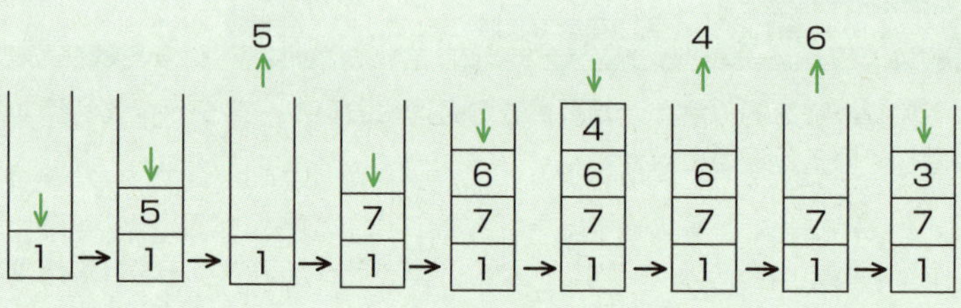

確認問題 4

▸平成26年度春期 問7　正解率▸中　応用

空の状態のスタックとキューの二つのデータ構造がある。次の手続きを順に実行した場合，変数xに代入されるデータはどれか。ここで，手続で引用している関数は，次のとおりとする。

〔関数の定義〕

push(y)　：データyをスタックに積む。
pop()　：データをスタックから取り出して，その値を返す。
enq(y)　：データyをキューに挿入する。
deq()　：データをキューから取り出して，その値を返す。

〔手続〕

push(a)
push(b)
enq(pop())
enq(c)
push(d)
push(deq())
x←pop()

ア a　イ b　ウ c　エ d

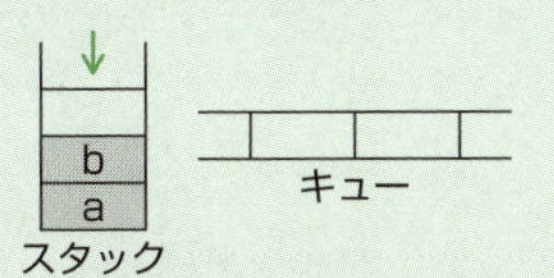

③ enq(pop( ))

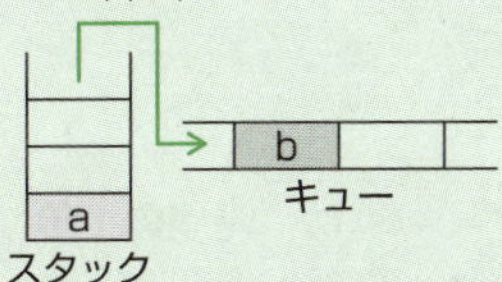

④ enq(c)

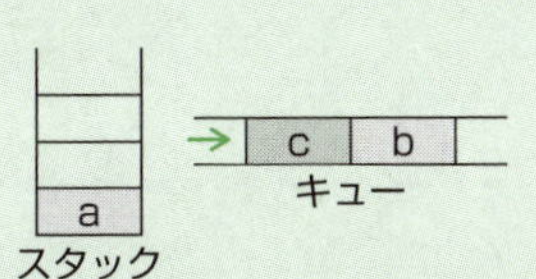

⑤ push(d)

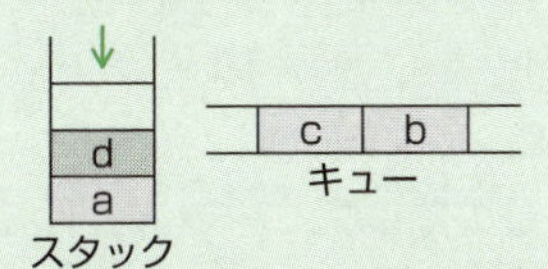

⑥ push(deq( ))

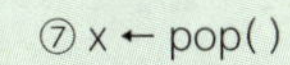

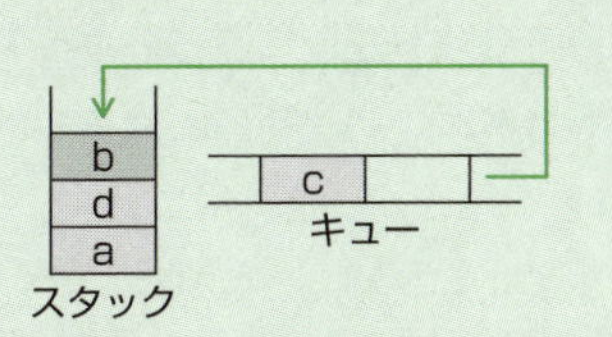

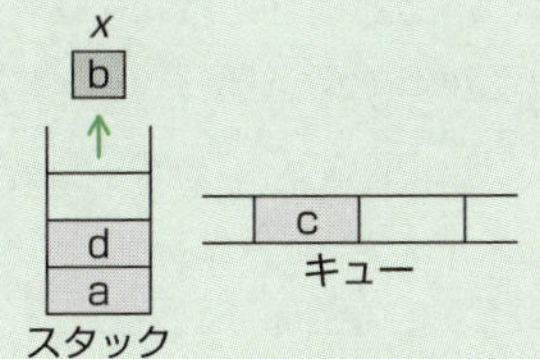

したがって，bがxに代入されます。

解答

問題1：イ　問題2：イ　問題3：ウ　問題4：イ

4-05 木構造

時々出　必須　超重要

イメージでつかむ

木を細かく観察してみましょう。根や枝，節，葉などからできているのがわかります。

データ構造の中に，木と同じ構造をしたものがあります。

木構造

木構造（ツリー構造）は，**階層の上位から下位に節点をたどることによって，データを取り出すことができるデータ構造**です。○の部分は**節**（**ノード**），節と節をつないだ——の部分は**枝**（**ブランチ**），最上位の節は**根**（**ルート**），最下位の節は**葉**（**リーフ**）と呼ばれ，木を逆にしたようなイメージです。

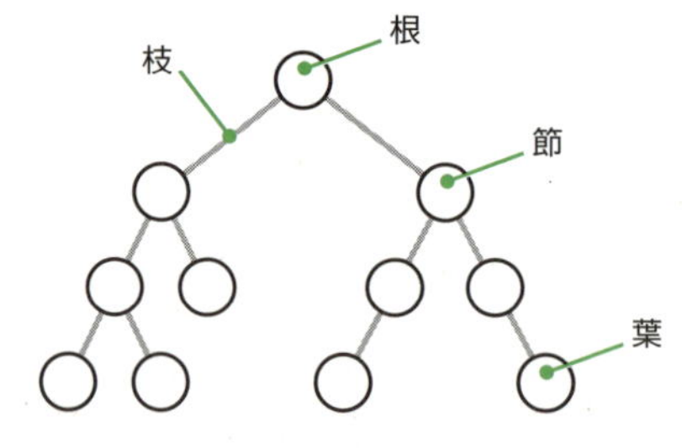

さらに，木構造の各節どうしには親子関係があります。上位の節を**親**，下位の節を**子**といい，節にぶら下がっている部分を**部分木**，そのうち左側にぶら下がっているものを**左部分木**，右側にぶら下がっているものを**右部分木**といいます。部分木も木構造になっています。

木構造は，各節どうしの関係を利用して，データの整列（4-06参照）・データ探索（4-07参照）などにも用いられています。

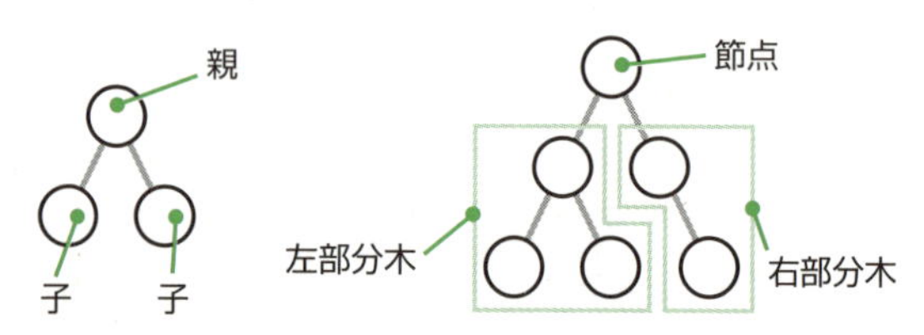

2分木の種類

2分木は，**全ての枝の分岐が二つ以下である木構造**です。2分木には，完全2分木・2分探索木・ヒープ木などがあります。同じ親をもつ子同士に順序関係がある順序木の一種です。

完全2分木

完全2分木は，**根から葉までの深さが全て等しい2分木**です。ただし，深さが1だけ深い葉があり，木全体の左から詰められているものも完全2分木とされます。

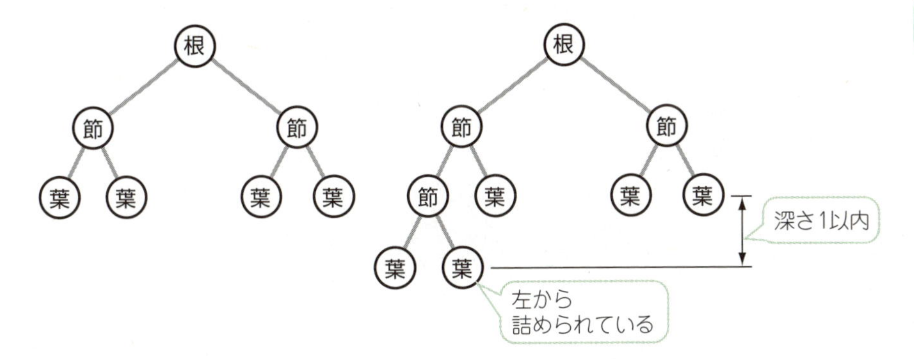

2分探索木

2分探索木は，**各節において，「左の子＜親＜右の子」という関係をもった2分木**です。右の2分探索木の各節の値には，「$A_4 < A_2 < A_5 < A_1 < A_6 < A_3 < A_7$」の大小関係が成り立っています。

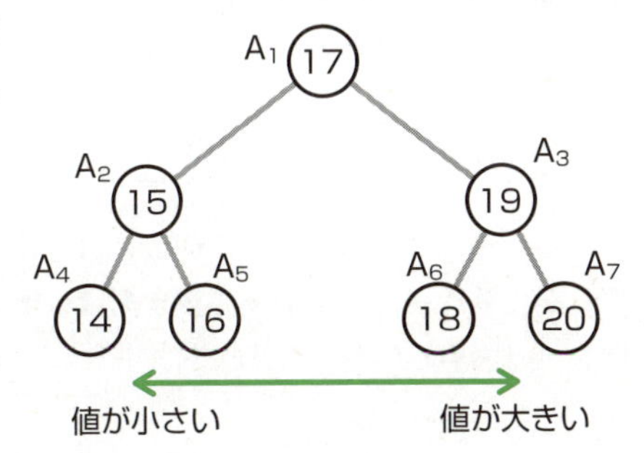

2分探索木は，根から葉に向かってデータを探索する場合に用いられ，次の手順でデータを探索します。

① 根から順に，各節の値と比較する
* 節の値と同じなら探索を終了する ⇒ 該当データあり
* 節の値より小さければ，左部分木へ移動する
* 節の値より大きければ，右部分木へ移動する

② これを繰り返す

③ 葉まで達しても一致しないなら探索を終了する ⇒ 該当データなし

“くれば”で覚える

2分探索木　とくれば　**左の子<親<右の子**

ヒープ木

ヒープ木は，**各節において，「親<子」または「親>子」という関係をもった完全2分木**です。「親<子」のときは根の値が最小値となり，「親>子」のときは根の値が最大値となります。

次のヒープ木の各節には，「親<子」の関係が成り立ち，根の値が最小値です。

ヒープ木は，データの整列（4-06参照）に用いられます。

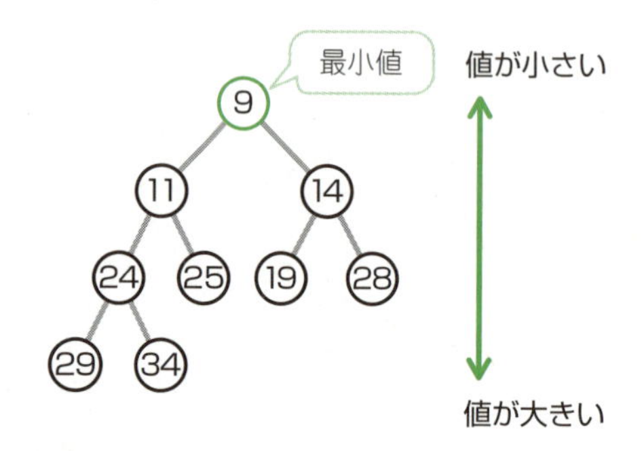

“くれば”で覚える

ヒープ木　とくれば　**親<子（根が最小値）　または　親>子（根が最大値）**

逆ポーランド記法

逆ポーランド記法（後置記法）は，**2分木を使って算術式を表記する方法の一つで，節に演算子，葉に被演算数を配置します。**この記法では，「左部分木」→「右部分木」→「節点」の順に取り出します。

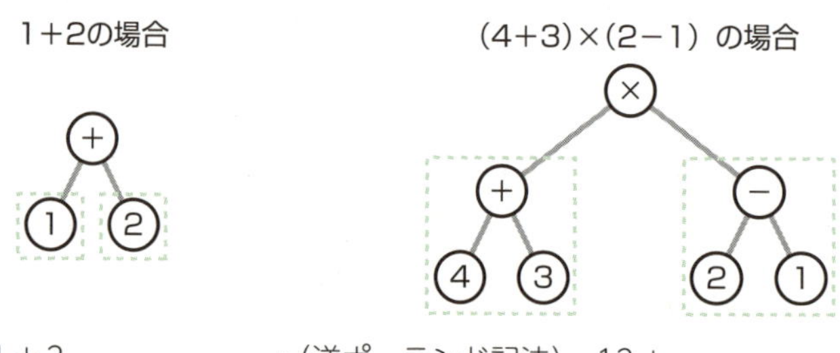

1＋2　→（逆ポーランド記法）　12＋

(4＋3)×(2－1)　→（逆ポーランド記法）　43＋21－×

逆ポーランド記法では，次のような手順でスタックを使って演算します。

①被演算数はスタックにPUSHする
②演算子はスタックから2個のデータをPOPする
③2個のデータの計算結果をスタックにPUSHする

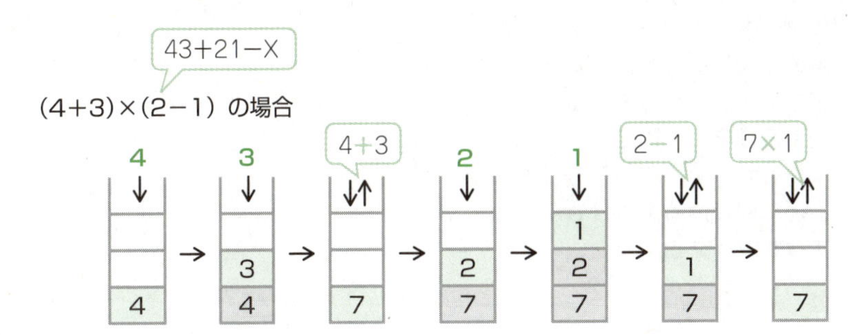

このように，逆ポーランド記法では，左から式を見ていき，演算子があったら直前の二つのデータをその演算子で演算します。

知っ得情報 B木

データベースのインデックスには，B木やその応用であるB+木が使われています。**B木**は，枝の分岐が二つ以上あり，データ挿入時は**根から葉までの深さが同じ**になるように各節を分割します。**B＋木**は，葉にのみデータをもたせます。

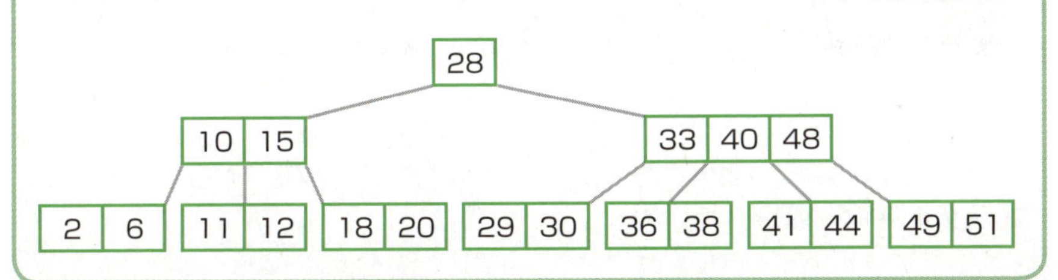

なお，木構造は，リストや配列を使って実装します。リストならポインタで，配列なら添字で親子関係を表します。

確認問題 1　▸平成28年度春期　問5　正解率▸中　応用

10個の節（ノード）から成る次の2分木の各節に，1から10までの値を一意に対応するように割り振ったとき，節a，bの値の組合せはどれになるか。ここで，各節に割り振る値は，左の子及びその子孫に割り振る値よりも大きく，右の子及びその子孫に割り振る値よりも小さくするものとする。

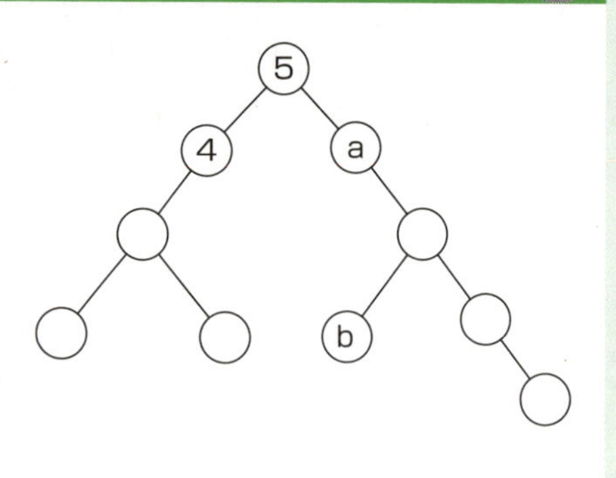

ア　a＝6，b＝7　　イ　a＝6，b＝8
ウ　a＝7，b＝8　　エ　a＝7，b＝9

「左の子及びその子孫に割り振る値よりも大きく，右の子及びその子孫に割り振る値よりも小さくする」より，aには5より大きな数でかつ，一番小さいもの，つまり6が入ります。

aとbの間の○には枝が二つあり，左の枝の子は一つ，右の枝の子孫は二つです。7，8，9，10のうち，自身より小さい数が一つ，大きい数が二つあるのは8なので，aとbの間の○には8が入ります。bには8より小さく6より大きい数，つまり7が入ります。

確認問題 2　▸平成20年度秋期　問12　正解率▸中　応用

親の節の値が子の節の値より小さいヒープがある。このヒープへの挿入は，要素を最後部に追加し，その要素が親よりも小さい間，親と子を交換することを繰り返せばよい。次のヒープの＊の位置に要素7を追加したとき，Aの位置に来る要素はどれか。

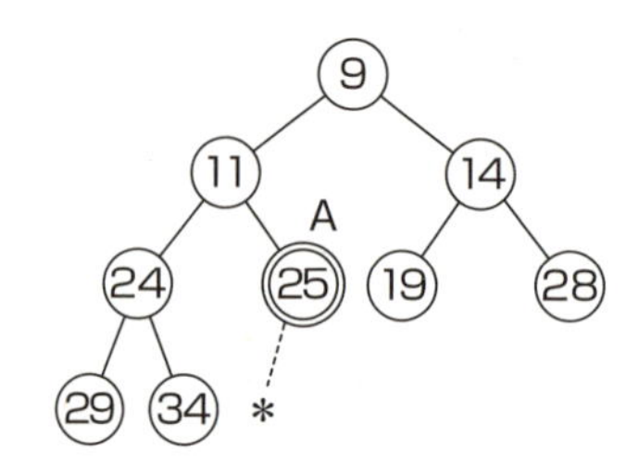

ア　7　　イ　11　　ウ　24　　エ　25

要素が親よりも小さい間，親と子を交換することを繰り返します。

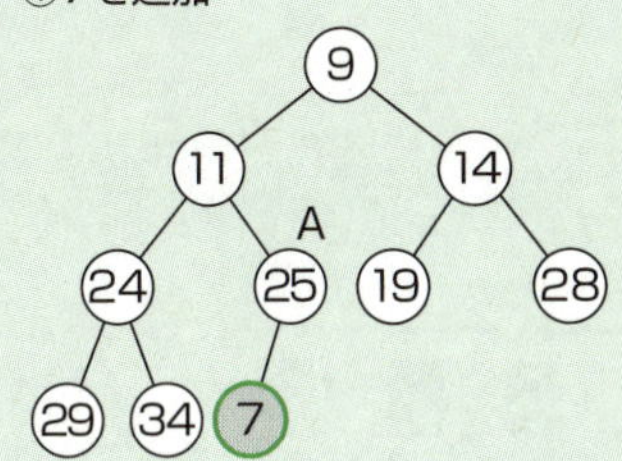

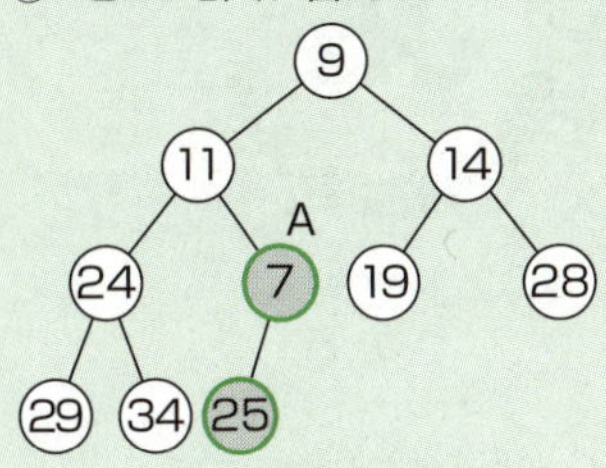

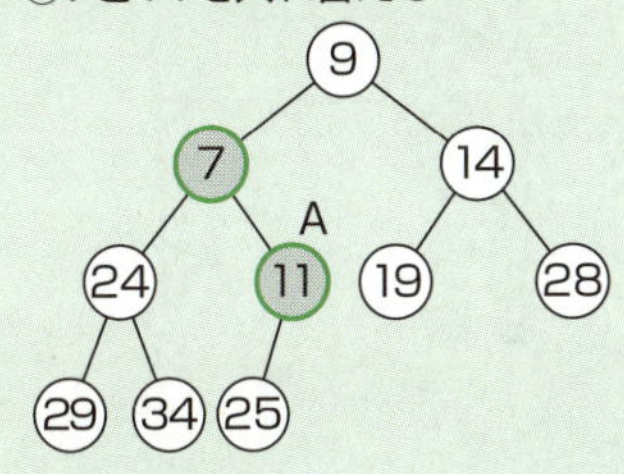

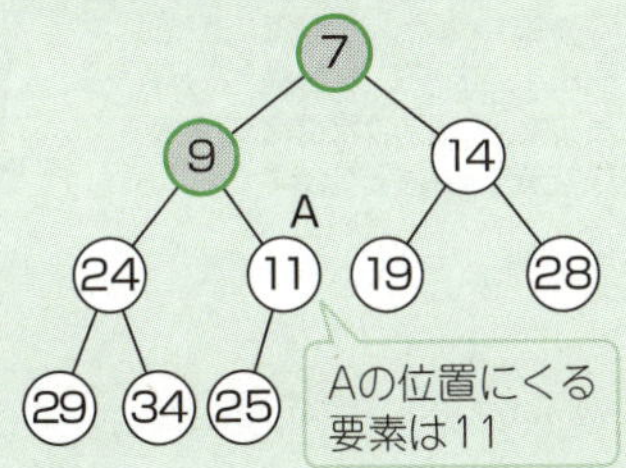

確認問題 3

▶ 平成24年度春期　問4　　正解率 ▶ 中　　応用

後置記法（逆ポーランド記法）では，例えば，式Y＝（A－B）×CをYAB－C×＝と表現する。次の式を後置記法で表現したものはどれか。

Y＝（A＋B）×（C－D÷E）

ア　YAB＋C－DE÷×＝　　　イ　YAB＋CDE÷－×＝

ウ　YAB＋EDC÷－×＝　　　エ　YBA＋CD－E÷×＝

逆ポーランド記法は，演算子を後に置く記法です。
演算子を，演算の優先順位に従って，二つの被演算子の後ろに置いていきます。

Y＝（A＋B）×（C－D÷E）
Y＝（AB＋）×（C－DE÷）
Y＝（AB＋）×（CDE÷－）
Y＝（AB＋）（CDE÷－）×
YAB＋CDE÷－×＝

解答

問題1：ア　　問題2：イ　　問題3：イ

4-06 データの整列

時々出　必須　超重要

イメージでつかむ

1から4までの数字を書いたカードを用意し，シャッフルした後，机の上に順に並べてみましょう。これを左から順に1，2，3，4と並べ直すとしたら，あなたはどのような方法で行いますか？

データの整列

ここまで，データ構造についてみてきましたが，ここからは，アルゴリズムを具体的に考えてみます。一見難しく見えますが，トランプを用意して，実際に手を動かしてみるとわかりやすくなります。

整列は，**ある規則に従ってデータを並べ替えること**です。**ソート**とも呼ばれています。整列には，データの値の小さなものから大きなものへと並べ替える**昇順**と，データの値の大きなものから小さなものへと並べ替える**降順**があります。

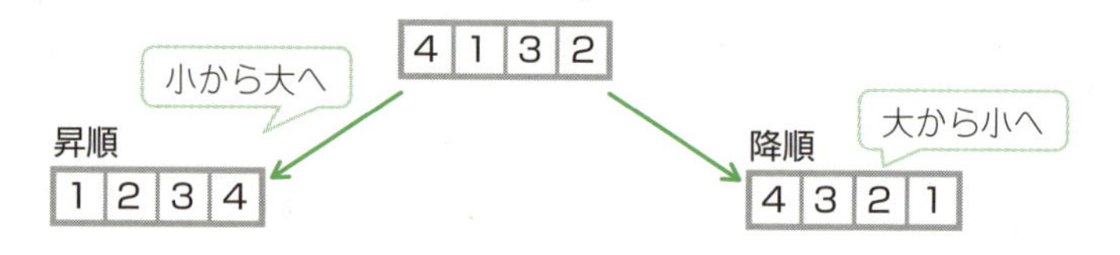

代表的な整列法

代表的な整列法として，基本交換法・基本選択法・基本挿入法があります。

基本交換法

隣り合うデータを比較し，逆順であれば入れ替えます。この操作を繰り返す方法が**基本交換法**（バブルソート・隣接交換法）です。

	T(1)	T(2)	T(3)	T(4)
配列	4	1	3	2

を昇順に並べ替えてみましょう。

・1回目 … T(1)～T(4)の範囲で比較します。

① 4 1 3 2　T(1)とT(2)を比較。4>1なので交換あり。

② 1 4 3 2　T(2)とT(3)を比較。4>3なので交換あり。

③ 1 3 4 2　T(3)とT(4)を比較。4>2なので交換あり。

T(4)が確定 ⇒ 1 3 2 4

・2回目 … T(1)～T(3)の範囲で比較します。

④ 1 3 2 4　T(1)とT(2)を比較。1<3なので交換なし。

⑤ 1 3 2 4　T(2)とT(3)を比較。3>2なので交換あり。

T(3)が確定 ⇒ 1 2 3 4

・3回目 … T(1)～T(2)の範囲で比較します。

⑥ 1 2 3 4　T(1)とT(2)を比較。1<2なので交換なし。

T(2)が確定 ⇒ 1 2 3 4

必然的に

T(1)が確定 ⇒ 1 2 3 4

(基本交換法のアルゴリズム例)

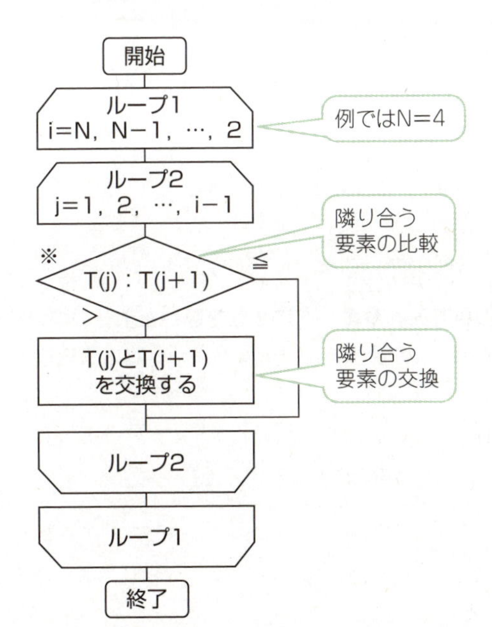

トレース表(※時点)

i	j	j+1	T(j):T(j+1)
4	1	2	4>1
	2	3	4>3
	3	4	4>2
3	1	2	1<3
	2	3	3>2
2	1	2	1<2

“くれば”で覚える

基本交換法 とくれば **隣り合うデータを比較して入れ替える方法**

●基本交換法の比較回数

コンピュータに仕事を依頼し，答えを得るまでにどれくらい時間がかかるかというのは重要な要素です。整列アルゴリズムでは，整列し終えるまでに比較する回数や，データ量が関係してきます。

では，比較回数を考えていきましょう。先の例では，1回目は①から③の3回，2回目は④から⑤の2回，3回目は⑥の1回のように比較回数が1回ずつ減っています。

基本交換法では，最初に，N個のデータに対して(N－1)回の比較を行います。次に，(N－1)個のデータに対して(N－2)回の比較を行い，これを繰り返します。

基本交換法の比較回数は，(N－1)＋(N－2)＋(N－3)…＋1＝N(N－1)／2です。

攻略法 …… **これが比較回数のイメージだ！**

なぜ，(N－1)＋(N－2)＋(N－3)…＋1＝N(N－1)／2となるのでしょうか。逆から書いた式を加算すると，全てがNになります。

	比較回数の合計＝	(N－1)	＋	(N－2)	＋	(N－3)	…＋	1
＋	比較回数の合計＝	1	＋	2	＋	3	…＋	(N－1)
		N	＋	N	＋	N	…＋	N

これは，Nが(N－1)個あるので，合計がN(N－1)です。同じ式を二つ加算しているため，N(N－1)／2ということです。

なお，データ量と実行時間の関係については，後ほど説明します。

基本選択法

データ列の最小値（最大値）を選択して入れ替え，次にそれを除いた部分の中から最小値（最大値）を選択して入れ替えます。この操作を繰り返す方法が**基本選択法**（選択ソート）です。

	T(1)	T(2)	T(3)	T(4)
配列	4	1	3	2

を昇順に並べ替えてみましょう。

・1回目　…　T(1)～T(4)の中で最小値を選び，T(1)と交換します。

① 4 1 3 2　T(1)とT(2)を比較。**4>1**なので最小値T(2)

② 4 1 3 2　T(2)とT(3)を比較。**1<3**なので最小値T(2)

③ 4 1 3 2　T(2)とT(4)を比較。**1<2**なので最小値T(2)

T(1)と最小値T(2)を交換。

T(1)が確定　⇒　1 4 3 2

・2回目　…　T(2)～T(4)の中で最小値を選び，T(2)と交換します。

④ 1 4 3 2　T(2)とT(3)を比較。**4>3**なので最小値T(3)

⑤ 1 4 3 2　T(3)とT(4)を比較。**3>2**なので最小値T(4)

T(2)と最小値T(4)を交換。

T(2)が確定　⇒　1 2 3 4

・3回目　…　T(3)～T(4)の中で最小値を選び，T(3)と交換します。

⑥ 1 2 3 4　T(3)とT(4)を比較。**3<4**なので最小値T(3)

T(3)と最小値T(3)を交換。

T(3)が確定　⇒　1 2 3 4

必然的に

T(4)が確定　⇒　1 2 3 4

（基本選択法のアルゴリズム例）

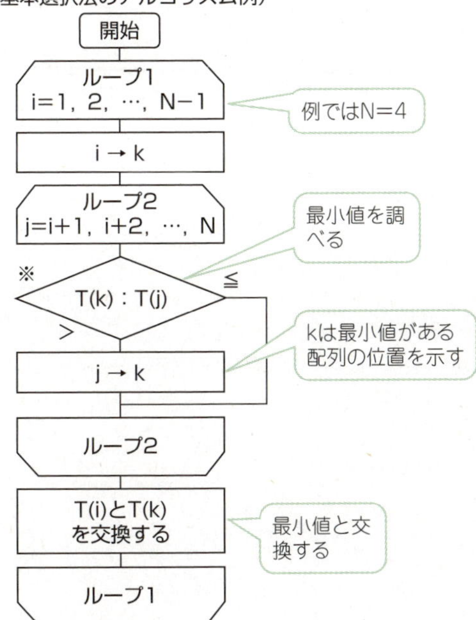

トレース表（※時点）

i	k	j	T(k):T(j)
1	1	2	4>1
	2	3	1<3
	2	4	1<2
2	2	3	4>3
	3	4	3>2
3	3	4	3<4

●基本選択法の比較回数

基本選択法では，最初に，N個のデータに対して最小値（最大値）を選択するために（N－1）回の比較を行います。次に，（N－1）個の要素に対して最小値（最大値）を選択するために（N－2）回の比較を行い，これを繰り返します。

基本選択法の比較回数は，（N－1）＋（N－2）＋（N－3）…＋1＝N（N－1）／2です。

基本選択法　とくれば　**データ列から最小値（最大値）を選択して入れ替える方法**

基本挿入法

すでに整列済みのデータ列の正しい位置に，データを挿入します。その操作を繰り返す方法が**基本挿入法**（挿入ソート）です。

	T(1)	T(2)	T(3)	T(4)
配列	4	1	3	2

を昇順に並べ替えてみましょう。

T(1)を整列済みとみなします。　| 4 | 1 | 3 | 2 |

・1回目　…　T(2)の値1を適切な位置に挿入します。

①	4	1	3	2	T(1)とT(2)を比較。4>1なので交換あり。

T(2)の値1の挿入位置確定　⇒　| 1 | 4 | 3 | 2 |

・2回目　…　T(3)の値3を適切な位置に挿入します。

②	1	4	3	2	T(2)とT(3)を比較。4>3なので交換あり。
③	1	3	4	2	T(1)とT(2)を比較。1<3なので交換なし。

T(3)の値3の挿入位置確定　⇒　| 1 | 3 | 4 | 2 |

・3回目　…　T(4)の値2を適切な位置に挿入します。

④	1	3	4	2	T(3)とT(4)を比較。4>2なので交換あり。
⑤	1	3	2	4	T(2)とT(3)を比較。3>2なので交換あり。
⑥	1	2	3	4	T(1)とT(2)を比較。1<2なので交換なし。

T(4)の値2の挿入位置確定　⇒　| 1 | 2 | 3 | 4 |

（基本挿入法のアルゴリズム例）

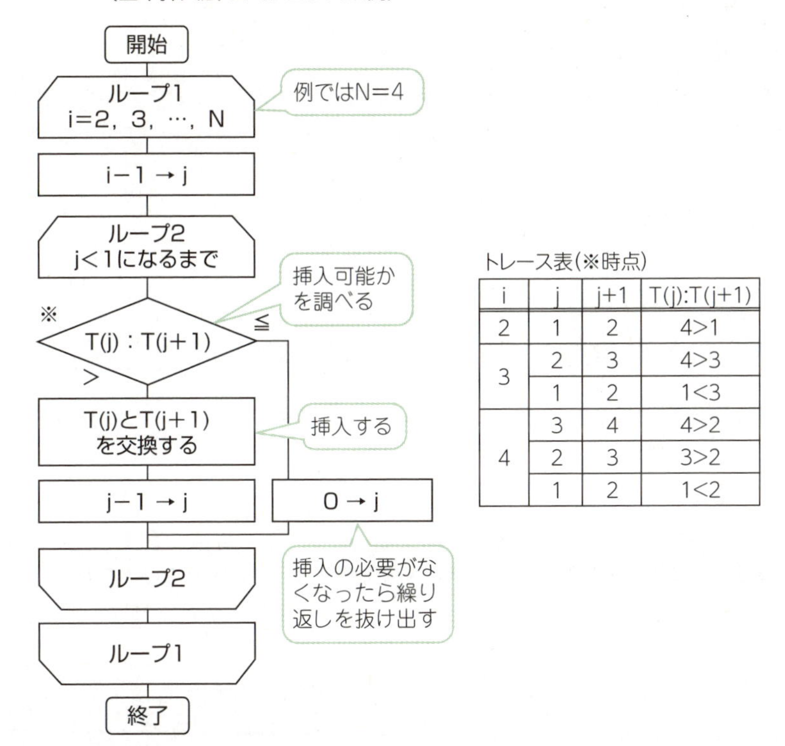

i	j	j+1	T(j):T(j+1)
2	1	2	4>1
3	2	3	4>3
	1	2	1<3
4	3	4	4>2
	2	3	3>2
	1	2	1<2

“くれば”で覚える

基本挿入法 とくれば **整列済みの正しい位置にデータを挿入する方法**

●基本挿入法の比較回数

基本挿入法では，1個のデータがすでに整列されているとすると，2番目の挿入位置を探すには，1回の比較を行います。次に，2個の要素がすでに整列されているとすると，3番目の挿入位置を探すには，2回の比較を行います。同様に，(N−1)個のデータがすでに整列されているとすると，N番目の挿入位置を探すには，(N−1)回の比較を行います。

基本挿入法の比較回数は，1＋2＋3…＋(N−1)＝N(N−1)／2ですが，元のデータの並び方しだいで，比較回数はこれ以下となります。

その他の整列法

シェルソート（改良挿入法）

ある一定間隔おきに取り出したデータから成るデータ列をそれぞれ整列します。次に，間隔を詰めて同様の操作を行い，間隔が1になるまでこれを繰り返す方法が**シェルソート**です。

次のデータを整列してみましょう。

①間隔が二つおきの要素ごとに基本挿入法で整列します。

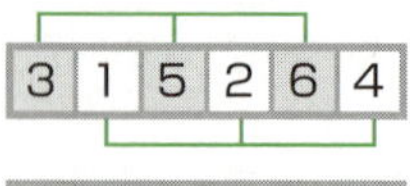

②間隔が1になるまで繰り返します。

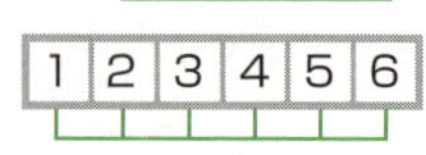

クイックソート

一般的に他のソートよりも効率が良く，速いとされているのが**クイックソート**です。**適当な基準値を決めて，それより小さな値のグループと大きな値のグループにデータを振り分けます。**次に，それぞれのグループ中で基準値を決めて，同様の操作を繰り返していく方法です。

次のデータを整列してみましょう。　　5 4 3 1 6 2

基準値の決め方はいくつかあります。
今回は中央に位置する値とします。

①基準値を決定します。　　5 4 3 1 6 2

②基準値よりも「小さな値を集めた区分」と「大きな値を集めた区分」に振り分けます。　　2 1　3　4 6 5

③基準値を決定します。　　2 1　3　4 6 5

④基準値よりも「小さな値を集めた区分」と「大きな値を集めた区分」に振り分けます。　　1　2　3　4 5　6

⑤基準値を決定します。　　1　2　3　4 5　6

⑥整列完了　　1　2　3　4　5　6

ヒープソート

未整列の部分を順序木に構成し，その最大値（最小値）を取り出して，既整列の部分に移します。 この操作を繰り返して，未整列部分を縮めていくのが**ヒープソート**です。

ヒープ木（4-05参照）は，各節において「親>子」の関係にあるときは，根の値が最大となります。 ここで，配列にするときは，根の要素番号を1，左の節は$2n$，右の節は$2n+1$とします。

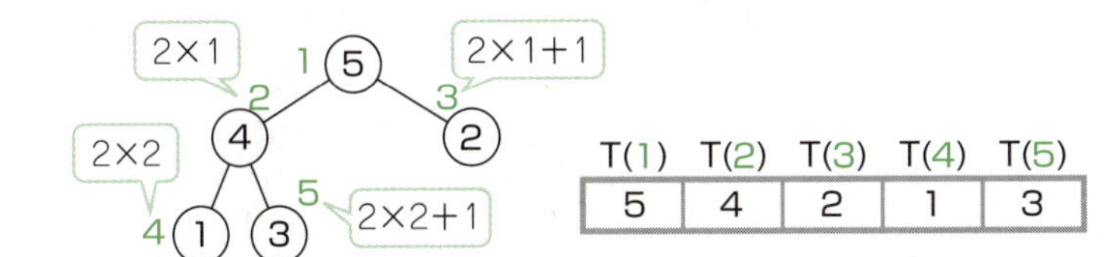

では，データを整列してみましょう。

①木の根T(1)の値と，木の最後の節（整列対象の最後の要素に対応する節）の値と交換します。

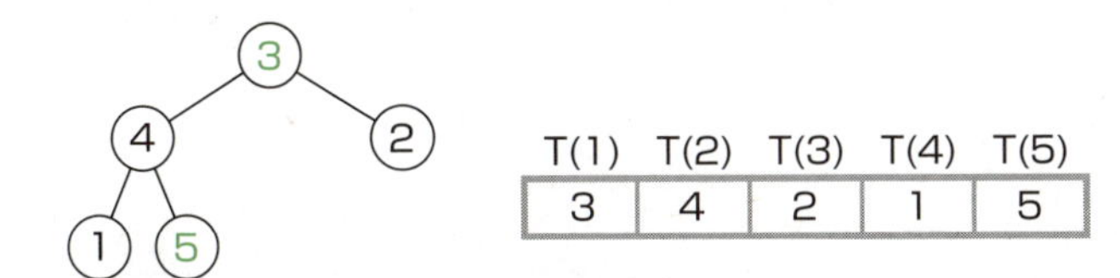

②木の最後の節を二分木から取り除きます（整列対象の要素を一つ減らします）。

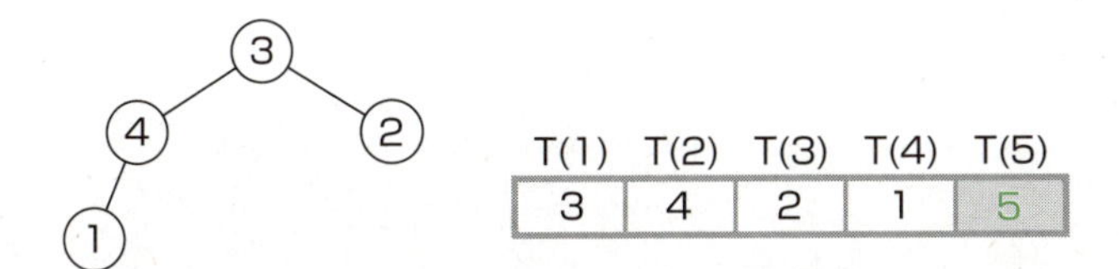

③ヒープ木を再構築します。二つの子の節のうち値が大きい方と親の節の値を比較し，親の節の方が小さいときは，値を交換します。親の節の値が子の節の値以上のときは，交換しません。

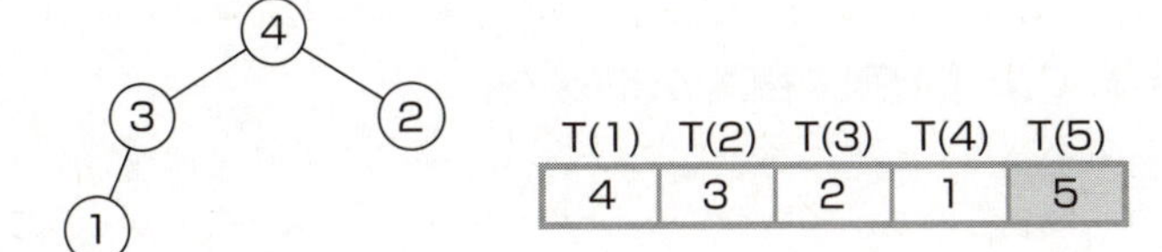

以下，木の根だけになるまで繰り返します。

④交換して，取り除きます。

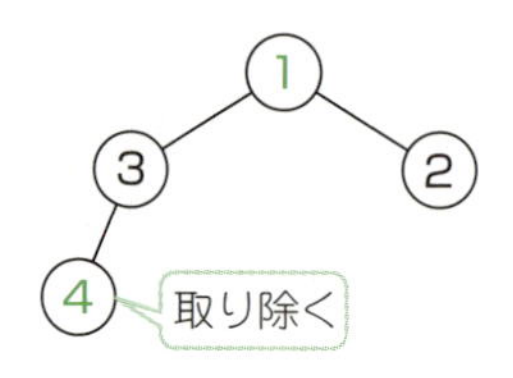

T(1)	T(2)	T(3)	T(4)	T(5)
1	3	2	4	5

⑤再構築します。

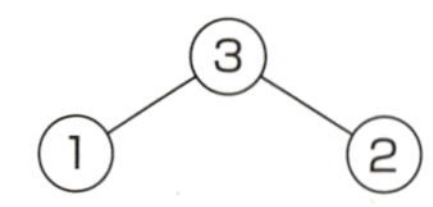

T(1)	T(2)	T(3)	T(4)	T(5)
3	1	2	4	5

⑥交換して，取り除きます。

T(1)	T(2)	T(3)	T(4)	T(5)
2	1	3	4	5

⑦再構築します。

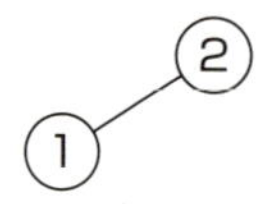

T(1)	T(2)	T(3)	T(4)	T(5)
2	1	3	4	5

⑧交換して取り除きます。

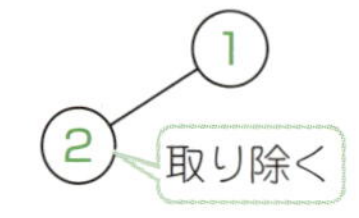

T(1)	T(2)	T(3)	T(4)	T(5)
1	2	3	4	5

⑨整列完了

T(1)	T(2)	T(3)	T(4)	T(5)
1	2	3	4	5

アドバイス［整列や探索の出題内容］

整列法の概要がわかれば午前問題は解けます。ただし，午後問題ではアルゴリズムの穴埋め問題なども出題されているので，アルゴリズムのトレースに慣れておく必要があります。データの探索（4-07参照）についても同様です。

確認問題 1

▶平成27年度秋期　問7　　正解率▶高　　基本

整列アルゴリズムの一つであるクイックソートの記述として，適切なものはどれか。

ア　対象集合から基準となる要素を選び，これよりも大きい要素の集合と小さい要素の集合に分割する。この操作を繰り返すことで，整列を行う。

イ　対象集合から最も小さい要素を順次取り出して，整列を行う。

ウ　対象集合から要素を順次取り出し，それまでに取り出した要素の集合に順序関係を保つよう挿入して，整列を行う。

エ　隣り合う要素を比較し，逆順であれば交換して，整列を行う。

クイックソートは，適当な基準値を選び，それより小さな値のグループと大きな値のグループにデータを分割します。同様にして，グループの中で基準値を選び，それぞれのグループを分割します。この操作を繰り返していく方法です。

ア　クイックソート　　イ　基本選択法
ウ　基本挿入法　　エ　基本交換法

確認問題 2

▶平成13年度春期　問13　　正解率▶中

n個のデータをバブルソートを用いて整列するとき，データ同士の比較回数は幾らか。

ア　n log n　　イ　n (n＋1) ／ 4　　ウ　n (n－1) ／ 2　　エ　n^2

バブルソートは，まずn個の要素に対して (n－1) 回の比較を行います。次に，(n－1) 個の要素に対して (n－2) 回の比較を行い，これを繰り返していきます。全体の比較回数は，(n－1)＋(n－2)＋(n－3)…＋1＝n (n－1) ／ 2となります。

解答

問題1：ア　　問題2：ウ

4 07 データの探索

時々出　必須　超重要

イメージでつかむ

基本情報を勉強しているとき，知らない用語が出てきました。参考書の先頭ページから探したのでは，非常に時間がかかってしまいます。

データの探索にも，先頭から探していくものがあります。

データの探索

探索は，**配列などを使って目的のデータを探し出すこと**です。代表的な探索法に，線形探索法・2分探索法・ハッシュ探索法があります。

線形探索法

線形探索法は，**配列の先頭から順番に目的のデータを探索していく方法**です。

不規則に配列されている多数のデータの中から，目的のデータを探し出すのに適していますが，探索に時間がかかります。これは，ローラー作戦のように，しらみつぶしに探すようなイメージです。

例えば，次の配列Aの中から変数xの値を探し出してみましょう。

x
3

A(1)	A(2)	A(3)	A(4)	A(5)
4	1	3	2	5

4	1	3	2	5	A(1)とxが一致するかを調べます。4≠3
4	1	3	2	5	A(2)とxが一致するかを調べます。1≠3
4	1	3	2	5	A(3)とxが一致するかを調べます。3=3 ⇒　目的のデータがA(3)に存在する

"くれば"で覚える

線形探索法 とくれば **先頭から順番に探索する方法**

配列A(1)からA(N)に格納されたデータの中から，xを線形探索法で探索するアルゴリズムを見ていきましょう。

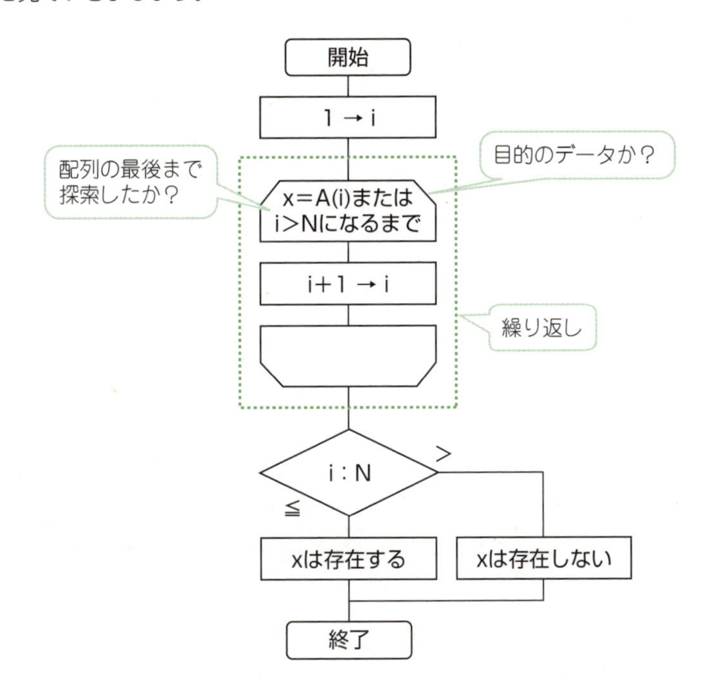

このアルゴリズムでは，1回の繰返しの中で「目的のデータか？」と「配列の最後まで探索したか？」の判定が必要です。

●番兵法

線形探索法を一工夫したものが番兵法です。**番兵法**は，**探索したい目的のデータを配列の最後尾に追加する方法**です。番兵には「見張り番」という意味があります。遊園地などの行列の最後に，「最後尾」という看板を持つ係員がいることがありますが，そのようなイメージです。

例えば，次の配列の最後尾A(6)に，番兵を追加してみます。

x
6

A(1)	A(2)	A(3)	A(4)	A(5)	A(6)
4	1	3	2	5	6

番兵

番兵法で，A(1)，A(2)…と順番に探索して，最後尾に追加した番兵A(6)ではじめて一致した場合は，目的のデータが存在しなかったということです。

番兵法を使って，配列A(1)からA(N)に格納されたデータの中から変数xの値を線形探索法で探索するアルゴリズムをみていきましょう。

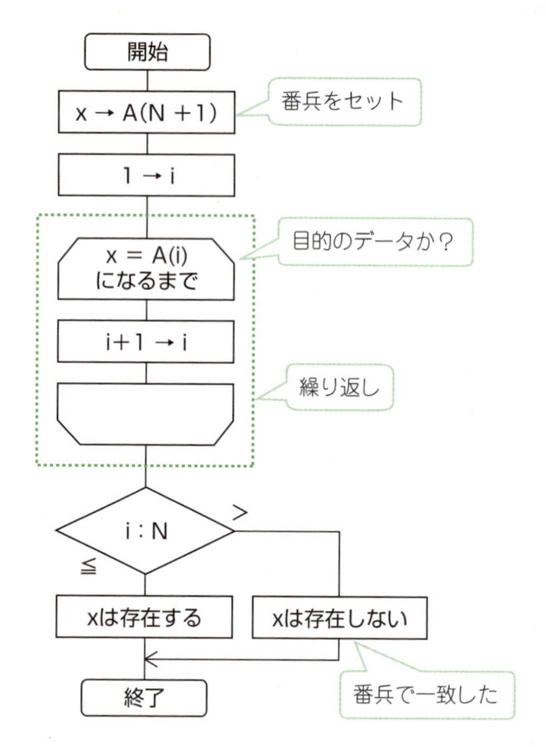

番兵法を使うと，1回の繰返しの中で「目的のデータか？」の判定を行うだけで済み，効率がよくなります。

●線形探索法の探索回数

N個のデータにおいて，線形探索法で探索した場合，探索回数は最小で1回，最大でN回，平均探索回数は(N＋1)／2です。

2分探索法

2分探索法は，目的のデータと配列の中央のデータを比較し，一致しなければその大小関係から，**中央のデータを除いた前半，後半のいずれかに範囲を限定します。次に，約半分になった範囲で同様の操作を行い，一致するか，範囲がなくなるまで繰り返す方法**です。その名のとおり，「二つに分ける」方法です。この探索法では，データはあらかじめ昇順または降順に並んでいることが前提です。

例えば，次の配列の中から目的のデータ7を探し出してみましょう。

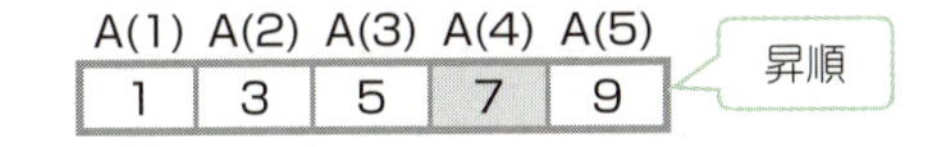

A(1) からA(5) の中央であるA(3) と一致するかを調べます。

5＜7なので，5よりも大きい後半の範囲に存在する可能性があります。次に，A(4) とA(5) の中央であるA(4) と一致するかを調べます。7＝7と一致したため，目的のデータがA(4) に存在しました。

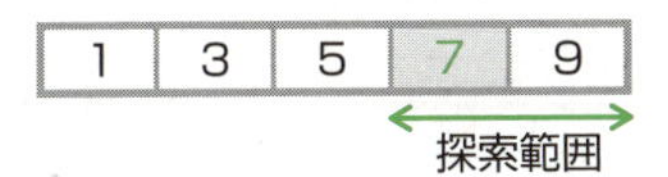

“くれば”で覚える

2分探索法 とくれば **探索範囲を半分に限定しながら探索する方法**

攻略法 …… **これが2分探索法のイメージだ！**

辞書で単語の意味を探す場合に，真ん中あたりを開き，探したい単語がそれより前にあるなら前半を探します。前半の真ん中あたりを開き，前半の真ん中より前にあるならさらに前半を探します。

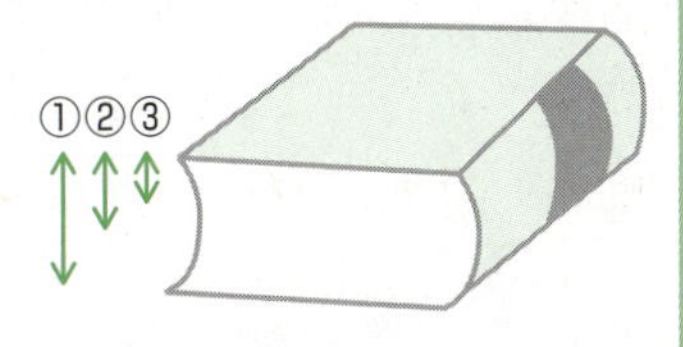

配列A(1) からA(N) に格納されたデータの中から変数xの値を2分探索法で探索するアルゴリズムを見ていきましょう。

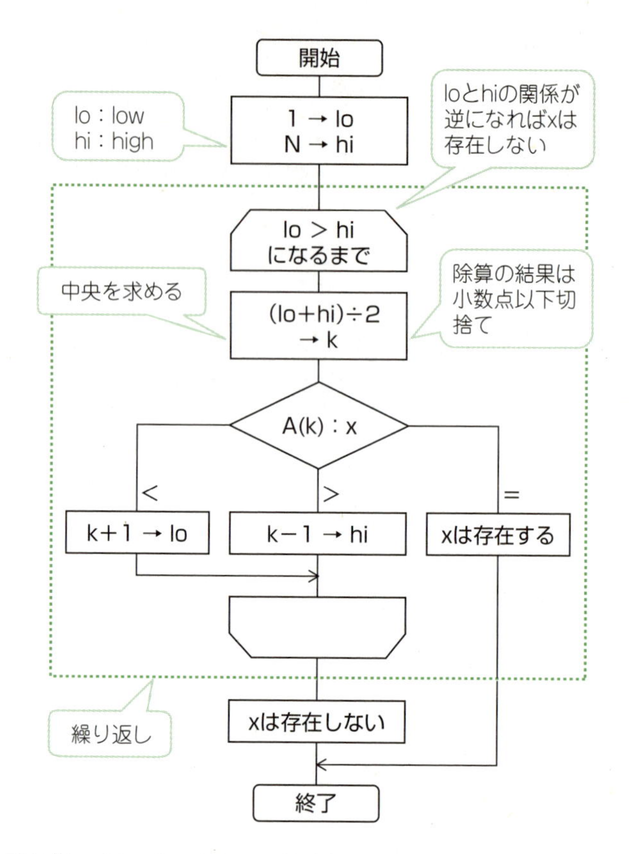

このアルゴリズムでは，次のように，探索範囲を半分に限定しながら探索します。hiとloの探索範囲に，求めるデータが存在する可能性があります。

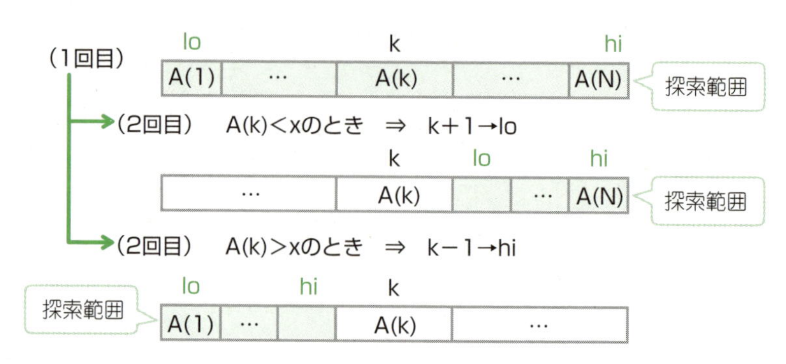

●2分探索法の探索回数

2分探索法では，探索範囲を半分に限定しながら探索します。逆に言うと，データ量が2倍になるごとに探索回数が1回増えていきます。

ここで，N個のデータにおいて，2分探索法で探索した場合，平均比較回数は$\log_2 N$回，最大比較回数は$\log_2 N+1$回です。$\log_2 N$は，略して$\log N$と書くこともあります。

攻略法 …… **これがlog₂のイメージだ！**

2分探索法では，探索範囲を半分に限定していきます。「何回探索すれば目的のデータを探し出せるか」を考えることは，「範囲を何回半分にすればよいか」を考えるのと同じです。

もしデータ数が32個ならば，$2^5=32$なので，平均的に5回半分にすれば，つまり5回探索すれば目的のデータが見つかるはずです。データ数が64個ならば，$2^6=64$なので，平均的に6回探索すれば見つかるはずです。

では，50個ならばどうなるでしょうか。32と64の間なので，平均的には5回と6回の間の数くらいかなと想像がつきます。これは，「50は2の何乗くらいなのか」ということを考えていることになります。

Nは2の何乗くらいなのか，というのが$\log_2 N$の意味です。$\log_2 64=6$となります。$\log_2 50$を計算すると，およそ5.64となります。

ここで，$2^x=N$と$\log_2 N=x$は，見方は違いますが同じ意味です。

2分探索法の平均比較回数と最大比較回数は，次のように覚えておくとよいでしょう。

平均比較回数　　最大比較回数

$$2^k \leqq N < 2^{k+1}$$

ハッシュ探索法

ハッシュ探索法は，**目的のデータの格納先のアドレスを，関数を用いて算出して探索する方法**です。なんだか難しく感じますが，結局はデータの格納先を前もって決めておくということです。格納先のアドレスは，データの値に一定の演算をして求めます。このときに用いる関数がハッシュ関数です。データの探索時も，同じハッシュ関数を用います。

例えば，5桁の数$a_1a_2a_3a_4a_5$を，ハッシュ法を用いて配列に格納します。ここで，ハッシュ関数を$\mathrm{mod}(a_1+a_2+a_3+a_4+a_5,\ 13)$とし，$\mathrm{mod}(a,\ b)$は，aをbで割った余りを表すとします。

54321の格納先のアドレスを求めると，$(5+4+3+2+1)\div 13$の余りから，2です。

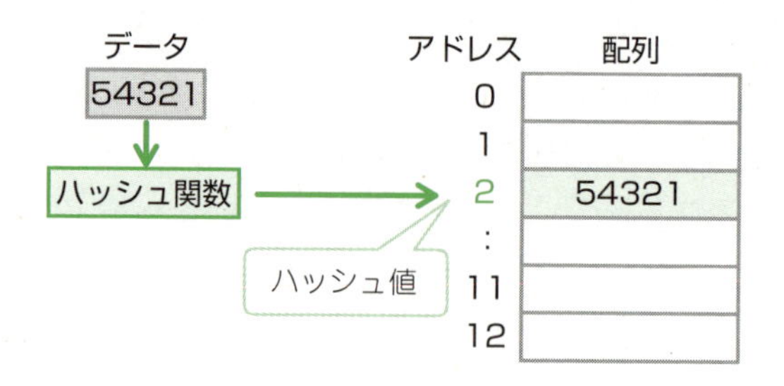

この例で，12345の格納先のアドレスを求めてみましょう。

(1＋2＋3＋4＋5) ÷ 13の余りが2となり，54321の格納先のアドレスと同じ値になってしまいます。

このように，**格納先のアドレスが衝突してしまうこと**を**シノニム**といい，シノニムが発生すると，再度，別の方法で格納先のアドレスを求める必要があります。

●ハッシュ探索法の探索回数

ハッシュ探索法では，ハッシュ値が衝突する確率は無視できるほど小さいとすると，探索回数が1回となります。つまり，一発で探索できるということです。

ここで，ハッシュ値が衝突する確率が最も低くなるのは，ハッシュ値が一様分布で近似されるときです。**一様分布**は，例えばサイコロを振ると，どの目の出る確率も等しく，1/6であるような，**全ての事象が起こる確率が一定である確率分布のこと**です。

アドバイス [5分だけ]

今日はやる気がでないなあ…　というときもあるでしょう。そんなときは，スマホでタイマーをかけて5分だけ，または10分だけ集中して勉強してみるというのはどうでしょうか。読み始めると乗ってくるということもあります。タイマーが鳴っても続けたい気分ならそのまま続ければいいし，どうしてもダメなら，5分勉強した自分をほめつつ，続きは明日にすることにしましょう。

確認問題 1

▸ 平成29年度春期 問7　正解率 ▸ 中　応用

顧客番号をキーとして顧客データを検索する場合，2分探索を使用するのが適しているものはどれか。

ア 顧客番号から求めたハッシュ値が指し示す位置に配置されているデータ構造
イ 顧客番号に関係なく，ランダムに配置されているデータ構造
ウ 顧客番号の昇順に配置されているデータ構造
エ 顧客番号をセルに格納し，セルのアドレス順に配置されているデータ構造

2分探索法は，データが昇順か降順に並んでいるときだけ正しく探索できます。データが整列していることで，大小関係から探索範囲を限定していくことができます。

確認問題 2

▸ 平成31年度春期 問18　正解率 ▸ 中　応用

データ検索時に使用される，理想的なハッシュ法の説明として，適切なものはどれか。

ア キーワード検索のヒット率を高めることを目的に作成した，一種の同義語・類義語リストを用いることによって，検索漏れを防ぐ技術である。
イ 蓄積されている膨大なデータを検索し，経営やマーケティングにとって必要な傾向，相関関係，パターンなどを導き出すための技術や手法である。
ウ データとそれに対する処理を組み合わせたオブジェクトに，認識や判断の機能を加え，利用者の検索要求に対して，その意図を判断する高度な検索技術である。
エ データを特定のアルゴリズムによって変換した値を格納アドレスとして用いる，高速でスケーラビリティの高いデータ検索技術である。

理想的なハッシュ法というのは，ハッシュ値が衝突せず一発で探索できるということです。データを特定のアルゴリズムで変換し，格納先を決定します。

解答

問題1：ウ　問題2：エ

4-08

計算量

時々出　必須　超重要

イメージでつかむ

A地点からB地点に向かうのに，くねくねと曲がっている峠道を通るよりは，トンネルを通過するほうが所要時間は短くなります。アルゴリズムでも，実行時間を考える必要があります。

計算量（オーダ）

計算量（オーダ）は，**データ量の増加に対して，アルゴリズムの実行時間がどれくらい増加するかを割合で表した指標**です。オーダは，もともとは桁数とか累乗のことで，細かい計算を省き，ざっくりどれくらいなのかを考えるときに使います。

オーダを使えば，実際にプログラムを全て完成させなくても，アルゴリズムだけで実行時間の大まかな見積もりができます。

通常は，実行時間が短いほうがよいですが，例えば暗号化の場合は，実行時間が長いアルゴリズムを使うと解読するのに時間がかかることになり，より強固な暗号になります。

なお，処理するデータ量が少ない場合は，オーダで考える意味はありません。オーダで考えるときは，データ量が相当多くなることが前提です。

オーダの求め方

例えば，n個のデータを処理する最大実行時間がCn^2（Cは定数）で抑えられるとき，実行時間のオーダがn^2であるといいます。計算式の中で一番指数が大きい項（最高次数の項）だけを考え，それ以外の定数や係数は無視して考えます。

例えば，実行時間とオーダの関係は，次のようになります。

実行時間	オーダ
C（定数）	1
100n	n
$3n^2+5n+1000$	n^2

一番指数が大きい項だけ考える

●ルール1　最高次数の項以外は除く

例えば，データ量$n=10,000$で，実行時間が$3n^2+5n+1,000$だとします。この式にnを代入すると，$3n^2$の部分は300,000,000になりますが，残りの部分は51,000にしかならならず，データ量（n）が最高次数の項の部分が効いて無視できるということです。

●ルール2　係数は除く

計算量の定義上，定数倍程度の違いは無視します。例えば，n，5n，100nはいずれもnです。

オーダ表記

アルゴリズムの計算量をO（オーダ）で表します。例えば，O（n^2）は，データ量がnのときに，n^2に比例して計算量が増えていくという意味です。

アルゴリズムが順次処理だけで構成されている場合は，nと計算量は無関係であり，O（1）と表します。n回の繰返しが一重ならnに比例しO（n），n回の繰返しが二重なら，オーダを掛け合わせるので，O（n^2）と表します。

フローチャートで考えると次のようになります。

計算量O（1）の場合

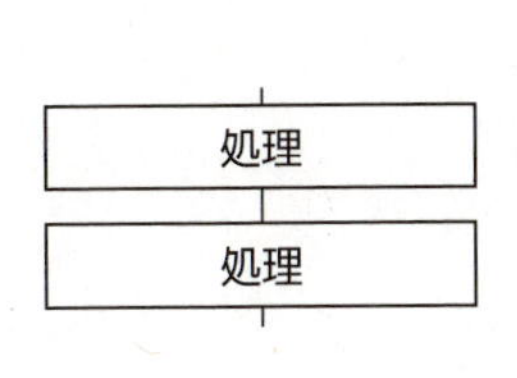

計算量O（n）の場合

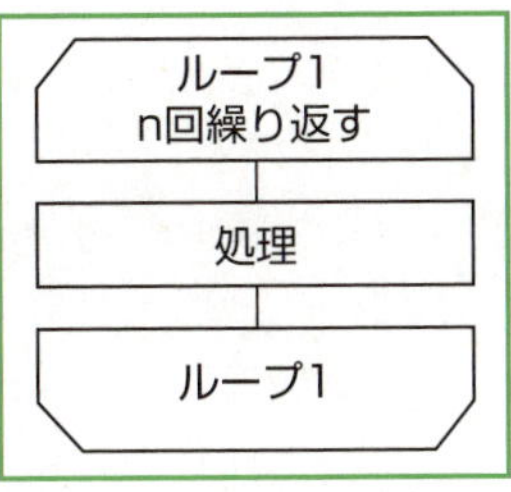

計算量O（n^2）の場合

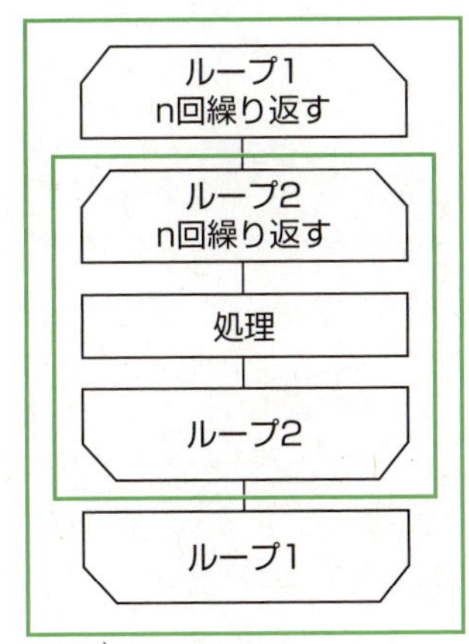

ここで，データ量をnとしたときのオーダ記法と計算量は，次のようにまとめられます。計算量の変化の欄は，nが100の場合と10,000の場合の比較です。

オーダ記法	計算量	計算量の変化（nを100→10,000）	実行時間のイメージ
O (1)	nと無関係に一定	変わらず	相当速い ↑
O ($\log_2 n$)	nの対数に比例	2倍	速い
O (n)	nに比例	100倍	
O (n^2)	nの2乗に比例	10,000倍	遅い ↓

●整列アルゴリズムの計算量

基本交換法・基本選択法・基本挿入法の計算量は，O (n^2) になります。流れ図で見ると，繰り返される部分が二重になっていて，前頁のO (n^2) の図と似ています。

アルゴリズム	オーダ記法
基本交換法 基本選択法 基本挿入法	O (n^2)

●探索アルゴリズムの計算量

線形探索法の計算量は，繰り返される部分が1つなのでO (n) です。

2分探索法では，最大探索回数が$\log_2 n + 1$回であり，探索時間はデータ量に比例します。このため2分探索法の計算量は，O ($\log_2 n$) です。

ハッシュ探索法では，処理を繰り返す必要がなく，1回で探索できます。探索時間はデータ量に関係がないため，ハッシュ探索法の計算量はO (1) です。

アルゴリズム	オーダ記法
線形探索法	O (n)
2分探索法	O ($\log_2 n$)
ハッシュ探索法	O (1)

確認問題 1

▸平成24年度秋期 問3　正解率▸中　応用

探索方法とその実行時間のオーダの正しい組合せはどれか。ここで，探索するデータ数をnとし，ハッシュ値が衝突する（同じ値になる）確率は無視できるほど小さいものとする。また，実行時間のオーダがn^2であるとは，n個のデータを処理する時間がcn^2（cは定数）で抑えられることをいう。

	2分探索	線形探索	ハッシュ探索
ア	$\log_2 n$	n	1
イ	$n\log_2 n$	n	$\log_2 n$
ウ	$n\log_2 n$	n^2	1
エ	n^2	1	n

2分探索	線形探索	ハッシュ探索
$\log_2 n$	n	1

となります。

解答

問題1：ア

4 09 プログラムの属性

時々出　必須　超重要

イメージでつかむ

どこへ行っても物おじしない性格をもつ人がいるように，プログラムにもたくさんの性質があります。

プログラムの属性

プログラムには，次のような属性をもたせることがあります。用語が紛らわしいので，区別して覚えましょう。

再配置可能 （リロケータブル）	**主記憶上のどのアドレスに配置しても，実行できる。** 再配置可能な処理を実現するには，プログラムの先頭アドレスを基底レジスタ（1-04参照）に設定し，プログラムの先頭からの相対アドレスを用いることで，プログラムを変更せずに，主記憶上の任意のアドレスに配置できる
再入可能 （リエントラント）	**同時に複数のタスク（プロセス）が共有して実行しても，正しい結果が得られる。** 再入可能な処理を実現するには，プログラムを手続き部分とデータ部分に分割して，データ部分をタスク（プロセス）ごとにもつ必要がある
再使用可能 （リユーザブル）	**一度実行した後，ロードし直さずに再び実行を繰り返しても，正しい結果が得られる。** 再使用可能な処理を実現するには，プログラム終了後，プログラム中で使用している変数の値を初期値に戻す必要がある
再帰的 （リカーシブ）	**実行中に自分自身を呼び出せる。** 再帰的な処理を実現するには，実行途中の状態を，スタックを用いてLIFO方式で記録し，制御する必要がある

"くれば"で覚える

再配置可能(リロケータブル)	とくれば	**主記憶のどこに配置しても実行可能**
再入可能(リエントラント)	とくれば	**複数のタスクが同時に使用可能**
再使用可能(リユーザブル)	とくれば	**再ロードしなくても使用可能**
再帰的(リカーシブ)	とくれば	**自分自身を呼び出す**

再帰的な関数の例

関数は，プログラミングの際に，一連の処理をまとめて扱えるようにしたものです。再帰的な関数は，ある処理で求めた値に対し，さらに同じ処理を繰り返すようなときに，自分自身を呼び出すことにより，非再帰的な関数よりも簡潔に表現できます。

次の関数は，非負の整数nに対して定義されたものです。F(n)は，Fの関数という意味で，nの値が定まればF(n)が定まります。では，F(5)の値を求めてみましょう。

F (n)：if n ≦ 1 then return 1 else return n × G (n − 1)
G (n)：if n ＝ 0 then return 0 else return n ＋ F (n − 1)

まずは，F (n)のnに5を代入して，F(5)を求めます。

関数F (n)は，「nが1以下なら1を返し，そうでなければn × G (n − 1)を返す」関数です。F (5)の場合，nは1以下ではないので，F (5) ＝ 5 × G (4)です。

次に，G (4)を求めます。関数G (n)は，「nが0なら0を返し，そうでなければn ＋ F (n − 1)を返す」関数です。G (4) ＝ 4 ＋ F (3)です。

これを繰り返していくと，F (1) ＝ 1と求まり，F (1) ＝ 1を代入していくと，…，最後にF (5)が求まります。

これを表したのが，次の図です。

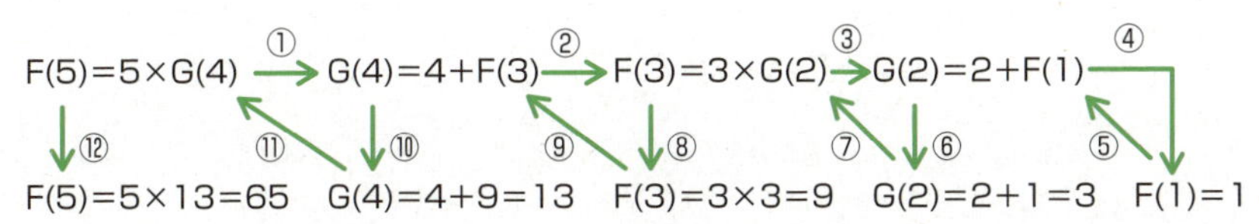

この例のように，再帰的な関数では，「処理を繰り返すときの条件と計算式」と，「処理を終了させるときの条件と値」を必ず明記します。値を求める場合は，まず終了条件に合致するまで処理を繰り返します。終了条件に合致すると具体的な値が定まるので，その値をこれまで求めた式に代入していきます。

確認問題 1　▸平成31年度春期　問8　正解率▸中　基本

複数のプロセスから同時に呼び出されたときに，互いに干渉することなく並行して動作することができるプログラムの性質を表すものはどれか。

ア　リエントラント　　イ　リカーシブ
ウ　リユーザブル　　エ　リロケータブル

要点解説

複数のプロセスが共有して実行しても，並行して動作し，正しい結果が得られるプログラムの性質はリエントラント（再入可能）といいます。

確認問題 2　▸令和元年度秋期　問11　正解率▸中　計算

自然数nに対して，次のとおり再帰的に定義される関数f (n) を考える。f (5) の値はどれか。

f (n)：if n ≦ 1then return 1 else return n + f (n − 1)

ア　6　　イ　9　　ウ　15　　エ　25

要点解説

nが1と同じか小さいなら1を，そうでなければn + f (n − 1) を返す関数です。
まずn = 5を代入し，f (1)に合致するまで計算していきます。
f (5) = 5 + f (5 − 1) = 5 + f (4) …①
f (4) = 4 + f (4 − 1) = 4 + f (3) …②
f (3) = 3 + f (3 − 1) = 3 + f (2) …③
f (2) = 2 + f (2 − 1) = 2 + f (1) …④
f (1) = 1…⑤
⑤を④に代入します。
f (2) = 2 + 1 = 3…⑥
⑥を③に代入します。
f (3) = 3 + 3 = 6…⑦
⑦を②に代入します。
f (4) = 4 + 6 = 10…⑧
⑧を①に代入します。
f (5) = 5 + 10 = 15となります。

確認問題 3

▸平成28年度秋期 問7　　正解率 ▸ 中　　計算

整数x，y (x＞y≧0) に対して，次のように定義された関数F(x，y) がある。F(231，15)の値は幾らか。ここで，x mod yはxをyで，割った余りである。

$$F(x, y) = \begin{cases} x & (y = 0 \text{のとき}) \\ F(y, x \bmod y) & (y > 0 \text{のとき}) \end{cases}$$

ア 2　　イ 3　　ウ 5　　エ 7

要点解説

y＝0になるまで計算し，そこでF (x，y) ＝xと求められます。
F (231，15) の場合，y＝15なので，y＞0のときの式を適用します。F (y，x mod y) にy＝15，x＝231を代入するとF (15，231 mod 15) となります。231 mod 15は，231を15で割った余りであり，231÷15＝15…6なので，F (15，6) と求まります。
F (15，6) の場合も，同様にF (6，15 mod 6) となります。15を6で割った余りは3なので，F (6，3) と求まります。
F (6，3) の場合も，同様にF (3，6 mod 3) となり，6を3で割った余りは0なので，F (3，0) と求まります。
ここで，y＝0となったので，F (3，0) ＝3となります。

解答

問題1：ア　　問題2：ウ　　問題3：イ

4-10 プログラム言語とマークアップ言語

時々出　必須　超重要

イメージでつかむ

日本語しか理解できない人と英語しか理解できない人どうしが会話しようと思えば，通訳の人が必要になります。

プログラム言語を機械語に通訳するときも，通訳するプログラムが必要です。

プログラム言語

プログラム言語には，**コンピュータが理解しやすい機械語または機械語に近い形式で記述した低水準言語**と，**人間が理解しやすい自然言語に近い形式で記述した高水準言語**があります。主なプログラム言語には，次のようなものがあります。

低水準言語

機械語	コンピュータが理解できる唯一の言語。1と0で構成される
アセンブラ言語	機械語を1対1で記号に置き換えた言語

高水準言語

BASIC	初心者向きの会話型言語
COBOL（コボル）	事務処理計算に適した言語
C	システム記述に適した言語
C++	C言語にオブジェクト指向（9-06参照）の概念を取り入れた言語
Java（ジャヴァ）	オブジェクト指向型言語
Python（パイソン）	Webアプリや人工知能などの開発に適したスクリプト言語（プログラムの記述や実行を簡易に行うことができる言語）。インデントの深さでコードのまとまりを示す
JavaScript（ジャバスクリプト）	動的なWebページの作成に適したスクリプト言語。HTML（後述）内に組み込み，Webブラウザ上で実行する。Javaとは別物

もっと詳しく Java

Java VM（**Java仮想マシン**）は，**Javaで開発されたプログラムを実行するインタプリタ**（後述）です。Javaコンパイラ（後述）が生成したバイトコードと呼ばれる中間コードを実行する機能をもち，Java VMを実装した環境があれば，Javaで開発されたプログラムは，異なるハードウェアやOSでも実行することができます。
Javaで作成されたプログラムや技術仕様には，次のようなものがあります。

Javaサーブレット	クライアントの要求に応じてWebサーバ上で動作する
Javaアプリケーション	Java VMを実装していれば，WebサーバやWebブラウザがなくても動作する
JavaBeans	Javaで開発されたプログラムで，よく使われる機能などを部品化し，再利用できるようにするための仕様

言語プロセッサ

言語プロセッサは，**人間が理解できるプログラム言語で記述した原始プログラムを，コンピュータが理解できる機械語に翻訳するためのプログラム**です。原始プログラムは，ソースプログラムやソースコードとも呼ばれます。
次のような言語プロセッサがあります。

アセンブラ	アセンブラ言語で書かれた原始プログラムを，機械語に翻訳する
インタプリタ	高水準言語で書かれた原始プログラムを，1命令ずつ解釈しながら実行する
コンパイラ	高水準言語で書かれた原始プログラムを，目的プログラムに翻訳する

なお，COBOL・C・C++・Javaはコンパイラ方式，BASIC・Pythonはインタプリタ方式の言語です。基本情報技術者の午後問題の言語選択にあるCASL Ⅱは，アセンブラ言語です。

"くれば"で覚える

インタプリタ とくれば **1命令ずつ解釈しながら実行する**

プログラムの実行手順

コンパイラ方式では，高水準言語で原始プログラムを作成した後は，次のような手順でプログラムを実行します。

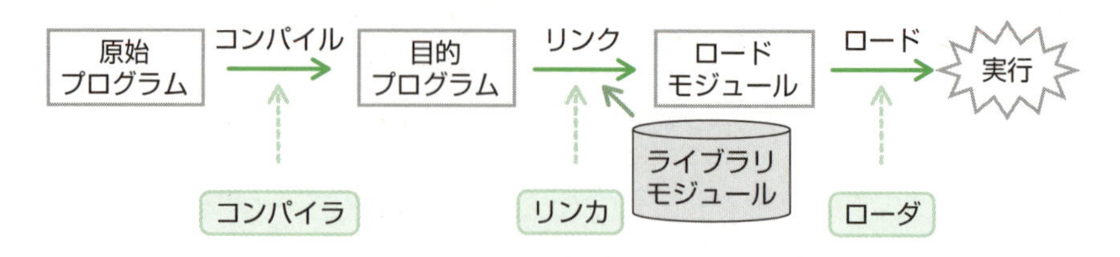

コンパイル

コンパイルは，**コンパイラ**と呼ばれるプログラムを用いて，**原始プログラムから目的プログラム（オブジェクトモジュール）を生成すること**です。

コンパイラは，原始プログラムのプログラムコードを解釈して，次のような手順で，オブジェクトコードを生成します。

字句解析 → 構文解析 → 意味解析 → 最適化 → コード生成

なお，コンパイラによる最適化の主な目的は，実行時の処理効率を高めたオブジェクトコードを生成し，プログラムの実行時間を短縮することです。

攻略法 …… **これがコンパイラのイメージだ！**

英文を和訳することを考えよう。

① 単語単位で考える。（字句解析）
② 文法的な構文を考える。（構文解析）
③ 意味を考える。（意味解析）
④ いい和訳がないかを考える。（最適化）
⑤ 和訳完成。（コード生成）

I	have	an	apple
主語	動詞	冠詞	名詞
私は	もつ	1つの	リンゴ
私はりんごをもっている			

"くれば"で覚える

コンパイラ　とくれば　**原始プログラムから目的プログラムを生成する**

リンク

リンク（連係編集）は，**リンカ**（**リンケージエディタ**）と呼ばれるプログラムを用いて，**複数の目的プログラムなどから，一つのロードモジュール（実行可能プログラム）を生成すること**です。よく使われる処理をまとめ汎用的に使えるようにしたライブラリモジュールなども，ここでリンクされます。

"くれば"で覚える

リンカ　とくれば　**目的プログラムからロードモジュールを生成する**

もっと詳しく　動的リンキング

動的リンキングは，**アプリケーションの実行中，必要となったモジュールを，OSによって連携する方式**です。これに対して，**静的リンキング**は，先のように，**アプリケーションの実行に先立って，あらかじめ複数の目的プログラムをリンクしておく方式**です。

ロード

ロードは，**ローダ**と呼ばれるプログラムを用いて，**実行に先立ってロードモジュールを主記憶に配置すること**です。

"くれば"で覚える

ローダ　とくれば　**ロードモジュールを主記憶にロードする**

その他の言語プロセッサ

プリコンパイラ	高水準言語に付加的に定義された機能と文法に従ってコーディングされたプログラムを，元の高水準言語だけを使用したプログラムに変換する
クロスコンパイラ	あるコンピュータを使って，そのコンピュータとは異なる命令形式をもつコンピュータで実行できる目的プログラムを生成する
ジェネレータ	入力・処理・出力などの必要な条件をパラメタで指定して，処理目的に応じたプログラムを自動的に生成する
トランスレータ	ある処理系用に書かれた原始プログラムを，ほかの処理系用の原始プログラムに変換する
エミュレータ	ほかのコンピュータ用のプログラムを解読し，実行する

開発ツール

プログラミングをより効率的に行うために，次のような開発ツールがあります。

統合開発環境

統合開発環境（**IDE**：Integrated Development Environment）は，エディタやコンパイラ，デバッガなど，**アプリケーション開発のためのソフトウェア・支援ツール類をまとめたもの**です。例えば，OSSとして提供されている**Eclipse**（エクリプス）などがあります。EclipseはJavaをはじめ複数の言語に対応しています。

知っ得情報　継続的インテグレーション支援ツール

コンパイルやリンクを行って実行可能ファイルを作成することを**ビルド**といいます。分担して書いたソースコードを共有の保管場所（リポジトリ）にマージするたびにビルドやテストを繰り返すことを**継続的インテグレーション**といい，バグの早期発見や効率的開発が期待できます。ビルドやテストを自動化するツールに**Jenkins**（ジェンキンス）があり，OSSとして提供されています。

なお，実行可能ファイルを実行環境にインストールし，各種設定をして利用可能にすることを**デプロイ**といいます。Jenkinsには自動デプロイ機能も含まれています。

デバッグツール

デバッグは，**プログラムに潜んでいる誤り**（**バグ**）**を発見し，取り除くこと**です。デバッグを支援するツールには，次のようなものがあります。

トレーサ	プログラムの命令の実行順序，実行結果などを時系列に出力する
スナップショットダンプ	プログラムの特定の命令を実行するごとに，指定されたメモリの内容を出力する
メモリダンプ	プログラムの異常終了時に，主記憶やレジスタの内容を出力する
静的解析ツール	プログラムを実行せずに，文法の誤りやルール違反，モジュールインタフェースなどを解析するツール

形式言語

人が話す言語を自然言語といい，文法はある程度決まっていますが例外も多くなっています。これに対して，**特定の目的のために人為的に作られた言語**を**形式言語**といい，文法が明確に定められています。

BNF記法

BNF記法は，**プログラム言語の構文を定義する再帰的な記法**です。Backus-Naur Formの略で，その名は考案した人の名前が由来です。

この記法では，<S>::=○は，「Sは○と定義する」という意味を，｜は，「または」という意味を表します。

例えば，<S>::=01｜0<S>1は，「Sは01と定義する」，または「Sは0<S>1と定義する」という意味です。

ここから，Sは01と定義したので，0<S>1に代入すると，0011も定義したことになります。さらに，Sは0011と定義したので，0<S>1に代入すると，000111も定義したことになります。XML（後述）の構文の定義にも使用されています。

正規表現

正規表現は，**文字列の集合の規則を表す記法**で，検索置換などでよく使われます。

.で任意の1文字を，[-]でカッコ内のいずれかに該当する文字を表します。*は直前の文字の0回以上の繰返しを，+は直前の文字の1回以上の繰返しを表します。|で「または」を表現することもできます。

例えば，[A - Z]+ [0 - 9]*という記述で，「英大文字が1文字以上，その後に数字が0文字以上の文字列」を表します。「GINGA」や「KYOTO794」は該当しますが，「2525A」は該当しません。

マークアップ言語

マークアップ言語は，**テキスト形式の文章にタグと呼ばれる特別な文字を使って，文章の構造や文字の修飾を記述する言語**です。マークアップとはマークをつけるという意味です。次のようなものがあります。

SGML

SGML（Standard Generalized Markup Language）は，**電子的な文書の管理や交換を容易に行うためのマークアップ言語**です。ISOの国際規格に制定されており，次のHTMLやXMLのもとになっています。

HTML

HTML（Hyper Text Markup Language）は，**Webページを作成するためのマークアップ言語**です。画像や音声，動画などを含むWebページを作成できます。HTMLで文章の構造を記述し，文字の大きさ・文字の色・行間などの視覚表現は**CSS**（Cascading Style Sheets）を使って指定することで，複数のWebページのデザインを統一したり，保守性を高めたりすることができます。

XML

XML(eXtensible Markup Language)は，**ネットワークを介した情報システム間のデータ交換を容易にするためのマークアップ言語**です。文章の構造を文字型定義(**DTD**：Document Type Definition)として記述することで，利用者独自のタグを定義できます。ネットワーク上で文書やデータを交換したり，配布したりするときの汎用的なデータ形式として，さまざまな分野で応用されています。例えば，MS Wordのファイルも XML を圧縮したものです。

"くれば"で覚える

HTML とくれば **Webページを作成するためのマークアップ言語**
XML とくれば **利用者独自のタグを定義できるマークアップ言語**

知っ得情報 Ajax

Ajax(エイジャックス)(Asynchronous JavaScript + XML)は，**XMLとJavaScriptがもつ非同期のHTTP通信機能を使い，動的に画面を再描画する仕組み**です。画面遷移しない(画面の一部だけ更新する)ため，読み込み時にかかる時間を短縮することができます。例えば，地図の高速なスクロールや，キーボード入力に合わせた検索候補の逐次表示などに使われています。

確認問題 1 ▸平成30年度春期　問19　　正解率▸中

ソフトウェアの統合開発環境として提供されているOSSはどれか。

ア　Apache Tomcat　　イ　Eclipse
ウ　GCC　　エ　Linux

要点解説 統合開発環境として提供されているOSSは，Eclipseです。

確認問題 2

▶平成30年度秋期 問20　正解率▶中　基本

リンカの機能として，適切なものはどれか。

ア　作成したプログラムをライブラリに登録する。
イ　実行に先立ってロードモジュールを主記憶にロードする。
ウ　相互参照の解決などを行い，複数の目的モジュールなどから一つのロードモジュールを生成する。
エ　プログラムの実行を監視し，ステップごとに実行結果を記録する。

要点解説　リンカは，複数のオブジェクトプログラム（目的モジュール）などを組み合わせ，一つの実行可能なプログラム（ロードモジュール）を作成します。

確認問題 3

▶令和元年度秋期 問7　正解率▶高　応用

次のBNFで定義される＜変数名＞に合致するものはどれか。

＜数字＞::=0 | 1 | 2 | 3 | 4 | 5 | 6 | 7 | 8 | 9
＜英字＞::=A | B | C | D | E | F
＜英数字＞::=＜英字＞ | ＜数字＞ | _
＜変数名＞::=＜英字＞ | ＜変数名＞＜英数字＞

ア　_B39　　イ　246　　ウ　3E5　　エ　F5_1

数字は，0，1，2，…，9のいずれかと定義します。英字は，A，B，C，…，Fのいずれかと定義します。英数字は，＜英字＞，＜数字＞，_のいずれかと定義します。変数名は，＜英字＞と定義します。または，変数名は，＜変数名＞＜英数字＞と定義します。
ここで，変数名は＜英字＞と定義したので，＜変数名＞＜英数字＞に代入すると，＜英字＞＜英数字＞も定義したことになります。
さらに，変数名は＜英字＞＜英数字＞と定義したので，＜変数名＞＜英数字＞に代入すると，＜英字＞＜英数字＞＜英数字＞も定義したことになります。
以降も同じです。
よって，英字で始まる＜英字＞＜英数字＞＜英数字＞＜英数字＞のF5_1となります。

F　5　_　1
＜英字＞＜英数字＞＜英数字＞＜英数字＞
＜変数名＞＜英数字＞
＜変数名＞＜英数字＞
＜変数名＞＜英数字＞

確認問題 4

▸平成28年度春期　問24　　正解率▸高　　基本

HTML文書の文字の大きさ，文字の色，行間などの視覚表現の情報を扱う標準仕様はどれか。

ア　CMS　　イ　CSS　　ウ　RSS　　エ　Wiki

要点解説

ア　CMS（Content Management System）は，画像やテキストデータなどWebサイトのコンテンツを管理するシステムです。
ウ　RSSは，Webサイトの要約や更新情報を送信するための規格です。
エ　Wikiは，多数の人の書き込み，編集によりWebサイトを作成するためのCMSです。Wikipediaはこの仕組みを使った百科事典です。

確認問題 5

▸平成30年度春期　問8　　正解率▸高　　基本

XML文書のDTDに記述するものはどれか。

ア　使用する文字コード　　イ　データ
ウ　バージョン情報　　エ　文書型の定義

要点解説

DTDはDocument Type Definitionの略で，文書構造を定義するためのものです。XML文書中に書くか，別途外部ファイルとして用意します。

確認問題 6

▸オリジナル　　正解率▸中　　基本

Pythonの特徴として適切なものはどれか。

ア　インデントの深さでコードブロックの範囲を表現する。
イ　業務システムに最適であり，機械学習には向かない。
ウ　コンパイラ方式の言語である。
エ　バイトコードと呼ばれる中間コードで実行する。

要点解説

イ　機械学習に向いています。
ウ　インタプリタ方式の言語です。
エ　Javaの特徴です。

解答

問題1：イ　　問題2：ウ　　問題3：エ　　問題4：イ　　問題5：エ
問題6：ア

第5章

システム構成要素

5-01 システム構成

時々出　必須　超重要

イメージでつかむ

1本だけの丸木橋は折れたら落ちてしまいますが，2，3本あれば落ちにくくなります。

コンピュータも，2系統のシステムを構成して信頼性を高めています。

システム構成

企業などにとって，**業務を遂行する上で不可欠なシステムや，停止すると社会に深刻なダメージを及ぼすシステム**のことを**ミッションクリティカル**なシステムといいます。例えば，発電所の制御システム・銀行の基幹システム・航空会社の予約システムなどのように，世の中にはたくさん存在します。

そこで，冗長構成にしたり，負荷分散したりするなど，目的に合ったシステム構成を考える必要があります。

デュプレックスシステム

デュプレックスシステムは，**現用系と待機系の2系統のシステムで構成され，現用系に障害が生じたときには，待機系に切り替えて処理を続行する形態**です。

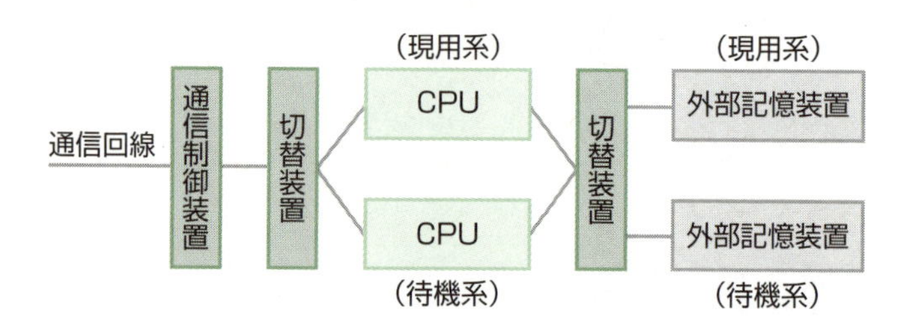

"くれば"で覚える

デュプレックスシステム とくれば **現用系と待機系の２系統のシステム。障害発生時には，現用系から待機系に切替え**

デュプレックスシステムは，待機の状態により二つに大別できます。

ホットスタンバイ

ホットスタンバイは，待機系は現用系と同一の業務システムを最初から起動しておき，**現用系に障害が発生したときには，待機系に自動で速やかに切り替えて処理を続行する形態**です。Hot Standbyには，「温かい状態で待機」という意味があります。

コールドスタンバイ

コールドスタンバイは，待機系は通常はバッチ処理（後述）などの他の処理を行っていて，**現用系に障害が発生したときにはその処理を中断し，業務システムを起動して処理を続行する形態**です。Cold Standbyには，「冷たい状態で待機」という意味があります。

"くれば"で覚える

ホットスタンバイ とくれば **待機系も同一の業務を行う。速やかに切替え**
コールドスタンバイ とくれば **待機系は他の業務を行う。同一の業務を起動して切替え**

もっと詳しく システムの処理形態

* **バッチ処理**は，**データを一定期間または一定量を貯めてから，まとめて処理をする形態**です。「一括処理」と訳されます。例えば，給与計算やマークシート方式の採点などが該当します。
* **オンラインリアルタイム処理**は，**データの発生と同時に処理をする形態**です。「即時処理」と訳されます。例えば，座席予約システムや銀行のATMなどが該当します。

知っ得情報 バックアップサイト

災害などの発生に備えて，システムを遠隔地に準備しておくことがあります。これも待機状態で，次のようなものがあります。

ホットサイトは，バックアップサイトには**現用系と同じ構成で稼動させておき，データやプログラムもネットワークを介して常に更新を行うもの**です。災害発生時には，業務を中断せずに続行します。

ウォームサイトは，バックアップサイトには**ハードウェアを準備して，データやプログラムは定期的に搬入しておくもの**です。障害発生時には，その搬入物でシステムを復元して業務を再開します。

コールドサイトは，**バックアップサイトのみ確保しておくもの**です。障害発生時にはハードウェアやデータ，プログラムを搬入し，システムを復元して業務を再開します。

知っ得情報 緊急事態の行動計画

BCP (Business Continuity Plan) は，**災害やシステム障害などの緊急事態に備えて，事前に決めておく行動計画**です。「事業継続計画」と訳されます。事業が中断する原因やリスクを想定し，未然に回避したり，速やかに回復したりできるように方針や行動手順を決めておきます。事業が中断した場合，中断から復旧するまでの時間は**RTO** (Recovery Time Objective) と呼ばれています。

また，**BCPを策定し，PDCAサイクル (Plan-Do-Check-Action) で継続的に維持・向上を図るマネジメント活動**を**BCM** (Business Continuity Management) といい，「事業計画管理」と訳されます。

デュアルシステム

デュアルシステムは，**一つの処理を2系統のシステムで独立に行い，結果を照合 (クロスチェック) する形態**です。どちらかのシステムに障害が発生したときには，縮退運転 (5-03参照) によって処理を続行します。

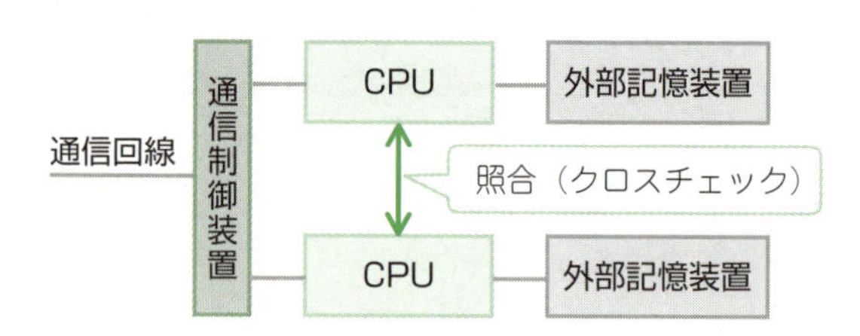

"くれば"で覚える

デュアルシステム とくれば **一つの処理を2系統で行い，照合するシステム。障害発生時には，片方のシステムで縮退運転**

クラスタシステム

クラスタシステムは，**複数のサーバ**(5-02参照)**をあたかも一台のサーバのように見せかける技術**です。Clusterには，「ぶどうの房」という意味があり，サーバ一つ一つがぶどうの房のようにぶら下がっているようなイメージです。クラスタシステムは，目的によって，次のようなシステム構成があります。

HAクラスタ(High Availability Cluster)

HAクラスタは，可用性を高めることで，高信頼化を目的とするシステム構成です。次の負荷分散型クラスタとフェールオーバ型クラスタに大別されます。

負荷分散型クラスタ	同じ機能の複数のサーバを並列で稼働させる。**利用者からのリクエストに対する処理を，各サーバに振り分けて負荷分散する**
フェールオーバ型クラスタ	**同じ機能の複数のサーバを現用系と予備系の二系統に分けて運用する。**現用系の異常時に自動的に予備系に切り替える

HPCクラスタ(High Performance Computing Cluster)

HPCクラスタは，高性能化を目的とするシステム構成です。複数のサーバの演算処理を連携させて高い演算能力を引き出すことができます。

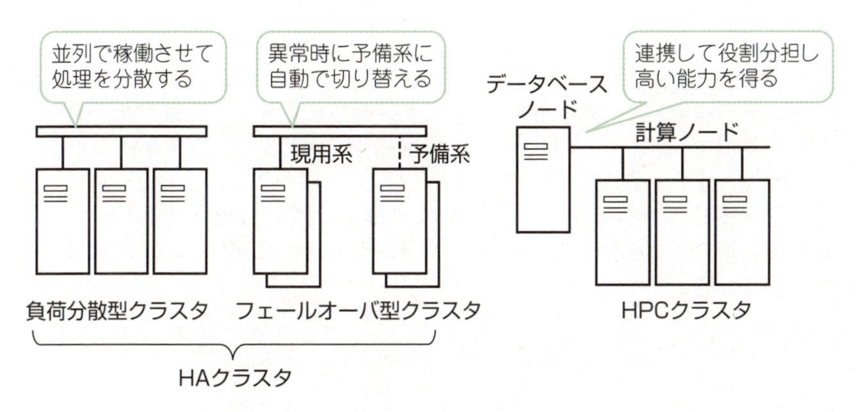

データベースのディスクの共有

データベースをクラスタで分散させる場合，データの整合性をとる必要があります。

負荷分散型クラスタでは，サーバそれぞれにデータを持ち，レプリケーション（迅速な複製）で整合性をとります。

フェールオーバ型クラスタでは，現用系のサーバと予備系のサーバが一つのディスクを共有する**共有ディスク方式**と，現用系のサーバのディスクに書き込まれたデータを予備系のサーバに同時にミラーリングして同期する**ミラーディスク方式**があります。

グリッドコンピューティング

グリッドコンピューティングは，**ネットワークを介して複数のコンピュータを連携させることによって，仮想的に1台の巨大で高性能なコンピュータを作る技術**です。処理能力に余裕のある数百台ものコンピュータを連携して並列処理させることで，スーパコンピュータ並みのシステムを作り出すことができます。

確認問題 1 ▸平成29年度秋期 問13 正解率▸中 **基本**

デュアルシステムの説明として，最も適切なものはどれか。

ア 同じ処理を行うシステムを二重に用意し，処理結果を照合することで処理の正しさを確認する。どちらかのシステムに障害が発生した場合は，縮退運転によって処理を継続する。

イ オンライン処理を行う現用系と，バッチ処理などを行いながら待機させる待機系システムを用意し，現用系に障害が発生した場合は待機系に切り替え，オンライン処理を続行する。

ウ 待機系に現用系のオンライン処理プログラムをロードして待機させておき，現用系に障害が発生した場合は，即時に待機系に切り替えて処理を続行する。

エ プロセッサ，メモリ，チャネル，電源系などを二重に用意しておき，それぞれの装置で片方に障害が発生した場合でも，処理を継続する。

要点解説

ア デュアルシステム　イ デュプレックスシステム

ウ ホットスタンバイシステム　エ フォールトトレラントシステム

(5-03参照)

確認問題　2

▸平成30年度春期　問14　　正解率 ▸ 高

コンピュータを2台用意しておき，現用系が故障したときは，現用系と同一のオンライン処理プログラムをあらかじめ起動して待機している待機系のコンピュータに速やかに切り替えて，処理を続行するシステムはどれか。

ア　コールドスタンバイシステム　　イ　ホットスタンバイシステム
ウ　マルチプロセッサシステム　　エ　マルチユーザシステム

故障時に速やかに待機系に切り替えるのは，ホットスタンバイシステムです。データも常に同期がとられており，速やかに待機系に切り替えられます。

確認問題　3

▸平成28年度秋期　問14　　正解率 ▸ 中　　応用

ロードバランサを使用した負荷分散クラスタ構成と比較した場合の，ホットスタンバイ形式によるHA (High Availability) クラスタ構成の特徴はどれか。

ア　稼働している複数のサーバ間で処理の整合性を取らなければならないので，データベースを共有する必要がある。
イ　障害が発生すると稼働中の他のサーバに処理を分散させるので，稼働中のサーバの負荷が高くなり，スループットが低下する。
ウ　処理を均等にサーバに分散できるので，サーバマシンが有効に活用でき，将来の処理量の増大に対して拡張性が確保できる。
エ　待機系サーバとして同一仕様のサーバが必要になるが，障害発生時には待機系サーバに処理を引き継ぐので，障害が発生してもスループットを維持することができる。

負荷分散クラスタ構成は，多数のリクエストに対する処理を複数サーバに分散させて各サーバの負荷を減らすことが目的です。ホットスタンバイ形式によるHAクラスタ構成は，障害時のサービスの継続を目的とするものです。

ア・イ・ウ：負荷分散クラスタ構成の特徴です。
エ：ホットスタンバイ形式によるHAクラスタ構成の特徴です。

解答

問題1：ア　　問題2：イ　　問題3：エ

5-02 クライアントサーバシステム

時々出　必須　超重要

仕事をする場合，一人でやる，あるいは複数人で分担してやる場合があります。
コンピュータの世界にも，一台で集中的に，あるいは複数台で分散して処理する方法があります。

集中処理と分散処理

一昔前は，1台の高性能なホストコンピュータにデータや処理を集中させる**集中処理**が主流でしたが，コンピュータが小型化・高性能化・低価格化して，**多くのコンピュータをネットワークで接続し，データや処理を分散させる分散処理**が登場し，現在も多くのシステムで採用されています。

次のクライアントサーバシステムや，クラスタシステム・グリッドコンピューティング（5-01参照）なども分散処理です。

クライアントサーバシステム

クライアントサーバシステムは，**クライアントとサーバでデータや処理（機能）を分散させる分散処理**です。機能をサービスという概念で分散し，サービスを要求する**クライアント**とサービスを提供する**サーバ**で構成します。

クライアントサーバシステムでは，一つのサーバに複数の機能をもたせることも，一つの機能を複数のサーバに分散させることも可能です。さらに，サーバは必要に応じて，処理の一部を別のサーバに要求するクライアント機能をもつこともできます。

なお，サーバが提供するサービスによって，Webサーバやメールサーバ，ファイルサーバ，データベースサーバなど，さまざまなサーバの種類があります。

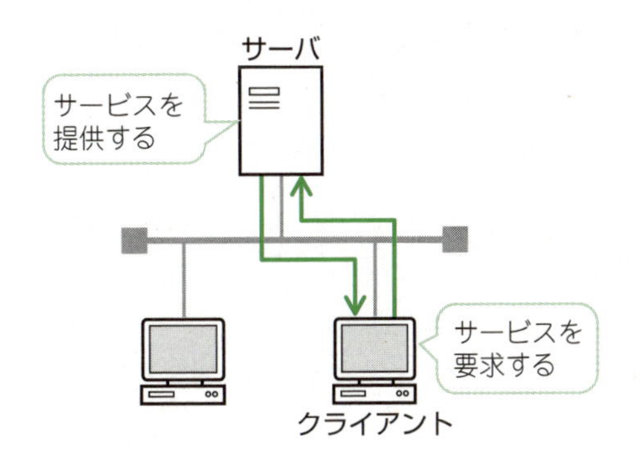

"くれば"で覚える

クライアントサーバシステム とくれば **サービスを要求するクライアントとサービスを提供するサーバの分散処理**

3層クライアントサーバシステム

データベースシステムを構築する場合，一昔前までは，クライアントから直接データベースに接続する2層構造でしたが，クライアントが行っていた「データの加工」部分をサーバに切り出し，クライアントでは，Webブラウザに「入力と結果表示」のみを担当させる3層クライアントサーバシステムが登場しました。

3層クライアントサーバシステムは，**論理的にプレゼンテーション層・ファンクション層・データベース層の3層構造に分離したアーキテクチャ**です。3層にすることで，階層ごとに並行して開発でき，クライアントごとにアプリケーションを配布する必要もなくなり，クライアントの管理も楽になりました。

次のWebサイトの例は，プレゼンテーション層以外のファンクション層・データベース層をそれぞれ1台のサーバを使用して実装した場合のシステム構成です。

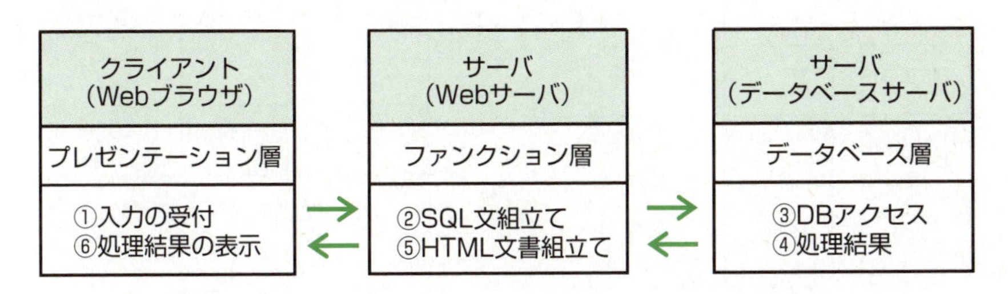

さらに最近では，大規模なWebサイトを構築する場合には，Webサーバに加えてアプリケーションサーバ(APサーバ)を用いることがあります。WebサーバとAPサーバを異なる物理サーバに配置する場合のメリットは，クライアントからのリクエストの

種類に応じて処理を分散できることです。例えば，会社情報などの負荷が軽い静的なコンテンツへのリクエストはWebサーバで処理し，商品の絞り込みなどの負荷が重い動的コンテンツへのリクエストはAPサーバで処理するようにします。

"くれば"で覚える

3層クライアントサーバシステム とくれば
論理的にプレゼンテーション層・ファンクション層・データベース層に分離する

ストアドプロシージャ

クライアントサーバシステムにおいて，データベースにアクセスするときに，クライアントとサーバ間のSQL文（6-06参照）の通信負荷が問題となります。その解決策として考え出されたのが，**ストアドプロシージャ**で，**利用頻度の高い命令群をあらかじめサーバ上に用意しておくこと**で，ネットワーク負荷を軽減できます。

サーバの仮想化

サーバ仮想化は，**1台の物理サーバ上で複数の仮想的なサーバを動作させたり，複数の物理的なマシンを一つのサーバとして扱ったりするための技術**です。物理サーバに仮想化ソフトウェアを用いて，仮想サーバを動作させる環境を作り出します。それぞれで独立したOSとアプリを実行させ，あたかも複数のサーバが同時に稼働しているかのように使用することができます。

また，物理サーバの台数を減らして統合することで，設置スペースやハードウェアのコストを削減することができます。

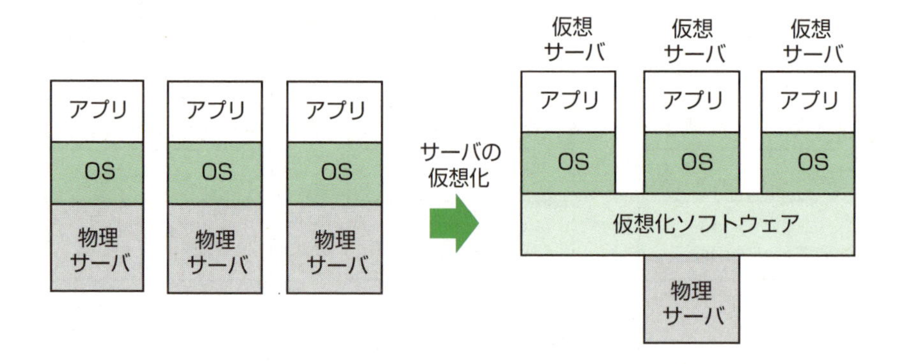

仮想化の形態

サーバの仮想化の形態には次のようなものがあります。

ホスト型	ホストOS上で仮想化ソフトウェアを動作させ，その上で別のゲストOSを動かす
ハイパバイザ型	ハードウェア上でハイパバイザという仮想化ソフトウェアを動作させ，その上で複数のゲストOSを動かす。クラウドサービスで採用されており，自由度は高いが別のマシンに移行しにくい
コンテナ型	OS上にコンテナエンジンという管理ソフトウェアを動作させ，その上でコンテナと呼ばれる実行環境を動作させる。OSは共通のため自由度は低いが，移行性は高い

もっと詳しく ライブマイグレーション

ライブマイグレーションは，サーバの仮想化技術において，**ある物理サーバで稼働している仮想サーバを停止することなく別の物理サーバに移動させる技術**です。移動前の状態から引き続き，サーバの処理を継続させることができます。

知っ得情報 システムの処理能力向上

システムの処理能力を向上させるには，次のような手法があります。

スケールアップは，**個々のサーバのCPUやメモリなどを増強すること**で，システムの性能を向上させる手法です。サーバそのものを増強します。

スケールアウトは，**サーバの台数を増やすこと**で，システムの処理能力を向上させる手法です。複数のサーバで分散処理を行っているようなシステムでは，スケールアウトが適しています。

サーバを仮想化することで，スケールアップやスケールアウトが容易になるメリットがあります。

シンクライアントシステム

クライアントサーバシステムの一種で，**サーバ上でアプリケーションやデータを集中管理することで，クライアント端末には必要最低限の機能しかもたせないシステム**を**シンクライアントシステム**といいます。Thinには，「薄い」という意味があります。クライアント端末には，入出力のGUI処理だけを担当させるため，端末内にデータが残らず，テレワークが普及する中で情報漏えい対策として注目されています。シンクライアントシステムを実装するため仕組みの一つに，次のVDIがあります。

VDI

VDI (Virtual Desktop Infrastructure) は，**クライアント端末のデスクトップ環境を仮想化されたサーバ上に集約して，サーバ上で稼働させる仕組み**です。「仮想デスクトップ基盤」と訳されます。利用者は，クライアント端末からネットワーク経由でサーバ上の仮想マシンに接続し，デスクトップ画面を呼び出して操作します。VDIでは，通常クライアント側で行う処理をサーバ上で行い，利用者のクライアント端末には，サーバ上で実行されているデスクトップ環境の画面だけが転送（画面転送）されてきます。

知っ得情報 NAS

NAS（ナス）(Network Attached Storage) は，**ネットワーク (LAN) に直接接続する磁気ディスク**です。ファイルサーバ専用機で，異なるOS間でファイル単位に共有することができます。

確認問題 1 ▸ 平成30年度秋期　問13　正解率 ▸ 中　応用

Webシステムにおいて，Webサーバとアプリケーション (AP) サーバを異なる物理サーバに配置する場合のメリットとして，適切なものはどれか。

ア　Webサーバにクライアントの実行環境が実装されているので，リクエストのたびにクライアントとAPサーバの間で画面データをやり取りする必要がなく，データ通信量が少なくて済む。

イ　Webブラウザの文字コード体系とAPサーバの文字コード体系の違いをWebサーバが吸収するので，文字化けが発生しない。

ウ　データへのアクセスを伴う業務ロジックは，Webサーバのプログラムに配置されているので，業務ロジックの変更に伴って，APサーバのプログラムを変更する必要がない。

エ　負荷が軽い静的コンテンツへのリクエストはWebサーバで処理し，負荷が重い動的コンテンツへのリクエストはAPサーバで処理するように，クライアントからのリクエストの種類に応じて処理を分担できる。

要点解説　Webサーバとアプリケーション (AP) サーバを異なる物理サーバに配置する目的は，負荷分散です。Webサーバはクライアントとのhttp (7-02参照) 通信や，画像やCSS (4-10参照) などの静的コンテンツの管理を行い，APサーバは動的コンテンツを処理し，必要があればDBサーバにリクエストを送ります。なお，静的コンテンツは誰が見ても同じ内容であり，動的コンテンツは，見る人により内容が変わります。

確認問題 2

▸平成30年度春期　問15　正解率▸低　基本

システムのスケールアウトに関する記述として，適切なものはどれか。

ア　既存のシステムにサーバを追加導入することによって，システム全体の処理能力を向上させる。

イ　既存のシステムのサーバの一部又は全部を，クラウドサービスなどに再配置することによって，システム運用コストを下げる。

ウ　既存のシステムのサーバを，より高性能なものと入れ替えることによって，個々のサーバの処理能力を向上させる。

エ　一つのサーバをあたかも複数のサーバであるかのように見せることによって，システム運用コストを下げる。

要点解説　システムのスケールアウトは，システムに割り当てるサーバの台数を増やして，システム全体の処理能力をあげます。
イ　クラウド化　　ウ　スケールアップ　　エ　仮想化

確認問題 3

▸応用情報　令和元年度秋期　問41　正解率▸中　応用

内部ネットワークのPCからインターネット上のWebサイトを参照するときに，DMZに設置したVDI (Virtual Desktop Infrastructure) サーバ上のWebブラウザを利用すると，未知のマルウェアがPCにダウンロードされるのを防ぐというセキュリティ上の効果が期待できる。この効果を生み出すVDIサーバの動作の特徴はどれか。

ア　Webサイトからの受信データのうち，実行ファイルを削除し，その他のデータをPCに送信する。

イ　Webサイトからの受信データは，IPsecでカプセル化し，PCに送信する。

ウ　Webサイトからの受信データは，受信処理ののち生成したデスクトップ画面の画像データだけをPCに送信する。

エ　Webサイトからの受信データは，不正なコード列が検知されない場合だけPCに送信する。

要点解説　DMZは，インターネット及び企業内部ネットワークの両方から隔離された区域です (8-05参照)。VDIサーバは，サーバ上にある仮想マシンで処理を行い，その画面だけをクライアントのPCに送信するため，未知のマルウェアを防げます。

解答

問題1：エ　　問題2：ア　　問題3：ウ

5 03 RAIDと信頼性設計

時々出　必須　超重要

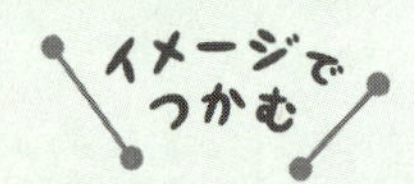

スポーツの世界で，故障に強い選手がいたり，故障しても交代する選手がいたりするチームは強いです。
　コンピュータシステムも同じことがいえます。

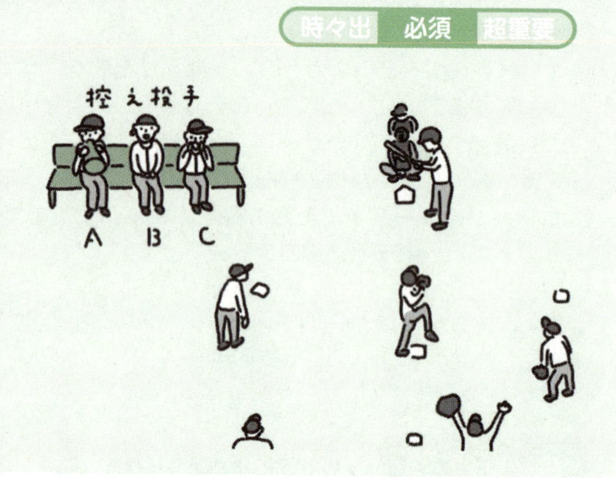

RAID（レイド）

RAID (Redundant Arrays of Inexpensive Disks) は，**複数の磁気ディスクを組み合わせ，1台の仮想的な磁気ディスクとして扱うことで，アクセスの高速化や高信頼性を実現する技術**です。データや冗長ビットの記録方法と記憶位置の組合せに基づいて，次のような種類がよく出題されます。なお，表中の**パリティ**とは，磁気ディスクが故障したときに，データを修復するための情報です。

RAID0	**データをブロック単位に複数の磁気ディスクに分散して書き込む**（**ストライピング**）。アクセスを並列的に行うことで高速化が図れる
RAID1	**磁気ディスク2台に同じデータを書き込む**（**ミラーリング**）。信頼性が高いが，使用効率が低い
RAID3	**データをビット/バイト単位に複数の磁気ディスクに分散して書き込む。**さらに，**1台の磁気ディスクにパリティを書き込む。**1台が故障しても，残ったデータとパリティからデータを復旧できる
RAID5	**データをブロック単位に複数の磁気ディスクに分散して書き込む。**さらに，**複数の磁気ディスクにパリティを分散して書き込む。**1台が故障しても，残ったデータとパリティからデータを復旧できる

　例えば，磁気ディスク4台でRAID5を構成した場合を見ていきましょう。ディスクDの「パリティ1」には，ディスクAの「データ1」，ディスクBの「データ2」，ディスクCの「データ3」のブロックのパリティが書き込まれています。

ディスクCが故障して「データ3」を復旧させるには，ディスクDの「パリティ1」，ディスクAの「データ1」，ディスクBの「データ2」の情報を使います。

ディスクA	ディスクB	ディスクC	ディスクD
データ1	データ2	データ3	パリティ1
データ4	データ5	パリティ2	データ6
データ7	パリティ3	データ8	データ9
パリティ4	データ10	データ11	データ12

"くれば"で覚える

RAID0 とくれば **複数の磁気ディスクにデータを分散して書き込む（ストライピング）**
RAID1 とくれば **磁気ディスク2台に同じデータを書き込む（ミラーリング）**
RAID3 とくれば **データをストライピング，パリティは1台に固定**
RAID5 とくれば **データ・パリティともストライピング**

信頼性設計

システムの信頼性を向上させる設計手法には，次のようなものがあります。

フォールトアボイダンス

フォールトアボイダンス（Fault Avoidance）は，**構成要素の信頼性を高め，故障そのものを回避する設計**です。Avoidanceには，「回避」という意味があります。構成部品の品質を高めたり，定期保守を組み入れたりします。

フォールトトレランス

フォールトトレランス（Fault Tolerance）は，**構成要素を冗長化して，故障が発生しても必要な機能は維持する設計**です。Toleranceには，「許容」という意味があります。また，システムが部分的に故障しても，システム全体としては必要な機能を維持するシステムは，フォールトトレラントシステムと呼ばれています。

例えば，小惑星探査機「はやぶさ」は4基のエンジンを搭載していましたが，推進に必要なのは3基だけだったので，1基が故障しても他のものを使うことができました。

フェールセーフ

フェールセーフ（Fail Safe）は，**システムの一部が故障しても，危険が生じないような構造や仕組みを導入する設計**です。故障したときには，安全重視という考え方です。Safeには，「安全」という意味があります。

身近な例として，信号機は，故障を感知すると，交差点の全ての信号機が赤になるようになっています。

フェールソフト

フェールソフト(Fail Soft)は，**故障が発生した場合，一部のサービスレベルを低下させても，運転を継続する設計**です。故障したときには，継続重視という考え方です。なお，システムを部分的に停止させることを**縮退運転**といいます。Windowsでいうセーフモードのようなイメージです。

身近な例として，公衆電話は，停電時でも硬貨なら通話できるようになっています。

“くれば”で覚える

フェールセーフ　とくれば　**安全重視**
フェールソフト　とくれば　**継続重視**

フールプルーフ

フールプルーフ(fool proof)は，**人が誤った操作や取扱いができないような構造や仕組みを，システムに組み込む設計**です。誤った操作をしても故障させないという考え方です。

身近な例として，電子レンジは，扉が開いた状態では動作しないようになっています。

知っ得情報　エラープルーフ

どんなに注意していても，ヒューマンエラーを100%防ぐことはできません。ヒューマンエラーを減らすためには，エラーの原因になるものを除去し(**排除**)，人が行っていた作業をシステム化し(**代替化**)，複雑な作業を簡単にします(**容易化**)。さらに，他に波及しないようにするために，異常を検知したら知らせて(**異常検出**)，ミスの影響範囲が最小限になるようにします(**影響緩和**)。このような考え方を**エラープルーフ**といいます。

確認問題　1　令和元年度秋期　問15　正解率　中

RAIDの分類において，ミラーリングを用いることで信頼性を高め，障害発生時には冗長ディスクを用いてデータ復元を行う方式はどれか。

ア　RAID1　　イ　RAID2　　ウ　RAID3　　エ　RAID4

ミラーリングを用いるのはRAID1です。「冗長ディスクを用いて」というのは，もう片方の壊れていないディスクにデータが残っているので，復元用に使うということです。

確認問題 2

▸平成27年度春期 問13　正解率 ▸中　計算

仮想化マシン環境を物理マシン20台で運用しているシステムがある。次の運用条件のとき，物理マシンが最低何台停止すると縮退運転になるか。

(1) 物理マシンが停止すると，そこで稼働していた仮想マシンは他の全ての物理マシンで均等に稼働させ，使用していた資源も同様に配分する。
(2) 物理マシンが20台のときに使用する資源は，全ての物理マシンにおいて70%である。
(3) 1台の物理マシンで使用している資源が90%を超えた場合，システム全体が縮退運転となる。
(4) (1)～(3)以外の条件は考慮しなくてよい。

ア 2　　イ 3　　ウ 4　　エ 5

マシンを100%使用したとき，必要な資源は，20台×70%＝14台分
14台分の資源を何台で分担すれば，90%を超えるかを求めます。
14÷x＝90%　x≒15.6　稼働台数が15.6台を下回ったとき，つまり15台となったとき縮退運転となります。これは5台停止したときです。

確認問題 3

▸平成26年度春期 問15　正解率 ▸中　応用

フェールセーフ設計の考え方に該当するものはどれか。

ア　作業範囲に人間が入ったことを検知するセンサが故障したとシステムが判断した場合，ロボットアームを強制的に停止させる。
イ　数字入力フィールドに数字以外のものが入力された場合，システムから警告メッセージを出力して正しい入力を要求する。
ウ　専用回線に障害が発生した場合，すぐに公衆回線に切り替え，システムの処理能力が低下しても処理を続行する。
エ　データ収集システムでデータ転送処理に障害が発生した場合，データ入力処理だけを行い，障害復旧時にまとめて転送する。

要点解説

フェールセーフとは，障害が起きたときは安全重視という考え方です。選択肢の中からはアが該当します。
イ　フールプルーフ　　ウ　フェールソフト　　エ　フェールソフト

解答

問題1：ア　　問題2：エ　　問題3：ア

5 04 システムの性能評価

時々出　必須　超重要

イメージでつかむ

学生の頃，学期末になるとテストがあり，その結果が評価の一つとされました。

コンピュータシステムでも，同じプログラムを実行し，実行時間等を計測して評価がされます。

システムの性能指標

システムの性能を評価する指標には，次のようなものがあります。

スループット	**単位時間当たりに処理される仕事の量。**単位時間あたりに処理できる件数が多いほど，システムの性能が高いといえる
ターンアラウンドタイム	**利用者が処理依頼を行ってから，結果の出力が終了するまでの時間。**この時間が短いほど，システムの性能が高いといえる。主に，バッチ処理（5-01参照）で使われる指標
レスポンスタイム	**利用者が処理依頼を行ってから，端末に処理結果が出始めるまでの時間。**応答時間ともいう。この時間が短いほど，システムの性能が高いといえる。主に，オンラインリアルタイム処理（5-01参照）で使われる指標

攻略法 … これがレスポンスタイムとターンアラウンドタイムのイメージだ！

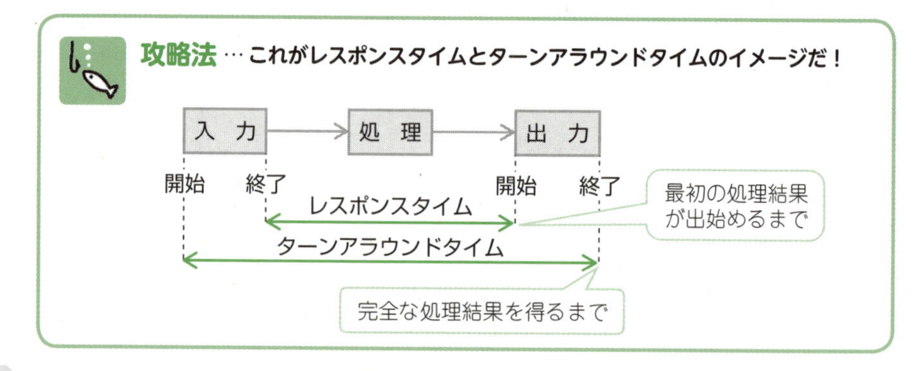

ベンチマークテスト

ベンチマークテストは，**システムの使用目的に合った標準的なプログラムを実行させ，その測定数値から処理性能を相対的に評価する方法**です。次のようなものがあります。Benchmarkは「基準」という意味です。

SPECint	**整数演算の性能**を測定するベンチマークテスト。CPUやメモリ，コンパイラのコード生成などの性能を評価する
SPECfp	**浮動小数点演算の性能**を測定するベンチマークテスト
TCPベンチマーク	**トランザクション処理**（6-04参照）を対象としたベンチマークテスト。CPUの性能だけでなく，磁気ディスクの入出力やDBMSの性能までを含め評価する

“くれば”で覚える

ベンチマークテスト　とくれば　**標準的なプログラムを実行させ，相対評価する**

MIPS（ミップス）

MIPS（Million Instructions Per Second）は，**1秒間に実行される命令数を百万単位で表したもの**です。つまり，1秒間に何百万個の命令が実行できるかを評価します。主に，同一メーカの同一アーキテクチャのCPU性能比較に用いられます。

“くれば”で覚える

MIPS　とくれば　**1秒当たりの命令数を百万単位で表したもの**

命令ミックス

CPUの命令には種類があり，それぞれ実行速度も異なります。そこで，よく使われる命令をピックアップしてセットにしたもの（**命令ミックス**）を用意し，それぞれの命令の実行速度と出現頻度から加重平均を求め，MIPS値で表せばより正確な指標になります。例えば，次の命令ミックスの場合のMIPS値を求めてみましょう。

命令種別	実行速度（マイクロ秒）	出現頻度（%）
整数演算命令	1.0	50
移動命令	5.0	30
分岐命令	5.0	20

各命令の実行速度と出現頻度が異なるため，加重平均を使って1命令当たりの平均命令実行時間を求めます。

$1.0 \times 0.5 + 5.0 \times 0.3 + 5.0 \times 0.2 = 3.0$マイクロ秒です。

これをMIPS値で表します。MIPSは，1秒間に実行される命令数を百万単位で表したものです。

1命令 → 3.0×10^{-6}秒（3.0マイクロ秒）
?命令 ← 1秒

たすき掛けで考えると理解しやすい。たすきに掛けたもの同士が等しくなる

求めると，1秒間に実行される命令の回数は333,333.33…，百万単位で表すと0.3となり，約0.3MIPSです。

攻略法 …… **比で解く方法**

MIPS値の計算のほかにも，さまざまな計算問題で，たすき掛けで解く方法が有効です。これは，数学で出てきた比の問題の解き方と同じです。上の例の場合，$1 : 3.0 \times 10^{-6} = ? : 1$　という式になります。内項の積＝外項の積の法則から，

$1 \times 1 = 3.0 \times 10^{-6} \times ?$

　$? = 1/(3.0 \times 10^{-6})$で求まります。

確認問題 1 ▸平成27年度秋期　問9　　正解率▸中　計算

50MIPSのプロセッサの平均命令実行時間は幾らか。

ア　20ナノ秒　　イ　50ナノ秒
ウ　2マイクロ秒　　エ　5マイクロ秒

要点解説

MIPSとは，1秒間に実行できる命令数を100万単位で表したものです。
50MIPSということは，1秒間に50×100万$= 5 \times 10^7$命令実行できるということです。

1秒　→　5×10^7命令
?秒　→　1命令

たすき掛け解法で$1 = ? \times 5 \times 10^7$
求めると，$1 / (5 \times 10^7) = 1/5 \times 10^{-7} = 0.2 \times 10^{-7}$秒
ここで，10^{-3}がミリ，10^{-6}がマイクロ，10^{-9}がナノです。
0.2×10^{-7}秒$= 2 \times 10^{-8} = 20 \times 10^{-9}$なので，20ナノ秒となります。

確認問題 2

▶平成29年度春期 問13　正解率▶中　基本

ベンチマークテストの説明として，適切なものはどれか。

ア　監視・計測用のプログラムによってシステムの稼働状態や資源の状況を測定し，システム構成や応答性能のデータを得る。
イ　使用目的に合わせて選定した標準的なプログラムを実行させ，システムの処理性能を測定する。
ウ　将来の予測を含めて評価する場合などに，モデルを作成して模擬的に実験するプログラムでシステムの性能を評価する。
エ　プログラムを実際には実行せずに，机上でシステムの処理を解析して，個々の命令の出現回数や実行回数の予測値から処理時間を推定し，性能を評価する。

目的に合わせた測定用のソフトウェアを実行し，システムの処理性能を数値化して，他の製品と比較するのがベンチマークテストです。

確認問題 3

▶平成30年度秋期 問9　正解率▶中　計算

動作クロック周波数が700MHzのCPUで，命令実行に必要なクロック数及びその命令の出現率が表に示す値である場合，このCPUの性能は約何MIPSか。

命令の種別	命令実行に必要なクロック数	出現率（%）
レジスタ間演算	4	30
メモリ・レジスタ間演算	8	60
無条件分岐	10	10

ア　10　　イ　50　　ウ　70　　エ　100

加重平均を使って平均命令クロックを求めると，$4 \times 0.3 + 8 \times 0.6 + 10 \times 0.1 = 7.0$となり，平均的には1命令につき7クロックかかることになります。
700MHzは，1秒間に700×10^6クロックでタイミングをとります。
ここで，1MIPSは，1秒あたりに実行される命令の回数（100万単位）です。

1秒　→　?命令　→　700×10^6クロック
　　　　1命令　→　7クロック

たすき掛けで解くと，1秒間に100×10^6命令＝100MIPSとなります。

解答

問題1：ア　　問題2：イ　　問題3：エ

5 05 システムの信頼性評価

時々出　必須　超重要

イメージでつかむ

2個の豆電球をつなぐ場合，直列と並列の2種類のつなぎ方がありました。

コンピュータシステムでも，直列システムと並列システムの2種類があり，豆電球と同じ特徴をもっています。

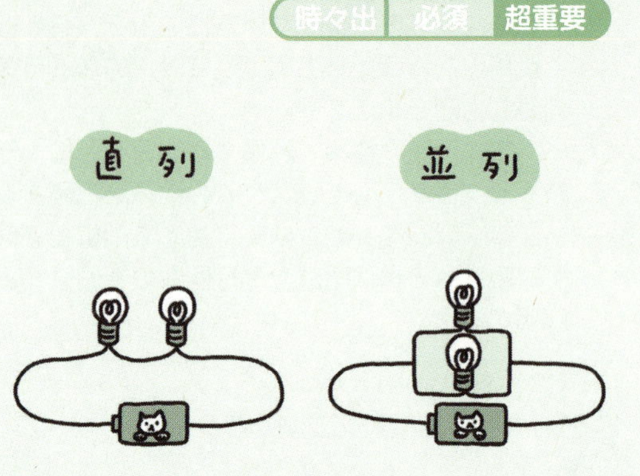

システムの評価特性

システムの評価特性には，信頼性(Reliability)・可用性(Availability)・保守性(Serviceability)・保全性(Integrity)・安全性(Security)があり，頭文字をとってRASIS(ラシス)と呼ばれています。

信頼性	**要求された機能を，規定された期間実行する特性。**正常に稼働していること。指標として，MTBF(後述)が用いられる
可用性	**要求されたサービスを，提供し続ける特性。**使いたいときに，いつでも使えること。指標として，稼働率(後述)が用いられる
保守性	**故障時に容易に修理できる特性。**故障時に復旧しやすいこと。指標として，MTTR(後述)が用いられる
保全性	**情報の一貫性を確保する特性。**データに矛盾がないこと
安全性	**情報の漏えいや紛失，不正使用を防止する特性。**機密性が高いこと

"くれば"で覚える

RASIS　とくれば　**信頼性・可用性・保守性・保全性・安全性**

システムの評価指標

特性を具体的な数値で評価する指標には次のものがあります。

MTBF

平均故障間隔（**MTBF**：Mean Time Between Failures）は，**システムが故障してから，次に故障するまでの平均時間**です。平均故障間隔の値が大きいほど，信頼性が高いシステムといえます。

MTTR

平均修理時間（**MTTR**：Mean Time To Repair）は，**システムが故障して修理に要する平均時間**です。平均修理時間の値が小さいほど，保守性が高いシステムといえます。

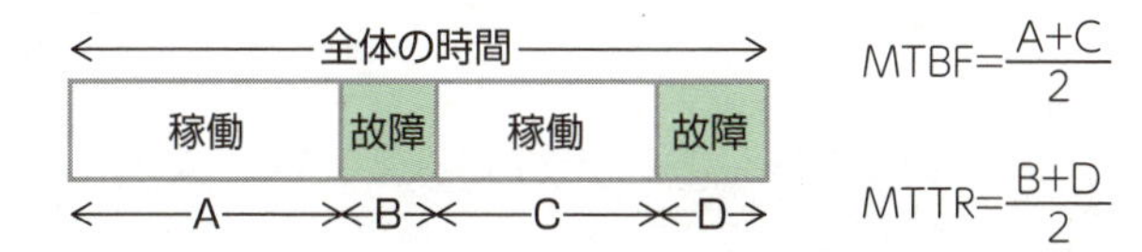

稼働率

稼働率は，**システムが正常に動作している時間の割合**です。稼働率は，MTBFとMTTRを用いて求めることができます。

$$稼働率 = \frac{MTBF}{MTBF + MTTR}$$

“くれば”で覚える

MTBF とくれば **正常に稼働している平均時間**
MTTR とくれば **修理している平均時間**
稼働率 とくれば **正常に稼働している時間の割合。** $稼働率 = \frac{MTBF}{MTBF + MTTR}$

例えば，ある装置の4か月における各月の稼働時間と修理時間は次のとおりで，各月の故障回数は1回ずつであった場合のMTBF，MTTR，稼働率を求めてみましょう。

月	稼働時間	修理時間
1	100	1
2	200	1
3	100	2
4	200	2
合計	600	6

MTBF＝600÷4＝150時間
MTTR＝6÷4＝1.5時間
稼働率＝150÷(150＋1.5)≒0.99

複数システムの稼働率

次に，複数の要素で構成されているシステムについて考えてみましょう。

直列システムの稼働率

システムAとBが直列で接続されている場合，一方のシステムが稼働しなくなると，もう一方のシステムも稼働しなくなります。システム全体が稼働するのは，システムAとBが両方とも稼働しているときです。

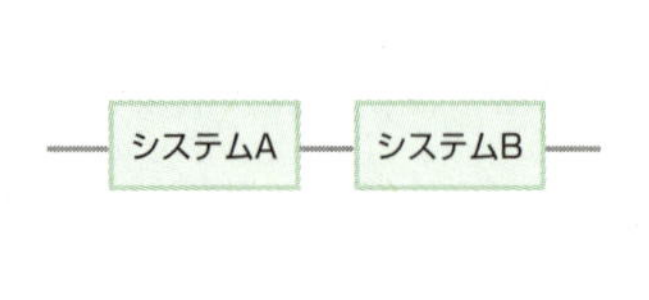

システムA	システムB	システム全体
○	○	○
○	×	×
×	○	×
×	×	×

○：稼働中　×：故障中

ここで，システムAの稼働率をa，システムBの稼働率をbとすると，直列システムの稼働率は，a×bで求めることができます。

並列システムの稼働率

システムAとBが並列で接続されている場合，一方のシステムが故障しても，もう一方のシステムは稼働しています。システム全体が稼働するのは，システムAとBの少なくとも一方が稼働しているときです。

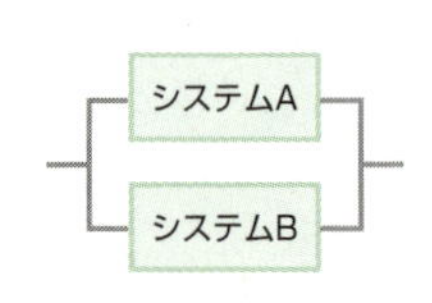

システムA	システムB	システム全体
○	○	○
○	×	○
×	○	○
×	×	×

○：稼働中　×：故障中

ここで，システムAの稼働率をa，システムBの稼働率をbとすると，並列システムの稼働率は，1－(1－a)(1－b)で求めることができます。

“くれば”で覚える

直列システムの稼働率　とくれば　**a×b**
並列システムの稼働率　とくれば　**1－(1－a)(1－b)**

攻略法 …… **これが並列システムの稼働率だ！**

1－稼働率＝故障率です。式の仕組みを理解すれば，暗記の必要はありません。

並列システムの稼働率＝1－（1－a）（1－b）

←①→ ←②→
←③→
←④→

① システムAが故障している確率
② システムBが故障している確率
③ システムAとBの両方が故障している確率
④ システムAとBの両方が故障している**以外**の確率
⇒ システムAとBのどちらか一方が稼働している確率

アドバイス［稼働率は最重要項目］

稼働率の計算問題は，ほぼ毎回出題される基本情報技術者試験の定番です。稼働率の公式は，その意味から導けるように覚えましょう。また，字面が似ていて紛らわしいMTBFとMTTRの意味は，区別できるようにして下さい。略語からフルスペルが想像できれば覚えられます。

 バスタブ曲線

各装置の故障率と時間の関係をグラフにすると，一般的に次のような曲線を描きます。 形が浴槽に似ているため，**バスタブ曲線**と呼ばれています。システムが故障せず，長い時間稼働させるためには，偶発故障期間に定期点検で部品を交換することによって，摩耗故障期間を迎える時期を遅らせることが重要です。

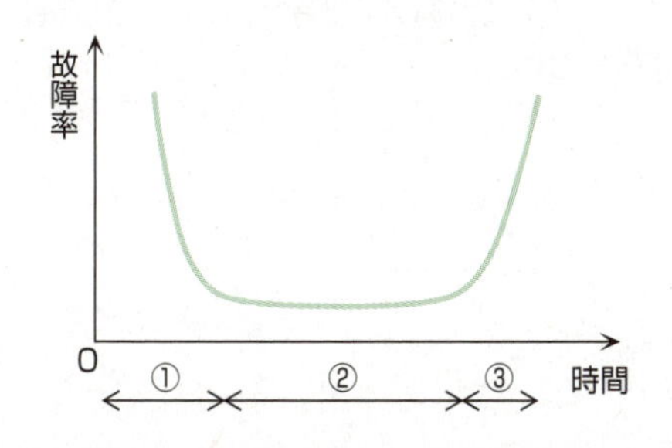

①初期故障期間	初期導入時には，設計や製造の誤りなどにより故障率が高くなる
②偶発故障期間	初期故障の誤りを修正し，故障率がほぼ一定になる
③摩耗故障期間	時間が経つにつれて，摩耗などにより故障率が高くなる

確認問題 1

▸平成29年度秋期　問15　　正解率▸中　**計算**

MTBFが45時間でMTTRが5時間の装置がある。この装置を二つ直列に接続したシステムの稼働率は幾らか。

ア　0.81　　イ　0.90　　ウ　0.95　　エ　0.99

要点解説

稼働率は，MTBF ÷ (MTBF + MTTR) で求めることができます。
この装置一つの稼働率は，45 ÷ (45 + 5) = 0.9です。
この装置を二つ直列に接続するので，0.9 × 0.9 = 0.81となります。

確認問題 2

▸平成27年度春期　問16　　正解率▸中　**応用**

コンピュータシステムの信頼性に関する記述のうち，適切なものはどれか。

ア　システムの遠隔保守は，MTTRを長くし，稼働率を向上させる。
イ　システムの稼働率は，MTTRとMTBFを長くすることによって向上する。
ウ　システムの構成が複雑なほど，MTBFは長くなる。
エ　システムの予防保守は，MTBFを長くするために行う。

要点解説

ア　遠隔保守は軽微な故障の修理時間が短くなるのでMTTRは短くなります。
イ　稼働率を向上させるには，MTTRは短く，MTBFは長くします。
ウ　システムの構成が複雑なほど，システム全体のMTBFは短くなります。
エ　予防保守は，故障の前兆をとらえて故障する前に部品を交換するので，MTBFは長くなります。

確認問題 3

▸平成29年度春期　問14　　正解率▸中　**計算**

稼働率Rの装置を図のように接続したシステムがある。このシステム全体の稼働率を表す式はどれか。ここで，並列に接続されている部分はどちらかの装置が稼働していればよく，直列に接続されている部分は両方の装置が稼働していなければならない。

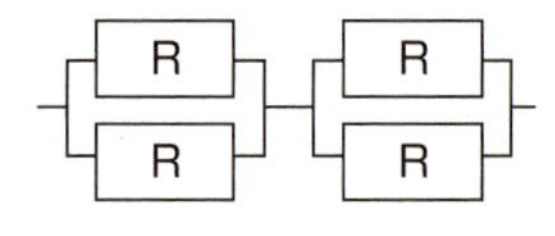

ア　$(1-(1-R^2))^2$　　イ　$1-(1-R^2)^2$
ウ　$(1-(1-R)^2)^2$　　エ　$1-(1-R)^4$

要点解説 システムを分解して考えます。並列システム２台が直列で接続されています。

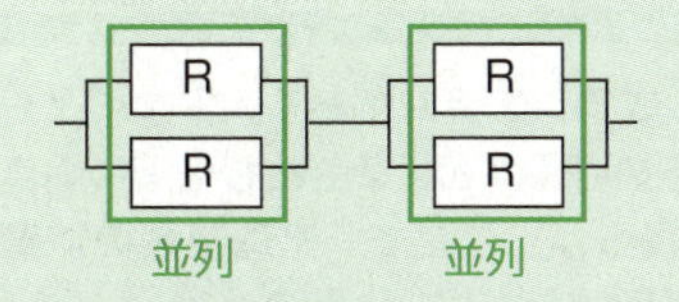

並列システム２台の稼働率は，それぞれ$1-(1-R)^2$
それが直列に接続されているので，$(1-(1-R)^2)^2$となります。

確認問題　4

▸平成31年度春期　問14　　正解率▸中　頻出　計算

図のように，１台のサーバ，３台のクライアント及び２台のプリンタがLANで接続されている。このシステムはクライアントからの指示に基づいて，サーバにあるデータをプリンタに出力する。各装置の稼働率が表のとおりであるとき，このシステムの稼働率を表す計算式はどれか。ここで，クライアントは３台のうち１台でも稼働していればよく，プリンタは２台のうちどちらかが稼働していればよい。

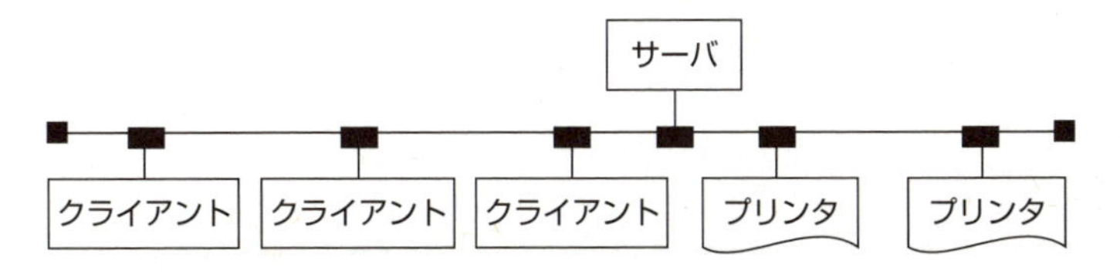

装置	稼働率
サーバ	a
クライアント	b
プリンタ	c
LAN	1

ア　ab^3c^2
イ　$a(1-b^3)(1-c^2)$
ウ　$a(1-b)^3(1-c)^2$
エ　$a(1-(1-b)^3)(1-(1-c)^2)$

要点解説 サーバとクライアントとプリンタは直列と考えます。
サーバの稼働率はa
クライアントどうしは並列なので，クライアント全体の稼働率は$(1-(1-b)^3)$
プリンタどうしも並列なので，プリンタ全体の稼働率は$(1-(1-c)^2)$これらをかけ合わせれば全体の稼働率が求められます。

第5章　システム構成要素

確認問題　5

▸令和元年度秋期　問16　　正解率▸中　　計算

2台の処理装置から成るシステムがある。少なくともいずれか一方が正常に動作すればよいときの稼働率と，2台とも正常に動作しなければならないときの稼働率の差は幾らか。ここで，処理装置の稼働率はいずれも0.9とし，処理装置以外の要因は考慮しないものとする。

ア　0.09　　イ　0.10　　ウ　0.18　　エ　0.19

稼働率0.9の処理装置2台を並列につなぐときと直列につなぐときの差を求めます。

並列の場合は$1-(1-0.9)^2=1-0.1^2=0.99$

直列の場合は$0.9^2=0.81$

差は$0.99-0.81=0.18$となります。

解答

問題1：ア	問題2：エ	問題3：ウ	問題4：エ	問題5：ウ

第6章

データベース技術

6 01 データベース

時々出　**必須**　超重要

イメージでつかむ

データベースには，データの基地という意味があります。蓄積したデータを皆で情報を共有することで，付加価値が生まれます。

データベース

データベース(DB：Data Base)は，**一定の規則に従って関連性のあるデータを蓄積したもの**です。Data Baseは，「データの基地」と訳されます。スマートフォンの電話帳もデータベースの一つですが，これは個人の利用に限られています。一般的に，企業などで使うデータベースは，複数の利用者が同時に利用することを目的に，データを一元管理しています。

データモデル

データモデルは，データベースを設計する際に，**実世界におけるデータの集合をデータベース上で利用可能にするもの**です。データモデルには，親子関係の木構造で表現する階層モデル，子が複数の親をもつ網状で表現するネットワークモデルのほかに，現在よく使われている2次元の表で表現する関係モデルなどがあります。

関係モデル

関係モデルは，**データの関係を数学モデル(集合論など)で表現したもの**です。これをコンピュータに実装したものが関係データベースです。対応は，次のようになります。

関係モデル		関係データベース
関係	Relation	表・テーブル
属性	Attribute	列・項目・カラム
タプル(組)	Tuple	行・レコード
定義域	Domain	整数型，文字列型など

なお，定義域とは，属性が取り得る値の集合のことです。これは，整数型，文字列型などのデータ型と同じ意味です。

関係データベース

関係データベース(RDB：Relational Data Base)は，**行と列から構成される2次元の表によって表現されるデータベース**です。表間は，相互の表中の列の値を用いて関係付けられているのが特徴です。**リレーショナルデータベース**とも呼ばれています。

商品表（表）

商品番号	商品名	定価
P01	デスクトップパソコン	248,000
P02	ノートパソコン	189,000
D01	TFTディスプレイ	78,000

（「商品名」の縦の並びが列，「P02」の横の並びが行）

スキーマ

コンピュータにデータベースを実装するときには，スキーマを使ってデータベースの構造を定義します。**スキーマ**は，**データの形式や性質，ほかのデータとの関連などのデータ定義の集合**です。一般的に，次の「外部」・「概念」・「内部」の三つのスキーマが用いられ，**3層スキーマ**と呼ばれています。これらのスキーマは，同じデータベースを視点の違いで定義したものです。3層に分けることによって，例えば，データの物理的な格納構造を変更しても，アプリケーションには影響が及ぶことはありません。

外部スキーマ	利用者やアプリケーションから見たデータベースの構造で，概念スキーマから必要な部分を取り出して定義したもの。ビュー（6-06参照）などが相当する
概念スキーマ	開発者から見たデータ項目やデータベースの構造（論理的構造）を定義したもの。表が相当する
内部スキーマ	データベースを記録媒体に，データを格納するための物理的な構造（物理的構造）を定義したもの

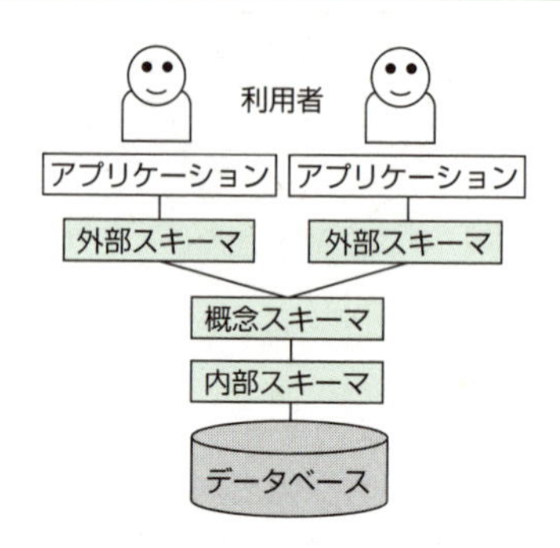

データベース管理システム

データベース管理システム（**DBMS**：Data Base Management System）は，**複数の利用者で大量のデータを共同利用できるように管理するソフトウェア**です。アプリケーションからの要求を受けて，データベース内のデータの検索や追加，更新，削除などを行うほか，次のような主な機能があります。

機 能	概 要
保全機能	参照制約（6-02参照）や排他制御（6-04参照）など，データの完全性を保つ機能
障害回復機能	ロールフォワードやロールバック（6-05参照）など，データベースの障害を回復する機能
機密保護機能	ユーザ認証やアクセス制御など，データの改ざんや漏えいを未然に防ぐ機能

知っ得情報 再編成

データベースに対する変更操作が繰り返されると，データの物理的な格納位置が不規則になったり，削除領域が利用できなくなったりする状態になります。これを修復し，アクセス性能を向上させることを**再編成**といいます。

確認問題　1

▸ 平成31年度春期　問15　　正解率 ▸ 中　　応用

アプリケーションの変更をしていないにもかかわらず，サーバのデータベース応答性能が悪化してきたので，表のような想定原因と，特定するための調査項目を検討した。調査項目cとして，適切なものはどれか。

想定原因	調査項目
・同一サーバに他のシステムを共存させたことによる負荷の増加 ・接続クライアント数の増加による通信量の増加	a
・非定型検索による膨大な処理時間を要するSQL文の発行	b
・フラグメンテーションによるディスクI/Oの増加	c
・データベースバッファの容量の不足	d

ア　遅い処理の特定
イ　外的要因の変化の確認
ウ　キャッシュメモリのヒット率の調査
エ　データの格納状況の確認

要点解説

フラグメンテーション(1-07参照)によるディスクI/Oの増加が原因だとすると，データが断片化していることになります。データの格納状況を調査し，必要があればディスクを再編成してアクセス性能を向上させる対策を取ります。

確認問題　2

▸ 平成31年度春期　問26　　正解率 ▸ 中　　応用

関係モデルの属性に関する説明のうち，適切なものはどれか。

ア　関係内の属性の定義域は重複してはならない。
イ　関係内の属性の並び順に意味はなく，順番を入れ替えても同じ関係である。
ウ　関係内の二つ以上の属性に，同じ名前を付けることができる。
エ　名前をもたない属性を定義することができる。

要点解説

属性は関係データベースでいうと列のことです。

ア　定義域とは，データ型と同じ意味です。例えば，整数型の列が二つ以上あっても特に問題はありません。
イ　関係モデルにおいては，並び順には意味はありません。
ウ　同じ名前を複数の属性に付けることはできません。
エ　名前がない属性は定義できません。

解答

問題1：エ　　問題2：イ

6-02 データベース設計

時々出 必須 超重要

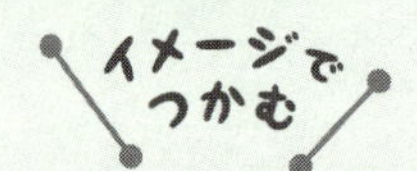

あるデータを表に整理すると，非常に見やすく扱いやすくなる場合があります。
データベースにおいても，表にして扱うものがあります。

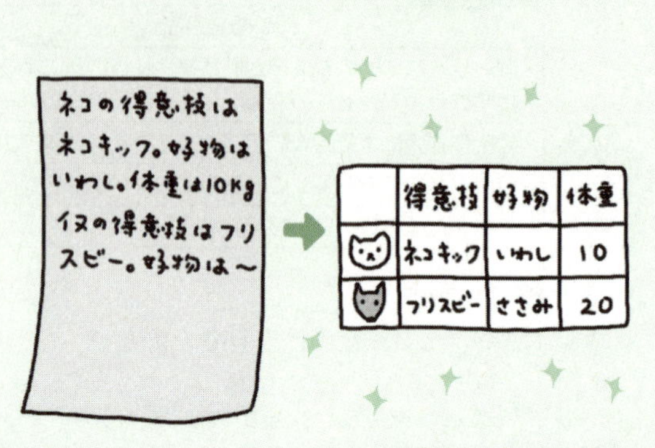

データベース設計

データベース設計では，まずは対象業務を分析するために次のE-R図などがよく使われます。対象業務を分析した後は，E-R図を基に実際に表などを設計していくことになります。

E-R図

E-R図(Entity-Relationship Diagram)は，**対象業務を構成する実体(人・物・場所・事業など)と実体間の関連を視覚的に表した図**です。実体を長方形の箱で表し，各実体の関連を矢印で表します。

また，**実体のこと**を**エンティティ**(Entity)，**実体間の関連のこと**を**リレーションシップ**(Relationship)といい，矢印の有無，矢印の方向によって4種類の関連があります。

例えば，社員が100人で，3部署ある会社でのE-R図を見ていきましょう。ここで，一人の社員が複数の部署に所属することはないものとします。

この場合の実体は「社員」と「部署」，関連は「所属」です。

まずは，「社員」から「部署」の方向へ見てみましょう。一人の「社員」は，一つの「部署」に所属しています。

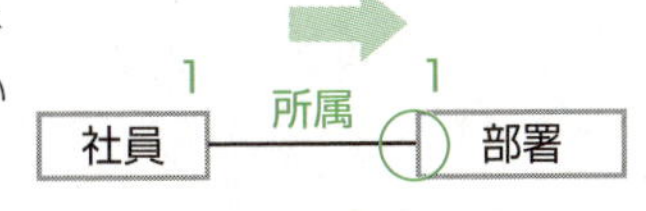

次に，「部署」から「社員」の方向へ見てみましょう。一つの「部署」には，複数人の「社員」が所属しています。

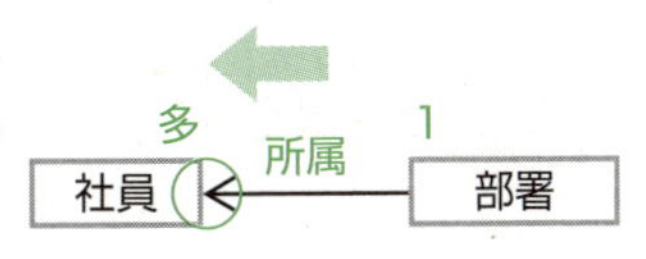

合わせると，「社員」と「部署」の関連は，「多対1」の関係になります。

“くれば”で覚える

E-R図 とくれば **実体と実体間の関連を表した図**

表の設計

表の設計では，主キーや外部キーなどを検討しながら，データの正規化（6-03参照）を行います。

主キー

主キー（Primary Key）は，**表中の行を一意に識別するための列のこと**です。一意は，「同一のものがない」，「重複しない」という意味です。

主キーを定義した場合は，**主キーの値が同じ行が複数存在することはありません**（**一意制約**）。また，空値（NULL（ヌル/ナル））は許されず，**必ず値が入力されている必要があります**（**非NULL制約**）。

“くれば”で覚える

主キー とくれば **行を一意に識別するための列のこと。一意制約，非NULL制約**

外部キー

外部キー（Foreign Key）は，**他の表の主キーを参照している列のこと**です。外部キーを定義した場合は，データの追加や更新，削除時には，**関係する表間で参照一貫性が維持されるよう（矛盾が発生しないよう）制約されます**（**参照制約**）。

具体例でみてみましょう。まず，次の図の社員表の「社員コード」，部署表の「部署コード」が，それぞれの表の主キーとなっています。

さらに，社員表の「部署コード」が外部キーで，部署表の主キーである「部署コード」を参照しているため，例えば，部署表の「部署コード」には存在しない「202」の値は，社員表の「部署コード」には入力できません。また，社員表の「部署コード」に「101」の値がすでに入力されていると，部署表の「部署コード」の「101」は削除できません。

主キー　　外部キー　　リレーション　　主キー

社員表

社員コード	名前	部署コード	給料
10010	伊藤幸子	101	200,000
10020	斉藤栄一	201	300,000
10030	鈴木裕一	101	250,000
10040	本田一弘	102	350,000
10050	山田五郎	102	300,000
10060	若山まり	201	250,000

部署表

部署コード	部署名
101	第一営業
102	第二営業
201	総務

社員表に入力済みの値は削除できない

同じ社員コードを設定できない

部署表に存在しない部署コードを設定できない

このように，**関係データベースでは，表間は主キーと外部キーで関係付けています。** この表間の関係付けのことを**リレーション**(Relation)といいます。

"くれば"で覚える

外部キー　とくれば　**他の表の主キーを参照する列のこと。参照制約**

知っ得情報　インデックス

インデックスは，**どのデータがどこにあるかを示したもの**です。「索引」という意味があります。インデックスを設定すると，大量のデータの中からデータを検索するとき，検索項目をインデックスにしない場合に比べて検索時間は短く，比較的一定した時間に収まるという特長があります。ただし，データの追加や削除の頻度が高いときは，データ本体だけでなくインデックスも更新しなければならず，逆に処理時間は遅くなります。

これは，用語を調べるときに，用語集を１ページ１ページめくって探すのではなく，索引から対象ページを絞り込んでから探したほうが時間はかからないようなイメージです。

確認問題 1

▸平成25年度秋期　問30　　正解率 ▸ 高　　基本

関係データベースの主キー制約の条件として，キー値が重複していないことの他に，主キーを構成する列に必要な条件はどれか。

ア　キー値が空でないこと
イ　構成する列が一つであること
ウ　表の先頭に定義されている列であること
エ　別の表の候補キーとキー値が一致していること

主キーの列には，値が重複しないようにする制約に加え，主キーがNULLでないようにする制約，つまり必ず値が入っているようにする制約があります。

確認問題 2

▸平成27年度春期　問46　　正解率 ▸ 中　　基本

E-R図の説明はどれか。

ア　オブジェクト指向モデルを表現する図である。
イ　時間や行動などに応じて，状態が変化する状況を表現する図である。
ウ　対象とする世界を実体と関連の二つの概念で表現する図である。
エ　データの流れを視覚的に分かりやすく表現する図である。

ア　UML (9-03参照)　　イ　状態遷移図 (3-09参照)
ウ　E-R図　　エ　DFD (9-03参照)

解答

問題1：ア　　問題2：ウ

6-03 データの正規化

時々出　必須　超重要

イメージでつかむ

同じデータがたくさんあると間違いのもと。データベースの正規化で，データの矛盾が防げます。

データの正規化

データの正規化は，**必要なデータ項目を整理して，データが重複しないように表を分割すること**です。データの重複を排除することで，データベース操作に伴う重複更新や矛盾の発生を防げます。

“くれば”で覚える

データの正規化の目的　とくれば　**データの重複や矛盾を排除すること**

正規化には，第1正規形から第3正規形まであり，次のような手順で正規化を行います。

非正規形	正規化されていない表
↓	
第1正規形	繰り返し項目を別の表に分割する
↓	
第2正規形	主キーになっている項目の一部だけで決定される項目を別の表に分割する
↓	
第3正規形	主キー以外の項目によって決定される項目を別の表に分割し，計算で求められる項目を削除する

例えば，次の受注伝票のデータを正規化していきましょう。なお，受注伝票は，受注した顧客ごとに作成され，受注した商品の分だけ明細行があります。

受注伝票

受注番号 10183　　受注日 2021/10/01

顧客コード G003

顧客名 ○△書店　　合計金額 2,740

商品コード	商品名	数量	単価	金額
C001	ねこ手帳	1	980	980
D001	いぬ手帳	2	880	1,760

繰返し項目

非正規形

上記の受注伝票をそのまま表にすると，次のようになります。

受注番号	受注日	顧客コード	顧客名	合計金額	商品コード	商品名	数量	単価	金額
10183	2021/10/01	G003	○△書店	2,740	C001	ねこ手帳	1	980	980
					D001	いぬ手帳	2	880	1,760

第１正規形

繰返し項目を別の表に分割し，主キーを見つけます。この時に，別の表に分割しても，表間の関係付けを保持するため，他の表と共通する項目がそれぞれの表に必要です。

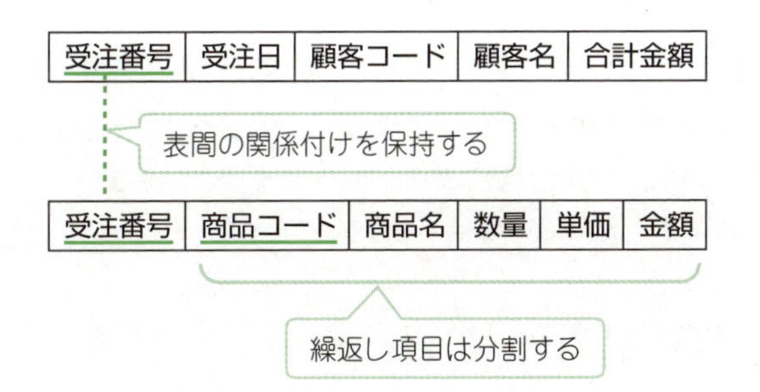

なお，下線部分（＿＿＿）は主キーを表します。

第１正規化 とくれば **繰り返し項目を別の表に分割する**

もっと詳しく **複合主キー**

主キーは，一つの列だけとは限りません。先の例では，明細行が複数あるため，「受注番号」だけでは一意に決めることはできません。そこで，「受注番号」と「商品コード」の**複数の列を組み合わせて，主キーにします。**これを**複合主キー**といいます。

第2正規形

主キーになっている項目の一部だけで決定される項目を別の表に分割します。ここでは，「商品コード」によって，「商品名」と「単価」が決定できるため，別の表に分割します。

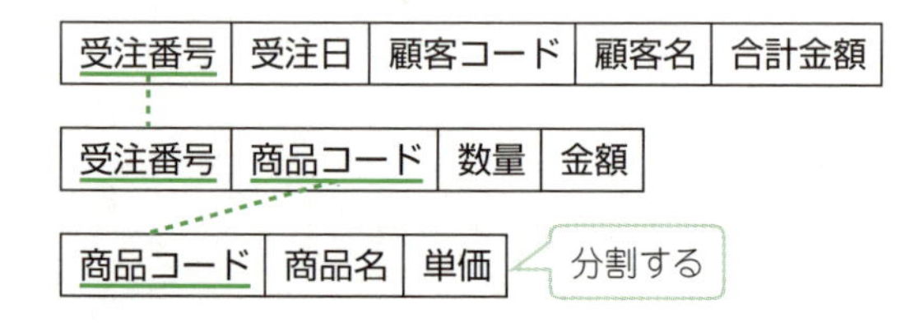

"くれば"で覚える

第2正規化 とくれば **主キーを構成している一部の項目によって決定される項目を別の表に分割する**

第3正規形

主キー以外の項目によって決定される項目を別の表に分割します。また，計算で求められる項目を削除します。ここでは，「顧客コード」によって，「顧客名」が決定されるため分割します。また，「合計金額」(金額の累計)と「金額」(単価×数量)は，計算で求められるため削除します。これで完成です。

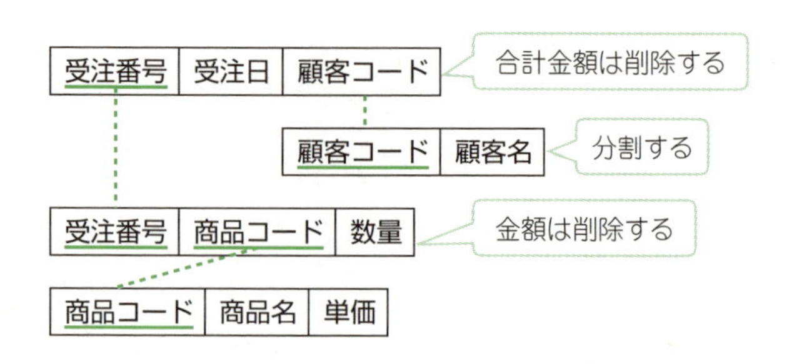

“くれば”で覚える

第3正規化 とくれば
- **主キー以外の項目によって決定される項目を別の表に分割する**
- **計算で求まる項目を削除する**

知っ得情報 **関数従属**

関係データベースにおいて，項目Aが決まれば項目Bが決まるとき，「BはAに対して関数従属している」といいます。例えば，以下の表では，「商品コード」が決まれば，「商品名」，「単価」が決まるため，「商品名，単価は，商品コードに関数従属しています」。この関係を，商品コード→(商品名，単価)のように表記することがあります。

商品コード	商品名	単価
C001	ねこ手帳	980
D001	いぬ手帳	880

確認問題 1 ▸平成26年度秋期 問28 正解率▸中 **基本**

関係を第3正規形まで正規化して設計する目的はどれか。

ア 値の重複をなくすことによって，格納効率を向上させる。
イ 関係を細かく分解することによって，整合性制約を排除する。
ウ 冗長性を排除することによって，更新時異状を回避する。
エ 属性間の結合度を低下させることによって，更新時のロック待ちを減らす。

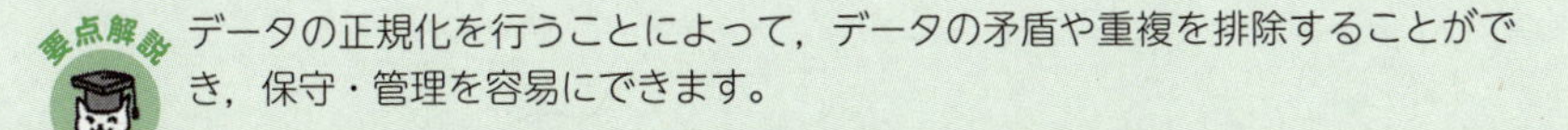

要点解説 データの正規化を行うことによって，データの矛盾や重複を排除することができ，保守・管理を容易にできます。

確認問題 2　▸平成29年度春期　問25　正解率▸中　応用

項目aの値が決まれば項目bの値が一意に定まることを，a→bで表す。例えば，社員番号が決まれば社員名が一意に定まるという表現は，社員番号→社員名である。この表記法に基づいて，図の関係が成立している項目a～jを，関係データベース上の三つのテーブルで定義する組合せとして，適切なものはどれか。

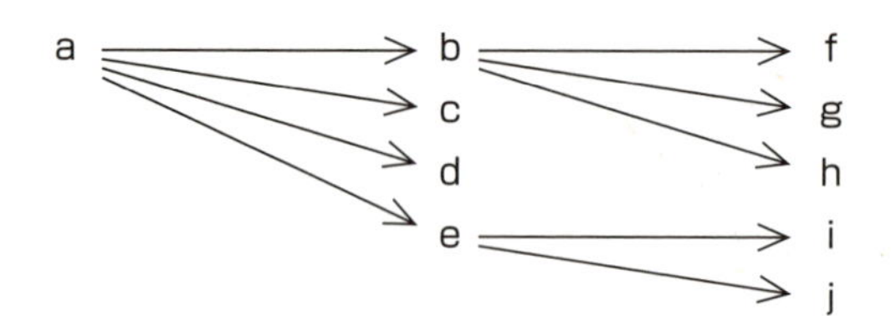

ア　テーブル1 (a)
　　テーブル2 (b，c，d，e)
　　テーブル3 (f，g，h，i，j)

イ　テーブル1 (a，b，c，d，e)
　　テーブル2 (b，f，g，h)
　　テーブル3 (e，i，j)

ウ　テーブル1 (a，b，f，g，h)
　　テーブル2 (c，d)
　　テーブル3 (e，i，j)

エ　テーブル1 (a，c，d)
　　テーブル2 (b，f，g，h)
　　テーブル3 (e，i，j)

要点解説　aが決まればbcdeが決まるということは，abcdeは同じテーブル上にまとめることができ，主キーはaです。同様に，bfghをまとめたテーブルの主キーはb，eijをまとめたテーブルの主キーはeとなります。bやeは，abcdeのテーブルでは外部キーになっています。テーブルbfghとeijは，abcdeのテーブルの主キー以外で決定される項目なので，分割します。

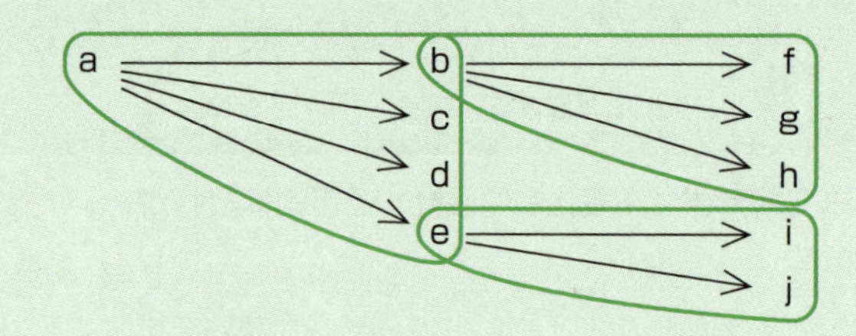

確認問題 3

平成22年度春期 問30　正解率 中　応用

“発注伝票”表を第3正規形に書き換えたものはどれか。ここで，下線部は主キーを表す。

発注伝票(<u>注文番号</u>，<u>商品番号</u>，商品名，注文数量)

ア　発注(<u>注文番号</u>，注文数量)
　　商品(<u>商品番号</u>，商品名)

イ　発注(<u>注文番号</u>，注文数量)
　　商品(<u>注文番号</u>，<u>商品番号</u>，商品名)

ウ　発注(<u>注文番号</u>，<u>商品番号</u>，注文数量)
　　商品(<u>商品番号</u>，商品名)

エ　発注(<u>注文番号</u>，<u>商品番号</u>，注文数量)
　　商品(<u>商品番号</u>，商品名，注文数量)

①第1正規形

繰り返し項目を含まないようにレコードを分割します。レコードを分割しても，リレーションは保持しなければいけません。今回は，第1正規化済み。

発注伝票(<u>注文番号</u>，<u>商品番号</u>，商品名，注文数量)

②第2正規形

主キーになっている項目の一部だけで決定される項目を分離します。商品番号によって，商品名が決定できるため分割します。

発注(<u>注文番号</u>，<u>商品番号</u>，注文数量)

商品(<u>商品番号</u>，商品名)　分割する

③第3正規形

主キー以外の項目によって決定される項目を分割し，計算で求められる項目を削除します。今回は該当がないため，ウとなります。

解答

問題1：ウ　　問題2：イ　　問題3：ウ

6-04 トランザクション処理

時々出 必須 **超重要**

イメージでつかむ

トイレに入るときは，必ずかぎでロックします。ロックすれば，ほかの人は入ることはできません。

データベースを更新するときも，同じようにロックがかけられます。

トランザクション処理

トランザクション処理は，**データベース更新時に切り離すことができない一連の処理のこと**です。例えば，銀行の振込処理なら，振込する人の口座からお金を減らし，振込先の口座のお金を増やしますが，これは切り離すことができない処理です。

データベースは複数の利用者が同時にアクセスするので，トランザクション処理には次の特性が求められています。頭文字をとって，**ACID特性**と呼ばれています。これらは，銀行の預金システムでも備わっている特性です。

原子性 (Atomicity)	トランザクション処理が，全て完了したか，全く処理されていないかで終了すること
一貫性 (Consistency)	データベースの内容に矛盾がないこと
独立性 (Isolation)	複数のトランザクションを同時に実行した場合と，順番に実行した場合の処理結果が一致すること
耐久性 (Durability)	トランザクションが正常終了すると，更新結果は障害が発生してもデータベースから消失しないこと

排他制御

排他制御は，**データベース更新時にデータの不整合が発生しないように，データの更新中はアクセスを制限（ロック）して，別のトランザクションから更新できないよう制御すること**です。トランザクションの処理が終了すれば，ロックは解除されます。これは，トイレを鍵でロックするように，データをロックすれば，他からのアクセスを制限できるようなイメージです。

例えば，同一のデータベースを，二つのトランザクションから更新する処理を見ていきましょう。ある商品の在庫数が現在100個あり，トランザクション1からは20個，トランザクション2からは30個の出庫処理をそれぞれ行います。

まずは，排他制御を行わない更新処理の場合を見ていきましょう。

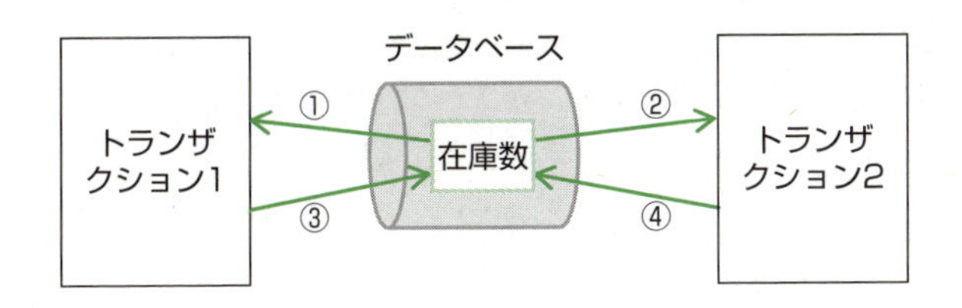

①トランザクション1：在庫数へアクセス （在庫数：100個）
②トランザクション2：在庫数へアクセス （在庫数：100個）
③トランザクション1：出庫更新処理 （在庫数：100－20＝80個）
④トランザクション2：出庫更新処理 （在庫数：100－30＝70個）

在庫数が本来なら50個にならなくてはいけないのに，70個になっており，データに不整合が生じています。

次に，排他制御を行った更新処理の場合を見ていきましょう。

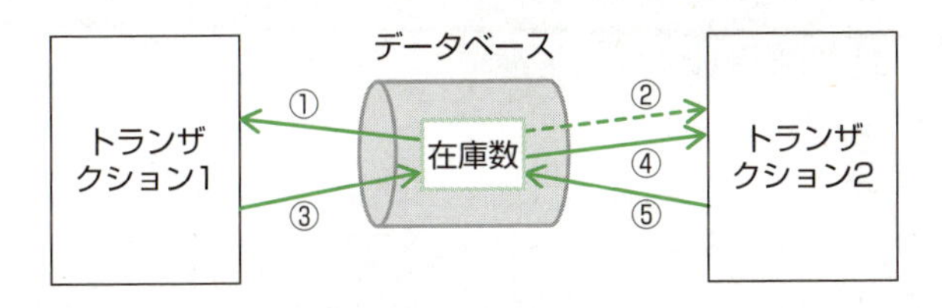

ロックをかけます。
①トランザクション1：在庫数へアクセス （在庫数：100個）
②トランザクション2：在庫数へアクセス
ロック状態なので，待ち状態になります。
③トランザクション1：出庫更新処理 （在庫数：100－20＝80個）
ロックを解除します。
④トランザクション2：（ロックが解除されたので，）ロックをかけます。
在庫数へアクセス （在庫数：80個）
⑤トランザクション2：出庫更新処理 （在庫数：80－30＝50個）
ロックを解除します。

"くれば"で覚える

排他制御の目的　とくれば　**データの不整合を防ぐこと**

共有ロックと専有ロック

ロックには，読取り時に使用する共有ロックと，更新時に用いる専有ロックがあります。

共有ロックは，**トランザクションがデータを参照する前にかけるロック**です。共有ロックしているデータに対しては，他のトランザクションからは共有ロックは可能ですが，専有ロックは不可です。つまり，共有ロック中のデータに対して，他のトランザクションから参照できますが，更新はできません。

専有ロックは，**トランザクションがデータを更新する前にかけるロック**です。専有ロックしているデータに対しては，他のトランザクションからは共有ロック，専有ロックともに不可です。つまり，専有ロック中のデータに対して，他のトランザクションからは参照も更新もできません。

まとめると，次のようになります。

		最初のトランザクション	
		共有	専有
後のトランザクション	共有	○	×
	専有	×	×

ロックの粒度

データを更新する時に，ロックの粒度を大きくする（ロックの範囲を広くする）と，他のトランザクションの待ち状態が多く発生し，全体のスループット（5-04参照）が低下してしまいます。

例えば，関係データベースにおいて，二つのトランザクションがそれぞれ同じ表内の複数の行を更新する場合を見ていきましょう。

表単位でロックした場合と行単位でロックした場合を比べてみると，ロックの競合がより起こりやすい（待ち状態が多く発生する）のは，粒度が大きい表単位でロックした場合です。

これに対して，行単位でロックした場合は，競合は起こりにくくなりますが，ロックの粒度が小さいため，管理するロック数が増えることによって，DBMSのメモリ使用領域がより多く必要になります。

デッドロック

デッドロックは，**複数のトランザクションが，互いに相手が専有ロックしている資源を要求して待ち状態となり，実行できなくなる状態**です。相手のロックが解放されるまで，お互い永遠に待ち状態に陥ってしまいます。

例えば，トランザクション1とトランザクション2が，次のような順番でデータAとデータBを使用する場合を見ていきましょう。

① トランザクション1：データAを専有ロック
② トランザクション2：データBを専有ロック
③ トランザクション1：データBを共有ロック（ロック解放待ち）
④ トランザクション2：データAを専有ロック（ロック解放待ち）←**デッドロック発生**

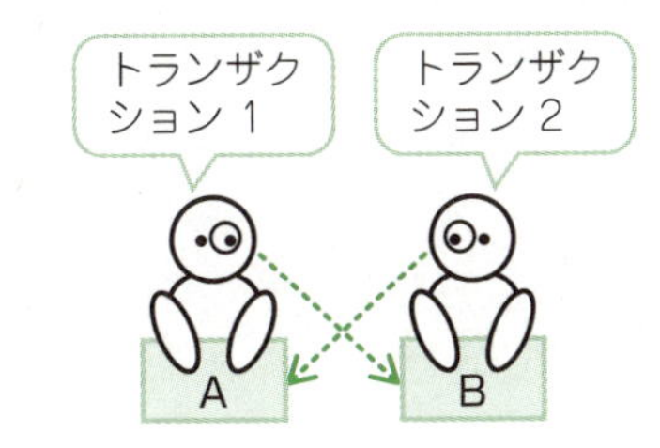

このようにデッドロックが発生してしまったら，トランザクションをDBMSがロールバックします（6-05参照）。

"くれば"で覚える

デッドロック とくれば **お互いのロック解放待ち**

2相コミットメント

2相コミットメントは，分散型データベースシステムにおいて，**一連のトランザクション処理を行う複数サイトに更新処理が確定可能かどうかを問い合わせた後，全てのサイトが確定可能であれば，更新処理を確定する方式**です。

更新を確定する前に中間状態を設定して，一連の処理が障害なく更新できた場合は，全ての結果を確定します（コミット）。もし，障害が発生した場合は，その処理を強制終了して（アボート），全ての結果を無効として更新前の状態に戻します（ロールバック）。つまり，「全て行うか，全く行わないか」，「All or Nothing」ということです。

次の分散型データベースの例では，主なサイト（要求元）から一つのトランザクション処理が複数のサイト（サイトAとサイトB）のデータベースを更新します。各サイトのトランザクション処理をすぐに確定するのではなく，コミットもロールバックも可能な中間状態を設定し，その後，確定処理に入るといった，2段階の仕組みになっています。

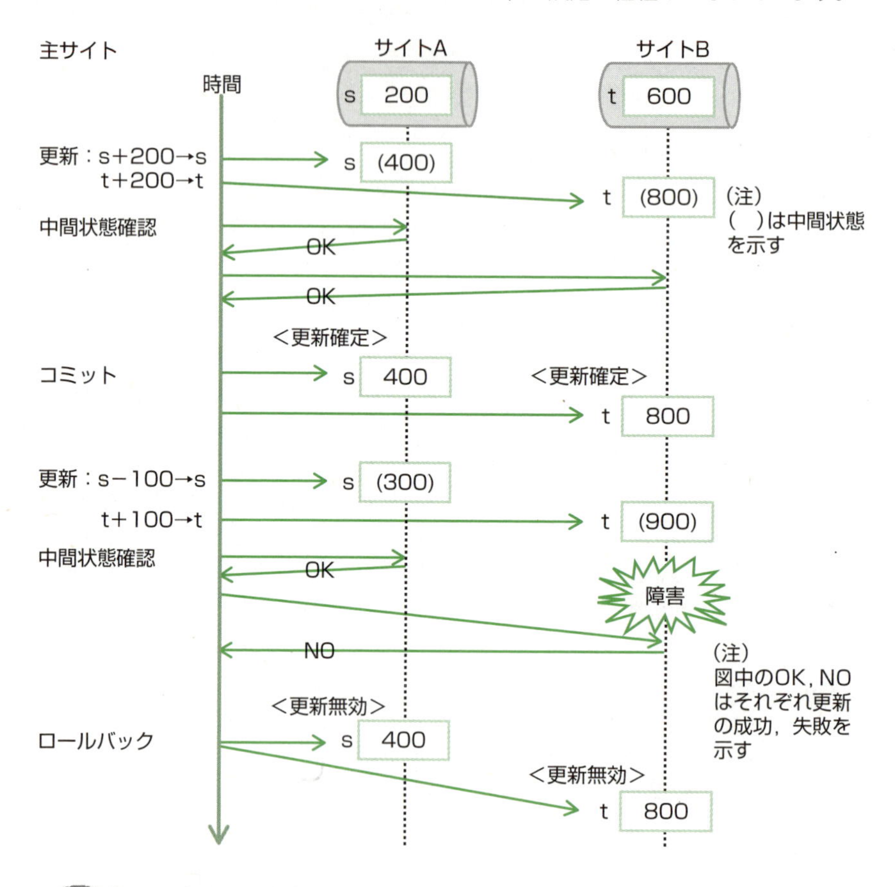

“くれば”で覚える

2相コミットメント とくれば **コミットするか，ロールバックするかのどちらか**

確認問題 1

▶平成28年度春期　問30　　正解率 ▶ 中　　基本

DBMSにおいて，複数のトランザクション処理プログラムが同一データベースを同時に更新する場合，論理的な矛盾を生じさせないために用いる技法はどれか。

ア　再編成　　イ　正規化　　ウ　整合性制約　　エ　排他制御

排他制御は，複数のトランザクション処理プログラムが同一データベースを同時に更新する場合，論理的な矛盾を生じさせないために用いる技法です。

確認問題 2

▶平成30年度春期　問30　　正解率 ▶ 中　　応用

RDBMSのロックの粒度に関する次の記述において，a，bの組合せとして適切なものはどれか。

並行に処理される二つのトランザクションがそれぞれ一つの表内の複数の行を更新する。行単位のロックを使用する場合と表単位のロックを使用する場合とを比べると，ロックの競合がより起こりやすいのは［　a　］単位のロックを使用する場合である。また，トランザクション実行中にロックを管理するためのRDBMSのメモリ使用領域がより多く必要になるのは［　b　］単位のロックを使用する場合である。

	a	b
ア	行	行
イ	行	表
ウ	表	行
エ	表	表

粒度とは，「単位がどれほど細かいか」という意味です。ロックを管理するためのメモリ使用領域が多いとは，「どこをロックしたか」という情報が多いということです。
表単位のロックだと，片方のトランザクションが更新している間，もう片方のトランザクションはアクセスできなくなります。行単位のロックならば，行が競合しなければ，二つのトランザクションが別々の行を更新することが可能です。このためロックの競合が起きやすいのは表単位のロックです。
ロックを管理するRDBMSのメモリは，ロックをかける箇所が増えると，「どこをロックしたか」という情報が増えることになり，使用領域が増えます。表単位より行単位で細かくロックすると，メモリ使用領域が増えます。
なお，RDBMSはリレーショナルデータベースのDBMSのことです。

確認問題　3

▸平成29年度春期　問28　　正解率▸中　　基本

分散データベースシステムにおいて，一連のトランザクション処理を行う複数サイトに更新処理が確定可能かどうかを問い合わせ，全てのサイトが確定可能である場合，更新処理を確定する方式はどれか。

ア　2相コミット　　　イ　排他制御
ウ　ロールバック　　　エ　ロールフォワード

分散データベースでの更新処理の確定は，2相コミットです。コミットもロールバックも可能な中間状態を設定し，その後，確定処理に入るという2段階の過程をたどります。

確認問題　4

▸平成26年度春期　問30　　正解率▸低　　応用

トランザクションの同時実行制御に用いられるロックの動作に関する記述のうち，適切なものはどれか。

ア　共有ロック獲得済の資源に対して，別のトランザクションからの新たな共有ロックの獲得を認める。
イ　共有ロック獲得済の資源に対して，別のトランザクションからの新たな専有ロックの獲得を認める。
ウ　専有ロック獲得済の資源に対して，別のトランザクションからの新たな共有ロックの獲得を認める。
エ　専有ロック獲得済の資源に対して，別のトランザクションからの新たな専有ロックの獲得を認める。

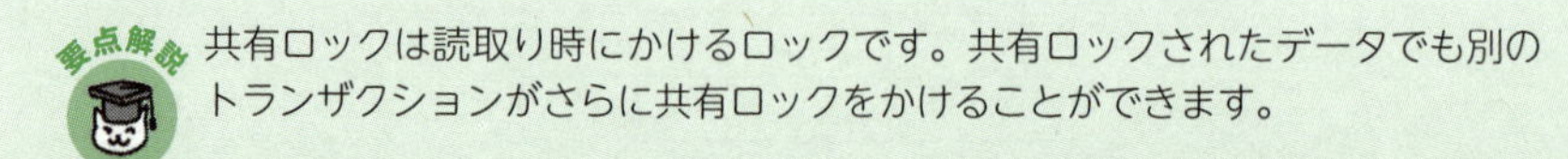

共有ロックは読取り時にかけるロックです。共有ロックされたデータでも別のトランザクションがさらに共有ロックをかけることができます。

確認問題 5

▸令和元年度秋期 問28　　正解率▸低　　応用

一つのトランザクションはトランザクションを開始した後，五つの状態（アクティブ，アボート処理中，アボート済，コミット処理中，コミット済）を取り得るものとする。このとき，取ることのない状態遷移はどれか。

	遷移前の状態	遷移後の状態
ア	アボート処理中	アボート済
イ	アボート処理中	コミット処理中
ウ	コミット処理中	アボート処理中
エ	コミット処理中	コミット済

要点解説

イの「アボート処理中からコミット処理中」への状態遷移は，強制終了でロールバックしようとしているのにコミットしようとすることになり，あり得ません。

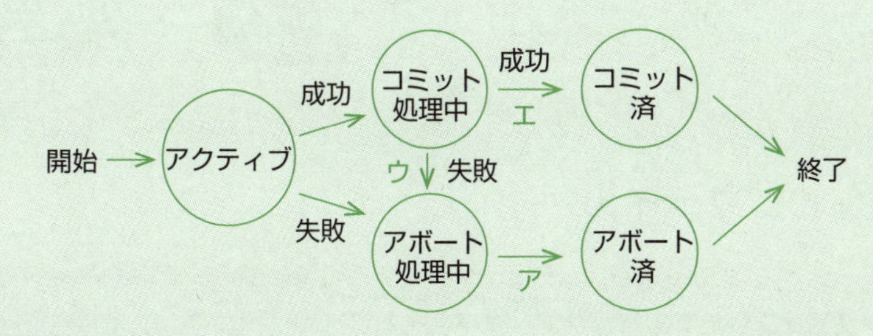

解答

問題1：エ　問題2：ウ　問題3：ア　問題4：ア　問題5：イ

6-05 データベースの障害回復

時々出　必須　超重要

イメージでつかむ

保存していたデータを取り出せなくなって初めて後悔をするものです。

備えあれば憂いなし。

データベースでは，障害が発生したときの復旧対策が重要です。

ログファイル

データベースのハードウェア障害やシステム障害に備え，**データベースの全データをバックアップした**フルバックアップファイルのほかに，ログファイルを取っています。

ログファイルは，データベースの障害回復のために，**データベースの更新前や更新後の値を書き出して，データベースの更新記録を取ったもの**です。**ジャーナルファイル**とも呼ばれています。

“くれば”で覚える

ログファイル　とくれば　**データベースの更新記録（更新前・更新後）**

データベースの障害回復

データベースのハードウェア障害やシステム障害が発生したときに，データベースを回復する処理（リカバリ処理）として，次のような方法があります。

ロールフォワード

ロールフォワード（Roll Forward）は，**データベースのハードウェア障害に対し**

て，フルバックアップ時点の状態に復元した後，ログファイルの更新後情報を使用して復旧させる方法です。

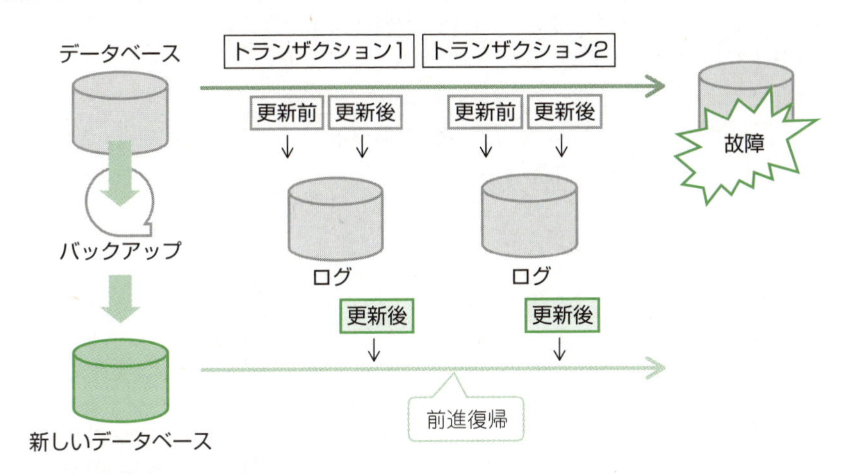

"くれば"で覚える

ロールフォワード とくれば **フルバックアップファイルとログファイルの更新後情報で復旧する**

ロールバック

ロールバック（Roll Back）は，**トランザクション処理プログラムが，データベースの更新途中に異常終了した場合に，ログファイルの更新前情報を使用して復旧させる方法**です。これは，処理を無効として取り消すイメージです。

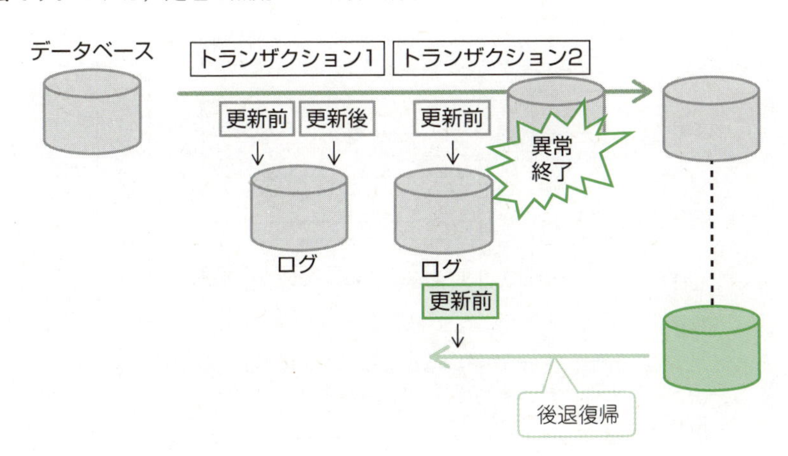

“くれば”で覚える

ロールバック とくれば **ログファイルの更新前情報で復旧する**

ロールフォワードとロールバックは用語が似ていて間違えやすいですが，どちらもよく出るので区別して覚えましょう。「更新**後**情報を使って，やったことを復元する」のがロールフォワードで，「更新**前**情報を使って，無かったことにする」のがロールバックです。

チェックポイント

通常，トランザクションがコミットされると，DBMSは更新情報をメモリ上のバッファとログファイルに書き出します（コミット時にはデータベースへは反映しません）。メモリ上のバッファからデータベースへの更新は，チェックポイントのタイミングで一括して反映させます。もしシステム障害でバッファ上のデータが消失したなら，直近のチェックポイント以降の更新内容が失われてしまいます。この場合は，チェックポイント時のデータとログファイルの更新履歴を使って，データベースを回復させます。

例えば次の図で，チェックポイント以降にコミットした後，障害が発生したトランザクション（T2・T3）は，ログファイルの更新後情報を使用して，障害発生直前の状態まで回復させます（**ロールフォワード**）。また，障害発生時にまだコミットされていないトランザクション（T4・T5）は，ログファイルの更新前情報を使用してトランザクション開始時点の状態まで回復させます（**ロールバック**）。なお，チェックポイント時にはコミットが終了しているトランザクション（T1）は回復の対象ではありません。

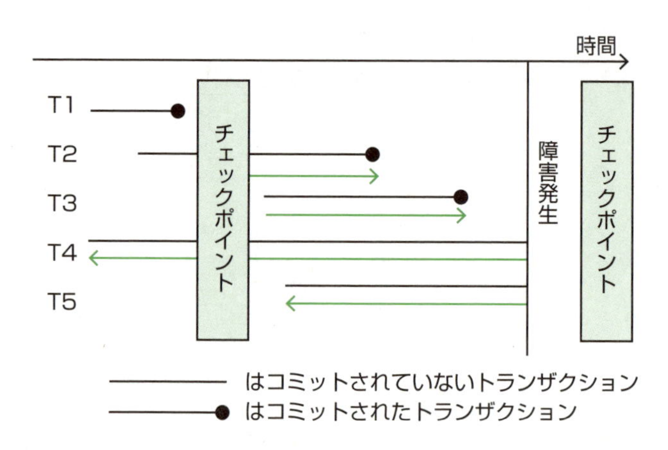

確認問題 1

▶平成31年度春期　問57　　正解率▶中　基本

ディスク障害時に，フルバックアップを取得してあるテープからディスクにデータを復元した後，フルバックアップ取得時以降の更新後コピーをログから反映させてデータベースを回復する方法はどれか。

ア　チェックポイントリスタート　　イ　リブート
ウ　ロールバック　　エ　ロールフォワード

フルバックアップした時点の状態に復元した後，フルバックアップ以降のログファイルの更新後コピーからデータベースを回復させるのは，ロールフォワードです。

確認問題 2

▶平成29年度秋期　問30　　正解率▶中

トランザクション処理プログラムが，データベース更新の途中で異常終了した場合，ロールバック処理によってデータベースを復元する。このとき使用する情報はどれか。

ア　最新のスナップショット情報
イ　最新のバックアップファイル情報
ウ　ログファイルの更新後情報
エ　ログファイルの更新前情報

ロールバックは「無かったことにする」処理です。使用する情報は，ログファイルの更新前情報です。

解答

問題1：エ　　問題2：エ

6 06 データ操作とSQL

時々出　必須　**超重要**

イメージでつかむ

SELECT文に慣れてくると，池から魚を釣る感覚で，面白いように関係データベースからデータを抽出することができます。

関係演算

関係演算は，**関係データベースの表から目的のデータを取り出す演算**です。次のデータ操作を行うことができます。

射影（Projection）	表の中から特定の列を抽出する
選択（Selection）	表の中から条件に合致した行を抽出する
結合（Join）	二つ以上の表を結合して，一つの表を生成する

知っ得情報　集合演算

集合演算は，同じ列で構成される二つの表から新しい表を取り出す演算です。

和	二つの表にある全ての行を取り出す。同じ行は一つにまとめる
積	二つの表に共通している行を取り出す
差	一方の表から他方の表を取り除く

以下は，先の関係演算のイメージです。

得意先名	製品番号	受注数
X商店	B001	3,000
Y代理店	A002	2,000
Z販売店	A001	2,500

製品番号	製品名
A001	テレビ
A002	ビデオデッキ
B001	ラジオ

射影

得意先名
X商店
Y代理店
Z販売店

選択

製品番号	製品名
A001	テレビ

結合

得意先名	製品番号	製品名	受注数
X商店	B001	ラジオ	3,000
Y代理店	A002	ビデオデッキ	2,000
Z販売店	A001	テレビ	2,500

"くれば"で覚える

射影 とくれば **列を抽出する**
選択 とくれば **行を抽出する**
結合 とくれば **二つ以上の表を結合して，一つの表を生成する**

SQL

関係データベースの表を定義したり，データを操作したりするときに，SQL (Structured Query Language) という言語を使います。SQLには，**データベースや表などを定義するデータ定義言語** (**DDL**：Data Definition Language) と，**データの抽出や挿入，更新，削除などを行うデータ操作言語** (**DML**：Data Manipulation Language) があります。

SQLは午前問題にも出題されますが，特に午後問題でほぼ毎回出題があります。

データ定義言語

表の定義

表を定義するには，次の「CREATE TABLE文」を使います。なお，表の定義は，3層スキーマの概念スキーマ(6-01参照)に相当するものです。実際に業務で使うデータの構造を定義したもので，磁気ディスクに存在する**実表** (**基底表**) です。

構 文	意 味
CREATE TABLE 表名(列名 データ型[オプション],…)	表を作成する
PRIMARY KEY	主キーを設定する。一意制約かつNULLが禁止になる
FOREIGN KEY (列名) REFERENCES 表 (列名)	外部キーを設定し参照制約をつける
UNIQUE (列名)	一意制約をつける(重複を禁止する)
CHECK (列名 条件)	検査制約をつける(値に条件をつける)
NOT NULL	NULLを許容しない
CREATE VIEW 表名…	ビュー表を作成する

社員表(6-02参照)を定義してみましょう。参照制約は,FOREIGN KEYとREFERENCESを用いて指定します。

```
CREATE TABLE 社員表(
  社員コード CHAR(5) PRIMARY KEY,   ←主キー
  名前 VARCHAR(20),部署コード CHAR(3),給料 NUMERIC,
  FOREIGN KEY(部署コード) REFERENCES 部署表(部署コード))   ←外部キー
```

ここで,CHAR( )は固定長の文字データ,VARCHAR( )は可変長の文字データ,NUMERICは数値データを定義しています。

これで,以下のような表が定義されます。

社員表

社員コード	名前	部署コード	給料

ビューの定義

ビューは,**実際に存在する実表から必要な部分を取り出して,一時的に作成した表のこと**です。利用者に対して,実表と異なる表現で利用者に提示することができます。ビューを定義するには,「CREATE VIEW文」を使います。なお,ビューの定義は,3層スキーマの外部スキーマに相当するものです。磁気ディスクには存在しない**仮想表**(**導出表**)です。

例えば,先に定義した社員表から,社員コード,名前,給料の列を取り出した社員給料表を定義してみましょう。

```
CREATE VIEW 社員給料表(社員コード,名前,給料)
    AS SELECT 社員コード,名前,給料 FROM 社員表
```

社員給料表

社員コード	名前	給料

利用者には部署コードは見えません

データ操作言語

関係データベースの表から必要なデータを抽出するには,「SELECT文」を使います。データを抽出することを**問合せ**(**クエリ**)と呼ばれています。

「SELECT文」では,どの列を,どの表から,どういう条件で抽出するかを記述し,これにより,射影・選択・結合の関係演算を行うことができます。

●SELECTの基本形

```
SELECT 列名1, 列名2 ………… 抽出する列(射影すべき列)を指定する
  FROM 表名1, 表名2 ……… 抽出対象となる表を指定する
  WHERE 条件式………………… 抽出条件(選択すべき行の条件)を指定する
```

射影

射影は,表の中から特定の列を抽出します。

●例1 商品表から品名を抽出する

```
SELECT 品名 FROM 商品表
```

商品表

番号	品名	価格
010	パソコン本体	80,000
011	ディスプレイ	35,000
020	プリンタ	25,000
025	キーボード	1,000
030	マウス	3,000

抽出結果

品名
パソコン本体
ディスプレイ
プリンタ
キーボード
マウス

選択

選択は,表の中から条件に合致した行を抽出します。「WHERE条件式」には,次の比較演算子や論理演算子を指定します。

	構 文	意 味
比較演算子	A＝B	AはBと等しい
	A<>B	AはBと等しくない
	A>B	AはBより大きい
	A<B	AはBより小さい(AはB未満)
	A>＝B	AはBと等しいか,より大きい(AはB以上)
	A<＝B	AはBと等しいか,より小さい(AはB以下)
論理演算子	A AND B	AかつB
	A OR B	AまたはB
	NOT A	Aではない

●例2　商品表から番号が，'010'，'020'，'030'の商品情報（全ての列）を抽出する

```
SELECT ＊ FROM 商品表
    WHERE 番号='010' OR 番号='020' OR 番号='030'
```

ここで，対象となる表の全ての列を抽出する場合は，SELECTの直後に「＊」を指定します。次の「SELECT文」と同じ意味です。

```
SELECT 番号, 品名, 価格 FROM 商品表
    WHERE 番号='010' OR 番号='020' OR 番号='030'
```

商品表

番号	品名	価格
010	パソコン本体	80,000
011	ディスプレイ	35,000
020	プリンタ	25,000
025	キーボード	1,000
030	マウス	3,000

→

抽出結果

番号	品名	価格
010	パソコン本体	80,000
020	プリンタ	25,000
030	マウス	3,000

もっと詳しく　IN

例2のORの代わりに，「**IN**」を使うことができます。INは，副問合せ（6-08参照）でも使われます。

```
SELECT ＊ FROM 商品表
    WHERE 番号 IN ('010', '020', '030')
```

●例3　商品表から，価格が1万円以上5万円以下の商品情報を抽出する

```
SELECT ＊ FROM 商品表
    WHERE 価格>=10000 AND 価格<=50000
```

商品表

番号	品名	価格
010	パソコン本体	80,000
011	ディスプレイ	35,000
020	プリンタ	25,000
025	キーボード	1,000
030	マウス	3,000

→

抽出結果

番号	品名	価格
011	ディスプレイ	35,000
020	プリンタ	25,000

もっと詳しく　BETWEEN

例3のANDの代わりに，「**BETWEEN**」を使って，上限と下限の範囲を指定することができます。

```
SELECT ＊ FROM 商品表
    WHERE 価格 BETWEEN 10000 AND 50000
```

さらに，論理演算子を複数組み合わせることもできます。そのときの優先順位は，NOT→AND→ORの順番に処理されます。優先順位は，（　）を使用することで変更でき，（　）から囲まれた条件が最初に処理されます。

結合

結合は，二つ以上の表を結合して，一つの表を生成します。「FROM」で抽出対象となる表を複数指定し，「WHERE 条件式」で表間をどの列で結合するかを指定します。

ここで，指定した複数の表に同じ列名がある場合は，「表名.列名」で区別します。例えば，「受注表.商品番号」とは，受注表にある「商品番号」を，「商品表.商品番号」とは，商品表にある「商品番号」をそれぞれ意味します。

●例4　受注表と商品表を結合し，顧客名と商品名，単価を抽出する

```
SELECT 顧客名，商品名，単価
    FROM 受注表，商品表
    WHERE 受注表.商品番号=商品表.商品番号
```

受注表

顧客名	商品番号
大山商店	TV28
大山商店	TV28W
大山商店	TV32
小川商店	TV32
小川商店	TV32W

商品表

商品番号	商品名	単価
TV28	28型テレビ	25,000
TV28W	28型テレビ	25,000
TV32	32型テレビ	30,000
TV32W	32型テレビ	30,000

抽出結果

顧客名	商品名	単価
大山商店	28型テレビ	25,000
大山商店	28型テレビ	25,000
大山商店	32型テレビ	30,000
小川商店	32型テレビ	30,000
小川商店	32型テレビ	30,000

もっと詳しく DISTINCT

例4で，「**DISTINCT**」を指定すると，重複した行を一つにまとめることができます。

```
SELECT DISTINCT 顧客名，商品名，単価
    FROM 受注表，商品表
    WHERE 受注表．商品番号=商品表．商品番号
```

顧客名	商品名	単価
大山商店	28型テレビ	25,000
大山商店	32型テレビ	30,000
小川商店	32型テレビ	30,000

重複行なし

重複行なし

知っ得情報 LIKE

「WHERE 条件式」に「**LIKE**」を使うと，文字列の一部分が一致する行を抽出することができます。次のようなワイルドカードを指定します。

%	0文字以上の任意の文字列
_	1文字の任意の文字列

社員表から，氏名に“三”の文字を含む社員情報を抽出します。

```
SELECT * FROM 社員表
    WHERE 氏名 LIKE '%三%'
```

(参考)

氏名 LIKE '三%' ………氏名の最初が'三'で始まる社員(三橋，三田…など)

氏名 LIKE '%三' ………氏名の最後が'三'で終わる社員(重三，雄三…など)

確認問題 1

▸平成31年度春期　問29　　正解率▸中　　応用

“学生”表と“学部”表に対して次のSQL文を実行した結果として，正しいものはどれか。

学生

氏名	所属	住所
応用花子	理	新宿
高度次郎	人文	渋谷
午前桜子	経済	新宿
情報太郎	工	渋谷

学部

学部名	住所
工	新宿
経済	渋谷
人文	渋谷
理	新宿

```
SELECT 氏名 FROM 学生, 学部
    WHERE 所属 = 学部名 AND 学部.住所 = '新宿'
```

ア
氏名
応用花子

イ
氏名
応用花子
午前桜子

ウ
氏名
応用花子
情報太郎

エ
氏名
応用花子
情報太郎
午前桜子

SQL文の意味は,
* 学生表と学部表をもとに，氏名を抽出する。
* 抽出する条件は，所属＝学部名で結合し，学部の住所が新宿であることです。
学生の「所属」と，学部の「学部名」で結合すると以下のようになります。
所属が人文と経済の学生は，学部の住所が新宿ではないので該当しません。
情報太郎さんの住所は渋谷ですが，学部は工学部で新宿にあるので該当します。

氏名	所属	住所	学部名	学部.住所
応用花子	理	新宿	理	**新宿**
高度次郎	人文	渋谷	人文	渋谷
午前桜子	経済	新宿	経済	渋谷
情報太郎	工	渋谷	工	**新宿**

確認問題 2

▸平成25年度春期 問27　正解率▸高　応用

列A1 ～ A5から成るR表に対する次のSQL文は，関係代数のどの演算に対応するか。

```
SELECT A1, A2, A3 FROM R
   WHERE A4 = 'a'
```

ア　結合と射影　イ　差と選択　ウ　選択と射影　エ　和と射影

要点解説

WHERE句でA4='a'の行を抽出し(選択)，SELECT文でA1，A2，A3列を抽出(射影)しているので，ウの選択と射影の演算を行っています。
なお，R表は以下のようなイメージです。太線の中のデータを抽出します。

R

A1	A2	A3	A4	A5
			a	

解答

問題1：ウ　問題2：ウ

第6章 データベース技術

6 07 SQL(並べ替え・グループ化)

時々出　必須　超重要

イメージでつかむ

家計簿を集計するとき，電気代，ガス代は光熱費に，米代や野菜代は食費にグループ分けします。

SELECT文でも，まずはグループごとにまとめてから数えます。

並べ替え

SQLの「SELECT文」で，「ORDER BY 列名」を指定すると，列の内容で昇順(ASC)，または降順(DESC)に行を並べ替えることができます。なお，ASCは省略可能です。

```
SELECT ～ ORDER BY 列名 ASC または DESC, …
```

●例1　日付の昇順に並べ替える

```
SELECT * FROM 出庫記録
    ORDER BY 日付 ASC
```

ASCは省略可能

さらに，複数の列で並べ替えることもできます。

●例2　日付の昇順，さらに同じ日付の中で数量の降順で並べ替える

```
SELECT * FROM 出庫記録
    ORDER BY 日付, 数量 DESC
```

ASCは省略

出庫記録（並べ替え前）

商品番号	日付	数量
200	20001010	3
400	20001011	1
100	20001010	1
300	20001011	2

出庫記録（並べ替え後）

商品番号	日付	数量
200	20001010	3
100	20001010	1
300	20001011	2
400	20001011	1

昇順　降順

"くれば"で覚える

ORDER BY とくれば **並べ替え。ASC（昇順），DESC（降順）**

集合関数

SQLには，**指定した列の値を集計する集合関数**（集約関数・集計関数）が用意されています。次のような集合関数があります。

関数	機能
SUM（列名）	指定した列の合計を求める
AVG（列名）	指定した列の平均を求める
MAX（列名）	指定した列の最大値を求める
MIN（列名）	指定した列の最小値を求める
COUNT（*）	指定した行数を求める

"くれば"で覚える

COUNT(*) とくれば **行数を求める関数**

グループ化

「SELECT文」で，「GROUP BY 列名」を指定すると，指定した列の内容が一致する行をグループ化（一つの行にまとめる）できます。

```
SELECT 〜 GROUP BY 列名
```

●例3 販売表から，商品コードごとの販売数量の合計を求め，商品コードと販売数量の合計を抽出する

ここで，SELECT直後の列名には，集合関数を除いてGROUP BY句に指定した列名以外を含めてはいけません。

第6章 データベース技術

```
SELECT 商品コード, SUM(販売数量)
    FROM 販売表
    GROUP BY 商品コード
```

販売表

得意先	商品コード	販売数量
K商会	A5023	100
S商店	A5023	150
K商会	A5025	120
K商会	A5027	100
S商店	A5027	160

抽出結果

商品コード	
A5023	250
A5025	120
A5027	260

"くれば"で覚える

GROUP BY とくれば **グループ化**

AS

集合関数で求めた列に,「**AS**」を使って新たに別名を付けることができます。

●例4　例3で求めたSUM(販売数量)の列に別名を付ける

```
SELECT 商品コード, SUM(販売数量) AS 合計数量
    FROM 販売表
    GROUP BY 商品コード
```

抽出結果

商品コード	合計数量
A5023	250
A5025	120
A5027	260

"くれば"で覚える

AS とくれば **別名を付ける**

HAVING

「GROUP BY列名」で指定したグループに対して,「**HAVING**」を使ってグループに対する条件を付けることができます。

```
GROUP BY 列名 HAVING グループに対する条件
```

●例5　販売表から，商品コードごとの販売数量の合計が250を超える商品の商品コードと販売数量の合計を抽出する

```
SELECT 商品コード, SUM(販売数量) AS 合計数量
    FROM 販売表
    GROUP BY 商品コード HAVING SUM(販売数量)>250
```

抽出結果

商品コード	合計数量
A5027	260

"くれば"で覚える

HAVING　とくれば　**グループに対して条件を付ける**

第6章 データベース技術

確認問題 1

▸令和元年度秋期　問26　　正解率▸中　　応用

"得点"表から，学生ごとに全科目の点数の平均を算出し，平均が80点以上の学生の学生番号とその平均点を求める。aに入れる適切な字句はどれか。ここで，実線の下線は主キーを表す。

得点(学生番号，科目，点数)

〔SQL文〕

```
SELECT 学生番号, AVG(点数)
    FROM 得点
    GROUP BY [ a ]
```

ア　科目 HAVING AVG(点数) >= 80
イ　科目 WHERE 点数 >= 80
ウ　学生番号 HAVING AVG(点数) >= 80
エ　学生番号 WHERE 点数 >= 80

GROUP BYでグループ化したグループに対して「平均が80点以上」という条件を付けるにはWHEREではなくHAVINGを使います。
アは科目ごとにグループ化してしまっています。

解答

問題1：ウ

6 08 SQL(副問合せ)

時々出　必須　超重要

イメージでつかむ

何事も，成功するかどうかは準備にかかっています。
SQLでも，あらかじめ準備したものをほかのものに使う方法があります。

副問合せ

副問合せは，**「SELECT文のWHERE」に，さらに「SELECT文」を組み込み，いったん抽出した結果を条件として，再度抽出すること**です。これは参考となるデータをあらかじめ準備して，そのデータを使って資料を作成するようなイメージです。

IN（その否定はNOT IN）を使った副問合せと，EXISTS（その否定はNOT EXISTS）を使った相関副問合せがあります。

INを使った副問合せ

IN（　）は，（　）内に含まれる行を抽出します。

```
SELECT 列名 FROM 表
    WHERE 列名 IN（SELECT ～ ）
```

●例1　社員表からIPのスキルをもっている社員情報を抽出する

```
SELECT ＊ FROM 社員表  ←主問合せ
    WHERE 社員番号 IN（SELECT 社員番号 FROM 社員スキル表
                      WHERE スキルコード='IP'）  ←副問合せ
```

社員表

社員番号	社員名	所属
0001	鈴木	A1
0002	田中	A2
0003	佐藤	B1
0004	橋本	D3
0005	今井	A1
0006	木村	B1

社員スキル表

社員番号	スキルコード	登録日
0001	FE	19991201
0001	DB	20010701
0002	IP	19980701
0002	FE	19990701
0002	AP	20000701
0005	IP	19991201

どのように抽出されるか，順に見ていきましょう。

①副問合せで，社員スキル表からIPのスキルをもっている「社員番号」を抽出します。

社員スキル表

社員番号	スキルコード	登録日
0001	FE	19991201
0001	DB	20010701
0002	IP	19980701
0002	FE	19990701
0002	AP	20000701
0005	IP	19991201

副問合せ結果

社員番号
0002
0005

②主問合せで，副問合せ結果の社員番号（'0002'と'0005'）を含む行が抽出対象となります。

```
SELECT * FROM 社員表
  WHERE 社員番号 IN ('0002', '0005')
```

これは，次のSQLと同じ意味です。

```
SELECT * FROM 社員表
  WHERE 社員番号='0002' OR 社員番号='0005'
```

副問合せ結果

社員番号
0002
0005

社員表

社員番号	社員名	所属
0001	鈴木	A1
0002	田中	A2
0003	佐藤	B1
0004	橋本	D3
0005	今井	A1
0006	木村	B1

抽出結果

社員番号	社員名	所属
0002	田中	A2
0005	今井	A1

NOT INを使った副問合せ

NOT IN（　）は，（　）内に含まれない行を抽出します。

●例2　社員表からIPのスキルをもっていない社員情報を抽出する

```
SELECT * FROM 社員表  ←主問合せ
    WHERE 社員番号 NOT IN (SELECT 社員番号 FROM 社員スキル表
                           WHERE スキルコード='IP')  ←副問合せ
```

副問合せ結果

社員番号
0002
0005

社員表

社員番号	社員名	所属
0001	鈴木	A1
0002	田中	A2
0003	佐藤	B1
0004	橋本	D3
0005	今井	A1
0006	木村	B1

副問合せの否定

抽出結果

社員番号	社員名	所属
0001	鈴木	A1
0003	佐藤	B1
0004	橋本	D3
0006	木村	B1

EXISTSを使った相関副問合せ

相関副問合せは，**主問合せから副問合せに一行ずつ渡し，存在の有無を判断して「真」か「偽」の結果を，副問合せから主問合せに返すことを繰り返しながら抽出すること**です。

EXISTS（　）は，（　）内の行が存在するときに「真」を，存在しないときに「偽」を返します。

```
SELECT 列名 FROM 表
    WHERE EXISTS (SELECT ～ )
```

●例3　社員表からIPのスキルをもっている社員情報を抽出する

```
SELECT * FROM 社員表  ←主問合せ
    WHERE EXISTS (SELECT * FROM 社員スキル表  ←副問合せ
                  WHERE スキルコード='IP'
                  AND 社員表.社員番号=社員スキル表.社員番号)
```

どのように抽出されるか，順に見ていきましょう。

①主問合せの社員表から1行目を取り出し，副問合せの社員スキル表に「スキルコードが'IP'で，かつ社員番号が一致する行が存在するか」を問合せします。存在する(真)なら，この行を抽出対象とします。

社員表

社員番号	社員名	所属
0001	鈴木	A1
0002	田中	
0003	佐藤	B1
0004	橋本	D3
0005	今井	
0006	木村	B1

社員スキル表

社員番号	スキルコード	登録日	
0001	FE	19991201	偽
	DB	20010701	偽
0002	IP	19980701	真
0002	FE	19990701	偽
	AP	20000701	偽
0005	IP	19991201	真

存在の有無を問合せる →

← 真か偽かを返す

②これを繰り返します。

抽出結果

社員番号	社員名	所属
0002	田中	A2
0005	今井	A1

NOT EXISTSを使った相関副問合せ

NOT EXISTS（　）は，（　）内の行が存在しないときに「真」を，存在するときに「偽」を返します。

●例4　IPのスキルをもっていない社員情報を抽出する

```
SELECT * FROM 社員表 ←主問合せ
    WHERE NOT EXISTS (SELECT * FROM 社員スキル表 ←副問合せ
                      WHERE スキルコード='IP'
                      AND 社員表.社員番号=社員スキル表.社員番号)
```

抽出結果

社員番号	社員名	所属
0001	鈴木	A1
0003	佐藤	B1
0004	橋本	D3
0006	木村	B1

知っ得情報 組込みSQL

C言語などで書かれたプログラム内にSQLを記述して，関係データベースの操作をプログラムから行うことができます。これを**組込みSQL**といいます。

プログラム言語は通常レコード単位の処理を行います。しかしSQLでは問合せ結果が複数行になることがあり，そのままでは処理はできません。その間を**カーソル**(CURSOR)によって橋渡しします。カーソルというと，文章入力時に点滅して現在の入力位置を示す「|」の記号を想像しますが，現在の処理対象を示すという点は同じです。

問合せによって得られたビューから1行ずつ取り出して(FETCH)，現在の処理対象とし，親プログラムであるC言語などに引き渡して，レコードの追加(INSERT)や更新(UPDATE)，削除(DELETE)などの処理を行います。

アドバイス [「ウ」で埋めればいいって本当？]

「正解はウが一番多いから，試験本番で，わからなかったらウにする」というテクニックを聞いたことがあるかもしれません。しかし，令和元年までの過去9回分で選択肢ごとの数の順位を調べてみたところ，1位になった回数が一番多いのは「エ」でした。

実は試験の選択肢の順番は決まっていて，選択肢の文字の昇順になっているのです。特定の選択肢が多くなる必然性はありません。歯が立たない問題に何か記入しておけばまぐれで当たるかもしれませんが，それはウである必要はなく，なんでもいいのです。

確認問題 1 ▸平成30年度春期 問28 正解率▸低 応用

次の埋込みSQLを用いたプログラムの一部において，Xは何を表す名前か。

```
EXEC SQL OPEN X;
  EXEC SQL FETCH X INTO:NAME, :DEPT, :SALARY;
  EXEC SQL UPDATE 従業員
      SET 給与 = 給与 * 1.1
      WHERE CURRENT OF X;
EXEC SQL CLOSE X;
```

ア カーソル　　イ スキーマ　　ウ テーブル　　エ ビュー

EXEC SQLは，プログラムでSQLを扱うときの宣言です。
このSQLでは，「SET 給与 = 給与 * 1.1」で，従業員表の給与を1.1倍して更新しています。OPEN Xでカーソルを開き，FETCH X INTOで元のプログラムの変数に代入しています。

確認問題 2

▸平成26年度春期　問28　　正解率▸低　　応用

“商品”表，“在庫”表に対する次のSQL文の結果と，同じ結果が得られるSQL文はどれか。ここで，下線部は主キーを表す。

```
SELECT 商品番号 FROM 商品
  WHERE 商品番号 NOT IN (SELECT 商品番号 FROM 在庫)
```

商品

商品番号（下線）	商品名	単価

在庫

倉庫番号（下線）	商品番号（下線）	在庫数

```
ア SELECT 商品番号 FROM 在庫
     WHERE EXISTS (SELECT 商品番号 FROM 商品)
イ SELECT 商品番号 FROM 在庫
     WHERE NOT EXISTS (SELECT 商品番号 FROM 商品)
ウ SELECT 商品番号 FROM 商品
     WHERE EXISTS (SELECT 商品番号 FROM 在庫
                WHERE 商品.商品番号 = 在庫.商品番号)
エ SELECT 商品番号 FROM 商品
     WHERE NOT EXISTS (SELECT 商品番号 FROM 在庫
                WHERE 商品.商品番号 = 在庫.商品番号)
```

要点解説

“商品”表から，“在庫”表にない（存在しない）商品番号を抽出します。
アとイは，“在庫”表から抽出しているので明らかに誤り。
ウは，“商品”表から，“在庫”表にある（存在している）商品番号を抽出します。

解答

問題1：ア　　問題2：エ

第6章 データベース技術

6 09 データベースの応用

時々出　必須　超重要

イメージでつかむ

「ここ掘れワンワン」ではないけれども，大量のデータから新たな発見があるかも。

NoSQL

NoSQL (Not Only SQL) は，**SQLを使わないで操作するデータベース全般のこと**です。ビッグデータ（後述）の保存や解析を目的としています。Not Only SQLは，「SQLだけではない」という意味です。データベースの構造が柔軟に変更でき，データの増加に対応しやすいなどの特徴があります。ただし，データの正規化や表の結合はできず，集計や検索は不得意なので，目的に応じて使い分けます。

NoSQLのデータベースには，次のようなものがあります。

分　類	特　徴	データのイメージ
キーバリュー型	保存したいデータと，そのデータを一意に識別できるキーを組みとして管理する	10010,伊藤, 10020,鈴木,
カラム指向型	キーに対するカラム（項目）を自由に追加できる	10010,伊藤,営業, 10020,鈴木,総務,読書,
ドキュメント指向型	ドキュメント1件が1つのデータとなる。データ構造は自由。XMLなどでデータを記述する	10010,伊藤,営業, 10020,鈴木,総務,［読書,ドライブ,映画鑑賞］
グラフ指向型	グラフ理論（11-10参照）に基づき，ノード間を方向性のあるリレーションでつないで構造化する	10010,伊藤 10020,鈴木 10010,Follow-->,10020

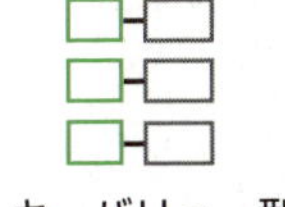

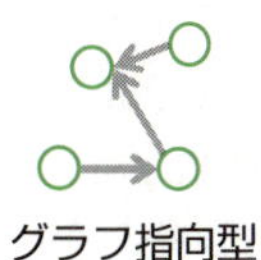

データベースの応用

企業では，データベースに大量のデータを蓄積し，さまざまな形で有効活用しています。

データウェアハウス	企業のさまざまな活動を通して得られた大量のデータを整理・統合して蓄積したデータベース。意思決定支援などに活用する。Data Wearhouseには，「データの倉庫」という意味がある
データレイク	必要に応じて加工するために，データを発生したままの未処理の形でリアルタイムに蓄積するデータウェアハウスの一種
データマート	利用者が情報を利用するために，データウェアハウスから抽出した目的別のデータベース。あらかじめ集計処理などをしておくと，探索時間を短縮できる。Martには，「小売店」という意味がある
データマイニング	大量のデータを統計的・数学的手法で分析し，新たな法則や因果関係を見つけ出すこと。Miningには，「発掘」という意味がある
BIツール (Business Intelligenceツール)	データウェアハウスやデータマートに蓄積された情報を，データマイニングなどで分析し，経営判断上の有用な情報を取り出すツール。専門知識がない利用者も容易に操作ができる

ビッグデータ

ビッグデータは，**多種多様で高頻度に更新される大量のデータのこと**です。例えば，サーバのログや売上データ，購入履歴，GPSやRFIDのデータ，SNSのコメント，電子メール，動画などがあり，これらを組み合わせて分析することで，新たな価値を生み出すことができると期待されています。

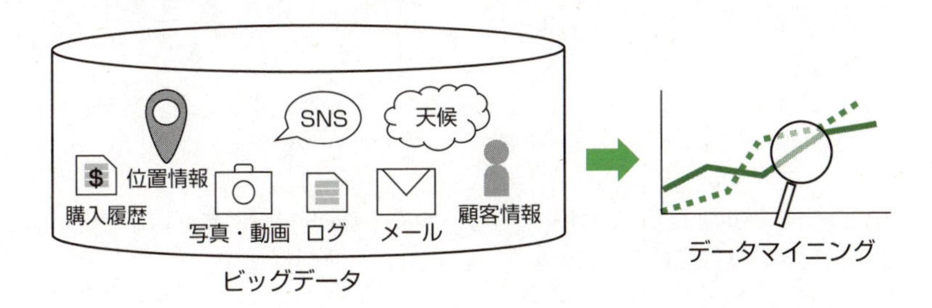

また，**オープンデータ**は，**機械判読に適した形式で，原則無償で自由に二次利用できるというルールの下で，国・自治体・企業などが公開するデータ**です。ビッグデータなどに組み合わせて編集加工することで，各種の問題解決に寄与するとされています。

データ資源の管理

データベースを効果的に活用するには，データだけでなく，次のようなデータ資源の管理も重要です。

リポジトリ	ソフトウェアの開発や保守における設計情報やプログラム情報を一元的に管理するためのデータベース。データディクショナリなどに利用されている
データディクショナリ	データ項目の名称や意味を登録しているデータ辞書。例えば，「取引先」や「取引先名」など，同じ意味を持つデータであっても名称が複数存在することがある。逆に，同じ名称のデータであっても意味がバラバラなこともある。そこで，用語と意味を統一することで，開発や保守作業の効率を向上させることができる

確認問題 1 ▸応用情報　令和元年度秋期　問63　正解率▸高

オープンデータの説明はどれか。

ア　営利・非営利の目的を問わず二次利用が可能という利用ルールが定められており，編集や加工をする上で機械判読に適し，原則無償で利用できる形で公開された官民データ

イ　行政事務の効率化・迅速化を目的に，国，地方自治体を相互に接続する行政専用のネットワークを通じて利用するアプリケーションシステム内に，安全に保管されたデータ

ウ　コンビニエンスストアチェーンの売上データや運輸業者の運送量データなど，事業運営に役立つデータであり，提供元が提供先を限定して販売しているデータ

エ　商用のDBMSに代わりオープンソースのDBMSを用いて蓄積されている企業内の基幹業務データ

商用かどうかを問わず，自由に二次利用でき，原則無償で，機械判読に適したデータをオープンデータといいます。機械判読に適するとは，人力でのデータ変換や整形が不要で，コンピュータが自動的に読み込んで加工できることです。

確認問題 2

▸ 平成31年度春期　問30　正解率 ▸ 中　基本

ビッグデータの処理で使われるキーバリューストアの説明として，適切なものはどれか。

ア “ノード”，“リレーションシップ”，“プロパティ”の3要素によってノード間の関係性を表現する。
イ 1件分のデータを“ドキュメント”と呼び，個々のドキュメントのデータ構造は自由であって，データを追加する都度変えることができる。
ウ 集合論に基づいて，行と列から成る2次元の表で表現する。
エ 任意の保存したいデータと，そのデータを一意に識別できる値を組みとして保存する。

ア グラフ型データベース　イ ドキュメント指向型データベース
ウ 関係データベース　エ キーバリューストア

確認問題 3

▸ 令和元年度秋期　問63　正解率 ▸ 中　応用

企業がマーケティング活動に活用するビッグデータの特徴に沿った取扱いとして，適切なものはどれか。

ア ソーシャルメディアで個人が発信する商品のクレーム情報などの，不特定多数によるデータは処理の対象にすべきではない。
イ 蓄積した静的なデータだけでなく，Webサイトのアクセス履歴などリアルタイム性の高いデータも含めて処理の対象とする。
ウ データ全体から無作為にデータをサンプリングして，それらを分析することによって全体の傾向を推し量る。
エ データの正規化が難しい非構造化データである音声データや画像データは，処理の対象にすべきではない。

不特定多数のデータや，アクセス履歴，音声データや画像データも処理対象になります。サンプリングはせず，なるべく多くのデータを対象にします。

確認問題 4

▸平成30年度秋期 問27　　正解率▸中　　応用

データ項目の命名規約を設ける場合，次の命名規約だけでは回避できない事象はどれか。

〔命名規約〕

(1) データ項目名の末尾には必ず“名”，“コード”，“数”，“金額”，“年月日”などの区分語を付与し，区分語ごとに定めたデータ型にする。

(2) データ項目名と意味を登録した辞書を作成し，異音同義語や同音異義語が発生しないようにする。

ア　データ項目“受信年月日”のデータ型として，日付型と文字列型が混在する。

イ　データ項目“受注金額”の取り得る値の範囲がテーブルによって異なる。

ウ　データ項目“賞与金額”と同じ意味で“ボーナス金額”というデータ項目がある。

エ　データ項目“取引先”が，“取引先コード”か“取引先名”か，判別できない。

要点解説

ア　(1)で回避できます。

イ　定めがないので回避できません。

ウ　(2)で回避できます。

エ　(1)で回避できます。

解答

問題1：ア	問題2：エ	問題3：イ	問題4：イ

第7章

ネットワーク技術

7 01 ネットワーク方式

時々出　必須　超重要

イメージでつかむ

道路では，車が多くなると交通渋滞を起こし，思い通りの速さが出ません。
データ通信においても，データ量が多くなると思い通りの速さが出なくなります。

LAN（ラン）

LAN (Local Area Network) は，**ある建物内や敷地内などの比較的狭い範囲内で敷設したネットワークのこと**です。有線LANと無線LANに大別されます。

有線LAN

最も普及している有線LANは，イーサネット (Ethernet) と呼ばれ，IEEE802.3として規格化されています。ツイストペアケーブルや光ケーブルなどの有線を使い，コンピュータ同士を接続します。これは，OSI基本参照モデル (7-02参照) の物理層とデータリンク層に属し，接続形態や伝送速度，距離によって1000BASE-Tなど，いくつかの種類があります。

イーサネットで採用されているアクセス制御方式の一つに，**CSMA/CD** (Carrier Sense Multiple Access with Collision Detection) があります。この方式は，**伝送路上でのデータ衝突 (コリジョン) を検知したらランダムな時間を待って再送する方式**のため，接続する端末の数が増えると通信速度が遅くなります。これは道路上の車が増えたときに速度が遅くなるようなイメージです。

無線LAN

無線LANは，IEEE802.11として規格化されています。電波などを利用して通信するので，信号が届く範囲であれば，その範囲内の自由な位置にコンピュータを配置できます。その反面，情報の漏えいや盗聴の危険性があります。MACアドレス（7-03参照）により接続可能な端末を制限する（MACアドレスフィルタリング），強固な暗号形式であるWPA2やWPA3などで暗号化する，アクセスポイント（ESSID）のステルス化を行うなどのセキュリティ対策が必要になります。

Wi-Fiは，IEEE802.11に準拠した無線LAN装置間で，**相互接続性が保証されることを示すブランド名**です。アクセスポイントと呼ばれる無線LANルータと端末間の通信のほか，**2台の端末間で直接通信させるモード**もあり，**Wi-Fiダイレクト**と呼ばれます。

なお，**ESSID**は，**無線のネットワークを識別する文字列**です。スマートフォンから無線LANに接続するときに，接続可能なアクセスポイントの一覧が表示されますが，この文字列がESSIDです。

知っ得情報 アクセス制御方式

無線LANで採用されているアクセス制御方式に，**CSMA/CA**（Carrier Sense Multiple Access with Collision Avoidance）があります。この方式は，**通信開始時にほかのデータを検出した場合は，その通信が終了後，ランダムな時間を待ってから通信を開始します。**衝突を検出する仕組みがないため，衝突を起こさないように制御します。先ほどのCSMA/CDのCDには「衝突検出」，CSMA/CAのCAには「衝突回避」という意味があります。

WAN

WAN（Wide Area Network）は，**遠隔地にあるLAN同士などを接続する広域ネットワークのこと**です。NTTなどの通信事業者により，さまざまなサービスが提供されています。

名　称	概　要
専用線サービス	特定の相手先との間を固定的に接続
回線交換サービス	必要なときだけ接続。接続時間で課金
パケット交換サービス	データを一定の大きさ（パケット）に分割。回線は共用

知っ得情報 VPN

VPN（Virtual Private Network）は，**多くの利用者で共有される公衆回線を，あたかも専用線のように使える仮想的なネットワーク**です。企業ではセキュリティを確保するために，本社と支社の拠点間に専用線を敷設していましたが，VPNを利用することで，セキュリティを確保すると同時にコストも削減できます。

モバイル通信サービス

モバイル通信サービスは，**通信事業者の電波を使って，スマートフォンやタブレット端末などでインターネットに接続するサービスのこと**です。通信事業者などと契約して提供される**SIMカード**を端末に挿入して通信します。通信速度が数Mbps程度の3Gから，より高速で数十Mbps程度の速度が出る**LTE**（**4G**）に方式が切り替わり，さらに超高速な5G（後述）も登場しています。

また，スマートフォンなどの端末をアクセスポイントのように用いて，PCやゲーム機などからインターネットなどを利用する**テザリング**機能が使えるものもあります。

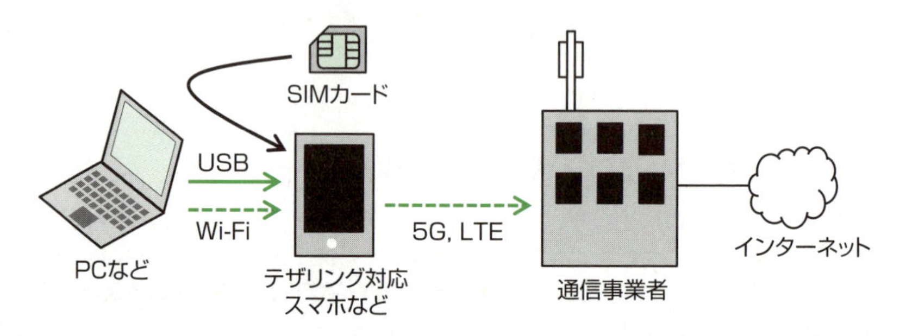

さらに，**自前の回線網を持つ通信事業者の移動体通信網を借用して，自社ブランドで通信サービスを提供する****MVNO**（Mobile Virtual Network Operator：仮想移動体通信事業者）も登場しています。最近，よく聞く格安SIMは，MVNOが提供しているサービスです。

キャリアアグリゲーション

キャリアアグリゲーションは，**複数の異なる周波数帯を束ねて，より広い帯域を使うことで無線通信の高速化や安定化を図る手法**です。LTEを発展させたLTE-Advanced規格では標準となっています。

5G

5G（5 Generation）は，**第5世代移動通信システム**です。「超高速」，「超低遅延」，「多数同時接続」の三つの特徴をもちます。総務省によれば，①通信速度は10Gbpsと飛躍的に速くなる（2時間の映画を3秒でダウンロード），②利用者が遅延を意識することがなくなる（ロボット等の精緻な動作をリアルタイムで実現），③身の回りのあらゆる機器がネットにつながる（自宅部屋内の約100個の端末・センサがネットに接続）と言われています。2020年から順次，国内でサービスが開始されています。

知っ得情報 ネットの混雑

輻輳(ふくそう)は，**通信が急増することによって，ネットワークの許容量を超えて，つながりにくくなること**です。例えば，災害発生時には，多くの方が連絡を取り合うので，このような現象が起こる場合があります。これは，高速道路が，ゴールデンウィークなどに大混雑するようなイメージです。

IoTネットワーク

IoT（11-05参照）の普及により，インターネット接続機器が飛躍的に増加すると予想されています。IoTでは，高速な通信が不要の場合があります。例えば，広域に配置されたセンサの値を定期的に送信するような場合は，速度は比較的低速でも問題はなく，遠距離通信が可能で，低電力で長期間運用可能であることが求められます。

そこで，高速な4G・5Gなどのネットワークに加えて，低速で最大数十kmの広域をカバーする**LPWA**（Low Power Wide Area）というネットワークの整備が進められています。

LPWAにより，都市部での電気ガスの検針などはもとより，山岳地帯の降雨情報や，土砂災害の発生状況，ソーラーパネルや風力発電所の遠隔監視，橋梁(きょうりょう)やトンネルの監視など，広域でのIoT活用が可能になります。

確認問題　1　▸令和元年度秋期　問31　正解率▸中　応用

CSMA/CD方式のLANに接続されたノードの送信動作に関する記述として，適切なものはどれか。

ア　各ノードに論理的な順位付けを行い，送信権を順次受け渡し，これを受け取ったノードだけが送信を行う。
イ　各ノードは伝送媒体が使用中かどうかを調べ，使用中でなければ送信を行う。衝突を検出したらランダムな時間の経過後に再度送信を行う。
ウ　各ノードを環状に接続して，送信権を制御するための特殊なフレームを巡回させ，これを受け取ったノードだけが送信を行う。
エ　タイムスロットを割り当てられたノードだけが送信を行う。

要点解説　CSMA/CD方式は，衝突を検知した場合，送信端末は送出を中断し，ランダムな時間経過後に再送します。ノードは7-02参照。

確認問題　2　▸応用情報　平成29年度秋期　問10　正解率▸中

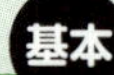

IoTでの活用が検討されているLPWA (Low Power Wide Area) の特徴として，適切なものはどれか。

ア　2線だけで接続されるシリアル有線通信であり，同じ基板上の回路及びLSIの間の通信に適している。
イ　60GHz帯を使う近距離無線通信であり，4K，8Kの映像などの大容量のデータを高速伝送することに適している。
ウ　電力線を通信に使う通信技術であり，スマートメータの自動検針などに適している。
エ　バッテリ消費量が少なく，一つの基地局で広範囲をカバーできる無線通信技術であり，複数のセンサが同時につながるネットワークに適している。

要点解説

Low Power Wide Areaの名のとおり，省電力で，広範囲をカバーできます。アはI2C，イはWiGig，ウはPLCといいますが，試験のためには特に覚える必要はありません。

確認問題 3

▸平成30年度秋期 問35　　正解率▸中　　基本

携帯電話網で使用される通信規格の名称であり，次の三つの特徴をもつものはどれか。

(1) 全ての通信をパケット交換方式で処理する。
(2) 複数のアンテナを使用するMIMOと呼ばれる通信方式が利用可能である。
(3) 国際標準化プロジェクト3GPP (3rd Generation Partnership Project) で標準化されている。

ア　LTE (Long Term Evolution)
イ　MAC (Media Access Control)
ウ　MDM (Mobile Device Management)
エ　VoIP (Voice over Internet Protocol)

要点解説

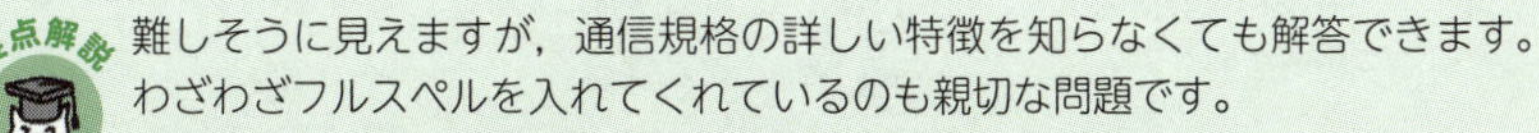

難しそうに見えますが，通信規格の詳しい特徴を知らなくても解答できます。
わざわざフルスペルを入れてくれているのも親切な問題です。
LTE以外のものは携帯電話網の通信規格ではありません。
イは端末を識別するMACアドレスのMACです（7-03参照）。
ウは8-02参照。
エは音声データをパケット化して送受信する技術です。

解答

問題1：イ　　問題2：エ　　問題3：ア

7 02 OSI基本参照モデルとTCP/IP

時々出　必須　超重要

イメージでつかむ

手紙は，切手を貼り，宛名を書き，ポストに入れるという約束を守れば，回収係が回収してくれます。その後，仕分け係，配送係と，段階を追って手渡されていきます。
　ネットワークの世界にも，約束ごとと階層があります。

OSI基本参照モデル

　一昔前までは，ベンダ（事業者）ごとにコンピュータのアーキテクチャが異なっていたため，ベンダが違うとコンピュータ同士を接続することは難しいことでした。

　そこで，ネットワークアーキテクチャを標準化するために，ISO（International Organization for Standardization：国際標準機構）が7階層（レイヤー）にまとめ，機能を定めました。これは，**OSI基本参照モデル**（Open Systems Interconnection）と呼ばれています。このモデルに準拠して通信機器やアプリケーションを開発すれば，ベンダが違っても接続して通信できるということです。

	階層	名称
上位層	第7層	アプリケーション層
↑	第6層	プレゼンテーション層
	第5層	セション層
	第4層	トランスポート層
	第3層	ネットワーク層
↓	第2層	データリンク層
下位層	第1層	物理層

上位層から頭をとって，
ア・プ・セ・ト・ネ・デ・ブ

"くれば"で覚える

OSI基本参照モデル とくれば **上位層からア・プ・セ・ト・ネ・デ・ブ**

各層の役割を簡単にまとめておきましょう。

アプリケーション層	アプリケーション固有の機能を提供する
プレゼンテーション層	データの表現形式を統一する
セション層	通信の開始から終了までを提供する
トランスポート層	エンドシステム間（複数のネットワークにまたがるコンピュータ間）の通信の信頼性を確保する
ネットワーク層	エンドシステム間の通信を提供する
データリンク層	隣接したコンピュータ間の通信を提供する
物理層	ネットワークの物理的な機能を提供する

TCP/IP

プロトコルは，**ネットワーク上でコンピュータ同士が通信するときに使用する手順や約束事**です。

OSI基本参照モデルにおいて，ネットワークアーキテクチャが標準化されていますが，実際には，TCP/IPがRFC（11-09参照）で規定され，インターネットなどで広く使われているプロトコル体系ということで，**市場原理によって最も多くの利用者を獲得し，事実上の業界標準**（**デファクトスタンダード**）となっています。

TCP/IP（Transmission Control Protocol／Internet Protocol）は，TCPとIPという二つのプロトコルを中心として構成され，基本参照モデルの各層と対応しています。

OSI基本参照モデル	TCP/IP	主なプロトコル
アプリケーション層	**アプリケーション層**	HTTP，FTP，TELNET，SNMP，NTP，SMTP，POP3，IMAP4
プレゼンテーション層		
セション層		
トランスポート層	**トランスポート層**	TCP，UDP
ネットワーク層	**インターネット層**	IP，ICMP，ARP
データリンク層	**ネットワークインタフェース層**	PPP，PPPoE
物理層		

アプリケーション層のプロトコル

プロトコル	説明
HTTP	HTML文書などを送受信する。Hypertext Transfer Protocol
FTP	ファイルを転送する。File Transfer Protocol
TELNET(テルネット)	遠隔地にあるコンピュータにリモートログインして操作する
SNMP	ネットワーク上の構成機器や障害時の情報収集を行う。Simple Network Management Protocol
NTP	タイムサーバの時刻を基に複数のコンピュータの時刻を同期させる。Network Time Protocol
SMTP	メールを送信するときやメールサーバ間でメールを送受信する。Simple Mail Transfer Protocol
POP3(ポップ)	メールサーバのメールボックスからメールを受信する。Post Office Protocol Version 3
IMAP4(アイマップ)	POPとは違い，メールサーバ上のメールボックスから，必要なものだけを選択して受信する。Internet Message Access Protocol Version 4

攻略法 …… **これがSMTPとPOP3のイメージだ！**

はがきを相手に送るときを考えてみましょう。はがきを最寄りのポストに入れると，その後いくつもの集配局をわたり，最終的に相手の郵便ポストに配送されます(SMTP)。相手は，郵便ポストからはがきを取り出します(POP3)。

トランスポート層のプロトコル

プロトコル	説明
TCP	通信相手と通信ができたかを確認する。信頼性の高いデータ転送を提供する。Transmission Control Protocol
UDP	信頼性は保証しないが，高速なデータ転送を提供する。User Datagram Protocol

もっと詳しく TCP・UDP

TCPは信頼性を重視しており，HTTP，FTP，TELNET，SMTP，POP3などに利用されます。これに対し，UDPは信頼性よりもリアルタイム性を重視しており，DNS，DHCP(7-04参照)，NTPなどに利用されます。

速くて信頼性が高ければ一番よいのですが，伝送経路上でのノイズによるデータの誤りや，データの順番の入れ替わりなどはどうしても避けられません。信頼性を高めるためにはデータのチェックの手順が必要になり，その分遅くなってしまいます。用途に応じて，信頼性とリアルタイム性のどちらに重きを置くかで使い分けています。

インターネット層のプロトコル

IP	IPアドレス(7-04参照)を用いて，データを通信相手まで届ける。Internet Protocol
ICMP	通信相手との通信状況をメッセージで返す。Internet Control Message Protocol
ARP(アープ)	IPアドレスからMACアドレス(7-03参照)を取得する。Address Resolution Protocol

もっと詳しく ping

ping(ピン/ピング) (Packet InterNet Groper)は，**ICMPを用いて，IPパケットが通信相手に正しく届いているかを確認するためのコマンド**です。ネットワーク機器との疎通確認を行います。

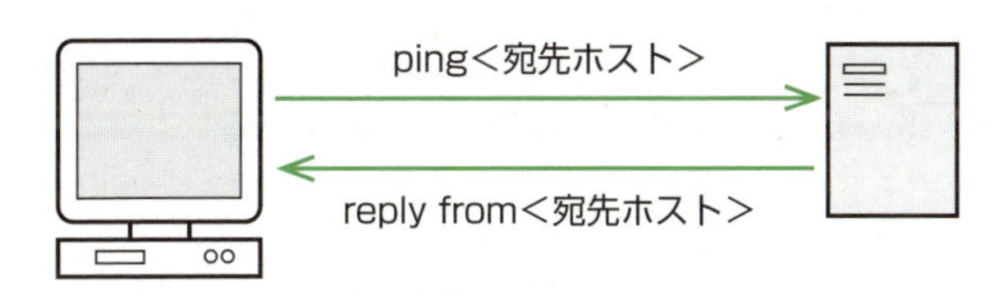

ネットワークインターフェース層のプロトコル

PPP	2地点間を接続して通信する。ダイヤルアップなどで用いる。Point-to-Point Protocol
PPPoE	LAN (Ethernet)上でPPPを行い，常時接続する。PPP over Ethernet

知っ得情報 ノード

ノードには節点という意味があり，ネットワーク分野以外のさまざまなところで登場します。ネットワーク分野の場合，ネットワークに接続された機器や，ネットワークとネットワークを接続する機器のことをいいます。

TCP/IPネットワークでは，コンピュータやルータなどのようにIPアドレス(7-04参照)を持つ装置を指しています。

アドバイス [プロトコル]

プロトコルの種類はここに上げたようにたくさんありますが，全部を完璧に覚える必要はありません。ひとまず頻出マークがあるものと，OSI参照モデルの各層の役割をしっかり覚えておきましょう。他のものは後回しにしても大丈夫です。

確認問題 1 ▸平成26年度秋期 問35 正解率▸高 基本

TCP/IPのネットワークにおいて，サーバとクライアント間で時刻を合わせるためのプロトコルはどれか。

ア ARP イ ICMP ウ NTP エ RIP

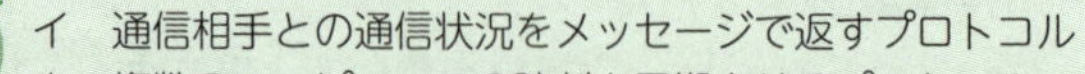

要点解説

ア IPアドレスからMACアドレス(7-03参照)を取得するプロトコル
イ 通信相手との通信状況をメッセージで返すプロトコル
ウ 複数のコンピュータの時刻を同期させるプロトコル
エ Routing Information Protocolの略。最適な経路を判断するルーティングプロトコル

確認問題 2 ▸平成31年度春期 問33 正解率▸中 頻出 基本

トランスポート層のプロトコルであり，信頼性よりもリアルタイム性が重視される場合に用いられるものはどれか。

ア HTTP イ IP ウ TCP エ UDP

要点解説

リアルタイム性を重視しているプロトコルはUDPです。なお，信頼性を重視しているのはTCPです。

確認問題　3

▸平成25年度春期　問33　　正解率 ▸ 中　**基本**

OSI基本参照モデルにおけるネットワーク層の説明として，適切なものはどれか。

ア　エンドシステム間のデータ伝送を実現するために，ルーティングや中継などを行う。
イ　各層のうち，最も利用者に近い部分であり，ファイル転送や電子メールなどの機能が実現されている。
ウ　物理的な通信媒体の特性の差を吸収し，上位の層に透過的な伝送路を提供する。
エ　隣接ノード間の伝送制御手順（誤り検出，再送制御など）を提供する。

ア　ネットワーク層　　イ　アプリケーション層
ウ　物理層　　エ　データリンク層

解答

問題1：ウ　　問題2：エ　　問題3：ア

7-03 ネットワーク接続機器

時々出　必須　超重要

イメージでつかむ

小包を送る場合，送り状を貼ります。送り状には，お届け先の住所と氏名，依頼主の住所と氏名の情報があります。
TCP/IPネットワークでも，データを小包のように送ります。

パケット

パケットは，**ネットワーク上を流れるデータを小さく分割したもの**です。Packetは，「小包」と訳されます。例えば，荷物配送時に大きな荷物を小包にわけ，その小包ごとに送り状を付けて宛先まで郵送されるように，パケットにもヘッダと呼ばれる宛先情報を付加して宛先まで送信されます。パケット単位で送信した場合は，回線を占有することなく，また途中で送信エラーが発生したときは，そのパケットだけを再送信すればよく，通信回線のトラフィックを軽減することができます。

データ伝送単位

先ほどのように，ネットワーク上を流れるデータ（ヘッダを含む）は全て，広義の意味でパケットと呼ばれることがあります。

一方，OSI基本参照モデルなどのプロトコル体系では，階層ごとのデータ（ヘッダを含む）を，**セグメント**（トランスポート層），**パケット**（ネットワーク層），**フレーム**（データリンク層）と呼んでいます。

送信時は，上位層から送り出されたデータが下位層に移るとヘッダ情報が追加され，受信時は階層が上がるごとにヘッダ情報が削除されていきます。

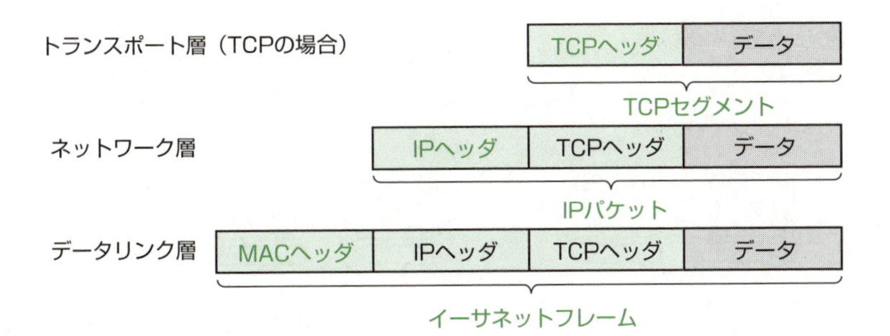

さらに，各ヘッダには，宛先に届けるために必要な情報が付加されています。

TCPヘッダ	送信元と宛先のポート番号（7-04参照）など
IPヘッダ	送信元と宛先のIPアドレス（7-04参照）など
MACヘッダ	送信元と宛先のMACアドレス（後述）など

ネットワーク接続機器

「LAN内」や「LAN同士」，「LANとWAN」を接続するときは，次のようなネットワーク接続機器を使って中継します。現在では，複数の装置が一体化しているものもあるため，別の装置を使うというよりも，別の機能を使うと考えたほうがよいかもしれません。

試験では，OSI基本参照モデルの「どの層で接続する装置か」が出題されます。接続機器を上位層から「ゲ・ル・ブ・リ」と覚える方法があります。

OSI基本参照モデル		接続機器
第7層	アプリケーション層	ゲートウェイ
第6層	プレゼンテーション層	
第5層	セション層	
第4層	トランスポート層	
第3層	ネットワーク層	ルータ・L3スイッチ
第2層	データリンク層	ブリッジ・スイッチングハブ・L2スイッチ
第1層	物理層	リピータ

リピータ

リピータは，LANにおいて，OSI基本参照モデルの**物理層（第1層）で中継する装置**です。伝送距離を延長するために**伝送路の途中でデータの信号波形を増幅・整形します。**

“くれば”で覚える

リピータ　とくれば　**物理層で中継。データを増幅・整形する**

第7章 ネットワーク技術

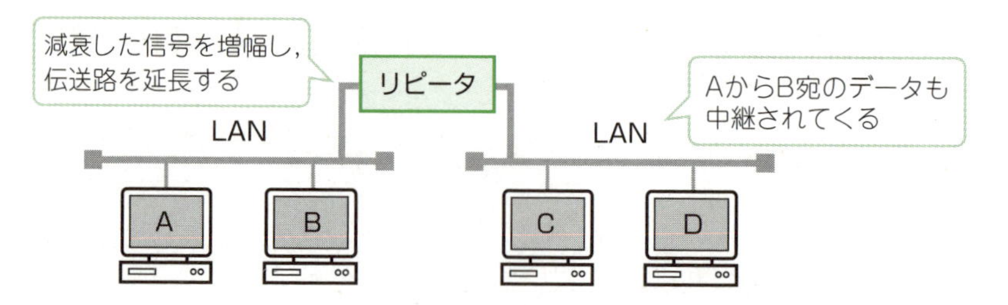

ブリッジ

ブリッジは，複数のLANを接続して，OSI基本参照モデルの**データリンク層（第2層）で中継する装置**です。ネットワークを流れる**フレームの宛先MACアドレス**（後述）**を解析して，適切なネットワークに中継します。**

例えば，端末Aから端末B宛のフレームは，端末が同じLAN1内にあるため，LAN2へ中継しません。端末Aから端末C宛のフレームは，LAN2へ中継します。

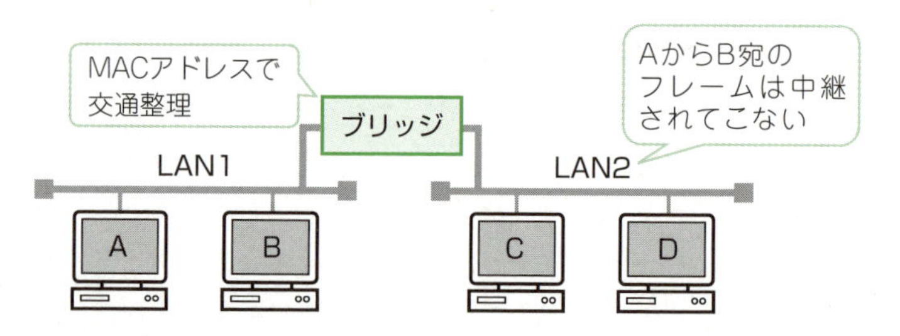

“くれば”で覚える

ブリッジ　とくれば　**データリンク層で中継。MACアドレスを解析して中継する**

もっと詳しく　MACアドレス

MAC（マック）アドレスは，LANボードやLANカードなどの**NIC（Network Interface Card）にあらかじめ割り振られた世界で一意の物理アドレス**です。先頭24ビットがベンダID，後続24ビットが固有製品番号から構成されています。製造段階で割り振られる番号であるため，利用者は変更できません。

もっと詳しく　スイッチングハブ

スイッチングハブは，**LANケーブルを束ねる集線装置のこと**で，受信したフレームの宛先MACアドレスを解析して，宛先MACアドレスが存在するLANポートにだけ転送されます。例えば，端末A宛のフレームは，端末BやCには転送されません。

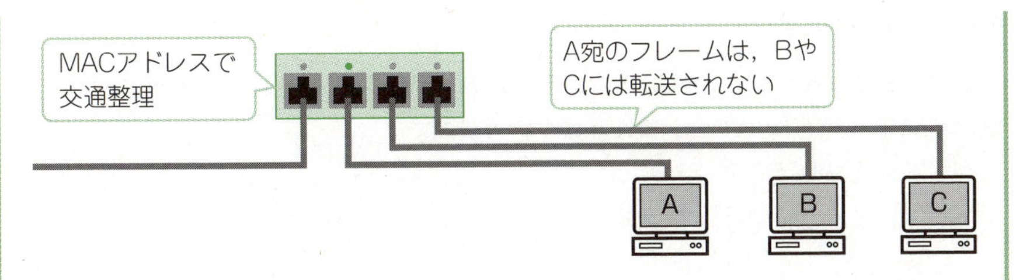

また，同じ機能をもつ**L2スイッチ**（レイヤ2スイッチ）と呼ばれる装置があります。スイッチングハブの機能に，仮想的なネットワークを構成する**VLAN**（Virtual LAN）機能を加えたものもあり，例えば，24ポートのL2スイッチの場合，VLANを三つ作成して8ポートずつ割り当てると，スイッチングハブが三つあるのと同じ動作をします。

ルータ

ルータは，LAN同士やLANとWANを接続して，OSI基本参照モデルの**ネットワーク層（第3層）で中継する装置**です。ネットワークを流れる**パケットの宛先IPアドレス**（7-04参照）**を解析して，最適な経路を選択**（**ルーティング**）**し中継します。**

例えば，端末Aから端末B宛のパケットは，端末が同じLAN1にあるため，LAN2へは中継しません。端末Aから端末C宛のパケットは，最適な経路を選択し中継します。

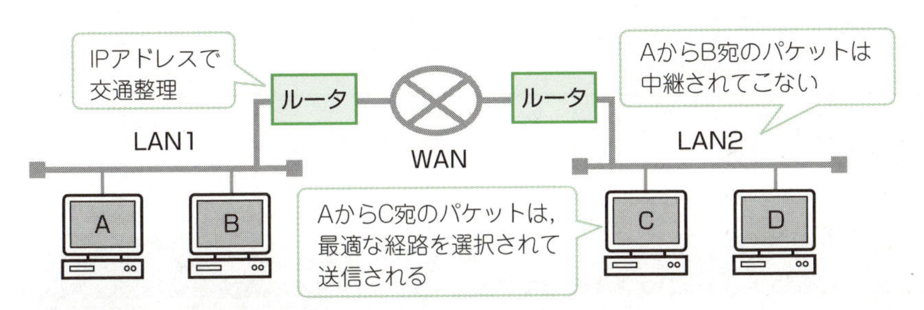

"くれば"で覚える

ルータ とくれば **ネットワーク層で中継。IPアドレスを解析して中継する**

もっと詳しく **L3スイッチ**

ルータと同じ機能をもつ**L3スイッチ**（レイヤ3スイッチ）と呼ばれる装置があります。一昔前は「ルータはソフトウェアで制御するもの，L3スイッチはハードウェアで制御するもの」，「ルータはWANとLANの境界に配置するもの，L3スイッチはLAN内に配置するもの」などの違いがありましたが，最近は，多種多様な装置が登場して，あまり違いがなくなってきています。

ゲートウェイ

ゲートウェイは，**OSI基本参照モデルのトランスポート層（第4層）以上が異なるLANシステム相互間でプロトコル変換を行う装置**です。

例えば，携帯電話の電子メールとインターネットの電子メールとの間で，ゲートウェイがプロトコルの変換をして，やりとりができるように変換しています。

"くれば"で覚える

ゲートウェイ　とくれば　**トランスポート層以上で中継。プロトコル変換する**

知っ得情報　デフォルトゲートウェイ

異なるネットワークを接続する出入り口となる装置を**デフォルトゲートウェイ**と呼ぶこともあります。例えば，社内LANからインターネットへ接続する装置が該当し，ルータやコミュニケーションサーバなどが用いられます。LAN内の端末は，デフォルトゲートウェイさえ知っていれば，外部ネットワークとの通信はデフォルトゲートウェイがやってくれるということです。

確認問題　1　▸平成30年度秋期　問32　正解率▸高　頻出　応用

LAN間接続装置に関する記述のうち，適切なものはどれか。

ア　ゲートウェイは，OSI基本参照モデルにおける第1～3層だけのプロトコルを変換する。
イ　ブリッジは，IPアドレスを基にしてフレームを中継する。
ウ　リピータは，同種のセグメント間で信号を増幅することによって伝送距離を延長する。
エ　ルータは，MACアドレスを基にしてフレームを中継する。

要点解説
ア　トランスポート層（第4層）以上が異なるLANシステム相互間でプロトコル変換を行います。
イ　MACアドレスを基にしてフレームを中継します。
エ　IPアドレスを基にしてパケットを中継します。

確認問題 2　▸令和元年度秋期 問32　正解率▸中　応用

メディアコンバータ，リピータハブ，レイヤ2スイッチ，レイヤ3スイッチのうち，レイヤ3スイッチだけがもつ機能はどれか。

ア　データリンク層において，宛先アドレスに従って適切なLANポートにパケットを中継する機能
イ　ネットワーク層において，宛先アドレスに従って適切なLANポートにパケットを中継する機能
ウ　物理層において，異なる伝送媒体を接続し，信号を相互に変換する機能
エ　物理層において，入力信号を全てのLANポートに対して中継する機能

ア　レイヤ2スイッチ
イ　レイヤ3スイッチ
ウ　メディアコンバータ。異なる伝送媒体とは，メタルケーブルや光ファイバなどを指します。
エ　リピータハブ。集線装置がついたリピータのことです。

確認問題 3　▸平成26年度春期 問30　正解率▸低　応用

OSI基本参照モデルの各層で中継する装置を，物理層で中継する装置，データリンク層で中継する装置，ネットワーク層で中継する装置の順に並べたものはどれか。

ア　ブリッジ，リピータ，ルータ　　イ　ブリッジ，ルータ，リピータ
ウ　リピータ，ブリッジ，ルータ　　エ　リピータ，ルータ，ブリッジ

物理層で中継するのはリピータ，データリンク層はブリッジ，ネットワーク層はルータです。

解答

問題1：ウ　　問題2：イ　　問題3：ウ

7 04 IPアドレス

時々出　必須　超重要

イメージでつかむ

家の電話やスマートフォンには，世界で一つしかない識別番号が割り振られています。

TCP/IPネットワークにおいても，端末などにはIPアドレスと呼ばれる識別番号が割り振られています。

IPアドレス

IPアドレスは，**TCP/IPネットワーク上にある端末やネットワーク機器を識別するための番号**です。現在広く使われているIPv4では，IPアドレスは2進数32ビットで表現しています。人にとって2進数は見づらいので，8ビット単位に10進数に変換し，ドット(.)で区切って表現します。

11000000110110100101100010110100				2進数32ビット
11000000	11011010	01011000	10110100	8ビット単位
192.	218.	88.	180	10進数に変換し，ドットで区切る

IPアドレスは，「192.218.88.180」です。

ドメイン名

ドメイン名は，**IPアドレスを，人が理解しやすいように英字や数字，一部の記号を使って文字列に置き換えた別名**です。先ほどの「192.218.88.180」は，IPA（独立行政法人 情報処理推進機構）のIPアドレスです。このIPアドレスに対して，ドメイン名「www.ipa.go.jp」が付けられています。文字列にすることで，日本の国（jp）の政府関係（独立行政法人)(go)の組織(ipa)のネットワークに属しているコンピュータ(www)とわかりやすくなりました。

もっと詳しく ドメイン名・ホスト名・FQDN

ドメイン名には，狭義の意味と広義の意味があります。

狭義の意味では，**ドメイン名**は**ネットワークを識別する文字列**で，**ホスト名**は**ネットワーク内のコンピュータを識別する文字列**です。「www.ipa.go.jp」のような「ホスト名」+「ドメイン名」のような形式は，**FQDN**(Fully Qualified Domain Name：完全修飾ドメイン名)とも呼ばれています。

広義の意味では，ドメイン名やホスト名を，インターネット上でコンピュータを特定するFQDNの意味で使うこともよくあるので，注意しましょう。

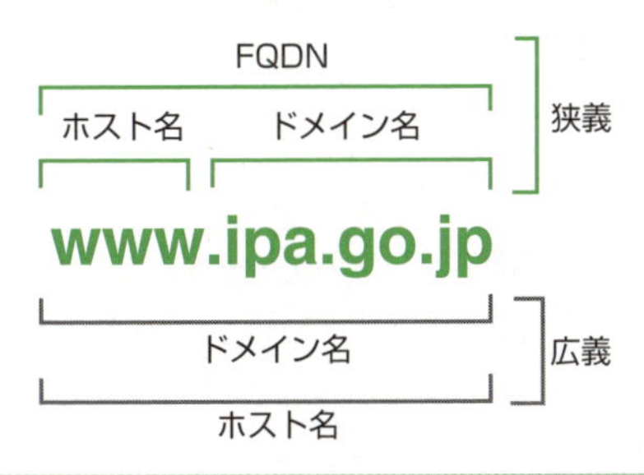

DNS (Domain Name System)

IPアドレス「192.218.88.180」とドメイン名「www.ipa.go.jp」は1対1になっていますが，どこかで対応付ける必要があります。そこで登場するのがDNSです。**DNS**は，**ドメイン名やホスト名などとIPアドレスとを対応付けるシステム**で，これを担当するのがDNSサーバです。

例えば，DNSサーバに対して，「www.ipa.go.jpのIPアドレスは？」と尋ねると，DNSサーバは「192.218.88.180」と答えてくれます。このようにして，DNSサーバへ問合せをして，ドメイン名からIPアドレスを取得します。また，その逆も可能です。これは**名前解決**と呼ばれています。プロバイダや会社のDNSサーバが対応付けの情報をもっていない場合は，上位のDNSサーバに順に問合せをして情報を得る階層構造になっていて，DNSサーバ同士が連携して動作しています。

"くれば"で覚える

DNS とくれば **ドメイン名やホスト名などとIPアドレスを対応付ける**

グローバルIPアドレスとプライベートIPアドレス

IPアドレスは二つに大別できます。

グローバルIPアドレス

グローバルIPアドレスは，**インターネットで使用するIPアドレス**です。世界で一意になるようにICANN（The Internet Corporation for Assigned Names and Numbers）によって割り当てられ，日本ではJPNICが管理し，IPアドレスの割当てはプロバイダへ委任しています。

プライベートIPアドレス

プライベートIPアドレスは，**LANなどの独立したネットワークで使用するIPアドレス**です。独立したネットワーク内で一意になるように，ネットワーク管理者が決められた範囲内で自由に割り当てることができます。

攻略法 …… **これがIPアドレスのイメージだ！**

電話の外線番号がグローバルIPアドレス，内線番号がプライベートIPアドレスのようなイメージです。内線番号は組織内で一意であればよく，組織が異なっていれば同じ内線番号を使っても差し支えありません。

DHCP

DHCP（Dynamic Host Configuration Protocol）は，**LANに接続された端末に対して，そのIPアドレスをPCの起動時などに自動設定するために用いるプロトコル**で，これを担当するのがDHCPサーバです。DHCPサーバに登録してあるIPアドレスの中から使用されていないIPアドレスを動的に割り当てます。IPアドレス管理の手間を軽減することができます。

"くれば"で覚える

DHCP とくれば **動的にIPアドレスを割り当てるプロトコル**

ポート番号

ポート番号は，TCPやUDPのプロトコル処理において，**通信相手のアプリケーションを識別するために使用される番号**です。TCP/IPネットワークでは，IPアドレスによって通信相手のコンピュータを特定しますが，1台のコンピュータ上では複数のアプリケーションが動作しています。このアプリケーションを識別する番号がポート番号で，0から65,535までの番号が付けられます。そのうち0から1,023までは**ウェルノウンポート**と呼ばれ，特定のアプリケーションのために予約されています。

ポート番号は，ファイアウォール（8-05参照）の設定の際にも必要になります。ウェルノウンポートを知らないと解けない問題も出題されるので，HTTP，SMTP，POP3は，覚えておきましょう。

FTPデータ転送	20	DNS	53
FTPデータ制御	21	HTTP	80
SMTP	25	POP3	110

攻略法 …… **これがポート番号のイメージだ！**

はがきを送る場合，住所と宛名を書きます。住所で相手の家（IPアドレス）を特定しますが，その家には複数人の家族がいます。家族のうち誰宛に送るかは，宛名（ポート番号）で特定します。

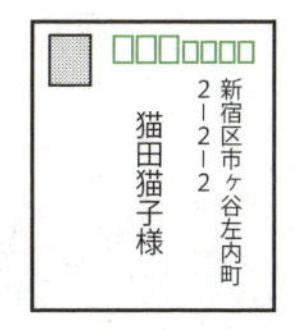

NATとNAPT

LAN上の端末には，プライベートIPアドレスが割り振られています。しかし，インターネットにアクセスするときには，グローバルIPアドレスが必要になります。そこで，登場するのが，NATとNAPTです。通常はルータの機能の一つとして備えられています。

NAT（ナット）

NAT（Network Address Translation）は，**一つのグローバルIPアドレスと，一つのプライベートIPアドレスを相互変換する技術**です。

NAPT（ナプト）

NAPT（Network Address Port Translation）は，**一つのグローバルIPアドレスと，複数のプライベートIPアドレスを相互変換する技術**です。**IPマスカレード**とも呼ばれています。NATの技術に加え，ポート番号を組み合わせたものです。「プライベートIPアドレスとポート番号」の組合せと，「グローバルIPアドレスとポート番号」の組合せを相互変換することで，一つのグローバルIPアドレスで，LAN上の複数の端末からインターネットに接続することができます。

“くれば”で覚える

NAT・NAPT とくれば **グローバルIPアドレスとプライベートIPアドレスを相互に変換する**

確認問題 1

▸平成30年度秋期　問33　正解率▸中　基本

TCP/IPネットワークでDNSが果たす役割はどれか。

ア　PCやプリンタなどからのIPアドレス付与の要求に対し，サーバに登録してあるIPアドレスの中から使用されていないIPアドレスを割り当てる。
イ　サーバにあるプログラムを，サーバのIPアドレスを意識することなく，プログラム名の指定だけで呼び出すようにする。
ウ　社内のプライベートIPアドレスをグローバルIPアドレスに変換し，インターネットへのアクセスを可能にする。
エ　ドメイン名やホスト名などとIPアドレスとを対応付ける。

DNSは，ドメイン名やホスト名などとIPアドレスとの対応付けをします。
ア　DHCP　　ウ　NATやNAPT　　エ　DNS

確認問題 2

▸令和元年度秋期　問33　正解率▸中　基本

LANに接続されている複数のPCを，インターネットに接続するシステムがあり，装置AのWAN側インタフェースには1個のグローバルIPアドレスが割り当てられている。この1個のグローバルIPアドレスを使って複数のPCがインターネットを利用するのに必要な装置Aの機能はどれか。

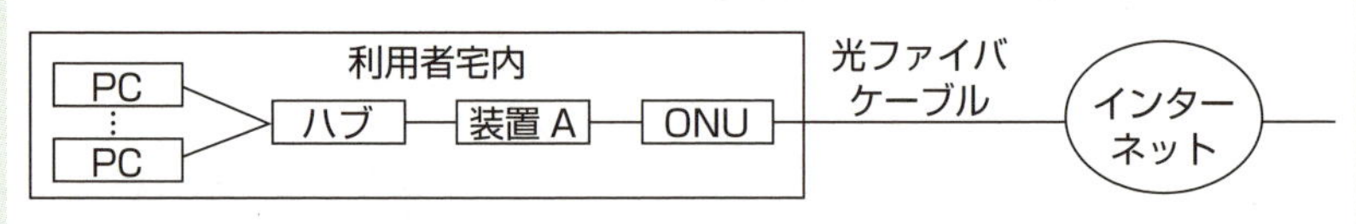

ア　DHCP　　　　イ　NAPT（IPマスカレード）
ウ　PPPoE　　　　エ　パケットフィルタリング

一つのグローバルIPアドレスに複数のプライベートアドレスを対応させるNAPTの機能があれば，LANに接続されている複数のPCをインターネットに接続できます。
なお，ONUは光信号と電気信号を変換する，光回線終端装置です。

確認問題 3

▸平成31年度春期　問34　　正解率▸中　　応用

PCとWebサーバがHTTPで通信している。PCからWebサーバ宛てのパケットでは，送信元ポート番号はPC側で割り当てた50001，宛先ポート番号は80であった。WebサーバからPCへの戻りのパケットでのポート番号の組合せはどれか。

	送信元（Webサーバ）のポート番号	宛先（PC）のポート番号
ア	80	50001
イ	50001	80
ウ	80と50001以外からサーバ側で割り当てた番号	80
エ	80と50001以外からサーバ側で割り当てた番号	50001

PCからWebサーバへのパケットでは，送信元ポート番号は50001，宛先ポート番号は80でした。
Webサーバが PCに送る戻りのパケットでは，送信元ポート番号は80，送信先は50001となります。

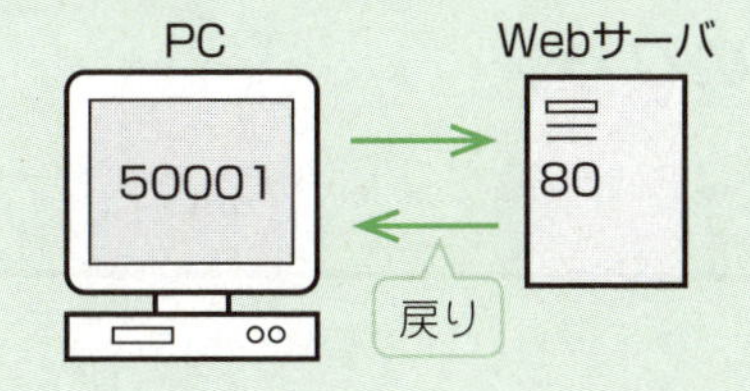

解答

問題1：エ　　問題2：イ　　問題3：ア

7 05 IPアドレスのクラス

時々出　必須　超重要

イメージでつかむ

日本の固定電話は，全て10桁です。市外局番は，利用者の多い東京23区や大阪市などでは2桁，利用者の少ない小笠原村などでは5桁になっています。

IPアドレスも，同じようになっています。

IPアドレスのクラス

IPv4では，IPアドレスは2進数32ビットで表現しています。さらに，32ビットの中をネットワーク部とホスト部に分け，「どのネットワークに属する」，「どのホストか」で管理しています。なお，**ホスト**は，**ネットワーク上のサーバや端末などのこと**です。

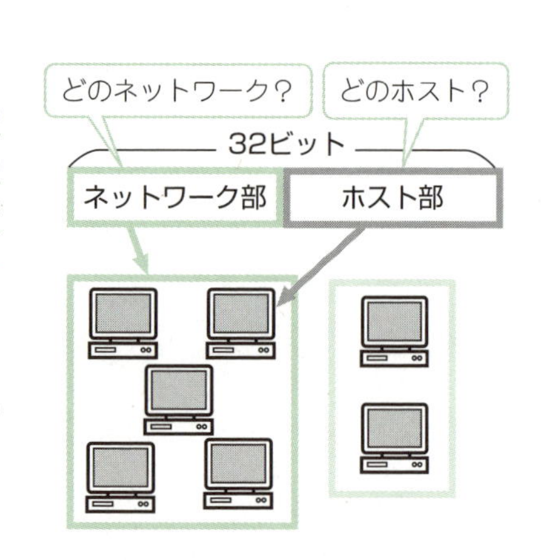

32ビットを8ビット単位に，ネットワーク部，ホスト部を何ビットずつで構成するのかで，次のようなクラス分けをしています。

クラスA

クラスAは，**ネットワーク部8ビット，ホスト部24ビットで構成します。**ネットワーク部の先頭ビットは「0」から始まります。10進数では，「1～127」で始まるIPアドレスです。ホスト部を24ビットで表現するため，一つのネットワーク内で識別できるホストの最大台数は，$2^{24}-2$台になります。2台分を引いているのは，**ホスト部が「全て0」のアドレスは，そのホストが属しているネットワークアドレス，ホスト部が「全て1」のアドレスは，同じネットワークに属する全てのホストに同一の情報を送信するために使用するブロードキャストアドレス**として，使うことになっているからです。これは，クラスB，クラスCも同じです。

クラスB

クラスBは，**ネットワーク部16ビット，ホスト部16ビットで構成します。**ネットワーク部の先頭ビットは「10」から始まります。10進数では，「128～191」で始まるIPアドレスです。ホスト部を16ビットで表現するため，一つのネットワーク内で識別できるホストの最大台数は$2^{16}-2$台になります。

クラスC

クラスCは，**ネットワーク部24ビット，ホスト部8ビットで構成します。**ネットワーク部の先頭ビットは「110」から始まります。10進数では，「192～223」で始まるIPアドレスです。ホスト部を8ビットで表現するため，一つのネットワーク内で識別できるホストの最大台数は$2^{8}-2$台になります。

このほかクラスDもあります。クラスDは，ネットワーク部の先頭ビットが「1110」から始まります。特殊な通信に使われます。

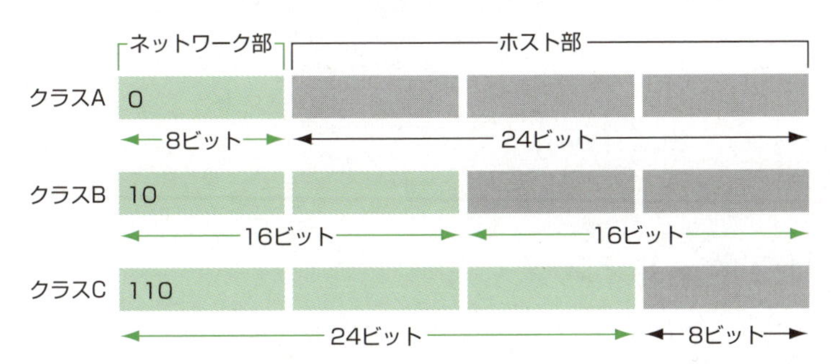

まとめると，次のようになります。

クラス	ネットワーク部	ホスト部	接続可能なホスト台数	対象とするネットワーク
A	8ビット	24ビット	$2^{24}-2=16,777,214$台	大規模
B	16ビット	16ビット	$2^{16}-2=65,534$台	中規模
C	24ビット	8ビット	$2^{8}-2=254$台	小規模

また，プライベートIPアドレスは，アドレスクラスごとに次の範囲で割り当てることになっています。

アドレスクラス	プライベートIPアドレスの範囲
クラスA	10.0.0.0～10.255.255.255
クラスB	172.16.0.0～172.31.255.255
クラスC	192.168.0.0～192.168.255.255

サブネッティング

ホスト部の情報を分割し，複数のより小さいネットワーク（**サブネット**）を形成することができます。これは，**サブネッティング**と呼ばれています。ネットワーク部を拡張（ホスト部から間借り）することで，32ビット中を，ネットワーク部とサブネット部，ホスト部に分け，「どのネットワークに属する」，「どのサブネットワークの」「どのホストか」で管理します。

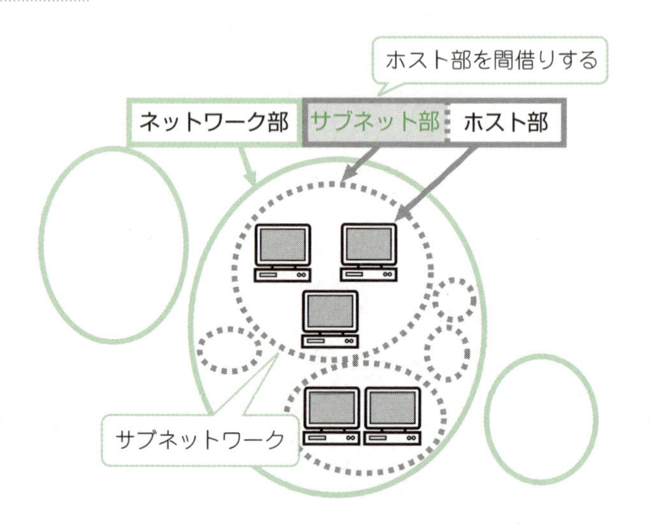

サブネットマスク

サブネッティングするためには，IPアドレスのビット数の配分をクラスの枠を超えて柔軟に設定できなくてはなりません。そこで，登場するのが，サブネットマスクと呼ばれる別の情報です。

サブネットマスクは，**IPアドレスをネットワーク部とホスト部を区切るために使用するビット列**です。ネットワーク部（サブネット部を含む）には「1」を，ホスト部には「0」を指定します。

“くれば”で覚える

サブネットマスク とくれば **＊ネットワーク部（サブネット部も含む）に1**
＊ホスト部に0

例えば，IPアドレス「192.168.1.19」，サブネットマスク「255.255.255.240」の場合を見ていきましょう。

IPアドレスを2進数に変換すると「110」から始まるので，クラスCです。本来，クラスCは，ネットワーク部24ビット，ホスト部8ビットであるため，サブネットマスクは「255.255.255.0」であるはずが，今回は「255.255.255.240」です。

	10進数	2進数			
サブネットマスク	255.255.255.0	11111111	11111111	11111111	00000000
	255.255.255.240	11111111	11111111	11111111	11110000

サブネット部

ここでは，ネットワーク部を4ビット拡張（ホスト部から4ビット間借り）して，サブネット部4ビット，ホスト部4ビットで表現します。サブネット部が4ビットなので，$2^4 = 16$のサブネット，ホスト部が4ビットなので$2^4 - 2 = 14$台のホストを識別できます。つまり，一つのネットワークに16のサブネット，各サブネットに14台のホストが管理できるようになります。

もっと詳しく ネットワークアドレスの求め方

ホストのIPアドレスとサブネットマスクをAND演算すると，そのホストが属しているネットワークアドレス（サブネットワークアドレス）を求めることができます。

	10進数	2進数			
IPアドレス	192.168.1.19	11000000	10101000	00000001	**00010011**
サブネットマスク	255.255.255.240	11111111	11111111	11111111	**11110000**
AND演算		↓	↓	↓	↓
ネットワークアドレス	192.168.1.**16**	11000000	10101000	00000001	**00010000**

知っ得情報 CIDR

サブネットの導入で，ネットワーク部とホスト部の境界を，下位ビット側へは柔軟に移動できるようになりました。さらに進めたものが**CIDR**（サイダー）(Classless Inter-Domain Routing)で，8ビット単位で区切るクラスの枠を完全に取り払い，最上位ビットから1ビット単位でネットワーク部とホスト部の境界を設定します。

次のようなCIDR表記でネットワーク部を表現します。これまでのクラスやサブネットのIPアドレスも，CIDR表記で表現できます。

例えば「200.170.70.20/28」とある場合，

* 「200.170.70.20」が，ホストのIPアドレス
* 「/28」はネットマスク。上位から28ビットが1(ネットワーク部)，つまり，
  「11111111 11111111 11111111 11110000」
  =「255.255.255.240」という意味です。

IPv6

現在広く利用されているのはIPv4(32ビット)ですが，インターネットの急速な普及により，新規に割り当てることができるIPv4のIPアドレスはなくなってしまいました。

そこで，**IPアドレスを128ビットに拡張したIPv6**への移行がすすめられています。IPv6は，アドレスの16進表記を4文字ずつ「:」で区切ったフィールドで表現します。全て0のフィールドの連続は「::」で表すなど，長いアドレスを省略できます(::での省略は1か所のみ可能です)。

(例) 2001:db8::abcd:ef12/64

なお上記の表記の「/64」は，IPアドレスのうちネットワーク部が先頭から何ビットであるかを表すプレフィックス長です。

さらに，IPv4とIPv6の機器はそのままでは共存できませんが，一つの機器に両方のプロトコルスタックをもたせるデュアルスタックや，通信の仲立ちをするトランスレータ，**IPv4パケットの中にIPv6アドレスを入れ込むカプセル化**(トンネリング)などの技術を使って，相互に通信することができます。

IPsec（アイピーセック）

IPsec(Security Architecture for Internet Protocol)は，**TCP/IPネットワークで暗号通信を行うための通信プロトコル**です。ネットワーク層で動作します。IPパケットを暗号化する機能があり，IPv6には標準で組み込まれています。以下の複数のプロトコルで構成されています。

AH	発信元認証，改ざん検知
ESP	発信元認証，改ざん検知，ペイロード部の暗号化
IKE	秘密鍵の交換

IPv6 とくれば **IPアドレス128ビットで表現する**

アドバイス [IPアドレスの問題]

本節は第7章の中でも最重要です。IPアドレス絡みの問題は，2進数の計算が必要だったりするものもあり，やや難易度が高いですが，午後問題にも出題されます。今すぐ問題が解けなくても大丈夫です。試験本番までに，がんばって攻略してみて下さい。

確認問題 1　▸平成29年度春期　問34　正解率▸低　基本

IPv4アドレス128.0.0.0を含むアドレスクラスはどれか。

ア　クラスA　　イ　クラスB　　ウ　クラスC　　エ　クラスD

10進数の128を2進数に基数変換すると10000000です。
128.0.0.0の上位8ビットは，10000000ということになり，先頭ビットが10からはじまるのでクラスBです。

確認問題 2　▸平成31年度春期　問32　正解率▸低　応用

192.168.0.0/23（サブネットマスク255.255.254.0）のIPv4ネットワークにおいて，ホストとして使用できるアドレスの個数の上限はどれか。

ア　23　　イ　24　　ウ　254　　エ　510

IPv4のアドレス数は32ビットです。「/23」とあるので，上位23ビットがネットワーク部で，32－23＝9ビットがホストアドレスとして使えます。ただし，ホスト部がオール0とオール1となるアドレスは使えません。
使用できるアドレスの個数の上限は，$2^9-2=510$個のアドレスとなります。

確認問題 3　▸平成21年度秋期　問39　正解率▸低　応用

IPアドレス10.1.2.146，サブネットマスク255.255.255.240のホストが属するサブネットワークはどれか。

ア　10.1.2.132/26　　イ　10.1.2.132/28
ウ　10.1.2.144/26　　エ　10.1.2.144/28

要点解説 ホストが属するサブネットワークは，IPアドレスとサブネットマスクをAND演算で求めます。

	IPアドレス (10.1.2.146)	00001010	00000001	00000010	10010010
	サブネットマスク (255.255.255.240)	11111111	11111111	11111111	11110000
AND	サブネットワーク	00001010	00000001	00000010	10010000

求めたサブネットワークを10進数に基数変換すると10.1.2.144となり，サブネットマスクから28ビット（1の部分）がネットワーク部です。
よって，ホストが所属するサブネットワークは10.1.2.144/28と表現します。

確認問題 4

▸平成30年度春期　問32　　正解率▸中　　応用

次のネットワークアドレスとサブネットマスクをもつネットワークがある。このネットワークをあるPCが利用する場合，そのPCに割り振ってはいけないIPアドレスはどれか。

ネットワークアドレス　：200.170.70.16
サブネットマスク　　　：255.255.255.240

ア　200.170.70.17　　イ　200.170.70.20
ウ　200.170.70.30　　エ　200.170.70.31

要点解説 サブネットマスクを2進数に変換します。

10進数	255	255	255	240
2進数	11111111	11111111	11111111	11110000

ホスト部は0となっている4ビットで表します。つまり末尾の4ビットが0000～1111となっているアドレスがホスト部として使えますが，オール0とオール1のアドレスは除きます。
各選択肢の末尾8ビットを確認します。
ア　17→0001 0001
イ　20→0001 0100
ウ　30→0001 1110
エ　31→0001 1111（オール1のためホストに割り振れないアドレス）

確認問題 5

▸平成27年度春期　問36　　正解率▸低　　基本

IPv4のグローバルIPアドレスはどれか。

ア　118.151.146.138　　イ　127.158.32.134
ウ　172.22.151.43　　エ　192.168.38.158

ウとエはプライベートIPアドレスです。
クラスB 172.16.0.0 ～ 172.31.255.255
クラスC 192.168.0.0 ～ 192.168.255.255
なお127.0.0.1 ～ 127.255.255.254は，ローカルループバック（ループバックアドレス）で，そのコンピュータ自身を示します。

確認問題 6

▸応用情報　令和元年度秋期　問34　正解率▸中　基本

IPv6アドレスの表記として，適切なものはどれか。

ア　2001:db8::3ab::ff01　　イ　2001:db8::3ab:ff01
ウ　2001:db8.3ab:ff01　　エ　2001.db8.3ab.ff01

要点解説
ア　::の省略が2か所に登場しているので不適切です。
ウ・エ　区切りは.ではなく:なので不適切です。

確認問題 7

▸平成28年度春期　問34　正解率▸中　応用

IPアドレス192.168.57.123/22が属するネットワークのブロードキャストアドレスはどれか。

ア　192.168.55.255　　イ　192.168.57.255
ウ　192.168.59.255　　エ　192.168.63.255

192.168.57.123/22は，上位から22ビットがネットワーク部，残り10ビットがホスト部という意味です。
ブロードキャストアドレスは，ホスト部が全て1のアドレスです。

サブネットマスク	11111111	11111111	11111100	00000000
IPアドレス	192	168	57	123
	11000000	10101000	00111001	01111011
ブロードキャストアドレス	11000000	10101000	00111011	11111111
	192	168	59	255

解答

問題1：イ　問題2：エ　問題3：エ　問題4：エ　問題5：ア
問題6：イ　問題7：ウ

7-06 ネットワーク管理

時々出 必須 超重要

イメージでつかむ

計算問題では，必ず単位を合わせてから計算しましょう。試験では，ビットとバイトに要注意です！

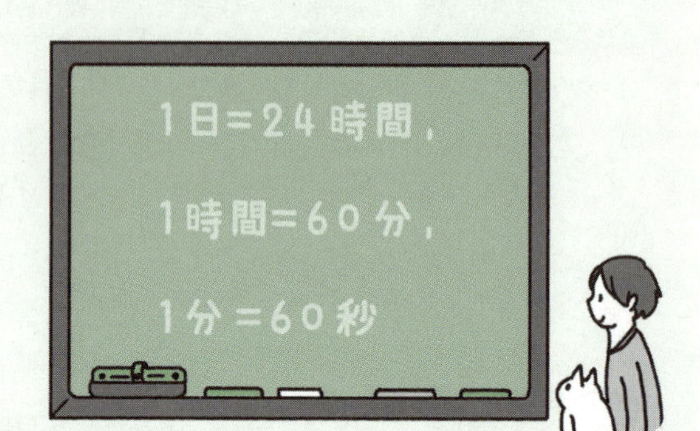

ネットワーク管理

ネットワーク機器の追加や構成を変更する際には，ケーブルの抜き差しやネットワーク機器を一つ一つ設定する必要があり，大変な手間となっていました。そこで登場したのがSDNです。

SDN（Software Defined Networking）は，**ソフトウェアにより，ネットワーク機器を集中的に制御して，ネットワークの構成や設定を動的に変更する技術の総称**です。「ソフトウェア定義ネットワーク」と訳されます。

これを実現する技術の一つに**OpenFlow**があります。ネットワーク機器の内部にある「経路制御機能」と「データ転送機能」を論理的に分離し，コントローラと呼ばれるソフトウェアで，データ転送機能をもつネットワーク機器を集中的に制御するアーキテクチャです。

インターネットの応用

URL

URL（Uniform Resource Locator）は，**Web上で取得したいWebページなどの情報源を示すための表記方法**です。アクセスするスキーム名（プロトコル）やホスト名，ドメイン名などを指定して，Webページへアクセスします。

(例) 情報処理技術者試験の過去問題サイト (IPA)

https://www.jitec.ipa.go.jp/1_04hanni_sukiru/_index_mondai.html

https://	www.	jitec.ipa.go.jp	/1_04hanni_sukiru/	_index_mondai.html
スキーム名	ホスト名	ドメイン名	パス名 (ディレクトリ名)	ファイル名

知っ得情報 URI

URLは，インターネット上の情報源を示します。これに対し，例えば書籍を一意に識別できるISBNのように，永続的に使われる名前をURN (Uniform Resource Name) といいます。これらを合わせて，インターネット上にあるかないかを問わず，**情報源を一意に示せるようにしたもの**が**URI** (Uniform Resource Identifier) です。

CGI

CGI (Common Gateway Interface) は，**Webブラウザからの要求に対して，Webサーバが外部のプログラムを呼び出し，その結果を，HTTPを介してWebブラウザに返す仕組み**です。例えば，掲示板やアンケートフォーム，アクセスカウンタなど，Webページの内容を動的に表示させたい場合に用います。

MIME（マイム）

電子メールでは，送信できるデータ形式として，もともと半角英数字しか取り扱えませんでした。しかし，漢字や音声，画像などのマルチメディア情報も取り扱えるようにしたいということで，**電子メールの規格を拡張して，さまざまな形式を扱えるようにした規格**が**MIME** (Multipurpose Internet Mail Extension) です。さらに，これに**暗号化と署名をする仕組みを加えた規格**が，**S/MIME**（エスマイム） (Secure /MIME) です。

"くれば"で覚える

MIME とくれば **テキストだけでなく，漢字や音声，画像なども扱える規格**

メールヘッダ

メールヘッダは，**SMTPでメールを送信する際，メール本文のデータに加えて付加されるさまざまな制御情報**です。受信者はメールソフトで確認でき，メールソフトやサーバによって多少異なりますが，通常以下のようなものがあります。

メールヘッダ	概　要
From	メールの送信者
To	メールの送信先
Cc	一つのメールを複数に送る場合の宛先
Bcc	一つのメールを複数に送る場合の宛先（この部分は受信者には送信されない）
Return-Path	メールサーバが付加するメールの送信者
X-Mailer	メール作成時使用したメールソフト
Received	メールがたどってきた経路のサーバ

知っ得情報　送信者のなりすまし防止

メールのヘッダに記載される「From」は，送信者が任意に入力できるため，送信者の詐称を防ぐことができず，他人になりすまして迷惑メールを送れてしまいます。このため，**メールの送信者を送信サーバが認証するSMTP-AUTH**が開発されました。

また，送信側のDNS（7-04参照）に**SPF**（Sender Policy Framework：送信ドメイン認証情報）を付加する方法もあります。あらかじめ送信側のDNSのSPFに，そのドメインから送信するメールのIPアドレスのリストを記載しておきます。**受信サーバは，受信したメールの送信元のIPアドレスと，送信元ドメインのSPFに記載されている送信IPアドレスを比較し，ドメインの詐称がないことを確認する仕組み**です。

回線に関する計算

試験では，回線に関する計算問題がよく出題されます。

通信速度の単位である**bps**（bit per second）は，**1秒当たりに転送されるビット数を表します。**ビット／秒という表記のこともありますが，どちらも同じ意味です。

計算問題の際は，通信速度や符号化速度はビット／秒で，またデータ量はバイトで表されるので，変換を忘れないようにする必要があります。

例えば，1.5Mビット／秒の回線で，12Mバイトのデータを転送するのに要する時間を見ていきましょう。ただし，回線利用率は50%とします。

12Mバイトはビットに直すと12×8＝96Mビットです。ここで，回線利用率は50%なので，1.5M×0.5＝0.75Mビットが1秒に送れるデータ量です。

1秒 → 0.75Mビット
x秒 ← 96Mビット

0.75x＝96となり，128秒かかることになります。

確認問題　1　▸平成31年度春期　問35　正解率 ▸ 中　基本

OpenFlowを使ったSDN（Software-Defined Networking）の説明として，適切なものはどれか。

ア　RFIDを用いるIoT（Internet of Things）技術の一つであり，物流ネットワークを最適化するためのソフトウェアアーキテクチャ

イ　様々なコンテンツをインターネット経由で効率よく配信するために開発された，ネットワーク上のサーバの最適配置手法

ウ　データ転送と経路制御の機能を論理的に分離し，データ転送に特化したネットワーク機器とソフトウェアによる経路制御の組合せで実現するネットワーク技術

エ　データフロー図やアクティビティ図などを活用し，業務プロセスの問題点を発見して改善を行うための，業務分析と可視化ソフトウェアの技術

SDNは，ソフトウェアによる仮想的なネットワーク技術です。ネットワーク機器はデータ転送に特化し，ソフトウェアに経路制御を行わせます。

確認問題　2　▸令和元年度秋期　問30　正解率 ▸ 中

10Mビット/秒の回線で接続された端末間で，平均1Mバイトのファイルを，10秒ごとに転送するときの回線利用率は何%か。ここで，ファイル転送時には，転送量の20%が制御情報として付加されるものとし，1Mビット=10^6ビットとする。

ア　1.2　　イ　6.4　　ウ　8.0　　エ　9.6

要点解説

平均1Mバイト＝8Mビットのファイルを，10秒ごとに転送します。
1秒当たりだと，8÷10＝0.8Mビットを転送するということになります。
さらにファイル転送時に制御情報が20%付加されるので，1秒当たり0.8×1.2＝0.96Mビットの容量となります。
回線は10Mビット/秒なので，利用率は
0.96÷10＝0.096　9.6%となります。

確認問題 3

▶平成30年度春期　問34　　正解率▶低　応用

電子メールのヘッダフィールドのうち，SMTPでメッセージが転送される過程で削除されるものはどれか。

ア　Bcc　　イ　Date　　ウ　Received　　エ　X-Mailer

要点解説

ヘッダフィールドとはヘッダのことです。Bccの情報をそのまま受信者に送ると，他にだれが受信しているのかがわかってしまいます。これを隠すために，SMTPでメッセージが転送される過程で，Bccの情報は削除されます。

確認問題 4

▶令和元年度秋期　問44　　正解率▶低　応用

電子メールをドメインAの送信者がドメインBの宛先に送信するとき，送信者をドメインAのメールサーバで認証するためのものはどれか。

ア　APOP　　イ　POP3S　　ウ　S/MIME　　エ　SMTP-AUTH

要点解説

ア　APOPは，メール受信時のパスワード送信を暗号化する仕組みですが，脆弱性が報告されており，今では使用が推奨されません。
イ　POP3Sは，メールサーバからのメールの取出しを暗号化する仕組みです。
ウ　S/MIMEは，電子メールの内容自体の暗号化と署名をするための仕組みです。
エ　SMTP-AUTHは，送信者を送信側のメールサーバで認証するための仕組みです。

確認問題 5

▶平成30年度春期　問31　　正解率▶低

10Mバイトのデータを100,000ビット／秒の回線を使って転送するとき，転送時間は何秒か。ここで，回線の伝送効率を50%とし，1Mバイト$=10^6$バイトとする。

ア　200　　イ　400　　ウ　800　　エ　1,600

要点解説

伝送効率が50%なので，1秒に$100{,}000 \times 0.5 = 50{,}000$ビット転送できます。
10Mバイトのデータは，ビットに直すと80Mビットです。
1秒→50,000ビット
？秒→80M (80×10^6) ビット
求めると，1,600秒となります。

解答

問題1：ウ　　問題2：エ　　問題3：ア　　問題4：エ　　問題5：エ

第8章

情報セキュリティ

8 01 情報セキュリティと情報セキュリティ管理

時々出　必須　超重要

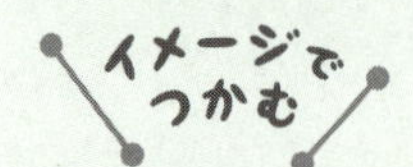

銀行口座を利用するとき，残高が誰かに漏れたり，間違っていたり，ATMが止まっていたりすると困ります。情報の機密性・完全性・可用性が大事です。

情報セキュリティ

情報セキュリティの目的は，「情報の機密性・完全性・可用性を維持すること」です。これらは，情報セキュリティの3要素と呼ばれ，**情報セキュリティマネジメントの国際規格**である**ISO/IEC27000シリーズ**において定義されています。

機密性(Confidentiality)	認可された者だけが，情報をアクセス・使用できるという特性
完全性(Integrity)	情報・処理方法が，正確・完全であるという特性
可用性(Availability)	認可された者が要求したときに，いつでもアクセス・使用ができるという特性

"くれば"で覚える

情報セキュリティの3要素　とくれば　**機密性・完全性・可用性**

このほかに，次の要素も加えることがあります。

真正性	偽造やなりすましでなく，主張するとおりの本物であるという特性
信頼性	意図したとおりの結果が得られるという特性
責任追跡性	だれが関与したかを追跡できるような特性
否認防止	後で「私じゃない」と否定されないようにする特性

情報資産と脅威・脆弱性

企業や組織などには，顧客情報や知的財産関連情報，人事情報など保護すべき重要な情報がたくさんあります。このような**資産として価値のある情報のこと**は**情報資産**と呼ばれています。

情報資産に対して攻撃や危害を加えて，業務遂行に好ましくない影響を与える原因となるものが，**脅威**(8-02参照)です。脅威は，**情報資産や管理策に内在している弱点**である**脆弱性**（ぜいじゃくせい）を突いてくるため，情報セキュリティ対策が必要です。

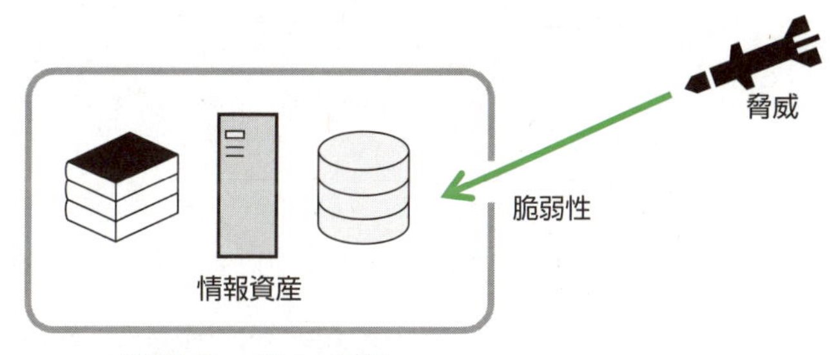

リスクマネジメント

リスクは，**組織の情報資産の脆弱性を突く脅威によって，組織が損失を被る可能性**です。情報セキュリティを高めるということは，逆に言うと，リスクをできる限り小さくすることであり，**リスクを組織的に管理していくこと**を**リスクマネジメント**と呼ばれています。

リスクマネジメントは，リスクアセスメントとリスク対応に大別されます。

リスクアセスメント

リスクアセスメントは，**情報資産に対するリスクを分析・評価して，リスク受容基準に照らして対応が必要かどうかを判断していくこと**です。次の三つのプロセスを順番に実施します。

リスク特定	保護すべき情報資産において，組織に存在するリスクを洗い出す
↓	
リスク分析	リスクの発生確率と影響度から，リスクの大きさ(**リスクレベル**)を算定する。なお，リスクの大きさは，資産価値・脅威・脆弱性の大きさによって決まる
↓	
リスク評価	リスクの大きさとリスク受容基準を比較して，リスク対策が必要かを判断する。リスクの大きさに従って優先順位をつける

リスク対応

リスク評価を受け，実際にどのようなリスク対応を選択するかを決定するのが**リスク対応**です。リスク対応は，**リスクの発生確率や大きさを小さくする方法**（**リスクコントロール**）と，**損失を補てんするために金銭的な手当てをする方法**（**リスクファイナンシング**）とに大別されます。

リスクコントロール	**リスク軽減**	リスクの損失額や発生確率を低く抑える （対応例） セキュリティ対策を実施し，リスクの発生確率を抑える
	リスク回避	リスクの原因を除去する （対応例） リスクの大きいサービスから撤退する
リスクファイナンシング	**リスク移転** （**リスク共有**）	リスクを第三者へ移転・転嫁（第三者と共有）する （対応例） 問題が発生したときの損害に備え，保険に加入する
	リスク保有	影響度が小さいので，許容範囲として保有・受容する （対応例） リスクが小さいため，問題が発生したときは損害を自らが負担する

知っ得情報 ビジネスインパクト分析

ビジネスインパクト分析は，**災害などの予期せぬ事態によって，特定の業務が停止・中断した場合に，事業全体に与える影響度を分析・評価**することです。事業継続計画（5-01参照）を立てる前に実施し，例えば，情報システムに許容される最大停止時間などを決定します。

情報セキュリティポリシ

情報セキュリティポリシは，**組織内の情報セキュリティを確保するための方針や体制，対策等を包括的に定めた文書のこと**です。一般的に，「基本方針」・「対策基準」・「実施手順」の三つの階層で構成されます。

…情報セキュリティに関する基本的な方針を定めたもの
…項目ごとに遵守すべき行為や判断を記述したもの
…具体的にどのような手順で実施していくのかを示したもの

もっと詳しく 情報セキュリティ基本方針

情報セキュリティ基本方針は，**組織のトップが，情報セキュリティに対する考え方や取り組む姿勢を組織内外に宣言するもの**です。例えば，企業の経営者は，保護すべき情報資産と，それを保護する理由を組織内外に明示し，パートなども含めた全社員に対して周知する必要があります。

また，情報セキュリティ基本方針を策定する上で参考にできるものとして，経済産業省が策定した**情報セキュリティ管理基準**があり，情報セキュリティマネジメントの基本的な枠組みと具体的な管理項目が規定されています。

さらに，情報セキュリティ基本方針のほかに，**プライバシポリシ**(個人情報保護方針)を定め，組織で扱う個人情報の扱い方について規定を設けることもあります。

知っ得情報 CSIRT

CSIRT(シーサート)(Computer Security Incident Response Team)は，**企業や官公庁などに設けるセキュリティ対策チームのこと**です。セキュリティ事故の防止や被害の最小化のため，教育や啓発，情報の共有，対応手順の策定，異常の検知，事故対応，事後処理などにあたります。現在は，複数の組織が同時に被害に遭うことも多いので，他の組織のCSIRTとも情報を共有し，連携していくことも必要です。

ISMS適合評価制度

ISMS適合評価制度は，**組織における情報セキュリティに対する取り組みに対して，ISMS認定基準の評価事項に適合していることを特定の第三者が審査して認定する制度のこと**です。**ISMS**(Information Security Management System)は，「情報セキュリティマネジメントシステム」と訳されます。

例えば，企業の経営者が，情報セキュリティに対して取り組んでいることを宣言し，さらに，特定の第三者がその取り組みに対して認定すれば，顧客は，「その組織が情報資産を適切に管理して，守るための取り組みを行っていること」が判断でき，安心して個人情報などを提供することができます。

また，ISMS適合評価制度の認定を受けた組織は，一過性の活動ではなく，改善と活動を継続するPDCAサイクル(Plan-Do-Check-Action)を実施していきます。

なお，国内において，**JIS Q 27000**シリーズがISMSの規格となっています。

セキュリティバイデザイン

セキュリティバイデザインは，システムができあがってから考えるのではなく，**システムの企画・設計段階から，セキュリティ対策を組み込んでおこうという考え方**です。

同様に，**上流工程から個人情報保護の仕組みを組み込んでおこうという考え方**を**プライバシーバイデザイン**といいます。

確認問題　1　▸平成28年度秋期　問37　　正解率▸中　**基本**

情報の"完全性"を脅かす攻撃はどれか。

ア　Webページの改ざん
イ　システム内に保管されているデータの不正コピー
ウ　システムを過負荷状態にするDoS攻撃
エ　通信内容の盗聴

要点解説　完全性とは，情報・処理方法が正確・完全であるようにすることです。各選択肢で脅かされているのは，ア　完全性，イ　機密性，ウ　可用性，エ　機密性です。

確認問題　2　▸平成29年度秋期　問43　　正解率▸中　**基本**

リスクアセスメントを構成するプロセスの組合せはどれか。

ア　リスク特定，リスク評価，リスク受容
イ　リスク特定，リスク分析，リスク評価
ウ　リスク分析，リスク対応，リスク受容
エ　リスク分析，リスク評価，リスク対応

要点解説　リスクアセスメントでは，リスク特定，リスク分析，リスク評価を行います。リスクの対応は含みません。リスク受容は，リスク対応に含まれます。

確認問題 3

▸平成31年度春期　問41　　正解率▸低　　応用

JIS Q 27000:2014（情報セキュリティマネジメントシステム―用語）における“リスクレベル”の定義はどれか。

ア　脅威によって付け込まれる可能性のある，資産又は管理策の弱点
イ　結果とその起こりやすさの組合せとして表現される，リスクの大きさ
ウ　対応すべきリスクに付与する優先順位
エ　リスクの重大性を評価するために目安とする条件

リスクレベルとは，発生した場合の損失額と発生確率で表現されるリスクの大きさのことをいいます。

確認問題 4

▸平成31年度春期　問40　　正解率▸低　　応用

リスク対応のうち，リスクファイナンシングに該当するものはどれか。

ア　システムが被害を受けるリスクを想定して，保険を掛ける。
イ　システムの被害につながるリスクの顕在化を抑える対策に資金を投入する。
ウ　リスクが大きいと評価されたシステムを廃止し，新たなセキュアなシステムの構築に資金を投入する。
エ　リスクが顕在化した場合のシステムの被害を小さくする設備に資金を投入する。

リスクファイナンシングとは，リスクが顕在化したときの経済的損失の発生に備えて，企業が運転資金，事故対策資金などを事前に準備しておくことをいいます。

解答

問題1：ア　　問題2：イ　　問題3：イ　　問題4：ア

8-02 脅威とマルウェア

時々出　必須　**超重要**

イメージでつかむ

インフルエンザが流行してくると，感染しないように，あらかじめワクチンを注射しておくことがあります。
コンピュータの世界でも，ウイルスに対するワクチンがあります。

脅威の種類

情報資産を脅かす脅威には，物理的脅威・人的脅威・技術的脅威があります。試験では，技術的脅威を中心に出題されます。

物理的脅威

物理的脅威は，地震・洪水・火災・落雷（停電）などの**災害による機器の故障，侵入者による物理的破壊や妨害行為などによる脅威**です。

人的脅威

人的脅威は，**操作ミス・紛失・内部関係者による不正使用・怠慢など，人による脅威のこと**です。

人的脅威のうち，**人の心理の隙をついて機密情報を入手すること**を**ソーシャルエンジニアリング**といいます。例えば，緊急事態を装ってパスワードを聞き出したり，画面をのぞき見したり（**ショルダーハッキング**），ゴミ箱に捨てられた紙から機密情報を入手したりする行為が該当します。パスワードの問合せの対応手順をあらかじめ決めておく，重要書類は必ずシュレッダーにかけるなどの対策を行います。また，離席時に画面をロックする**クリアスクリーン**や，書類などが盗まれてもすぐわかるように机を整頓しておく**クリアデスク**を心掛けることも大切です。

もっと詳しく PCの廃棄

機密ファイルの格納されたPCの磁気ディスクなどを廃棄する際には，情報漏えい対策が必須です。磁気ディスクなどは，単に初期化しただけでは，データを復元される危険性があります。データ消去用ソフトで全領域にビット列を上書きしたり，磁気ディスクなどを物理的に破壊したりするなど，元のデータにアクセスできないようにする必要があります。

知っ得情報 不正のトライアングル

不正行為は，**機会・動機・正当化**の三つの条件が揃ったときに行われるという，**不正のトライアングル理論**が知られています。例えば，顧客情報にアクセスする権限があり（機会），多額の借金を抱えており（動機），過重な労働を強いられている（正当化）の条件が揃うといった場合です。この対策としては，実施者と承認者を別の人にしたり（**職務分掌**（しょくむぶんしょう）），セキュリティ教育を行ったりして，この条件が揃わないようにすることが重要です。

技術的脅威

技術的脅威は，情報漏えい・データ破壊・盗聴・改ざん・なりすまし・消去など，**コンピュータウイルスやサイバー攻撃**（8-03参照）**などのIT技術を使った脅威のこと**です。

マルウェア

マルウェアは，**悪意を持って作成された不正なプログラムの総称**です。これは，Malicious「悪意のある」とSoftware「ソフトウェア」を組み合わせた造語です。

新種のマルウェアが日々登場してくるので，マルウェアとコンピュータウイルスとの線引きが曖昧（あいまい）になっています。一般的に，「マルウェア＝（広義の）コンピュータウイルス」の意味で使われていますが，本来は，コンピュータウイルスは，マルウェアのうちの一つとされています。マルウェアには，次のようなものがあります。

(狭義の) **コンピュータウイルス**	自己伝染・潜伏・発病の機能のうち，一つ以上の機能を有し，意図的に何らかの被害を及ぼす
マクロウイルス	ワープロソフトや表計算ソフトなどのマクロ機能を悪用する
ワーム	ネットワークやリムーバブルメディア(USBメモリなど持ち運べる記憶媒体)を媒介として，自ら感染を広げる自己増殖機能をもつ
ボット(BOT)	ウイルスに感染したPCを，インターネットなどのネットワークを通じて外部から操る。外部から悪意のある命令を出すサーバを**C&Cサーバ**という
トロイの木馬	有益なソフトウェアと見せかけて，特定の条件になるまで活動をせずに待機した後，悪意のある動作をする
スパイウェア	利用者の意図に反してPCにインストールされ，利用者の個人情報やアクセス履歴などの情報を収集する
ランサムウェア	勝手にPCのファイルを暗号化して読めなくし，戻すためのパスワードと引き換えに金銭を要求する
キーロガー	キーボードの入力履歴を不正に記録し，利用者IDやパスワードを盗み出す
ルートキット (rootkit)	**バックドア**(正規のアクセス経路ではなく，侵入するために仕組んだ裏口のアクセス経路)を作り，侵入の痕跡を隠蔽するなどの機能を持つ不正なプログラムやツール

知っ得情報 端末の管理

BYOD (Bring Your Own Device) は，企業の社員などが**個人的に所有するPCやスマートフォンなどの情報端末を業務に利用すること**です。使い慣れた端末を業務に使えるメリットの反面，ウイルス感染や情報漏えいなどのセキュリティリスクが増大するため，BYODを使用する際のルールを定めておく必要があります。

また，**社員が情報システム部門の許可を得ずに，私物のPCやスマートフォン，社外のクラウドサービスなどを業務に使うこと**を**シャドーIT**といいます。情報システム部門の目が届かないため，ウイルス感染や情報漏えいなどのセキュリティリスクが増大してしまいます。

企業が社員などに貸与するスマートフォンの設定やアプリケーションを一元管理する仕組みを，**MDM** (Mobile Device Management) といいます。

ウイルス対策ソフト

ウイルス対策ソフトは，**マルウェアを検知して，コンピュータを脅威から守り，安全性を高めるソフトウェアの総称**です。試験では，マルウェア対策ソフトではなく，ウイルス対策ソフトで出題されています。

ウイルス対策ソフトは，既知ウイルスのシグネチャコード(ウイルスを識別する特徴的なコード)を記録した**ウイルス定義ファイル**(**パターンファイル**)を持っていますが，日々新種のウイルスが登場するために，ウイルス定義ファイルは常に最新に保つことが重要です。主なウイルス検出方法には，次のようなものがあります。

パターンマッチング方式	検査対象と既知ウイルスのシグネチャコードと比較して，ウイルスを検出する。未知のウイルスは検知できない
ビヘイビア方式 （**振舞い検知**）	サンドボックスと呼ばれる仮想環境で，実際に検査対象を実行して，その挙動を監視することで，ウイルスを検出する。未知のウイルスも検知できるが，誤検知もある

もっと詳しく セキュリティホールとゼロデイ攻撃

セキュリティホールは，**OSやソフトウェアに潜むセキュリティ上の脆弱性のこと**です。脅威は，セキュリティホールを突いて攻撃してくるため，**セキュリティパッチ**と呼ばれる**修正プログラム**が，ベンダから提供されたら迅速に反映させます。

セキュリティパッチがベンダから提供される前に，セキュリティホールを利用する攻撃は，**ゼロデイ攻撃**と呼ばれています。

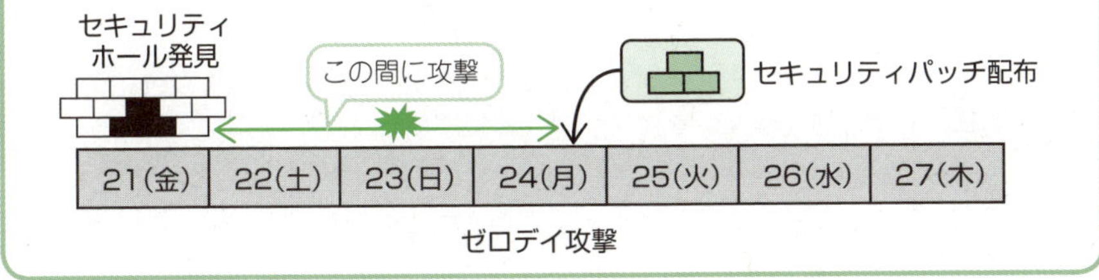

ゼロデイ攻撃

確認問題 1 ▸平成29年度春期　問64　正解率▸高　頻出　基本

BYOD (Bring Your Own Device) の説明はどれか。

ア　会社から貸与された情報機器を常に携行して業務にあたること
イ　会社所有のノートPCなどの情報機器を社外で私的に利用すること
ウ　個人所有の情報機器を私的に使用するために利用環境を設定すること
エ　従業員が個人で所有する情報機器を業務のために使用すること

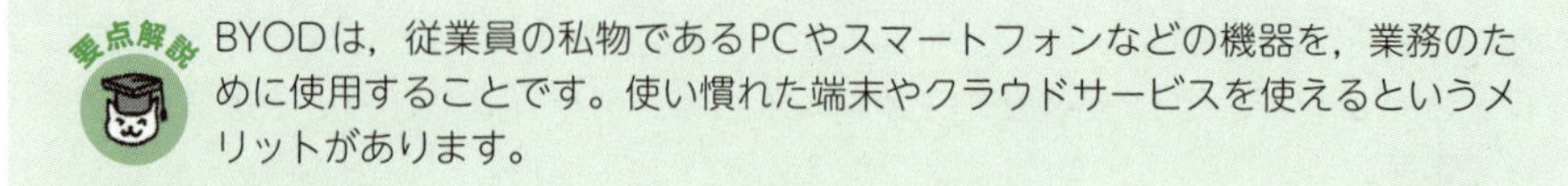

要点解説　BYODは，従業員の私物であるPCやスマートフォンなどの機器を，業務のために使用することです。使い慣れた端末やクラウドサービスを使えるというメリットがあります。

確認問題 2 ▸令和元年度秋期　問39　正解率▸高　基本

情報セキュリティにおいてバックドアに該当するものはどれか。

ア　アクセスする際にパスワード認証などの正規の手続が必要なWebサイトに，当該手続を経ないでアクセス可能なURL
イ　インターネットに公開されているサーバのTCPポートの中からアクティブになっているポートを探して，稼働中のサービスを特定するためのツール
ウ　ネットワーク上の通信パケットを取得して通信内容を見るために設けられたスイッチのLANポート
エ　プログラムが確保するメモリ領域に，領域の大きさを超える長さの文字列を入力してあふれさせ，ダウンさせる攻撃

要点解説　本来認証を経なければ閲覧できないWebサイトに，認証なしでアクセス可能なURLは，バックドアに該当します。

イ　ポートスキャナ（8-03参照）
ウ　ミラーポート
エ　バッファオーバフロー攻撃（8-03参照）

確認問題　3

▸ 平成26年度秋期　問36　　正解率 ▸ 中　　基本

ソーシャルエンジニアリングに分類される手口はどれか。

ア　ウイルス感染で自動作成されたバックドアからシステムに侵入する。
イ　システム管理者などを装い，利用者に問い合わせてパスワードを取得する。
ウ　総当たり攻撃ツールを用いてパスワードを解析する。
エ　バッファオーバフローなどのソフトウェアの脆(ぜい)弱性を利用してシステムに侵入する。

ソーシャルエンジニアリングは，緊急事態を装って組織内部の人間からパスワードや機密情報のありかを不正に聞き出して入手する行為です。

確認問題　4

▸ 平成28年度春期　問45　　正解率 ▸ 中　　応用

機密ファイルが格納されていて，正常に動作するPCの磁気ディスクを産業廃棄物処理業者に引き渡して廃棄する場合の情報漏えい対策のうち，適切なものはどれか。

ア　異なる圧縮方式で，機密ファイルを複数回圧縮する。
イ　専用の消去ツールで，磁気ディスクのマスタブートレコードを複数回消去する。
ウ　ランダムなビット列で，磁気ディスクの全領域を複数回上書きする。
エ　ランダムな文字列で，機密ファイルのファイル名を複数回変更する。

処理業者からの盗難，流出など，万が一を予想して対策しておきます。磁気ディスクにドリルで物理的に穴を開けておくか，ランダムなビット列で全領域を複数回上書きしておけば，機密ファイルの読み取りは防止できます。

解答

問題1　エ　　問題2　ア　　問題3　イ　　問題4　ウ

8 03 サイバー攻撃

イメージでつかむ

サイバーの世界では，日々新たな攻撃する手法が登場し，攻撃に対して防御する手法が考え出されます。この繰り返しで，終わりなき戦いが続きます。

サイバー攻撃

サイバー攻撃は，**インターネットなどを通じてコンピュータシステムに侵入し，情報の盗聴や窃取，データの改ざんや破壊などのクラッキングを行うこと**です。不特定多数を無差別に攻撃するだけでなく，特定の組織を標的にする攻撃も登場し，攻撃手法も多岐にわたり，ウイルス対策ソフトだけでは防ぐことはできません。

サイバー攻撃も技術的脅威であり，次のような攻撃手法があります。

標的型攻撃

標的型攻撃は，SPAMメールなどのように無差別に攻撃するのではなく，**特定の官公庁や企業など，標的を決めて行われる攻撃**です。次のようなものがあります。

APT攻撃 (Advanced Persistent Threat)	特定の組織を標的に，複数の手法を組み合わせて気付かれないよう執ように攻撃を繰り返す。Persistentには，「執拗な」という意味がある
水飲み場型攻撃	よく利用される企業などのWebサイトにウイルスを仕込み感染させる。これは，肉食動物が水飲み場に潜み，訪れる草食動物を襲う様子に由来する

パスワードクラック攻撃

パスワードクラックは，**パスワードを割り出し，解析すること**です。パスワードクラック攻撃には，次のようなものがあります。

辞書攻撃	攻撃対象とする利用者IDを一つ定め，辞書にある単語やその組合せをパスワードとして，ログインを試行する。辞書にある単語をパスワードに設定している利用者が多いことに着目した攻撃
ブルートフォース攻撃 （**総当たり攻撃**）	攻撃対象とする利用者IDを一つ定め，文字を組み合わせたパスワードを総当たりして，ログインを試行する。Brute Forceには，「力づくの」という意味がある。逆に，よく用いられるパスワードを一つ定め，文字を組み合わせた利用者IDを総当たりして，ログインを試行することを**リバースブルートフォース攻撃**（**逆総当たり攻撃**）という
パスワードリスト攻撃	不正に取得した他サイトの利用者IDとパスワードの一覧表を用いて，ログインを試行する。複数サイトで同一の利用者IDとパスワードを使っている利用者が多いことに着目した攻撃

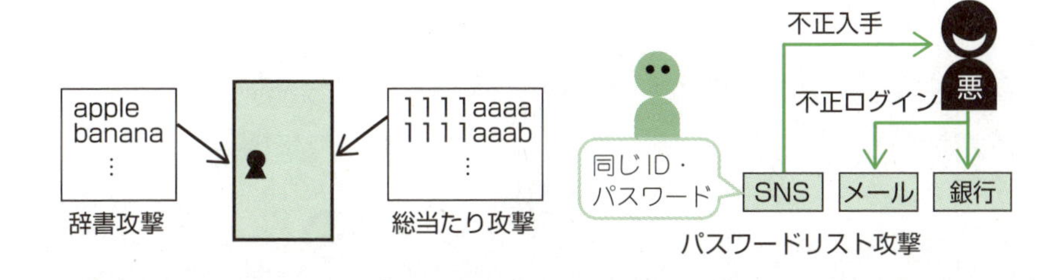

もっと詳しく パスワードクラック対策

対策としては，パスワードの入力試行回数に制限をかける，複数のサイトで同一の利用者IDとパスワードを使いまわさないなどが挙げられます。

サービスを妨害する攻撃

Dos攻撃（ドス）(Denial of service attack)は，**特定のサーバなどに大量のパケットを送りつけることで想定以上の負荷を与え，サーバの機能を停止させる攻撃**です。さらに，**複数のコンピュータから一斉に攻撃する**のは，**DDos攻撃**（ディードス）(Distributed Denial of service attack)と呼ばれています。「分散型Dos攻撃」と訳されます。

もっと詳しく Dos攻撃・DDos攻撃の対策

対策の一つとして，不正な通信を検知して管理者に通報する**IDS** (Intrusion Detection System：不正侵入検知システム)，検知だけでなく遮断まで行う**IPS** (Intrusion Prevention System：不正侵入防止システム)を導入することが挙げられます。

不正な命令による攻撃

Webサイトの入力領域などに不正な命令を注入することで，管理者が意図していない動作を起こさせる攻撃です。次のようなものがあります。

クロスサイトスクリプティング

クロスサイトスクリプティングは，**利用者の入力データをそのまま画面に表示する脆弱なWebサイトに対して，悪意のあるスクリプトを埋め込んだ入力データを送ることによって，利用者のブラウザで実行させる攻撃**です。

例えば，攻撃者が罠を仕掛けたWebページ（罠サイトA）を利用者が閲覧し，当該ページ内のリンクをクリックしたときに，悪意のあるスクリプトを含む文字列が脆弱なWebサーバ（WebサイトB）に送り込まれ，利用者のWebブラウザで実行させる攻撃です。サイトをまたいで悪意のあるスクリプトが送り込まれ，実行されるところが「クロスサイト」と呼ばれる所以です。

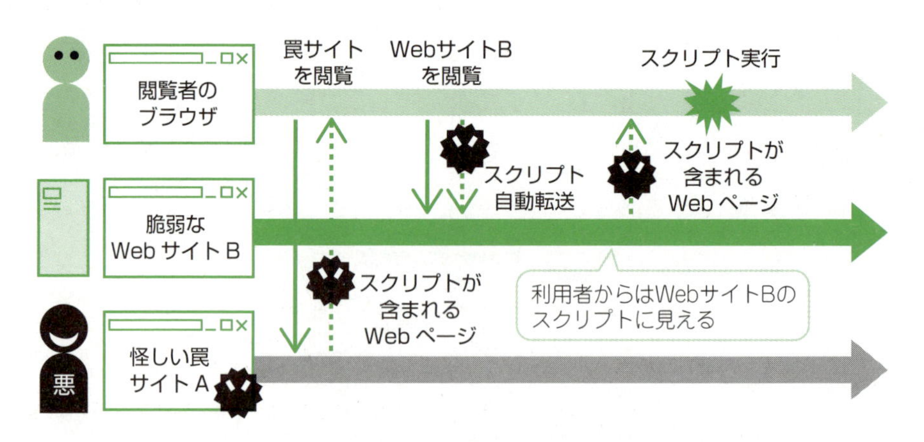

もっと詳しく　クロスサイトスクリプティングの対策

対策の一つとして，有害な入力を無害化する**サニタイジング**を行います。サニタイジングの一つとして**エスケープ処理**があり，入力データにHTMLタグが含まれていたら，HTMLタグとして解釈されない他の文字列に置き換えるなどが挙げられます。

SQLインジェクション

SQLインジェクションは，**攻撃者が，脆弱性のあるWebアプリケーションの入力領域に，悪意のある問合せや操作を行う命令文を注入することで，管理者の意図していな**

いSQL文を実行させる攻撃です。Injectionには，悪意のある命令文を「注入」するという意味があります。

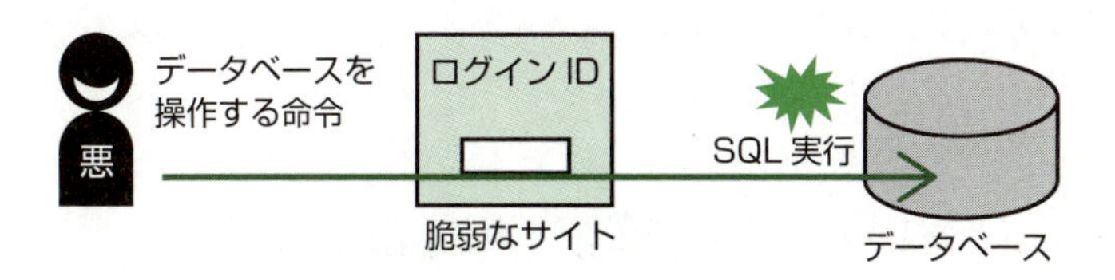

もっと詳しく SQLインジェクションの対策

対策の一つとして，有害な入力を無害化するサニタイジングを行います。入力中の文字が，データベースへの問合せや操作において，特別な意味をもつ文字として解釈されないようにするなどが挙げられます。

知っ得情報 WAF

クロスサイトスクリプティングやSQLインジェクションの対策の一つとして，WAFの導入が挙げられます。**WAF**（Web Application Firewall）は，**Webアプリケーション専用のファイアウォール**（8-05参照）です。通常のファイアウォールは，IPアドレスやポート番号などのヘッダを見て判断しアクセス制御しているのに対して，WAFはヘッダだけでなくデータの内容も見て判断しアクセス制御しています。例えば，Webサイトに対するアクセス内容を監視し，攻撃とみなされるパターンを検知したときに当該アクセスを遮断します。

なりすましによる攻撃

なりすましは，**攻撃者が正規の利用者を装い，情報資産の窃取や不正行為などを行う攻撃**です。なりすましによる攻撃には，次のようなものがあります。

セッションハイジャック	利用者がWebサイトなどにログインすると，セッションを識別するセッションIDがWebサーバから払い出され，ログアウトするまで維持される。このセッションIDを攻撃者が窃取して，正規の利用者になりすまして通信する
DNSキャッシュポイズニング	PCが参照するDNSサーバに偽のドメイン情報を注入して，利用者を偽装されたサーバに誘導する。Poisoningには，「毒を盛る」という意味がある
SEOポイズニング	検索サイトの順位付けアルゴリズムを悪用し，悪意のあるWebサイトが，検索結果の上位に表示されるようにする
IPスプーフィング	送信元IPアドレスを詐称して，標的のネットワーク上のホストになりすまして接続する。Spoofingには，「なりすまし」という意味がある
Evil Twins攻撃	公衆無線LANで，正規のアクセスポイントになりすまし，より強い電波で利用者を偽装のアクセスポイントに誘導する

ディレクトリトラバーサル

ディレクトリトラバーサルは，**攻撃者が，パス名を使ってファイルを指定し，管理者の意図していないファイルを不正に閲覧する攻撃**です。Traversalには，ディレクトリ間を「横断する」という意味があります。

もっと詳しく ディレクトリトラバーサルの対策

対策の一つとして，上位ディレクトリを指定する文字（../）を含むときは受け付けない，などが挙げられます。

その他の攻撃

その他の攻撃には，次のようなものがあります。

ドライブバイダウンロード	Webサイトを閲覧したときに，利用者の意図にかかわらず，PCにマルウェアをダウンロードさせて感染させる
フィッシング	実在する会社などを装って電子メールを送信し，偽のWebサイトにアクセスさせ，個人情報をだまし取る
バッファオーバフロー攻撃	プログラムが用意している入力用のデータ領域を超えるサイズのデータを入力することで，想定外の動作をさせる
クリックジャッキング攻撃	罠サイトのコンテンツ上に著名なサイトのボタンを透明化して配置し，意図しない操作をさせる

知っ得情報 Webビーコン

Webビーコンは，**Webページなどに埋め込まれた小さな画像**です。利用者のアクセス動向などを収集するために埋め込まれた，利用者には見えない小さな画像です。個人情報が漏えいすることまではありませんが，無断で情報収集することには一部批判があります。

攻撃の準備

攻撃者は，いきなり攻撃するのではなく，攻撃対象となるPCやサーバ，ネットワークについての情報を得るなど念入りに下調べをしてきます。これを**フットプリンティング**といいます。

フットプリンティングの一つに**ポートスキャン**があります。サーバなどのネットワーク機器に対して，接続可能なサービスを探るために，**解放されている攻撃できそうなサービス（サーバアプリケーション）があるかを調査する行為のこと**です。これ自体は攻撃ではありませんが，攻撃の予兆としてとらえ，不要なポートは閉じるなどの対策をとることが重要です。

知っ得情報 ディジタルフォレンジクス

ディジタルフォレンジクスは，磁気ディスクやUSBメモリのデータを複製したり，ネットワークやサーバの監視をしたりして，**コンピュータ犯罪の証拠となる電子データを集め，解析すること**です。Forensicsには，「鑑識（かんしき）」という意味があります。

確認問題 1 ▸平成29年度春期　問37　正解率 ▸高　**基本**

ディレクトリトラバーサル攻撃に該当するものはどれか。

ア　攻撃者が，Webアプリケーションの入力データとしてデータベースへの命令文を構成するデータを入力し，管理者の意図していないSQL文を実行させる。
イ　攻撃者が，パス名を使ってファイルを指定し，管理者の意図していないファイルを不正に閲覧する。
ウ　攻撃者が，利用者をWebサイトに誘導した上で，Webアプリケーションによる HTML出力のエスケープ処理の欠陥を悪用し，利用者のWebブラウザで悪意のあるスクリプトを実行させる。
エ　セッションIDによってセッションが管理されるとき，攻撃者がログイン中の利用者のセッションIDを不正に取得し，その利用者になりすましてサーバにアクセスする。

要点解説
ア　SQLインジェクション　イ　ディレクトリトラバーサル
ウ　クロスサイトスクリプティング　エ　セッションハイジャック

確認問題 2

▸ 平成30年度春期　問41　　正解率 ▸ 高　頻出　基本

SQLインジェクション攻撃による被害を防ぐ方法はどれか。

ア　入力された文字がデータベースへの問合せや操作において，特別な意味をもつ文字として解釈されないようにする。
イ　入力にHTMLタグが含まれていたら，HTMLタグとして解釈されない他の文字列に置き換える。
ウ　入力に，上位ディレクトリを指定する文字列（../）を含むときは受け付けない。
エ　入力の全体の長さが制限を超えているときは受け付けない。

SQLインジェクションは，Webアプリケーションの入力データとしてデータベースの命令文を構成するデータを入力し，想定外のSQLを実行する攻撃です。不正にシステムに侵入されたり，データの漏えい・改ざん・破壊が行われたりする危険があります。これを防ぐには，利用者が入力している文字の中にデータベースへの問合せの際に特別な意味をもつ文字（「'」など）があるか検証し，見つかったときは削除するか別の文字に置き換えるようにするなどの対策をとります。

確認問題 3

▸ 令和元年度秋期　問35　　正解率 ▸ 中　応用

攻撃者が用意したサーバXのIPアドレスが，A社WebサーバのFQDNに対応するIPアドレスとしてB社DNSキャッシュサーバに記憶された。これによって，意図せずサーバXに誘導されてしまう利用者はどれか。ここで，A社，B社の各従業員は自社のDNSキャッシュサーバを利用して名前解決を行う。

ア　A社WebサーバにアクセスしようとするA社従業員
イ　A社WebサーバにアクセスしようとするB社従業員
ウ　B社WebサーバにアクセスしようとするA社従業員
エ　B社WebサーバにアクセスしようとするB社従業員

DNSは，ドメイン名とIPアドレスを対応付けるサーバです。DNSサーバは，社内のPCから外部WebサーバのIPアドレスの問合せを受けると，外部のDNSサーバにさらに問合せしてIPアドレスを得ます。DNSサーバは一度問い合せたWebサーバの情報をキャッシュという形で保持し，次に同じ問合せがあったらキャッシュの情報からIPアドレスを答えます。
DNSキャッシュポイズニングは，この対応付けを書き換えるので，偽のIPアドレスを返すことになります。このため，社内のPCが本来とは異なるWebサーバに誘導されるということが起こります。
よって，A社WebサーバにアクセスしようとするB社従業員がサーバXに誘導されてしまいます。

確認問題 4 ▸応用情報 令和3年度春期 問38 正解率▸低 **基本**

攻撃者が行うフットプリンティングに該当するものはどれか。

ア Webサイトのページを改ざんすることによって，そのWebサイトから社会的・政治的な主張を発信する。
イ 攻撃前に，攻撃対象となるPC，サーバ及びネットワークについての情報を得る。
ウ 攻撃前に，攻撃に使用するPCのメモリを増設することによって，効率的に攻撃できるようにする。
エ システムログに偽の痕跡を加えることによって，攻撃後に追跡を逃れる。

フットプリンティングは，攻撃前に，標的となるコンピュータやネットワークなどの情報を得ることをいいます。技術的な情報だけではなく，ソーシャルエンジニアリングのために従業員の情報やメールアドレスなども収集される場合があります。

確認問題 5 ▸平成31年度春期 問37 正解率▸中 **基本**

パスワードリスト攻撃の手口に該当するものはどれか。

ア 辞書にある単語をパスワードに設定している利用者がいる状況に着目して，攻撃対象とする利用者IDを一つ定め，辞書にある単語やその組合せをパスワードとして，ログインを試行する。
イ パスワードの文字数の上限が小さいWebサイトに対して，攻撃対象とする利用者IDを一つ定め，文字を組み合わせたパスワードを総当たりして，ログインを試行する。
ウ 複数サイトで同一の利用者IDとパスワードを使っている利用者がいる状況に着目して，不正に取得した他サイトの利用者IDとパスワードの一覧表を用いて，ログインを試行する。
エ よく用いられるパスワードを一つ定め，文字を組み合わせた利用者IDを総当たりして，ログインを試行する。

パスワードリスト攻撃は，利用者が複数のサービスに同じIDやパスワードを使い回しがちなことを利用するものです。

解答

問題1：イ	問題2：ア	問題3：イ	問題4：イ	問題5：ウ

8 04 暗号技術

時々出　必須　超重要

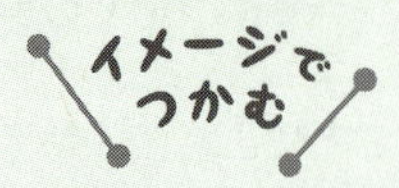

他人に見られたくない内容を書くときは，ハガキではなくて封筒を使います。
ネットワーク上でも，他人に見られたくないデータをやり取りするときは，それなりの配慮をします。

ネットワーク上の脅威

インターネットをはじめとしたネットワークの世界では，不特定多数のサーバを経由してデータが送受信されます。データが送信者から受信者へ届けられるまで，次のような脅威があります。

盗聴	第三者が，送信者から受信者へ送信されたデータを盗み取る
なりすまし	第三者が，送信者を装って受信者へデータを送信する
改ざん	第三者が，送信者から受信者へ送信されたデータを書き換える

データの暗号化

盗聴の対策の一つに，暗号化があります。

暗号化は，**人が容易に解読できる平文（ひらぶん）を「暗号化アルゴリズム」と「暗号化鍵」を使って，容易に解読できない暗号文に変換すること**です。逆に，**復号**とは，「復号アルゴリズム」と「復号鍵」を使って，暗号文を再び元の平文に戻すことです。

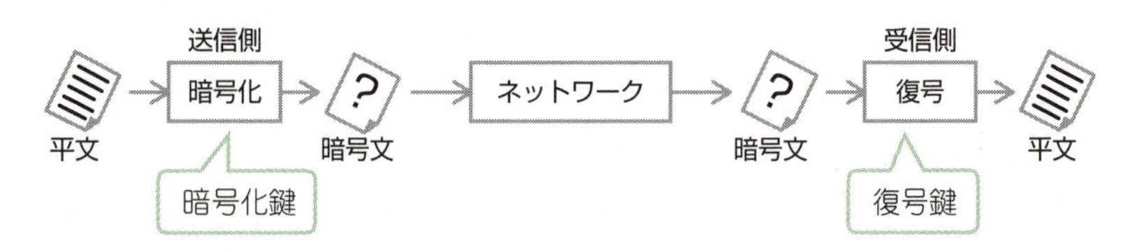

暗号方式

暗号方式には，次の共通鍵暗号方式と公開鍵暗号方式があります。

共通鍵暗号方式

共通鍵暗号方式は，**暗号化鍵と復号鍵が共通の暗号方式**です。**送信者は「共通の秘密鍵」で暗号化し，受信者も同じ「共通の秘密鍵」で復号します。**暗号化鍵が盗まれると，その鍵で復号できてしまうため，秘密に管理しておくという意味で**秘密鍵暗号方式**とも呼ばれています。

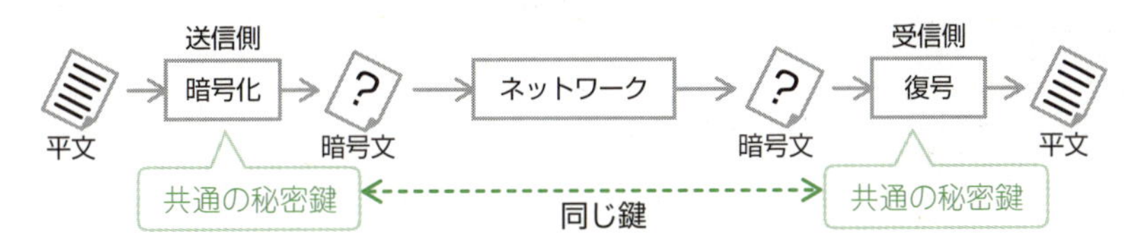

● **特徴**

* 第三者に知られることなく，安全に通信相手に鍵を配布する必要がある
* 通信相手ごとに鍵を作成する必要があるため，鍵の管理が煩雑になる
* 暗号化や復号の処理にかかる負担が小さく，公開鍵暗号方式（後述）に比べて処理が速い

代表的な共通鍵暗号方式には，脆弱性が指摘されたDESにかわり，米国の次世代暗号方式として規格された**AES**（Advanced Encryption Standard）があります。AESは，無線LANの暗号化規格であるWPA2で使われています。

“くれば”で覚える

共通鍵暗号方式 とくれば
* **暗号化鍵と復号鍵は共通**
* **鍵の配布と管理に注意**
* **共通の秘密鍵で暗号化して，共通の秘密鍵で復号する**
* **暗号化／復号の処理が速い**
* **代表例はAES**

攻略法 …… **これが共通鍵暗号方式のイメージだ！**

家の鍵は，閉める鍵と開ける鍵が同じです。家族の人数分の鍵を作って，鍵を落とさないように管理しておく必要があります。

公開鍵暗号方式

公開鍵暗号方式は，**暗号化鍵と復号鍵が異なる暗号方式**です。**送信者は「受信者の公開鍵」で暗号化し，受信者は対の「受信者の秘密鍵」で復号します。**公開鍵で暗号化した暗号文は，対の本人だけが保持している秘密鍵でしか復号できないため，一方の鍵を公開しても大丈夫ということです。

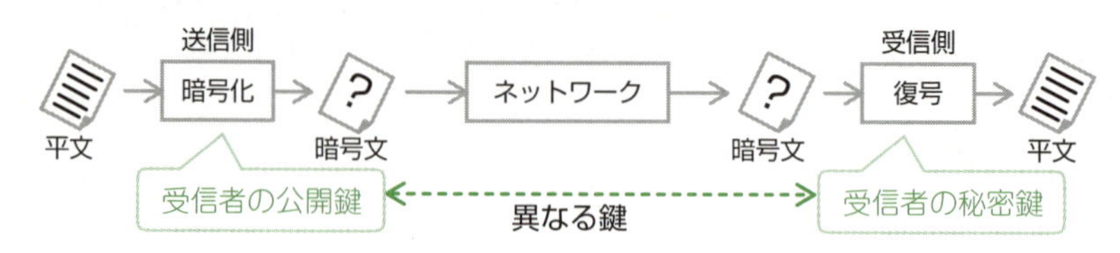

●**特徴**

* 一方の鍵を公開するため，鍵の配布や管理が容易
* 暗号化や復号の処理にかかる負担が大きく，共通鍵暗号方式に比べて処理が遅い

代表的な公開鍵暗号方式には，非常に大きな数を素因数分解することが困難なことを利用した**RSA**，RSAより短い鍵長で同等の安全性を提供できる**楕円曲線暗号**があります。楕円曲線暗号は，TLS（後述）で使われています。

"くれば"で覚える

公開鍵暗号方式 とくれば
＊暗号化鍵と復号鍵は異なる　**＊鍵の配布と管理が容易**
＊受信者の公開鍵で暗号化して，受信者の秘密鍵で復号する
＊暗号化/復号の処理が遅い　**＊代表例はRSA・楕円曲線暗号**

攻略法 …… **これが公開鍵暗号方式のイメージだ！**

南京錠は，閉める鍵と開ける鍵が異なります。誰でも鍵を閉めることができますが，鍵を開くことができるのは，鍵を持っている本人だけです。

ディジタル署名

なりすましや改ざんの対策の一つに，ディジタル署名があります。

ディジタル署名は，**「送信者が本人であるかを受信者が確認できる」のと同時に，「電子文書の内容が改ざんされていないことを受信者が確認できる」仕組み**です。

電子署名とも呼ばれています。

ディジタル署名は，「送信者の秘密鍵」で暗号化し，対となる「送信者の公開鍵」で復号します。これは，公開鍵暗号方式の「公開鍵で暗号化した電子文書は，対の秘密鍵で復号できる」を応用したもので，逆に「秘密鍵で暗号化した電子文書は，対の公開鍵で復号できる」ことを利用しています。暗号化に使う秘密鍵は，本人しか保持していないため，本人以外にそのような暗号文を作成することができないはずであり，さらに，その本人が公開した対となる鍵で復号ができるため，間違いなく本人であることを証明できるということです。

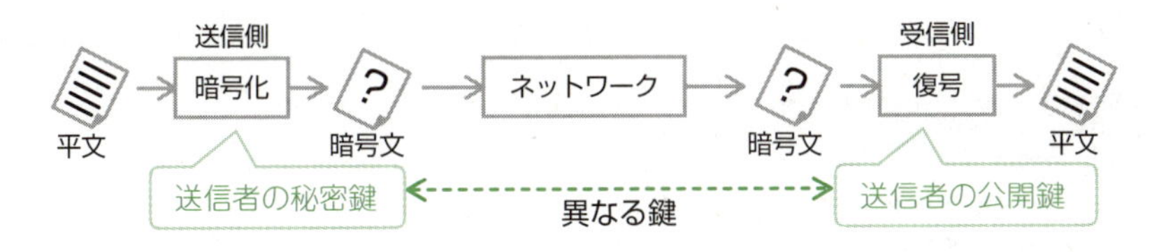

具体的に，ディジタル署名の流れを見ていきましょう。

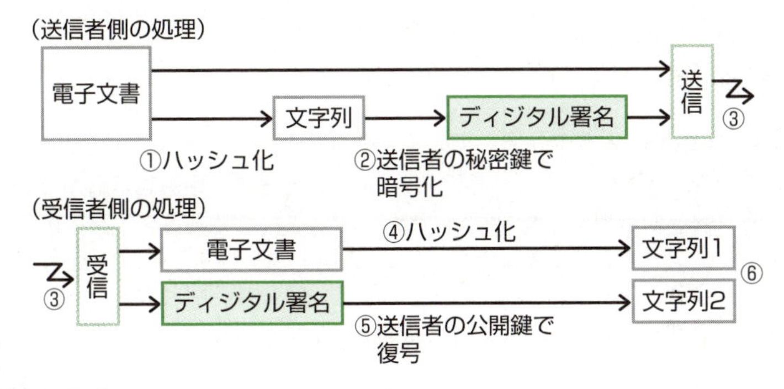

● **送信者側の処理**

① 電子文書からハッシュ関数（後述）を使用して文字列を作成する

② 作成した文字列を「送信者の秘密鍵」で暗号化して，ディジタル署名を作成する

③ 電子文書に暗号化したディジタル署名を付加して送信する

● **受信者側の処理**

④ 電子文書から送信者と同じハッシュ関数を使用して文字列を作成する

⑤ ディジタル署名を「送信者の公開鍵」で復号する ⇒ 送信者が本人であることを確認

⑥ ④と⑤で得られた文字列を比較して同一である ⇒ 電子文書の内容は改ざんされていないことを確認

もっと詳しく ハッシュ関数

ハッシュ関数を使用して，電子文書から文字列（**ハッシュ値**，または**メッセージダイジェスト**）を作成することを**ハッシュ化**といいます。同じ電子文書をハッシュ化すると，常に同じ文字列が作成されますが，一部でも改ざんされていると同じ文字列は作成されません。また，ハッシュ関数は一方向関数であるため，作成された文字列から元の電子文書を推測したり復元したりすることはできません。

なお，代表的なハッシュ関数として**SHA**（Secure Hash Algorithm）があり，256ビットの文字列が得られる**SHA-256**，512ビットの文字列が得られる**SHA-512**があります。

“くれば”で覚える

ディジタル署名 とくれば

* **送信者の秘密鍵で暗号化して送信者の公開鍵で復号する**
* **「送信者が本人である」，「電子文書が改ざんされていない」ことを確認する**

認証局

公開鍵暗号方式やディジタル署名には公開鍵が使われますが，公開鍵が本人のものであるのか，その正当性を証明する必要があります。そこで，**取引当事者から独立した信頼できる第三者機関である認証局**（**CA**：Certification Authority）が，本人からの申請に基づいてディジタル証明書を発行し，公開鍵の正当性を証明しています。

ディジタル証明書の発行までの手順を見ていきましょう。

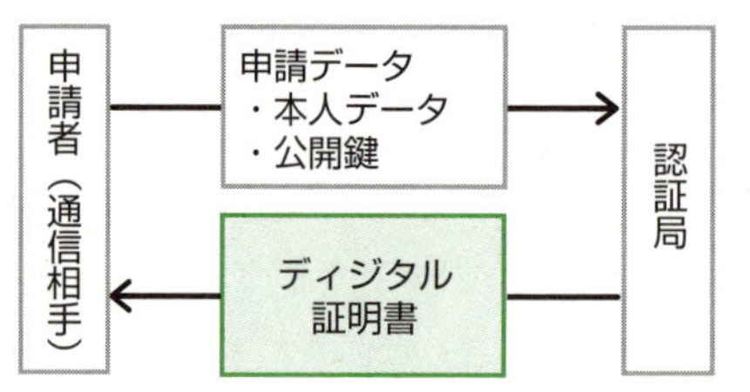

ディジタル証明書には，本人情報，正当性を保障する公開鍵のほかに，認証局名，証明書の有効期間などが含まれています。さらに，認証局は，ディジタル証明書の有効期

間が切れ，失効した証明書の一覧表（**CRL**：証明書失効リスト）も発行しています。

認証局　とくれば　**ディジタル証明書を発行し，公開鍵の正当性を保証する**

PKI

PKI（Public Key Infrastructure：公開鍵基盤）は，**認証局や公開鍵暗号方式，ディジタル署名などの仕組みを使って，インターネット上で安全な通信ができるセキュリティ基盤のこと**です。

攻略法 …… **これがPKIのイメージだ！**

	PKI	実社会
媒体	電子文書	紙文書
第三者機関	認証局	役所
正当性を証明するもの	公開鍵	印鑑
発行する証明書	ディジタル証明書	印鑑証明書
本人確認に使うもの	ディジタル署名	印影

メッセージ認証

メッセージ認証は，**共通鍵を用いて，メッセージの内容が改ざんされていないことを確認する仕組み**です。

メッセージ認証の仕組みを見ていきましょう。

① 事前に，送信者と受信者で共通鍵を秘密裏に共有しておく

●**送信者側の処理**

② 送信者は，メッセージと共通鍵を基に，ハッシュ関数を用いて**メッセージ認証コード**（**MAC**：Message Authentication Code）を生成する

③ 送信者は，メッセージとMACを受信者へ送信する

●**受信者側の処理**

④ 受信者は，受信したメッセージと共通鍵を基に，同じハッシュ関数を用いてMACを生成する

⑤ 受信者は，③と④のMACが一致するかを検証する

ここで，MAC値が一致すれば，受信者は改ざんされていないことを確認できると同時に，事前に共通鍵を保持しているのは送信者と受信者のみのため，なりすまし対策も可能です。ただし，受信者も送付されてきたメッセージから共通鍵を使って同じMACを生成することができるため，否認防止はできません。

ディジタル署名と比較すると，次のようになります。

	ディジタル署名	メッセージ認証
なりすまし対策	○	○
改ざん対策	○	○
否認防止	○	×
鍵	公開鍵・秘密鍵	秘密鍵・秘密鍵
付加	ディジタル署名	MAC

SSL

SSL (Secure Sockets Layer) は，**インターネット上での通信を暗号化して，盗聴や改ざんを防ぐ仕組み（プロトコル）**です。これにより，インターネット上で，個人情報やパスワード，クレジット番号など，機密性の高いデータを安全にやりとりすることができます。代表的なWebブラウザには標準搭載されていて，SSLの暗号通信をHTTPに実装したものが**HTTPS** (HTTP over SSL/TLS) です。HTTPSは，WebサーバとWebブラウザ間の通信を暗号化します。なお，**TLS** (Transport Layer Security) とは，SSLをベースに標準化したもので，機能はほぼ同じです。**SSL/TLS**とまとめて呼ぶこともあります。

具体的に，SSL通信の流れを見ていきましょう。

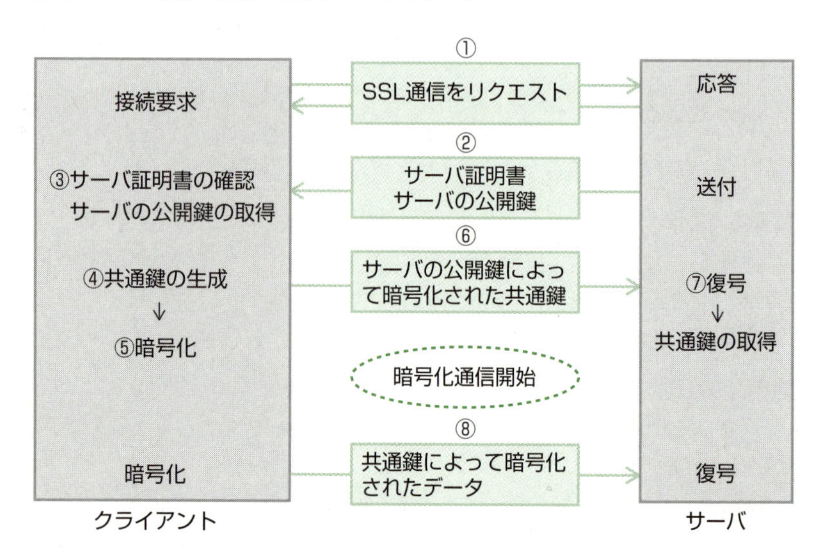

① クライアントからサーバへSSL暗号通信をリクエストする
② 「サーバ証明書」と「サーバの公開鍵」を送付する（「認証局の秘密鍵」で「サーバ証明書」のハッシュ値を暗号化した「ディジタル署名」も付加する）
③ 「サーバ証明書」を確認する（「ディジタル署名」を「認証局の公開鍵」で復号する）
「サーバ証明書が改ざんされていないこと」と「サーバ証明書が認証局の発行審査を受けたものであること」が確認できる
「サーバの公開鍵」を取得する
④ 「共通鍵」を生成する
⑤ 「共通鍵」を③で取得した「サーバの公開鍵」で暗号化する
⑥ 「サーバの公開鍵」によって暗号化された「共通鍵」を送付する
⑦ 「共通鍵」を「サーバの秘密鍵」で復号して取得する（両者が「共通鍵」を持ち合わせたことになる）
⑧ 「共通鍵」によって暗号化されたデータの通信を行う

知っ得情報　ハイブリッド方式

ハイブリッド方式は，SSL通信のように，**共通鍵暗号方式と公開鍵暗号方式の両者の特徴を組み合わせた方式**です。この方式では，データの暗号化／復号には共通鍵暗号方式を使い，その共通鍵の配布には公開鍵暗号方式を使います。共通鍵暗号方式は暗号化／復号の処理が速く，公開鍵暗号方式は鍵の配布が容易という両者の長所を生かした方式だといえます。

知っ得情報　セキュアブートとTPM

ディジタル署名は，OSやドライバ，アプリケーションなどが改ざんされていないかの検証にも使われています。その一つである**セキュアブート**は，**PCの起動時にOSやドライバの署名を確認することで，OS起動前のマルウェアの実行を防ぐ技術**です。

TPM（Trusted Platform Module）は，**PCなどに組み込むセキュリティチップのこと**です。公開鍵と秘密鍵，ディジタル署名の生成や，ハッシュ値の計算，暗号処理などを行います。ハードディスクやSSDから独立したチップ内部に，生成した値を保存するため，マルウェアが干渉しにくくなっています。

確認問題 1 ▸平成30年度春期 問38 正解率▸高 応用

Aさんが Bさんの公開鍵で暗号化した電子メールを，BさんとCさんに送信した結果のうち，適切なものはどれか。ここで，Aさん，Bさん，Cさんのそれぞれの公開鍵は3人全員がもち，それぞれの秘密鍵は本人だけがもっているものとする。

ア 暗号化された電子メールを，Bさんだけが，Aさんの公開鍵で復号できる。
イ 暗号化された電子メールを，Bさんだけが，自身の秘密鍵で復号できる。
ウ 暗号化された電子メールを，Bさんも，Cさんも，Bさんの公開鍵で復号できる。
エ 暗号化された電子メールを，Bさんも，Cさんも，自身の秘密鍵で復号できる。

要点解説 Bさんの公開鍵で暗号化したメールは，Bさんの秘密鍵で復号します。復号できるのは秘密鍵をもつBさんだけです。
ここで，公開鍵暗号方式でもディジタル署名でも，同じ人の秘密鍵と公開鍵をセットで使います。つまり，AさんとBさんの鍵をセットにすることはなく，公開鍵どうし，秘密鍵どうしをセットにすることもありません。

確認問題 2 ▸平成29年度秋期 問40 正解率▸中 頻出 基本

ディジタル署名における署名鍵の用い方と，ディジタル署名を行う目的のうち，適切なものはどれか。

ア 受信者が署名鍵を使って，暗号文を元のメッセージに戻すことができるようにする。
イ 送信者が固定文字列を付加したメッセージを署名鍵を使って暗号化することによって，受信者がメッセージの改ざん部位を特定できるようにする。
ウ 送信者が署名鍵を使って署名を作成し，それをメッセージに付加することによって，受信者が送信者を確認できるようにする。
エ 送信者が署名鍵を使ってメッセージを暗号化することによって，メッセージの内容を関係者以外に分からないようにする。

要点解説 公開鍵を用いたディジタル署名を利用する主な目的は二つです。

* 受信者がメッセージの送信者を確認すること（本人認証）
* 署名が行われた後で，メッセージに変更が加えられていないかどうかを確認すること（改ざんの有無の確認のみで，改ざんの場所はわからない）

確認問題 3　▸平成28年度秋期　問39　正解率▸中　頻出　基本

PKIにおける認証局が，信頼できる第三者機関として果たす役割はどれか。

ア　利用者からの要求に対して正確な時刻を返答し，時刻合わせを可能にする。
イ　利用者から要求された電子メールの本文に対して，ディジタル署名を付与する。
ウ　利用者やサーバの公開鍵を証明するディジタル証明書を発行する。
エ　利用者やサーバの秘密健を証明するディジタル証明書を発行する。

認証局は，取引当事者から独立した信頼できる第三者機関として，利用者の公開鍵の正当性を証明するディジタル証明書を発行します。

確認問題 4　▸令和元年度秋期　問40　正解率▸中　応用

ファイルの提供者は，ファイルの作成者が作成したファイルAを受け取り，ファイルAと，ファイルAにSHA-256を適用して算出した値Bとを利用者に送信する。そのとき，利用者が情報セキュリティ上実現できることはどれか。ここで，利用者が受信した値Bはファイルの提供者から事前に電話で直接伝えられた値と同じであり，改ざんされていないことが確認できているものとする。

ア　値BにSHA-256を適用して値Bからディジタル署名を算出し，そのディジタル署名を検証することによって，ファイルAの作成者を確認できる。
イ　値BにSHA-256を適用して値Bからディジタル署名を算出し，そのディジタル署名を検証することによって，ファイルAの提供者がファイルAの作成者であるかどうかを確認できる。
ウ　ファイルAにSHA-256を適用して値を算出し，その値と値Bを比較することによって，ファイルAの内容が改ざんされていないかどうかを検証できる。
エ　ファイルAの内容が改ざんされていても，ファイルAにSHA-256を適用して値を算出し，その値と値Bの差分を確認することによって，ファイルAの内容のうち改ざんされている部分を修復できる。

SHA-256はハッシュ関数の一つで，ファイルに適用するとハッシュ値が得られます。同一のファイルからは同一のハッシュ値が算出されるので，ファイルAの内容が改ざんされていないかどうかを検証できます。

確認問題 5　▸平成25年度春期　問44　正解率▸中　基本

HTTPSを用いて実現できるものはどれか。

ア　Webサーバ上のファイルの改ざん検知
イ　クライアント上のウイルス検査
ウ　クライアントに対する侵入検知
エ　電子証明書によるサーバ認証

HTTPSで確認できるものは，
① 電子証明書が改ざんされていないこと
② 電子証明書が認証局の発行審査を受けた会社のものであることです。
選択肢の中では，エが該当します。
電子証明書以外のファイルの改ざんや，クライアント上のウイルス検査，クライアントへの侵入検知は確認できません。

確認問題 6　▸平成31年度春期　問39　正解率▸中　基本

楕円曲線暗号の特徴はどれか。

ア　RSA暗号と比べて，短い鍵長で同レベルの安全性が実現できる。
イ　共通鍵暗号方式であり，暗号化や復号の処理を高速に行うことができる。
ウ　総当たりによる解読が不可能なことが，数学的に証明されている。
エ　データを秘匿する目的で用いる場合，復号鍵を秘密にしておく必要がない。

楕円曲線暗号は，公開鍵暗号方式の一つです。RSA暗号よりも短い暗号鍵で同じ程度の安全性が得られるため，暗号化や復号にかかる時間も短くなります。仮想通貨（暗号資産）（11-05参照）にも使われています。ECC（Elliptic Curve Cryptography）とも呼ばれます。

確認問題 7

▸ 応用情報　平成27年度秋期　問41　正解率 ▸ 高　応用

　図のような構成と通信サービスのシステムにおいて，Webアプリケーションの脆弱性対策のためのWAFの設置場所として，最も適切な箇所はどこか。ここで，WAFには通信を暗号化したり，復号したりする機能はないものとする。

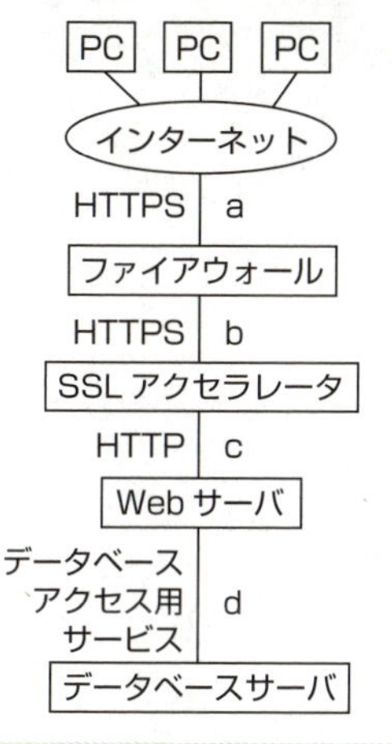

ア　a
イ　b
ウ　c
エ　d

WAF (Web Application Firewall) は，データの内容まで見てアクセス制御しています (8-03参照)。「通信の暗号化/復号機能はない」とあるので，平文のデータで内容を確認する必要があります。SSLアクセラレータは通信内容を高速に暗号化/復号するための機器ですが，この用語を知らなくても，ここを通るとHTTPSとHTTPが相互に変換されているので役割は想像できます。平文で確認するには，cの位置にWAFを置く必要があります。

解答

問題1：イ　問題2：ウ　問題3：ウ　問題4：ウ　問題5：エ
問題6：ア　問題7：ウ

8 05 ネットワークセキュリティ

時々出　必須　超重要

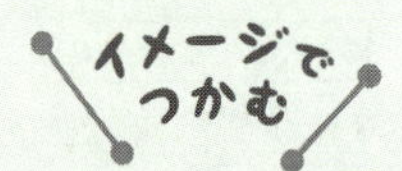

火事の延焼から守るために，防火壁を設置した家を見かけます。

ネットワークの世界にも防火壁を設置して，外部からの不正アクセスを防いでいます。

利用者認証

利用者認証は，**コンピュータシステムを使用する際に，利用者が使用することを許可されている本人であるかを確認すること**です。**ユーザ認証**とも呼ばれています。

利用者IDとパスワードの組み合わせは，昔からある認証方法ですが，よりセキュリティを高めるために，最近は，次の二つ以上の異なる認証を組み合わせる**多要素認証**が行われます。

① 真の利用者だけが知っている知識情報による認証
② 真の利用者だけが持っている所持情報による認証
③ 真の利用者だけの生体情報による認証

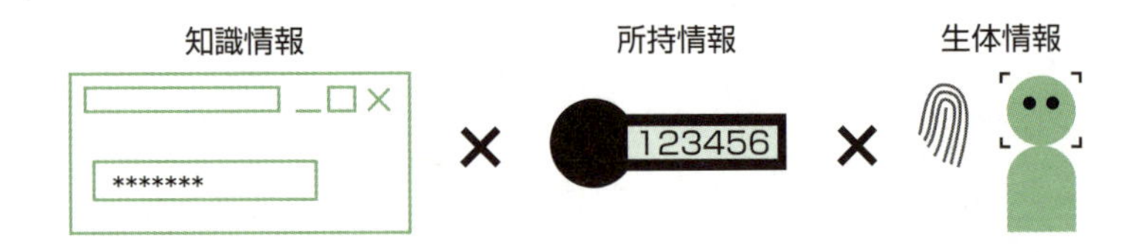

特に，**二つの認証を組み合わせること**を**2要素認証**と呼びます。例えば，ログインする際に使用するICカード（所持）とPINコード（知識），また，オンラインバンキングでは，ログインの際にはパスワード（知識）を入力し，振込のときはさらにトークン（所持）を使ったワンタイムパスワードを組み合わせています。

もっと詳しく ワンタイムパスワード

ワンタイムパスワードは，**1回限りのパスワード**です。毎回，パスワードが変更になるため，第三者にパスワードを盗まれたとしても，そのパスワードでは二度と認証することができません。

バイオメトリクス認証

バイオメトリクス認証（生体認証）には，**身体的な特徴を使った認証と行動的な特徴を使った認証**があります。身体的な特徴を使った認証には，指紋認証や静脈認証，虹彩（こうさい）認証などがあり，行動的な特徴を使った認証には，署名の速度や筆圧などがあります。なお，生体認証システムを導入する際には，本人を誤って拒否する確率（FRR：False Rejection Rate）と，他人を誤って許可する確率（FAR：False Acceptance Rate）を調整する必要があります。

知っ得情報 CAPTCHA

プログラムによる自動入力を排除する技術に**CAPTCHA**（キャプチャ）があります。これは，**ゆがめたり一部を隠したりした画像から文字を判読させて入力させること**です。人には読み取ることができるが，プログラムでは読み取ることが難しいという差異を利用しています。

チャレンジレスポンス認証

ネットワーク上にパスワードを流すことなく認証する方法です。利用者が入力したパスワードと，サーバから送られてきたランダムな文字列（**チャレンジ**）とを端末側でハッシュ演算し，その結果（**レスポンス**）をサーバに送信して認証します。

具体的にチャレンジレスポンス認証の流れを見ていきましょう。なお，サーバ側にはアカウント情報（利用者ID，パスワード）を保持しています。

① 利用者は，利用者IDとパスワードを入力し，利用者IDのみサーバに送付する
② サーバは，文字列（チャレンジ）をランダムに生成し，端末に送付する
③ 端末は，①で入力されたパスワードと，②で送付されたチャレンジから，ハッシュ関数を用いてハッシュ値（レスポンス）を生成し，サーバに返送する
④ サーバは，①で送付された利用者IDからアカウント情報を検索し，検索結果のパスワードと②で生成したチャレンジから，同じハッシュ関数を用いてハッシュ値を生成する
⑤ ③のレスポンスと④のハッシュ値を照合する。同一であれば，ログインを認める

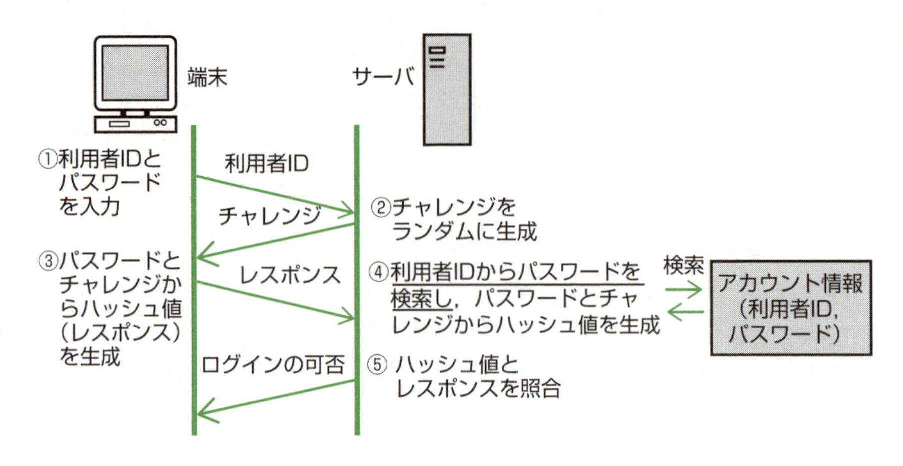

ファイアウォール

ファイアウォールは，**インターネットの外部ネットワークと企業などの内部ネットワークの接続点において，通信通過の可否を判断して，外部からの不正アクセスを防止する仕組み**です。Firewallには，「防火壁」という意味があります。

“くれば”で覚える

ファイアウォール とくれば **外部からの不正アクセスを防止する**

パケットフィルタリング方式

ファイアウォールの仕組みの一つに，**パケットフィルタリング方式**があります。これは，**パケットのヘッダで判断し，通信通過の可否を決定する方式**です。パケットのヘッダには，「送信元のIPアドレス・ポート番号」，「あて先のIPアドレス・ポート番号」などの情報があり，あらかじめ決められたルールに従って，パケットを通過させるかどうかを判断します。

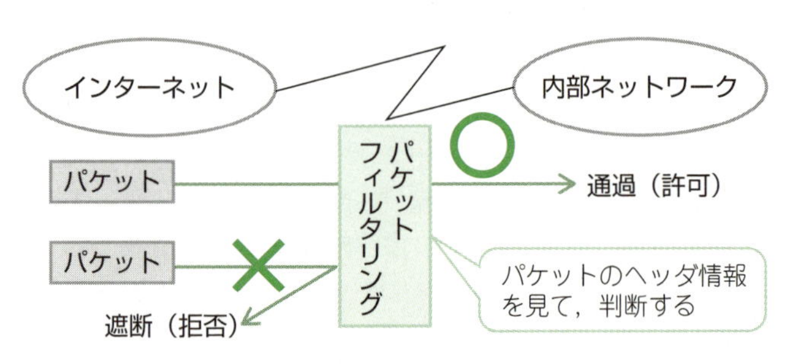

プロキシサーバ

プロキシサーバは，**企業などの内部ネットワークのクライアントがWebサーバなどの外部サーバと通信する場合，中継役となりクライアントの代わりに外部サーバに接続するサーバ**です。**代理サーバ**とも呼ばれています。外部サーバから見ると，あたかもプロキシサーバと通信しているかのように見え，内部ネットワークのクライアントは見えません。これにより，内部ネットワークを外部から隠蔽することができます。さらに，プロキシサーバには，Webコンテンツをキャッシュすることによって，アクセスを高速にする役割もあります。

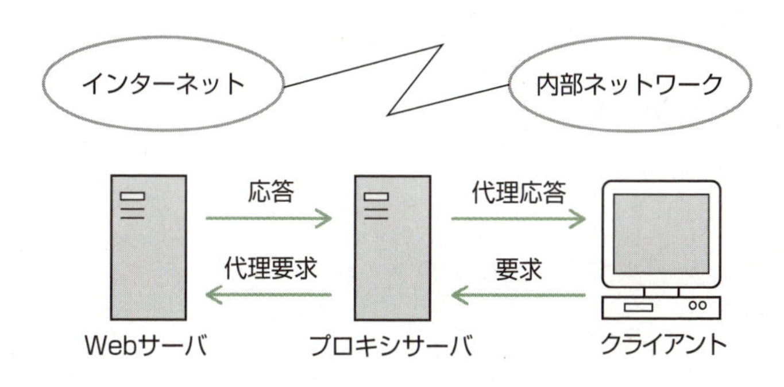

DMZ

DMZ (DeMilitarized Zone) は，**インターネットの外部ネットワークと企業などの内部ネットワークの両方から隔離されたセグメント(区域)のこと**です。「非武装地帯」という意味があります。外部に公開したいけれども，他の内部のサーバとは分離したいWebサーバやDNSサーバ，メールサーバなどを設置します。ファイアウォールのパケットフィルタリング機能などを使って，たとえDMZに外部から不正アクセスがあったとしても，内部ネットワークには被害が及ばないように設定します。

例えば，WebサーバとDBサーバから構成されるシステムにおいて，利用者向けのWebサービスを公開する場合，WebサーバをDMZに，DBサーバを内部ネットワークに配置し，1台のファイアウォールによって，インターネットとDMZとの間と，DMZと内部ネットワークとの間の通信は特定のプロトコルだけを許可して，インターネットと内部ネットワークとの間の直接の通信は許可しません。

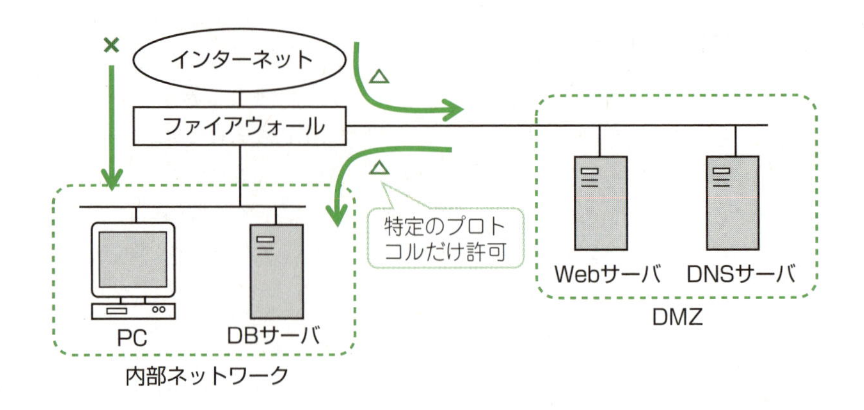

その他のセキュリティ対策

以下のようなものが出題されています。

UTM	Unified Threat Management。ファイアウォール機能を有し，ウイルス対策や侵入検知，侵入防止などを連携させ，複数のセキュリティ機能を1台の筐体（きょうたい）に統合した製品，または統合的に管理すること。「総合脅威管理」と訳される
SIEM（シーム）	Security Information and Event Management。さまざまなシステムの動作ログを一元的に蓄積・管理し，サイバー攻撃などのセキュリティ上の脅威となる事象をいち早く検知して分析するツール
ペネトレーションテスト	システムを実際に攻撃して，ファイアウォールや公開サーバに対するセキュリティホールや設定ミスの有無を確認する検査手法。侵入テストとも呼ばれる
ファジング	システムに問題を引き起こしそうなデータを，多様なパターンで大量に入力して挙動を観察し，脆弱性を見つける検査手法

確認問題 1 ▸平成31年度春期　問36　正解率▸中　**基本**

CAPTCHAの目的はどれか。

ア　Webサイトなどにおいて，コンピュータではなく人間がアクセスしていることを確認する。

イ　公開鍵暗号と共通鍵暗号を組み合わせて，メッセージを効率よく暗号化する。

ウ　通信回線を流れるパケットをキャプチャして，パケットの内容の表示や解析，集計を行う。

エ　電子政府推奨暗号の安全性を評価し，暗号技術の適切な実装法，運用法を調査，検討する。

CAPTCHAは，コンピュータには読みづらく，人の目では判別できる変形した文字です。プログラムによる自動投稿ではなく，人間がアクセスしていることを確認します。

確認問題 2 ▸平成29年度春期 問42 正解率▸中 頻出 応用

社内ネットワークとインターネットの接続点にパケットフィルタリング型ファイアウォールを設置して，社内ネットワーク上のPCからインターネット上のWebサーバの80番ポートにアクセスできるようにするとき，フィルタリングで許可するルールの適切な組合せはどれか。

ア

送信元	あて先	送信元 ポート番号	あて先 ポート番号
PC	Webサーバ	80	1024以上
Webサーバ	PC	80	1024以上

イ

送信元	あて先	送信元 ポート番号	あて先 ポート番号
PC	Webサーバ	80	1024以上
Webサーバ	PC	1024以上	80

ウ

送信元	あて先	送信元 ポート番号	あて先 ポート番号
PC	Webサーバ	1024以上	80
Webサーバ	PC	80	1024以上

エ

送信元	あて先	送信元 ポート番号	あて先 ポート番号
PC	Webサーバ	1024以上	80
Webサーバ	PC	1024以上	80

要点解説

PCには1024以上のポート番号が割り当てられます。発信は送信元がPC・あて先がWebサーバ，応答は送信元はWebサーバ・あて先がPCです。

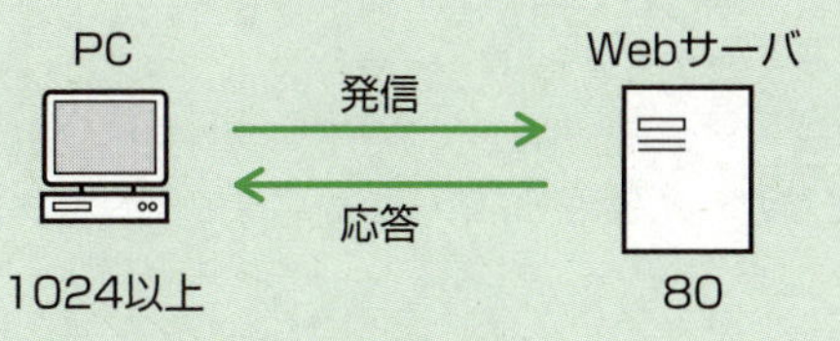

第8章 情報セキュリティ

確認問題 3　▸令和元年度秋期　問42　正解率▸中　応用

1台のファイアウォールによって，外部セグメント，DMZ，内部セグメントの三つのセグメントに分割されたネットワークがあり，このネットワークにおいて，Webサーバと，重要なデータをもつデータベースサーバから成るシステムを使って，利用者向けのWebサービスをインターネットに公開する。インターネットからの不正アクセスから重要なデータを保護するためのサーバの設置方法のうち，最も適切なものはどれか。ここで，Webサーバでは，データベースサーバのフロントエンド処理を行い，ファイアウォールでは，外部セグメントとDMZとの間，及びDMZと内部セグメントとの間の通信は特定のプロトコルだけを許可し，外部セグメントと内部セグメントとの間の直接の通信は許可しないものとする。

ア　Webサーバとデータベースサーバを DMZ に設置する。
イ　Webサーバとデータベースサーバを内部セグメントに設置する。
ウ　Webサーバを DMZ に，データベースサーバを内部セグメントに設置する。
エ　Webサーバを外部セグメントに，データベースサーバを DMZ に設置する。

Webサーバは外部の利用者に公開するためDMZに置き，データベースサーバは不正アクセスから保護するために内部セグメントに設置します。データベースサーバは受信ポートを固定にし，Webサーバからデータベースサーバの受信ポート番号へ発信された通信だけを通すようにします。

確認問題 4　▸平成31年度春期　問45　正解率▸中　応用

ファジングで得られるセキュリティ上の効果はどれか。

ア　ソフトウェアの脆弱性を自動的に修正できる。
イ　ソフトウェアの脆弱性を検出できる。
ウ　複数のログデータを相関分析し，不正アクセスを検知できる。
エ　利用者IDを統合的に管理し，統一したパスワードポリシを適用できる。

ファジングは，システムにエラーを引き起こしそうなさまざまな種類のデータを入力することによって，脆弱性を発見しようというものです。

解答

問題1：ア　　問題2：ウ　　問題3：ウ　　問題4：イ

システム開発技術

9 01 情報システム戦略とシステム企画

時々出　必須　超重要

イメージでつかむ

家を建て始めるまでの過程を考えてみましょう。まずは,「どのような家を建てたいのか」「どの業者に依頼するのか」を考えます。情報システムも同じような検討から始まります。

情報システム戦略

情報システム戦略は，情報システムを活用した戦略です。情報戦略とも呼ばれています。ここでは，経営戦略に基づいた情報システム全体のあるべき姿を明確にします。

全体最適化計画

全体最適化計画は，**全社的な観点から情報システムのあるべき姿を明確にする計画**です。経営戦略に基づいて組織全体で整合性・一貫性を確保した情報化を推進していくことを目的に計画します。

ここでは，組織の全体業務と使用される情報の関連を整理するためにモデル化した，業務モデルを定義します。

情報システム管理基準

情報システム管理基準は，**情報システムの管理を効果的に行うための実践規範を，経済産業省が体系的にまとめたもの**です。これは，経営戦略に基づいて効果的な情報システム戦略を立案し，効果的な情報システムの投資，またはリスクを低減するためのコントロールを適切に整備・運用していくための実践的規範となっています。

CIO

CIO（Chief Information Officer）は，**全社的な観点から情報戦略を立案し，経営戦略との整合性の確認・評価を行う役員**です。「最高情報責任者」と訳されます。

情報システム戦略　とくれば　**経営戦略に基づいた情報システムを活用した戦略**

知っ得情報 ITガバナンス

現在は情報システムの良し悪しが企業経営に大きな影響を及ぼします。情報システムを担当部署や情報システム部門に任せるのではなく，全社的な視点から情報システムの導入・運用・リスク管理などコントロールしていく仕組みが必要になってきています。これがITガバナンスと呼ばれるもので，**情報システム戦略の策定と実行をコントロールする組織の能力のこと**です。

EA

エンタープライズアーキテクチャ（EA：Enterprise Architecture）は，**各業務と情報システムを，全体最適化の観点から見直すための技法**です。現状の姿（**As-Isモデル**）と，あるべき理想の姿（**To-Beモデル**）との差を分析（**ギャップ分析**）しながら，業務とシステムを同時に改善していきます。

ここでは，次の四つの体系で分析し，全体最適化の観点から見直していきます。

ビジネスアーキテクチャ	ビジネス戦略に必要な実現すべき業務の姿を体系化するもの
データアーキテクチャ	業務に必要なデータの内容やデータ間の関連性などを体系化するもの
アプリケーションアーキテクチャ	業務処理に最適な情報システムの形態を体系化するもの
テクノロジアーキテクチャ	情報システムの構築・運用に必要な技術的構成要素を体系的に示したもの

共通フレーム

ソフトウェアを中心としたシステム開発では，同じ用語を使っていながら，ベンダ企業などによっては，その解釈に微妙なズレが生じ，そのズレがプロジェクトに大きな影響を与えてしまうことがあります。

そこで，**共通フレーム**（**SLCP**：Software Life Cycle Process）が策定され，**ソフトウェア開発作業全般にわたって「共通の物差し」となるガイドライン**を用いることで，作業範囲・作業内容を明確にし，取得者と供給者の取引内容を可視化できるようにしました。これは，**共通フレーム2013**（SLCP-JCF2013）とも呼ばれています。

共通フレームには，次のようなプロセスがあります。

企画プロセス → 要件定義プロセス → システム開発プロセス → ソフトウェア実装プロセス → 保守プロセス

また，その他にも「運用プロセス」・「サービスマネジメントプロセス」などがあります。

企画プロセス

企画プロセスは，システム化構想やシステム化計画を立案します。

システム化構想

システム化構想は，**経営事業の目的・目標を達成するために，経営上のニーズと課題を確認し，経営戦略に基づいたシステム化の方針を立案すること**です。

これは家を建てるときに，「家族が増えるので，もっと広い家が必要になるのでは？」などのニーズに基づいているようなイメージです。

システム化計画

システム化計画は，**システム化構想を具現化するために立案する計画**です。具体的には，システム化する対象業務やスケジュール，開発体制，役割分担，概算コスト，投資効果などを明らかにします。

これは家を建てるときの初期段階で，「スケジュールは？」「どれくらいの費用がかかるの？」「多くの費用を出してまで家を建てるの？」と考えるようなイメージです。

要件定義プロセス

要件定義プロセスは，**利用者のニーズを整理し，新たに構築する（再構築する）業務とシステムの仕様や範囲を明らかにして，利害関係者間で合意します。**

要件定義では，業務上実現すべき要件である**業務要件**を整理・把握し，その実現のために必要なシステムの機能である**機能要件**を定義します。あわせて，機能要件以外の性能や信頼性，セキュリティ，移行方法，運用方法などの**非機能要件**を定義します。

これは家を建てることが現実になってくると，「どのような家を建てるの？」「どこまで機能を持たせるの？」と考えるようなイメージです。

調達計画・実施

システム化が決定すると，システム開発を担当するベンダ企業を選定して契約を締結します。

これは家を建てることが決まると，複数の業者から見積りをとり「どの業者に頼むの？」と考えるようなイメージです。

ベンダ企業との契約締結までの流れは，次のようになります。その過程でさまざまな情報や書類をやり取りしていきます。

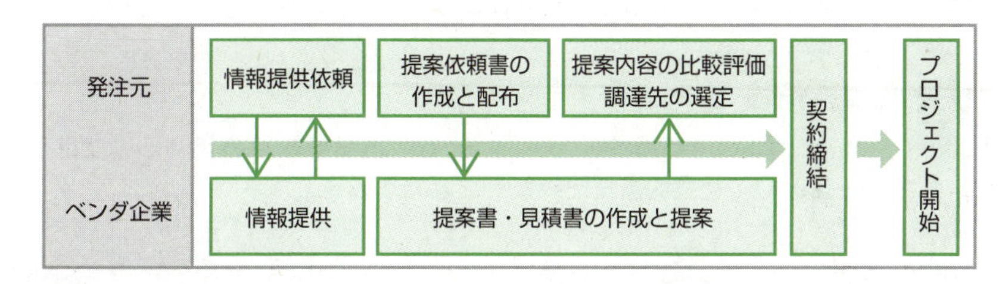

RFI

情報提供依頼（**RFI**：Request For Information）は，**ベンダ企業に対して，システム化の目的や業務内容などを示し，利用可能な技術や製品，導入実績などの実現手段に関する情報提供を依頼すること**です。

RFP

提案依頼書（**RFP**：Request For Proposal）は，**ベンダ企業に対して，対象システムや調達条件などを示し，提案書の提出を依頼する文書**です。なお，発注先を適切に判断するためには，各ベンダ企業等からの提案書が提出される前に，提案の評価基準や選定の手順を決めておく必要があります。

提案書

提案書は，**ベンダ企業がRFPを基に開発体制やシステム構成，開発手法などを検討し，提案する文書**です。

見積書

見積書は，**ベンダ企業がシステムの開発や運用，保守などにかかる費用を提示する文書**です。

"くれば"で覚える

RFI とくれば **ベンダ企業に対して，情報提供を依頼すること**
RFP とくれば **ベンダ企業に対して，提案書の提出を依頼する文書**

知っ得情報 NDA

NDA (Non-Disclosure Agreement) は，**秘密保持契約のこと**です。システム開発では，再委託先も含め，企業間でお互いに知り得た相手の秘密情報の守秘義務について，秘密保持契約を結んでおくことが重要です。

知っ得情報 企業の社会的責任

CSR (Corporate Social Responsibility) は，**企業が本来の営利活動とは別に，社会の一員として社会的責任を果たすこと**です。省エネや資源の有効活用など環境への配慮を行っている情報通信機器を選定する**グリーンIT**もその一つです。

国の機関は，グリーン購入法によりグリーンITを実践している製品・サービスを選ぶこと（**グリーン購入**）を義務付けられています。

確認問題 1

▸令和元年度秋期　問75　　正解率▸中　基本

CIOの果たすべき役割はどれか。

ア　各部門の代表として，自部門のシステム化案を情報システム部門に提示する。
イ　情報技術に関する調査，利用研究，関連部門への教育などを実施する。
ウ　全社的観点から情報化戦略を立案し，経営戦略との整合性の確認や評価を行う。
エ　豊富な業務経験，情報技術の知識，リーダシップをもち，プロジェクトの運営を管理する。

CIOは，情報システムの立案から実行までの責任者です。経営戦略を実現するため，全社的観点から情報化戦略を立案します。

確認問題 2

▸平成30年度春期　問65　　正解率▸中　頻出　基本

国や地方公共団体が，環境への配慮を積極的に行っていると評価されている製品・サービスを選んでいる。この取組みを何というか。

ア　CSR
イ　エコマーク認定
ウ　環境アセスメント
エ　グリーン購入

要点解説　環境に配慮した製品やサービスを選ぶことを，グリーン購入といいます。

確認問題 3 ▸平成22年度春期 問67 正解率▸中 基本

“提案評価方法の決定”に始まる調達プロセスを，調達先の選定，調達の実施，提案依頼書（RFP）の発行，提案評価に分類して順番に並べたとき，cに入るものはどれか。

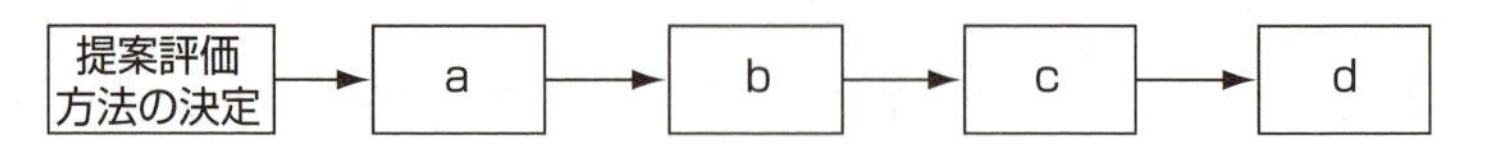

ア　調達先の選定　　イ　調達の実施
ウ　提案依頼書（RFP）の発行　　エ　提案評価

要点解説

a　提案依頼書（RFP）の発行　　b　提案評価
c　調達先の選定　　d　調達の実施
RFPは，調達対象システムや調達条件などを示し，ベンダ企業に提案書の提出を依頼する文書です。

確認問題 4 ▸平成30年度秋期 問64 正解率▸中 基本

システム化計画の立案において実施すべき事項はどれか。

ア　画面や帳票などのインタフェースを決定し，設計書に記載するために，要件定義書を基に作業する。
イ　システム構築の組織体制を策定するとき，業務部門，情報システム部門の役割分担を明確にし，費用の検討においては開発，運用及び保守の費用の算出基礎を明確にしておく。
ウ　システムの起動・終了，監視，ファイルメンテナンスなどを計画的に行い，業務が円滑に遂行していることを確認する。
エ　システムを業務及び環境に適合するように維持管理を行い，修正依頼が発生した場合は，その内容を分析し，影響を明らかにする。

要点解説

システム化計画の立案においては，開発体制や役割分担，概算コスト，費用対効果を明確にします。

確認問題 5

▸ 令和元年度秋期 問65 正解率 ▸ 低 基本

非機能要件の定義で行う作業はどれか。

ア 業務を構成する機能間の情報（データ）の流れを明確にする。
イ システム開発で用いるプログラム言語に合わせた開発基準，標準の技術要件を作成する。
ウ システム機能として実現する範囲を定義する。
エ 他システムとの情報授受などのインタフェースを明確にする。

ア 機能要件　　イ 非機能要件
ウ 機能要件　　エ 機能要件

確認問題 6

▸ 平成31年度春期 問61 正解率 ▸ 中 基本

エンタープライズアーキテクチャを構成するアプリケーションアーキテクチャについて説明したものはどれか。

ア 業務に必要なデータの内容，データ間の関連や構造などを体系的に示したもの
イ 業務プロセスを支援するシステムの機能や構成などを体系的に示したもの
ウ 情報システムの構築・運用に必要な技術的構成要素を体系的に示したもの
エ ビジネス戦略に必要な業務プロセスや情報の流れを体系的に示したもの

要点解説

アプリケーションアーキテクチャは，アプリケーション（業務システム）の機能や構成を体系的に表したものです。
ア データアーキテクチャ
ウ テクノロジアーキテクチャ
エ ビジネスアーキテクチャ

解答

問題1：ウ　問題2：エ　問題3：ア　問題4：イ　問題5：イ
問題6：イ

9-02 ソフトウェア開発

時々出　必須　超重要

イメージでつかむ

滝の水は，逆流することなく上流から下流に流れていきます。

コンピュータシステムも，同じように構築していく方法があります。

ソフトウェア開発工程

ソフトウェア開発では，開発者が利用者の要件を取り入れながら，次のような各工程を順番に実施していきます。各工程で作成されたドキュメント（定義書・設計書など）は，次の工程へと引き継がれていきます。

上位工程

システム要件定義 （外部設計）	**開発者が利用者にヒアリングして，システム化する目的や対象範囲（対象業務・対象部署）を明確にし，システムに必要な機能や性能などを定義する。**システムの応答時間や処理時間，信頼性の目標値などを決定する 成果物：システム要件定義書

ソフトウェア要件定義 （外部設計）	**開発者が利用者にヒアリングして，利用者の視点からソフトウェアに要求される機能や性能などを検討する。**業務モデリング（9-03参照），ヒューマンインタフェースの設計（9-04参照）などを行う 成果物：ソフトウェア要件定義書

システム設計 （外部設計）	**開発者がシステム要件をシステムでどのように実現できるかを検討する。**ハードウェア・ソフトウェア・手作業で実施する範囲を明確にし，ハードウェア構成やソフトウェア構成，システムの処理方式，使用するデータベースの種類などを決定する 成果物：システム設計書

ソフトウェア設計 (内部設計)	**開発者の視点から，ソフトウェア要件をソフトウェアでどのように実現できるかを検討する。**ソフトウェア構造とソフトウェア要素(9-05参照)の設計，ヒューマンインタフェースの詳細設計，ソフトウェアユニットの機能仕様決定などを行う 成果物：ソフトウェア設計書，ソフトウェア統合仕様書
実装・構築 (プログラミング)	**開発者がプログラムを作成する** 成果物：プログラム
テスト	**各種テストを行う**(9-07参照)

下位工程

ソフトウェア開発手法

家を建てる工法がいろいろあるように，ソフトウェア開発手法にもいろいろあります。

ウォータフォールモデル

ウォータフォールモデルは，先ほどのように，**上位工程から下位工程へ順番に進めていく開発手法**です。Water Fallは，「滝」と訳され，滝の水が上流から下流へと順に流れていくようなイメージです。これは昔ながらの開発手法で，大規模なシステム開発に向いています。

●**特徴**

* 全体スケジュールが立てやすく，開発全体の進捗も把握しやすい
* 各工程で実施すべき作業が全て完了してから次の工程に進む
* 後戻りが発生しないように，各工程が終了する際に綿密にチェックを行う

●**欠点**

* 開発の初期段階で，利用者の要件を確定してしまうため，開発途中での利用者の要件を取り入れにくい
* 仕様変更が発生すると，それにかかるコストと時間が膨大になる
* 最後の工程で不具合が発生すると，後戻り作業が多くなる

攻略法 …… **これがウォータフォールモデルの欠点だ！**

ウォータフォールモデルは，各工程を順番に進め，後戻りせずに開発を進めるのが原則です。ただし，利用者が完成品を見ることができるのは，最終段階になってからであり，もし利用者の要件と異なっていたら，後戻りが発生し，開発効率が著しく低下します。これは家が完成してしまった後に，間取りを変更したいといっても後の祭りのようなイメージです。

"くれば"で覚える

ウォータフォールモデル とくれば **上流工程から下流工程へ順番に進める**

アジャイル開発

アジャイル開発は，**「短いサイクルで，動作するプログラムを作成する」という作業を繰り返し，変化の激しい経営環境や利用者の要件を随時取り入れながら，段階的にシステム全体を完成させていく開発手法**です。システムを迅速に開発するための軽量なソフトウェア開発手法の総称で，少人数のチームが，コミュニケーションをとり協力しながら作業を進めることに重点を置いています。Agileは，「機敏な」と訳されます。この開発手法は，小規模なシステム開発に向いています。

●特徴

* ドキュメントの作成よりもソフトウェアの作成を優先する
* 変化する利用者の要件を素早く取り入れることができる
* 軽量であるため，仕様変更に柔軟に対応でき，後戻り作業による影響も小さい

●欠点

* 全体スケジュールが立てにくく，開発全体の進捗も把握しづらい
* 開発の方向性がブレやすい

XP

XP（eXtreme Programming：**エクストリームプログラミング**）は，アジャイル開発の手法の一つで，次のような実践（プラクティス）が提唱されています。

* **イテレーション**と呼ばれる短いサイクル（1～2週間）で，動作するプログラムを作成することを繰り返す
* **2人1組となってプログラミングをする**（**ペアプログラミング**）。1人がプログラムのコードを打ち込み，もう1人はコードをチェックする。また，相互に役割を交代することで，コミュニケーションを円滑にし，プログラムの品質を図る
* ソフトウェアの保守性を高めるために，リリース済みのコードであっても，随時，

改善を繰り返す。**外部仕様を変更することなく，プログラムの内部構造を変更する**（**リファクタリング**）

* コードの結合とテストを継続的に繰り返す（**継続的インテグレーション**）
* 動作するソフトウェアを迅速に開発するために，**テストケースを先に設定してから，そのテストを通過するプログラムを作成する**（**テストファースト**）

スクラム開発

スクラム開発もアジャイル開発の手法の一つで，ラグビーのスクラムが語源となっており，開発チームが一体となり取り組みます。次のような特徴があります。

* **スプリント**と呼ばれる固定した短いサイクル（1～4週間）で，動作するプログラムを作成することを繰り返す
* 優先順位の高い機能から作成する
* 毎日のミーティング（**デイリースクラム**）を重ねることで，問題が発生しても早めに解決できる

"くれば"で覚える

アジャイル開発　とくれば　**「短いサイクルで，動作するプログラムを作成する」を繰り返す**

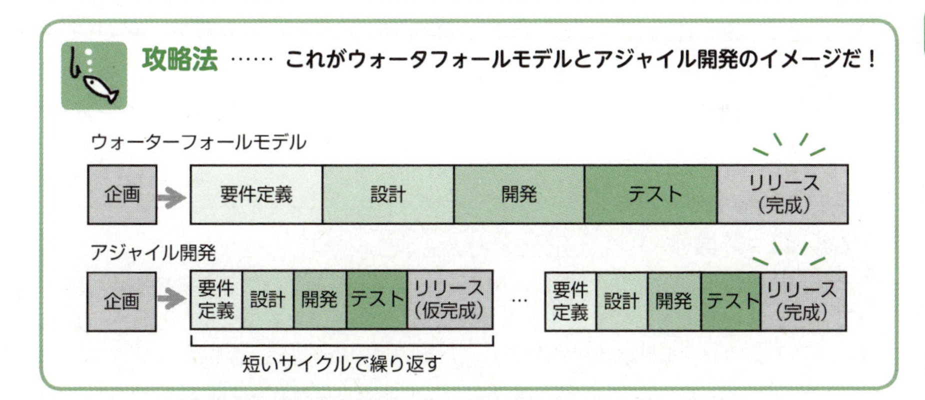

プロトタイピングモデル

プロトタイピングモデルは，**システム開発の早い段階から試作品**（**プロトタイプ**）**を作成して，利用者の確認を得ながら開発を進めていく開発手法**です。Prototypeは，「試作品」と訳されます。利用者と開発者の間で，システム要求についての解釈の違いを早い段階で確認できるので，後戻りを少なくでき，利用者のシステムへの参画意識も高めることができます。この開発手法は，小規模なシステム開発に向いています。

攻略法 …… **これがプロトタイピングモデルのイメージだ！**

化粧品を購入した後，自分に合わなかった経験はありませんか？　そんな時のための試供品。あらかじめ試供品で試しておけば失敗は少なくなります。

スパイラルモデル

スパイラルモデルは，**システムをさらに独立性の高いサブシステムに分割し，サブシステムごとに要件定義や設計，開発，テストを繰り返しながら段階的にシステムを完成させていく開発手法**です。Spiralは，「渦巻き」と訳されます。

リバースエンジニアリング

リバースエンジニアリングは，**既存のプログラムを解析して，プログラムの仕様と設計書を取り出す開発手法**です。通常のシステム開発は，設計時に仕様書を作成して，それを基にしてプログラムを作成していきますが，この開発手法は逆です。Reverseは，「逆にすること」と訳されます。

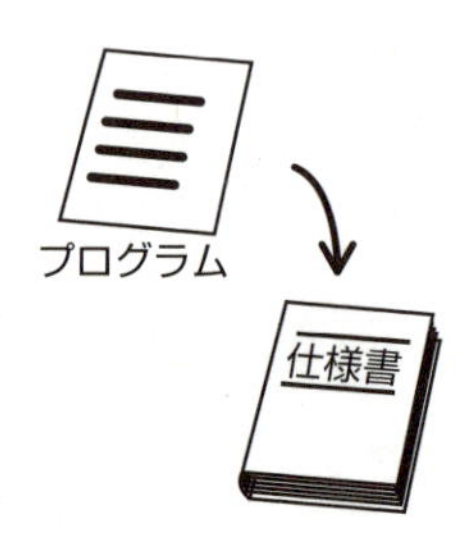

DevOps（ディブオプス）

DevOpsは，**開発部門（Development）と運用部門（Operations）が緊密に連携してシステムの改善を進めようという考え方**です。システムを迅速に開発してビジネスに利用するために，重要機能から先に稼働させたり，追加リリースを頻繁に行ったりすることなどが特徴です。

知っ得情報 **開発組織のプロセス成熟度**

CMMI（Capability Maturity Model Integration）は，**システム開発組織におけるプロセス成熟度を評価するモデル**です。「**統合能力成熟度モデル**」と訳されます。組織のプロセス成熟度にあわせて，次の5段階のレベルで定義されています。

レベル	プロセス成熟度	概　要
レベル1	初期	プロセスが，場当たり的で秩序がない
レベル2	管理された	プロセスが，明文化されている
レベル3	定義された	プロセスが，標準化されている
レベル4	定量的に管理された	プロセスが，定量的に管理されている
レベル5	最適化している	プロセスが，継続的に改善されている

確認問題 1

▸ 令和元年度秋期 問50　正解率 ▸ 中　基本

XP (eXtreme Programming) において，プラクティスとして提唱されているものはどれか。

ア インスペクション　　イ 構造化設計
ウ ペアプログラミング　　エ ユースケースの活用

XPでは，ペアプログラミングの実践が提唱されています。一つのプログラムを2人で開発することで，より洗練されたプログラムにすることができます。

確認問題 2

▸ 平成29年度秋期 問50　正解率 ▸ 中　基本

ソフトウェアのリバースエンジニアリングの説明はどれか。

ア 開発支援ツールなどを用いて，設計情報からソースコードを自動生成する。
イ 外部から見たときの振る舞いを変えずに，ソフトウェアの内部構造を変える。
ウ 既存のソフトウェアを解析し，その仕様や構造を明らかにする。
エ 既存のソフトウェアを分析し理解した上で，ソフトウェア全体を新しく構築し直す。

リバースエンジニアリングは，すでに作成済みのソフトウェアのドキュメントが入手できないときに，ソフトウェアの動作を解析するなどの方法で仕様や構造を明らかにすることをいいます。

解答

問題1：ウ　　問題2：ウ

9 03 業務モデリング

時々出　必須　超重要

イメージでつかむ

　間取り図は，家を「モデル化」したもので，リフォームであれば間取り図を見て改善点を考えます。
　コンピュータシステムにおいても，まずは業務を「モデル化」して，現状の問題点を調査・分析していきます。

業務モデリング

　企業などにおける**業務の一連の流れ**は，**業務プロセス**（**ビジネスプロセス**）と呼ばれています。

　ソフトウェア要件定義の工程では，利用者にヒアリングをしながら，まずは対象業務のさまざまな問題点を洗い出し，改善・解決を図ることを目的に，既存の業務プロセスの分析・把握を行います。このときに，対象業務のモデル化を行います（モデリング）。対象業務を可視化することで，システム開発者と利用者との間で共通認識を持つことができます。

　対象業務をモデリングする際の代表的なモデリング手法として，E-R図（6-02参照）のほかに，次のDFDやUMLがあります。

もっと詳しく　業務改革

BPR（Business Process Re-engineering）は，**業務プロセスを再設計し，情報技術を十分に活用して，企業の体質や構造を抜本的に変革すること**です。さらに，これを継続的に改善していく管理手法は**BPM**（Business Process Management）と呼ばれています。

 DFD (Data Flow Diagram)

DFDは，**業務プロセス中のデータの流れをモデル化したもの**です。「データがどこから発生して，どのように処理され，どこで吸収されるか」を，次の記号を用いて表します。

記号	名称	意味
→	データフロー	データの流れを表す
○	プロセス(処理)	データの処理を表す
＝	データストア(ファイル)	ファイルを表す
□	データの源泉と吸収	データの始まりと終わりを表す

例えば，営業部で働いているMさんの業務プロセスを見ていきましょう。

① Mさんは受注処理を担当している
② 取引先から注文書がくる
③ 注文を受注台帳に登録する
④ 在庫台帳を参照して在庫の引当を行う
⑤ 在庫の引当ができたときは，在庫台帳を更新する
⑥ 在庫の引当ができないときには，購買部門に対して購入を依頼する

この業務プロセスをDFDで表します。

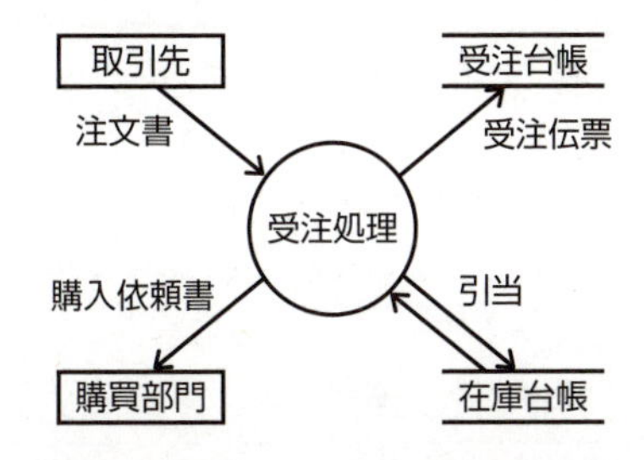

DFDと業務プロセスを対応させると，次のようになります。

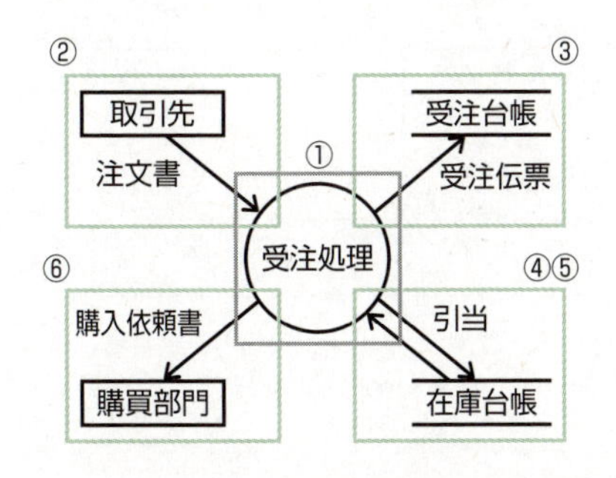

UML

UML（Unified Modeling Language）は，**オブジェクト指向**（9-06参照）**におけるシステム開発で利用され，分析から設計・実装・テストまでを統一した表記法でモデル化したもの**です。さまざまな図がありますが，試験では次のような図が出題されています。

例えば，書籍の卸売業者の受注管理システムを見ていきましょう。

ユースケース図

ユースケース図は，**システムが外部に提供する機能と，その利用者や外部システムとの関係を表現した図**です。

例えば，次の「受注管理システム」では，外部に提供する機能（受注処理・受注変更処理・受注取消処理）は，**ユースケース**と呼ばれ，楕円でシステム境界の内部に記述します。また，その利用者である「受注担当者」や外部システムである「在庫管理システム」は，**アクター**と呼ばれ，人型でシステム境界の外部に記述します。

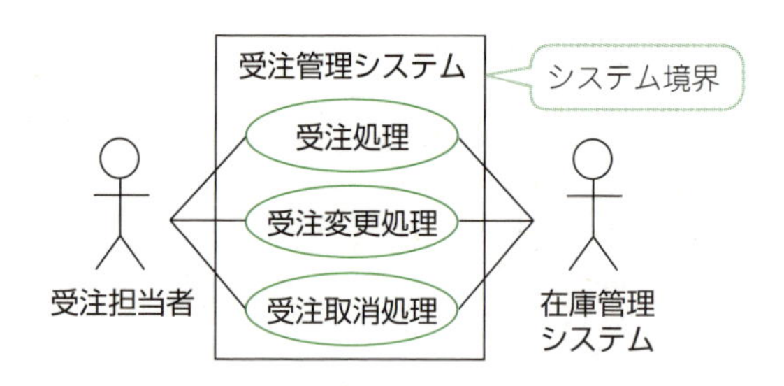

では，受注管理システムで使用する受注伝票を見ていきましょう。

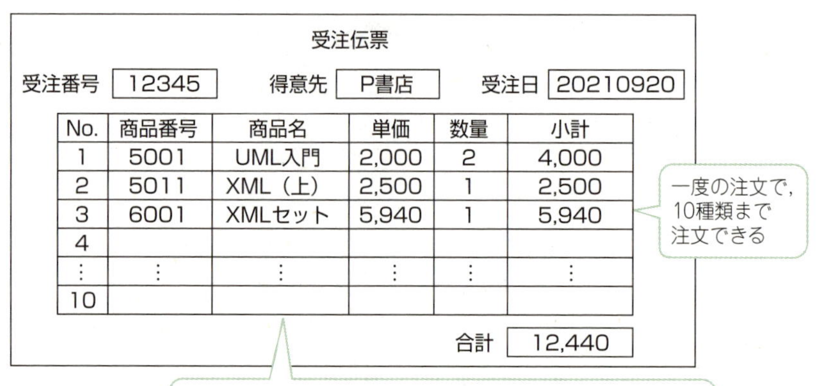

受注伝票

受注番号 12345　得意先 P書店　受注日 20210920

No.	商品番号	商品名	単価	数量	小計
1	5001	UML入門	2,000	2	4,000
2	5011	XML（上）	2,500	1	2,500
3	6001	XMLセット	5,940	1	5,940
4					
⋮	⋮	⋮	⋮	⋮	⋮
10					

合計 12,440

オブジェクト図

オブジェクト図は，**インスタンス間の関係を表現した図**です。ここで，インスタンス（9-06参照）は，クラスを基にして生成されたオブジェクトのことです。

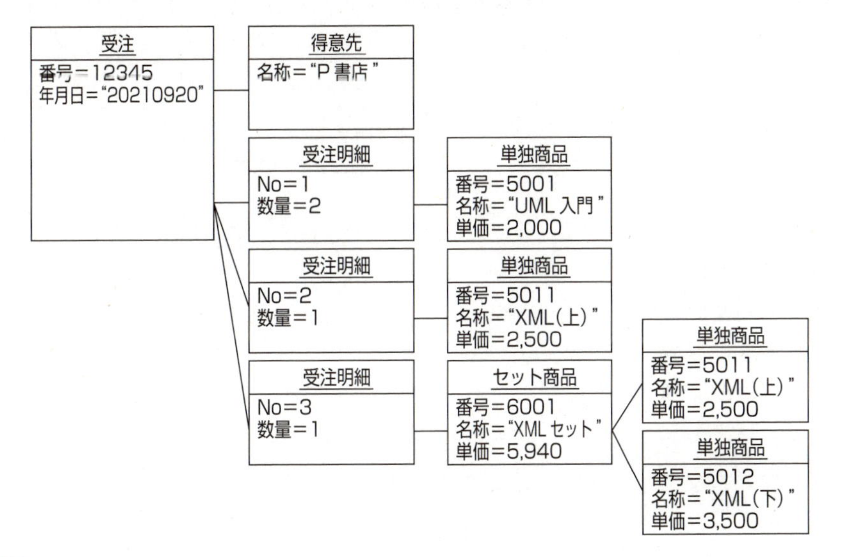

クラス図

クラス図は，**クラス間の関係を表現した図**です。ここで，クラス（9-06参照）は，オブジェクトのひな型を定義したものです。長方形で表し，上段からクラス名，属性名，操作名を記述します。属性名と操作名は省略可能で，単にクラス名だけを書く場合もあります。先の受注伝票をクラス図で表すと，次のようになります。

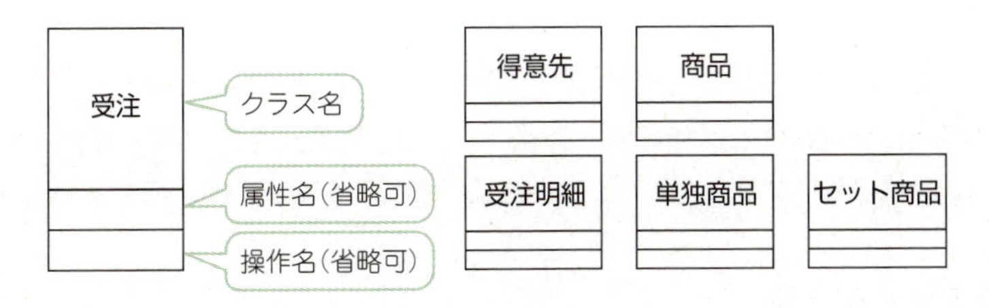

また，クラス間を線で結び，次のような多重度を表記して，クラス間の関連を表します。多重度は，E-R図（6-02参照）の関連と同じ考え方です。

多重度	意味
1	1
*	複数
0..*	0以上
2..*	2以上

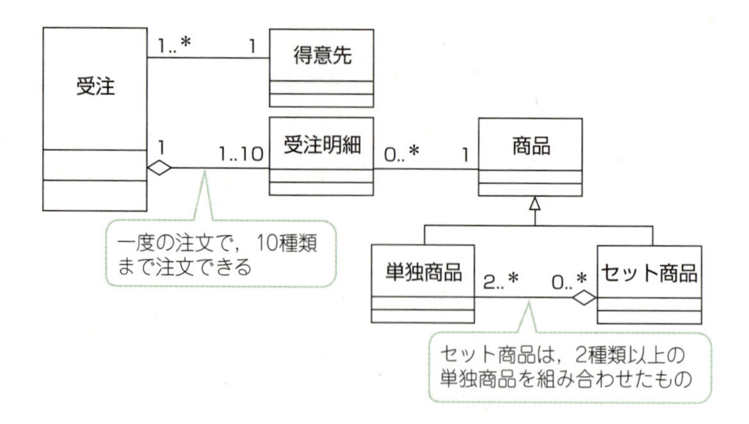

なお，関連を表す線の終端である，◇は集約関係，─▷は汎化関係（9-06参照）を表しています。

さらに，各クラスに必要な属性と操作を追加すると，次のようになります。

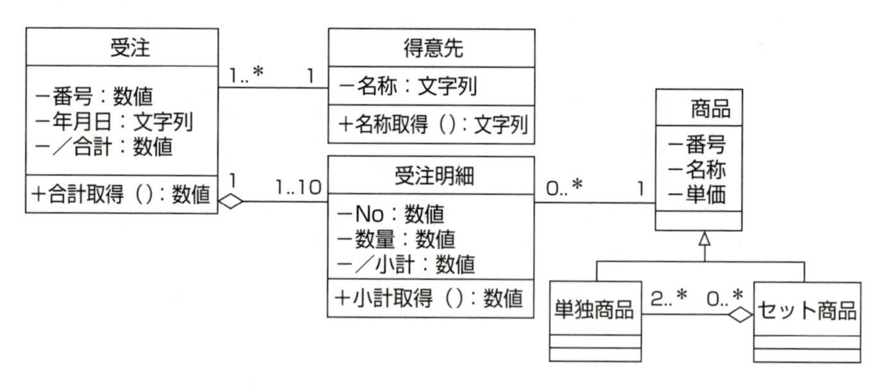

ここで，属性名の前にある「／」は，派生要素です。この属性の値は他の属性から計算できます。また，属性と操作の前にある「＋」は，全てのクラスから参照可能であり，“−”は自分自身のクラスからだけ参照可能であることを表しています。

アクティビティ図

アクティビティ図は，**ある振る舞いから次の振る舞いへの制御の流れを表現した図**です。実行順序や条件分岐，並行処理など，制御の流れを記述し，フローチャート（4-01参照）と同じようなイメージです。

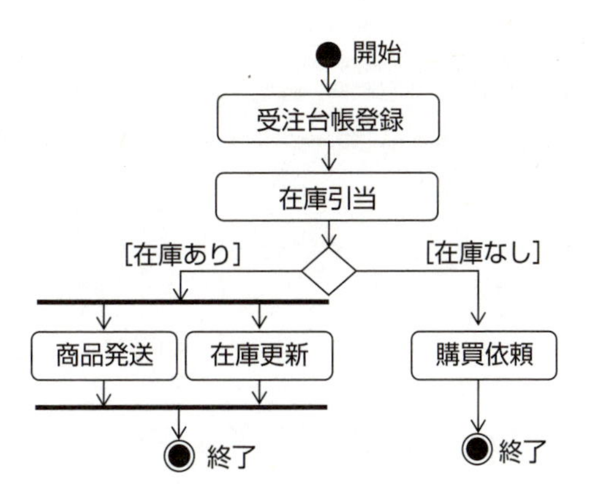

シーケンス図

シーケンス図は，**オブジェクト間のメッセージの流れを時系列に表した図**です。

例えば，分散型システムにおける2相コミットメント（6-04参照）をシーケンス図で表すと，次のようになります。

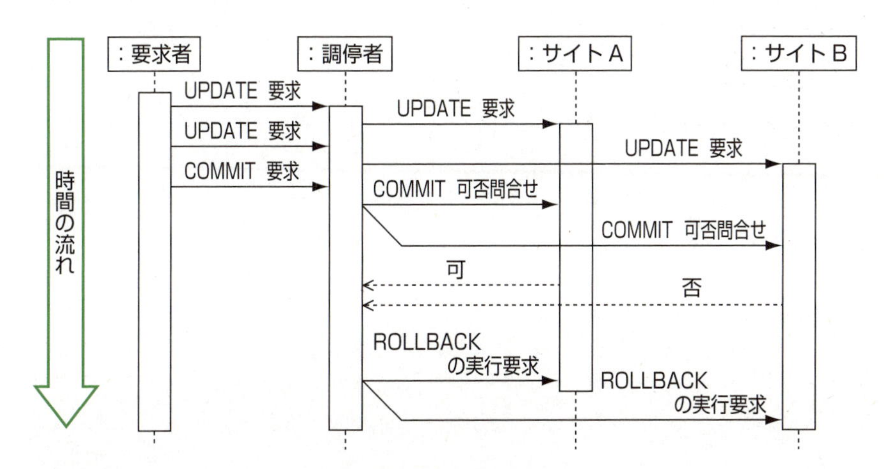

知っ得情報 コミュニケーション図

コミュニケーション図は，シーケンス図と同様に，メッセージの流れを表しますが，シーケンス図は時系列の観点から描くのに対し，コミュニケーション図は，オブジェクト間の接続関係に焦点を置きます。

確認問題　1　▸令和元年度秋期　問25　正解率▸中　基本

UMLを用いて表した図の概念データモデルの解釈として，適切なものはどれか。

ア　従業員の総数と部署の総数は一致する。
イ　従業員は，同時に複数の部署に所属してもよい。
ウ　所属する従業員がいない部署の存在は許されない。
エ　どの部署にも所属しない従業員が存在してもよい。

要点解説

従業員は部署に所属します。E-R図（6-02参照）と同様の考え方から，
部署から従業員を見ると「0..＊」なので，部署には0人以上の従業員が所属します。

従業員から部署を見ると「1..＊」なので，従業員は，一つ以上の部署に所属します。

このことから，従業員は同時に複数の部署に所属できることになります。

確認問題 2

▸平成28年度秋期 問63 正解率 ▸ 中 頻出 基本

企業活動におけるBPM (Business Process Management) の目的はどれか。

ア 業務プロセスの継続的な改善
イ 経営資源の有効活用
ウ 顧客情報の管理，分析
エ 情報資源の分析，有効活用

BPMは，PDCAで業務プロセスを継続的に改善していく手法です。

確認問題 3

▸平成31年度春期 問46 正解率 ▸ 低 基本

UMLにおける振る舞い図の説明のうち，アクティビティ図のものはどれか。

ア ある振る舞いから次の振る舞いへの制御の流れを表現する。
イ オブジェクト間の相互作用を時系列で表現する。
ウ システムが外部に提供する機能と，それを利用する者や外部システムとの関係を表現する。
エ 一つのオブジェクトの状態がイベントの発生や時間の経過とともにどのように変化するかを表現する。

アクティビティ図は，フローチャートと同じようなイメージで，ある振る舞いから次の振る舞いへの制御の流れを記述します。

イ シーケンス図
ウ ユースケース図
エ 状態遷移図 (3-09参照)

解答

問題1：イ 問題2：ア 問題3：ア

9-04 ヒューマンインタフェース

時々出　必須　超重要

イメージでつかむ

家には「住む人」と「建てる人」がいます。

コンピュータシステムにおいても，システムを「使う人」と「構築する人」があり，設計段階では両方の立場からそれぞれ行います。

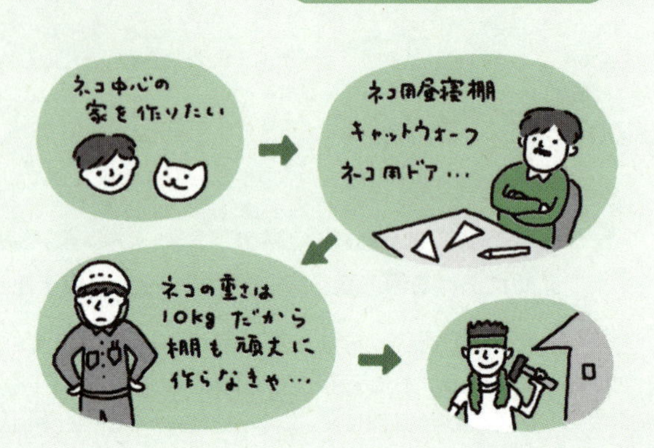

ヒューマンインタフェース

ヒューマンインタフェースは，ソフトウェアの操作画面などの**利用者とコンピュータとの接点のこと**です。利用者が直接，システムに接する部分なので，その良し悪しでシステムの評価を決めてしまう可能性があります。

ソフトウェア要件定義（外部設計）では，開発者が利用者にヒアリングして，利用者の視点から，画面や帳票のレイアウト，必要な項目の洗い出しなどのヒューマンインタフェース設計を行います。

ソフトウェア設計（内部設計）では，開発者の視点から，すでに決定している利用者の要件をどのように実現すべきかを検討し，ヒューマンインタフェース詳細設計を行います。

画面設計・帳票設計

画面設計や帳票設計をする際には，事前にレイアウトやデザイン，タイトルの位置，文字の大きさ，文字の色などを共通化しておきます（標準化）。

画面設計の留意点

* 関連する入力項目は隣接するように配置する（氏名とふりがな，郵便番号と住所など）
* カーソルは画面の「左から右へ」「上から下へ」移動するように配置する

* 操作ボタンの表示位置や形を同じにする
* エラーメッセージの表示方法や表示位置を同じにする
* エラーメッセージは，簡明かつ正確に表示し，再入力を促す
* Webサイトの場合は，各Webページの相対位置を把握するために，トップページからそのページへの経路情報である**パンくずリスト**を表示する　など

本を探す　新刊書籍　雑誌　電脳会議

書籍案内 ≫ 書籍ジャンル ≫ 資格試験(IT) ≫ 基本情報技術者

パンくずリスト

GUI

GUI (Graphical User Interface) は，**画面上のアイコンやボタン，メニューなどをマウスでクリックすることで，視覚的に操作するインタフェース**です。GUI画面においては，キーボード操作に慣れている利用者にも，慣れていない利用者にも操作効率のよいユーザインタフェースとするために，よく使う操作は，マウスとキーボードの両方のインタフェースを用意しておくことも必要になります。主なGUI部品には，次のようなものがあります。

ラジオボタン	互いに排他的な項目から一つを選択させるときに利用する。関連する項目を常に表示し，一つ選択すると，それ以前に選んだ項目の選択は解除される
チェックボックス	各項目を選択させるときに利用する。クリックするたびに，選択と非選択が切り替わる
スピンボタン	特定の連続する値を増減させるときに利用する。増加または減少に対応するボタンをクリックするたびに値が増減する
プルダウンメニュー	上から垂れ下がるように表示されるメニュー。複数の項目から一つを選択させるときに利用する。操作するときだけ表示されるので，画面上の領域を占有しない
ポップアップメニュー	画面から浮き出るように表示されるメニュー。複数の項目から一つを選択させるときに利用する

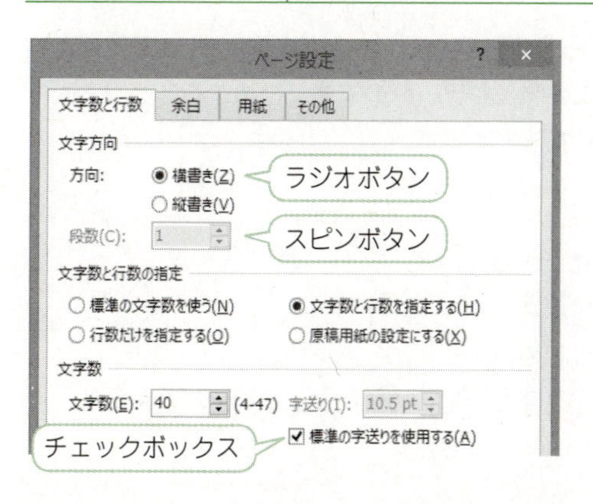

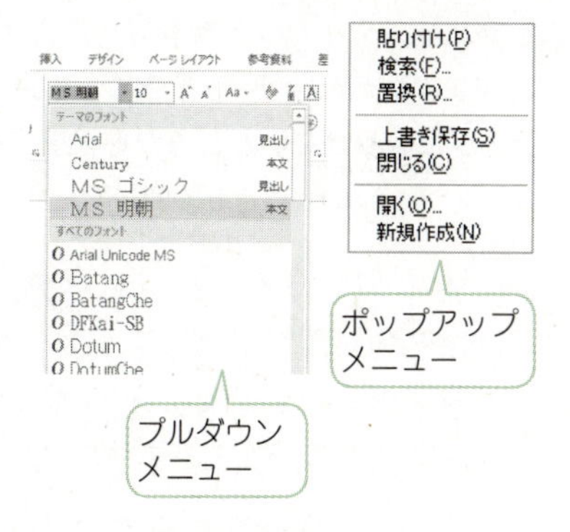

"くれば"で覚える

ラジオボタン とくれば **互いに排他的な項目から一つを選択する**

シグニファイア

Webサイト上の文字で，青い色で示されて下線が付いている箇所があったらリンクで他のページにいけるとわかります。また，色の付いた図形の中に文字が配置され，図形に影が付いていたらボタンのように見え，押すと何かできそうだなとわかります。このように，その**物体に対してできることを示す手がかりのこと**を**シグニファイア**といいます。

入力チェック

データが入力された際には，入力データが正しいかどうかを検査します。誤ったデータが入力されると，誤動作やシステムダウンの原因にもなりかねません。主な入力データのチェック方式には，次のようなものがあります。

ニューメリックチェック	数値として扱う必要のあるデータに，文字などの数値として扱えないものが含まれていないかどうかを検査する
シーケンスチェック	データが昇順や降順など決められた順番に並んでいるかどうかを検査する
重複チェック	重複したデータが存在しないかどうかを検査する
フォーマットチェック	データが決められた形式にあっているかどうかを検査する
論理チェック	データが論理的に矛盾しないかどうかを検査する
リミットチェック	データの値が一定の範囲内にあるかどうかを検査する
照合チェック	データがマスタファイルに存在するかどうかを検査する

チェックディジット検査

チェックディジット検査は，**入力データの数値から，一定の規則に従って検査文字**（**チェックディジット**）**を求め，検査文字を入力データの末尾に付加することで，入力データに誤りがないかどうかを検査する方法**です。

例えば，次のような規則があるとします。

① 与えられたデータの各桁に，先頭から係数4，3，2，1と割り当てる
② 各桁の数値と割り当てた係数との積の和を求める
③ ②で求めた値を11で割って余りを求める
④ ③で求めた余りの数字を検査文字とする。余りが10のときは，Xを検査文字とする

このとき，4桁のデータ「2131」の場合を見ていきましょう。

(2×4＋1×3＋3×2＋1×1)÷11は，余りが7なので，検査文字7をデータの末尾に付加し「21317」です。

21317 ← チェックディジット

ここで，誤って「21137」と入力したとすると，システム側でも同じ規則を使って，チェックディジットを求めると，(2×4＋1×3＋1×2＋3×1)÷11の余りが5となり，入力データの末尾の7と一致しないため，入力誤りがあったと判断されます。

"くれば"で覚える

チェックディジット とくれば **入力誤りを防ぐことができる**

ユニバーサルデザイン

ユニバーサルデザインは，**国籍や年齢，性別，身体的条件などにかかわらず，誰もが使える設計のこと**です。「万人向けの設計」と訳されます。これには，次の概念が含まれています。

アクセシビリティ	**年齢や身体的条件などにかかわらず，誰もが情報サービスを支障なく操作または利用できる度合いのこと。**「使えない状態」から「使える状態」にするアクセスのし易さ
ユーザビリティ	**利用者がどれだけストレスを感じずに，目標とする要求が達成できる度合いのこと。**「使える状態」から「使いやすい状態」にする「使い易さ(満足度)」。利用者の満足度を評価するには，実際に利用者と会話して調査する**インタビュー法**を用いる

もっと詳しく ユーザ体験

最近は，Webサービスの広がりとともにUX (User experience) という考え方が出てきました。**UX**は，**使いやすさや機能にとどまらず，使うことで利用者が楽しく快適な体験ができるかどうかまでを含んでいます。**例えば，スマホで地図の拡大や縮小を2本の指で行う方法は直感的で，楽しく操作でき，また，操作が直感的にわかりやすいWebサイトでも，納期が半年後となると注文したくなくなります。

確認問題 1

▶平成28年度秋期　問24　　正解率▶中　　基本

次のような注文データが入力されたとき，注文日が入力日以前の営業日かどうかを検査するために行うチェックはどれか。

注文データ

伝票番号（文字）	注文日（文字）	商品コード（文字）	数量（数値）	顧客コード（文字）

ア　シーケンスチェック
イ　重複チェック
ウ　フォーマットチェック
エ　論理チェック

注文日が入力日より後の日付になっていると，未来の注文を入力することになってしまいます。これは論理的におかしいので，論理チェックが該当します。

確認問題 2

▶平成31年度春期　問24　　正解率▶中　　基本

GUIの部品の一つであるラジオボタンの用途として，適切なものはどれか。

ア　幾つかの項目について，それぞれの項目を選択するかどうかを指定する。
イ　幾つかの選択項目から一つを選ぶときに，選択項目にないものはテキストボックスに入力する。
ウ　互いに排他的な幾つかの選択項目から一つを選ぶ。
エ　特定の項目を選択することによって表示される一覧形式の項目から一つを選ぶ。

ア　チェックボックス
イ　コンボボックス（テキストボックスとプルダウンメニューをまとめたもの）
ウ　ラジオボタン
エ　プルダウンメニュー

確認問題 3

▶平成29年度春期 問46　正解率▶高　基本

システムの外部設計を完了させるとき，承認を受けるものとして，適切なものはどれか。

ア　画面レイアウト　　　イ　システム開発計画
ウ　物理データベース仕様　　　エ　プログラム流れ図

外部設計では，利用者の立場から画面レイアウトや帳票レイアウトなどを作成して，完了時に承認を受けます。

確認問題 4

▶応用情報　令和3年度春期　問26　正解率▶高　基本

利用者が現在閲覧しているWebページに表示する，Webサイトのトップページからそのページまでの経路情報を何と呼ぶか。

ア　サイトマップ　　　イ　スクロールバー
ウ　ナビゲーションバー　　　エ　パンくずリスト

Webサイトにある，他のWebページとの経路情報を階層表示したものをパンくずリストと呼びます。例えば「トップページ>本>コンピュータ・IT>プログラミング」のようなイメージです。名前の由来は「ヘンゼルとグレーテル」という童話で，森を進みながらパンくずをまいて，帰り道がわかるようにしたところからきています。

解答

問題1：エ　　問題2：ウ　　問題3：ア　　問題4：エ

9 05 モジュール分割

時々出　必須　超重要

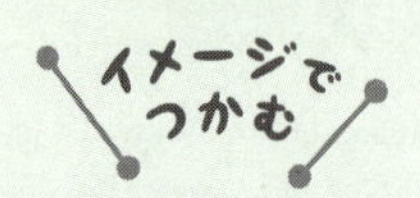

親子の関係は，“親離れ”“子離れ”をすることによって，独立していきます。
モジュール間においても，お互い関係が弱くなるほど独立した状態になります。

構造化設計

構造化設計は，**システムの機能に着目して，ソフトウェア開発の上位レベルの大きな機能から段階的に詳細化していく設計手法**です。

ソフトウェア開発の各工程では，次のように詳細化していきます。

システム設計	システムをサブシステム（機能）に分割する
ソフトウェア要素の設計	サブシステムを**コンポーネント**（ソフトウェア要素）に分割する。コンポーネントは，**ある機能を実現するために部品化されたプログラム**
モジュールの設計	コンポーネントを**モジュール**（ソフトウェアユニット）に分割する。モジュールは**プログラムを構成する最小単位**

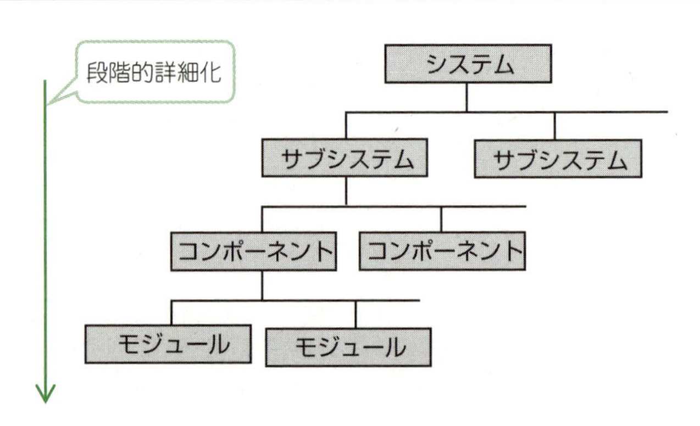

モジュール分割

構造化設計では，システムは最終的に数多くのモジュールで構成されますが，モジュールの独立性が高くなるように設計します。ここで，モジュールの独立性が高いとは，あるモジュールを変更したとしても，他のモジュールへの影響が低いことをいいます。

モジュールの独立性は，次のモジュール強度とモジュール結合度により評価されます。

モジュール強度

モジュール強度は，**一つのモジュール内に含まれる機能間の関連性の度合い**です。モジュール強度が強いほど，モジュールの独立性が高くなります。

名称	概要	強度	独立性
機能的強度	単一の独立した機能だけを持つ	強	高
情報的強度	同一のデータを扱う複数の機能を一つにまとめる	↑	↑
連絡的強度	データの受渡し，または参照を行いながら連続して処理する複数の機能を一つにまとめる		
手順的強度	連続して処理する複数の機能を一つにまとめる		
時間的強度	特定の時点で連続して処理する複数の機能を一つにまとめる		
論理的強度	引数の値によって選択する，複数の機能を一つにまとめる	↓	↓
暗号的強度	複数の機能を持つが，特別な関連性がない	弱	低

モジュール結合度

モジュール結合度は，**複数のモジュール間の結合の度合い**です。モジュール結合度が弱いほど，モジュールの独立性が高くなります。

名称	概要	結合度	独立性
データ結合	データを引数として，モジュール間で受け渡しする	弱	高
スタンプ結合	データ構造を引数として，モジュール間で受け渡しする	↑	↑
制御結合	制御パラメタを引数として，モジュール間で受け渡しする		
外部結合	外部宣言したデータを，複数のモジュールが参照する		
共通結合	外部宣言したデータ構造を，複数のモジュールが参照する	↓	↓
内容結合	他のモジュール内にあるデータを参照する	強	低

“くれば”で覚える

モジュールの独立性を高める とくれば **モジュール強度を強く，モジュール結合度を弱くする**

知っ得情報 レビュー

各工程の終わりには検討会が開かれます。この検討会のことを**レビュー**といいます。レビューの目的は，設計の品質評価を行い，仕様の不備や誤りを早期に発見して，後戻りの工数削減を図ることです。誤りの責任を追及したり，人事評価に利用したりすることのないようにします。レビュー資料は，レビュー用に用意するのではなく，設計作業時に作られたものを使用します。

代表的なレビューに，次のようなものがあります。

ラウンドロビン	参加者全員がテーマごとに順番に進行役となる検討会。進行役以外のレビュア全員が順番にコメントを終えると，進行役を交代する。参加者全員の参画意欲が高まる
ウォークスルー	レビュー対象物の作成者が説明者となり，複数の関係者が質問やコメントをする検討会。入力データ値を仮定して，手続きをステップごとに机上でシミュレーションを行う
インスペクション	進行役の議長（**モデレータ**）がコーディネートを行い，参加者の役割を明確にして，チェックリストなどに基づいてコメントをする検討会。レビューの焦点を絞って，迅速にレビュー対象を評価する

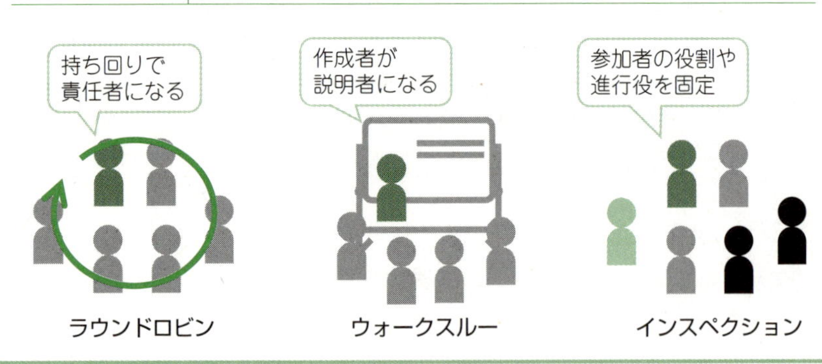

確認問題 1

▸ 令和元年度秋期　問46　　正解率 ▸ 低　　基本

モジュール結合度が最も弱くなるものはどれか。

ア　一つのモジュールで，できるだけ多くの機能を実現する。
イ　二つのモジュール間で必要なデータ項目だけを引数として渡す。
ウ　他のモジュールとデータ項目を共有するためにグローバルな領域を使用する。
エ　他のモジュールを呼び出すときに，呼び出したモジュールの論理を制御するための引数を渡す。

ア：モジュールの持つ機能は，モジュール結合度とは無関係です。
イ：データ結合（一番弱い）　ウ：外部結合　エ：制御結合

確認問題 2

▸ 平成27年度秋期　問46　　正解率 ▸ 中　　基本

レビュー技法の一つであるインスペクションにおけるモデレータの役割はどれか。

ア　レビューで，提起された欠陥，課題，コメントを記録する。
イ　レビューで発見された欠陥を修正する。
ウ　レビューの対象となる資料を，他のレビュー参加者に説明する。
エ　レビューを主導し，参加者にそれぞれの役割を果たさせるようにする。

モデレータは司会進行役・調整役として，不備や誤りが提起されやすくなるようにレビューを主導します。

解答

問題1：イ　　問題2：エ

9 06 オブジェクト指向

時々出　必須　超重要

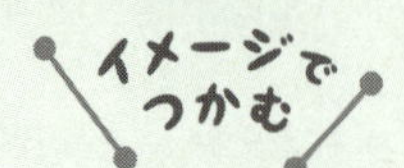

テレビの詳しい構造はわかりませんが，スイッチを入れれば見ることができます。
オブジェクト指向も，利用者からオブジェクトの中身が見えないようになっています。

オブジェクト指向設計

オブジェクト指向設計は，オブジェクト単位にシステムを設計する方式です。この方式では，システムはいくつものオブジェクトで構成され，オブジェクト同士がお互いにメッセージをやり取りしながら処理していきます。Java（4-10参照）はオブジェクト指向の代表的な言語です。

オブジェクト

オブジェクトは，**データ（属性）とそれを操作するメソッド（手続）を一体化したもの**です。Objectは，「もの」と訳されます。

カプセル化

カプセル化は，**オブジェクト内にあるデータとメソッドを，オブジェクトの外部から隠ぺいすること**です。カプセル化の効果として，オブジェクトの独立性を高めることができ，オブジェクト内のデータやメソッドを変更したとしても，ほかのオブジェクトがその影響を受けにくくなります。

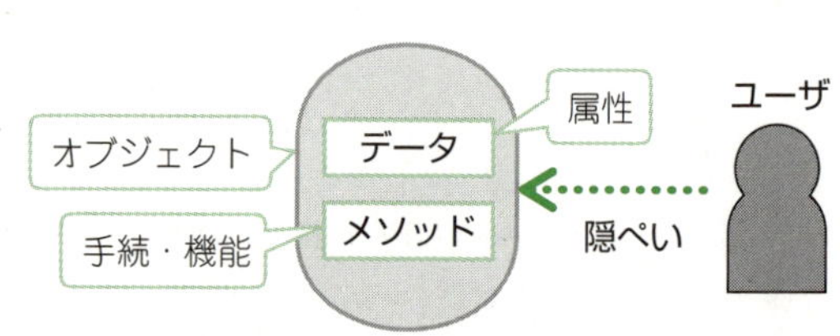

"くれば"で覚える

オブジェクト とくれば **データとメソッドを一体化したもの**
カプセル化 とくれば **データとメソッドを外部から隠ぺいすること**

オブジェクトに対して，唯一できる手段がメッセージを送ること（メッセージパッシング）で，オブジェクト間はメッセージをやり取りしながら処理されます。オブジェクトの中身を知らなくても，メッセージを送ることで必要な操作ができます。

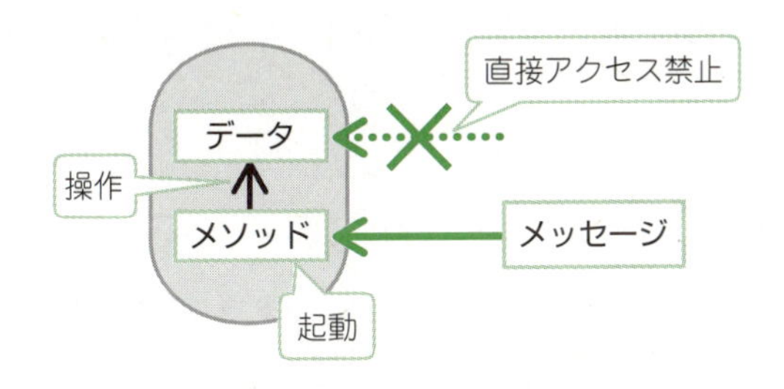

クラスとインスタンス

クラス

クラスは，**データとメソッドを持ったオブジェクトのひな型を定義したもの**です。言わば，設計図のようなものです。

インスタンス

インスタンスは，**クラスを基にして生成されたオブジェクト**です。実際に処理する場合は，クラスの定義に基づいてインスタンスを生成します。

"くれば"で覚える

インスタンス とくれば **クラスを基にして生成したオブジェクト**

攻略法 …… **これがクラスとインスタンスのイメージだ！**

たこ焼きは，鋳型に小麦粉を流し込み，たこを入れて焼きます。一つの鋳型から，いくつものたこ焼きができます。このとき，たこ焼きの鋳型はクラスで，焼き上がった個々のたこ焼きはインスタンスに当たります。

継承とポリモフィズム

オブジェクト指向では，既存のクラスを基にして，新しいクラスを生成することができます。基となるクラスを**スーパクラス**（**基底クラス**），新しく生成したクラスを**サブクラス**（**派生クラス**）といいます。

継承

継承（**インヘリタンス**）は，**スーパクラスで定義しているデータやメソッドを，サブクラスに引き継ぐこと**です。これにより，サブクラスでは，スーパクラスとの差異を定義するだけで済みます。

"くれば"で覚える

継承　とくれば　**スーパクラスのデータとメソッドをサブクラスに引き継ぐこと**

ポリモフィズム

スーパクラスのメソッドを一部変えて使いたいときは，サブクラスに同じ名前で内容を変えて再定義します。これを，**オーバライド**といいます。これにより，**同一のメッセージを送っても，各インスタンスで特有の処理を行うこと**ができます。これは，**ポリモフィズム**（**多相性**・**多態性**）と呼ばれています。

"くれば"で覚える

ポリモフィズム　とくれば　**同一のメッセージを送っても，インスタンスで特有の処理が可能。オーバライドで実現**

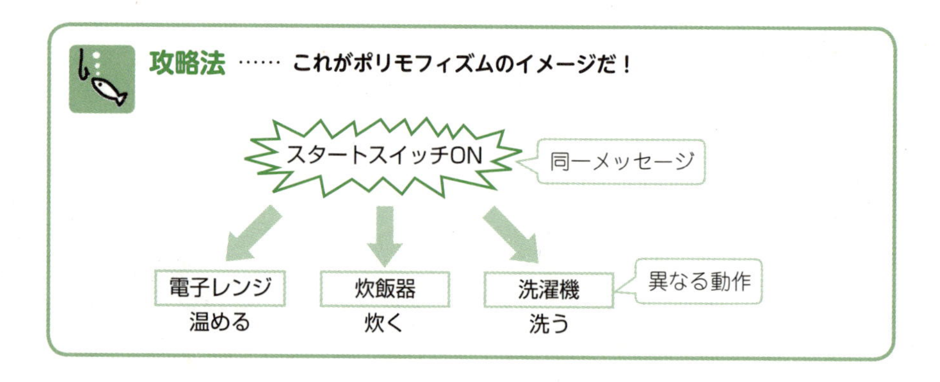

例えば，スポーツクラブの会員管理システムをオブジェクト指向の考え方で設計した場合を見ていきましょう。クラス図(9-03参照)に説明を加えています。

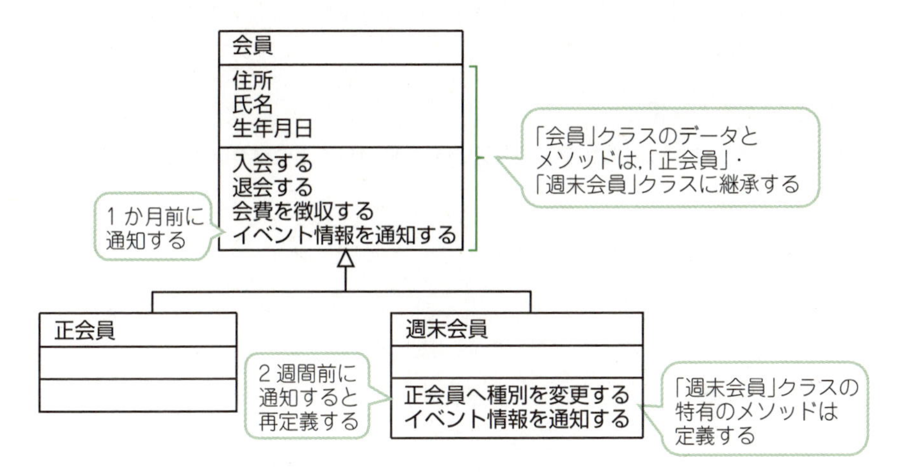

* 「会員」クラスのデータとメソッドは，「正会員」・「週末会員」クラスに継承するため，サブクラスには定義しない。
* 「週末会員」クラスのメソッド「正会員へ種別を変更する」は，特有のメソッドであるため定義する。
* 「週末会員」クラスのメソッド「イベント情報を通知する」の内容を，「2週間前に通知」と再定義する(オーバライド)。
* 「正会員」・「週末会員」クラスのインスタンスが受けるメッセージ「イベント情報を通知する」は，同じメッセージ名でも，正会員は「1か月前に通知する」，週末会員は「2週間前に通知する」，と処理内容が異なる(ポリモフィズム)。

知っ得情報 委譲

委譲は，あるオブジェクトに依頼されたメッセージの処理を，そのオブジェクトの内部から他のオブジェクトに委ねることです。

クラスの階層化

クラスを階層化したとき，上位クラスと下位クラスには，次のような「汎化－特化」，「集約－分解」の関係があります。

汎化（抽象化）－特化

汎化（抽象化）は，**下位クラスの共通部分を抽出して上位クラスを定義すること**です。その逆を**特化**といいます。「汎化－特化」には，「下位クラス is a 上位クラス」の関係にあり，例えば，「人は哺乳類である」，「犬は哺乳類である」のように，is-a関係にあります。

また，先ほどのスーパクラスとサブクラスには，「汎化－特化」の関係にあり，「サブクラス is a スーパクラス」という関係が成り立ちます。

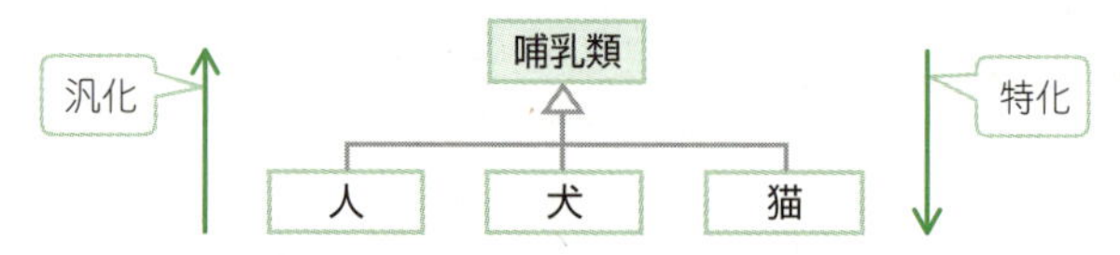

集約－分解

集約は，**上位クラスが下位クラスの組合せで構成されていること**です。その逆を**分解**といいます。「集約－分解」には，「下位クラス is part of 上位クラス」という関係があり，例えば，「アクセルは自動車の一部である」，「ブレーキは自動車の一部である」のように，part-of関係にあります。下位クラスは上位クラスの構成部品の一部なので，継承はありません。

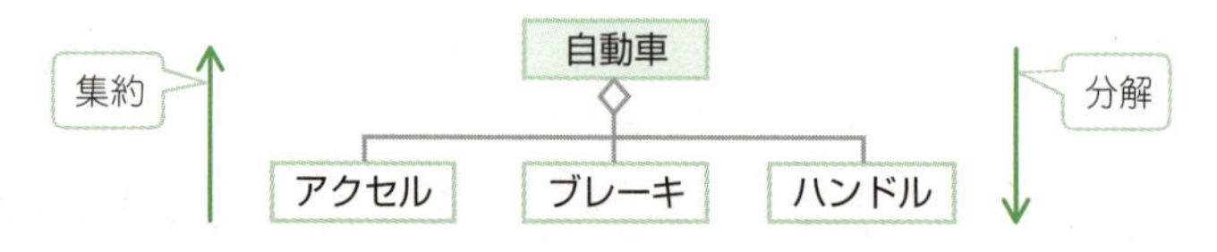

確認問題 1 ▸平成29年度春期　問48　正解率▸高　頻出　基本

オブジェクト指向の基本概念の組合せとして，適切なものはどれか。

ア　仮想化，構造化，投影，クラス
イ　具体化，構造化，連続，クラス
ウ　正規化，カプセル化，分割，クラス
エ　抽象化，カプセル化，継承，クラス

要点解説　オブジェクト指向の基本概念は，抽象化（汎化），カプセル化，継承，クラスの組合せです。

確認問題 2

▶平成27年度春期 問48 正解率▶高 応用

オブジェクト指向の考え方に基づくとき，一般に“自動車”のサブクラスといえるものはどれか。

ア エンジン イ 製造番号 ウ タイヤ エ トラック

要点解説 スーパクラスとサブクラスにはis-a関係が成立します。「トラックは，自動車である」というis-a関係（汎化－特化）が成り立っています。

確認問題 3

▶平成28年度秋期 問47 正解率▶高 基本

オブジェクト指向におけるカプセル化を説明したものはどれか。

ア 同じ性質をもつ複数のオブジェクトを抽象化して，整理すること
イ 基底クラスの性質を派生クラスに受け継がせること
ウ クラス間に共通する性質を抽出し，基底クラスを作ること
エ データとそれを操作する手続を一つのオブジェクトにして，データと手続の詳細をオブジェクトの外部から隠蔽すること

オブジェクト指向では，データを外部から見えないようにし，メソッドと呼ばれる手続きと一つにまとめて間接的に操作します。これにより，オブジェクトの内部構造が変更されても利用者がその影響を受けないようにすることができます。データとメソッドを一つにまとめた構造にすることをカプセル化といいます。

確認問題 4

▶平成30年度春期 問46 正解率▶中

オブジェクト指向において，あるクラスの属性や機能がサブクラスで利用できることを何というか。

ア オーバーライド イ カプセル化 ウ 継承 エ 多相性

要点解説 あるクラスの下にサブクラスを設定するとき，上位クラスの属性や機能がサブクラスで利用できます。これを継承といいます。

解答

問題1：エ 問題2：エ 問題3：エ 問題4：ウ

9 07 テスト手法

時々出　必須　超重要

イメージでつかむ

学校のテストは，良い点を取ることだけが目的ではありません。理解していない部分を確認するためのものです。
コンピュータシステムのテストも同じことがいえます。

プログラムテスト

プログラム中に潜む誤りを**バグ**といいます。プログラムテストの目的は，バグを発見し，取り除くことです。そのためには，エラーを発見できるようなテストケース（後述）を想定する必要があります。

一般的に，テスト開始段階では多くのバグが潜んでいますが，テストが進むにつれてバグが取り除かれ，高品質のプログラムになっていきます。テスト開始後からの累積バグ件数をグラフに表すと，通常，左の図のような**信頼度成長曲線**（**ゴンペルツ曲線**）と呼ばれる曲線を描きます。ただし，右の図のようなバグ管理図のように，バグ検出数・未消化テスト項目数・未解決バグ数の推移が全て横ばいになった場合は，解決困難なバグに直面していないかどうかを確認する必要があります。

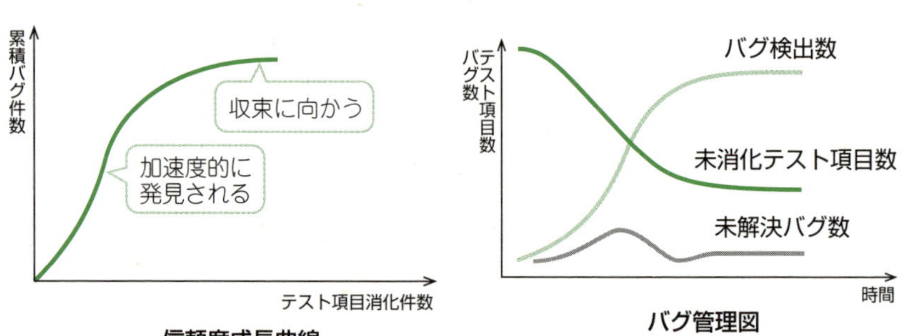

信頼度成長曲線　　バグ管理図

テスト工程

ソフトウェア構築が終われば，次はテスト工程です。テスト工程では，開発中のシステムやソフトウェアが，利用者の要件どおりに，また開発者が設計した仕様どおりに正しく動作するかを確認します。テスト工程には，次のような種類があり，各設計工程において定義したテスト仕様に基づいて，テストケースを準備して実施します。

ここで**テストケース**は，テスト項目の条件分けや，その条件ごとに期待される動きをまとめたものです。

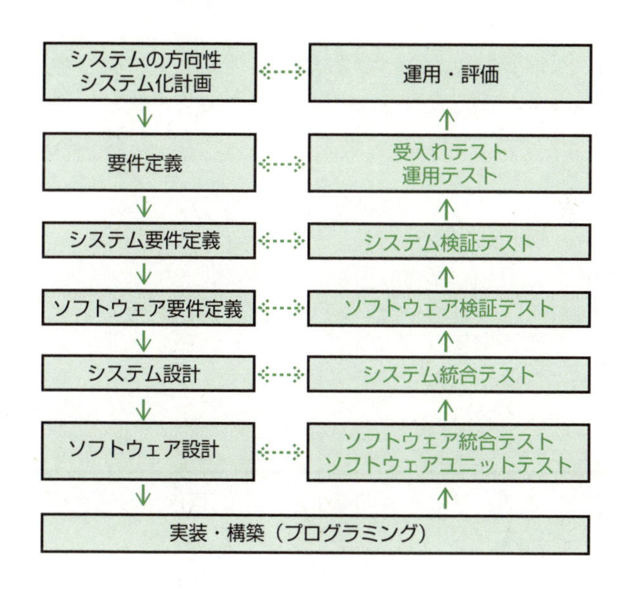

ソフトウェアユニットテスト

ソフトウェアユニットテストは，**プログラムを構成するモジュール単位に行うテスト**です。**単体テスト**とも呼ばれています。開発者が，ソフトウェア設計で定義したテスト仕様に基づいて，要求事項を満たしているかを確認します。

代表的なテスト手法に，次のようなものがあります。

ホワイトボックステスト

ホワイトボックステストは，**モジュールの内部構造に着目して行うテスト**です。これは，アルゴリズムの詳細仕様など，プログラムの内部仕様からテストケースを設計する手法です。主に，プログラム開発者自身が実施します。

> **“くれば”で覚える**
>
> **ホワイトボックステスト**　とくれば　**モジュールの内部構造に着目する**

ホワイトボックステストには，次のようなテストケース設計手法があります。いろいろな条件を網羅するほど品質は上がる反面，テストケースが増えてしまい，テスト完了まで時間がかかってしまいます。

命令網羅	全ての命令を，少なくても1回以上確認する
分岐網羅（判定条件網羅）	全ての分岐を，少なくても1回以上確認する
条件網羅	各条件式の真と偽の組合せを，少なくとも1回以上確認する
複数条件網羅	各条件式の真と偽の組合せを，全て確認する

例えば，次のような場合のテストケースを見ていきましょう。

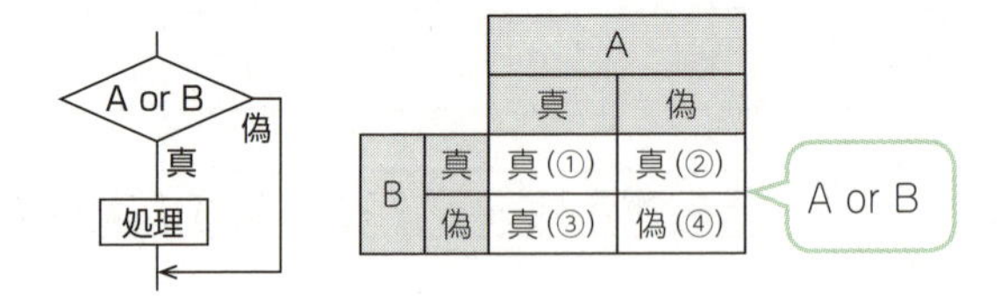

命令網羅	全ての命令を，少なくとも1回以上確認する A or Bの結果，「真(①②③)のいずれか」	A or B / 偽 / 真 / 処理 命令(処理)に注目する
分岐網羅	全ての分岐を少なくとも1回以上確認する A or Bの結果，「真(①②③)のいずれか」と「偽④」	A or B / 偽 / 真 / 処理 分岐に注目する

条件網羅	各条件式(AとB)の真と偽の組合せを，少なくとも1回以上確認する 「AとBの条件式ともに真①」と「AとBの条件式ともに偽④」 または， 「Aの条件式が偽・Bの条件式が真②」と「Aの条件式が真・Bの条件式が偽③」	真と偽 真と偽 A or B 偽 真 処理 各条件式に注目する
複数条件網羅	各条件式(AとB)の真と偽の組合せを，全て確認する 「AとBの条件式ともに真①」と「Aの条件式が偽・Bの条件式が真②」と「Aの条件式が真とBの条件式が偽③」と「AとBの条件式ともに偽④」の全て	真と偽 真と偽 A or B 偽 真 処理 各条件式に注目する

ブラックボックステスト

ブラックボックステストは，**モジュールの外部仕様に着目して行うテスト**です。プログラムの内部構造を考慮しないため，プログラム内に冗長なコードがあっても検出はできません。プログラムが，設計者の意図した機能を実現しているかどうかを検証するテストであり，主にプログラム開発者以外の第三者が実施します。また，ソフトウェアユニットテストのほか，各テスト工程でも実施されます。

"くれば"で覚える

ブラックボックステスト とくれば **モジュールの外部仕様に着目する**

ブラックボックスには，次のようなテストケース設計技法があります。

名 称	概 要
限界値分析	有効値と無効値の境界となる値をテストケースとする
同値分割	有効値と無効値のグループに分け，それぞれのグループの代表的な値をテストケースとする

例えば，入力項目「年齢(整数値)」のデータ範囲を15≦年齢≦60で制限する場合を見ていきましょう。

(無効同値クラス)	(有効同値クラス)	(無効同値クラス)
… 14	15 … 60	61 …

限界値分析では，有効同値クラスの最小値と最大値，それらを一つ超えた値をテストケースにします。例では，14，15，60，61です。

同値分割では，有効同値クラスと無効同値クラスから，それぞれ代表的な値をテストケースにします。例えば，10，30，70などです。

ソフトウェア統合テスト

ソフトウェア統合テストは，**ソフトウェアユニットテストが完了したモジュール同士を結合して行うテスト**です。**結合テスト**とも呼ばれます。開発者が，ソフトウェア設計で定義したテスト仕様に基づいて，モジュール間のインタフェースを確認します。

"くれば"で覚える

ソフトウェア統合テスト とくれば **モジュール間のインタフェースを確認する**

代表的なテスト手法に，次のようなものがあります。

トップダウンテスト

トップダウンテストは，**上位モジュールから下位モジュールへと順次結合してインタフェースを確認するテスト**です。下位モジュールが完成していない場合は，テスト対象のモジュールからの呼出し命令の条件に合わせて値を返す，仮のモジュールとなる**スタブ**が必要です。

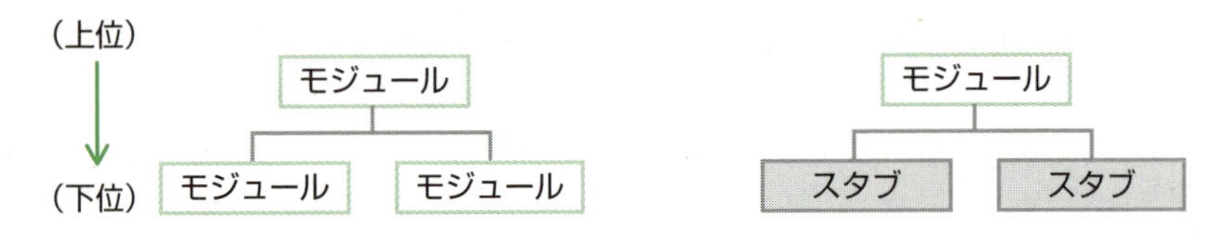

ボトムアップテスト

ボトムアップテストは，**下位モジュールから上位モジュールへと順次結合してインタフェースを確認するテスト**です。上位モジュールが完成していない場合は，テスト対象のモジュールに引数を渡して呼び出す，仮のモジュールとなる**ドライバ**が必要です。

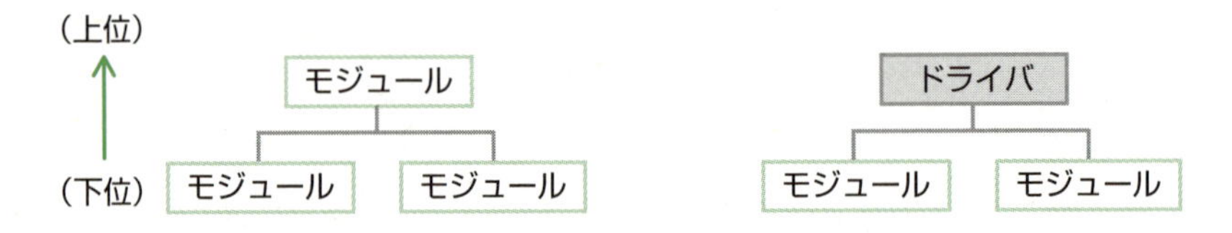

“くれば”で覚える

トップダウンテスト	とくれば	**上位モジュールから下位モジュールへ順次結合。仮のモジュールは，スタブ**
ボトムアップテスト	とくれば	**下位モジュールから上位モジュールへ順次結合。仮のモジュールは，ドライバ**

システム統合テスト

システム統合テストは，**システム設計で定義したテスト仕様に基づくテスト**です。開発者が，ハードウェア・ソフトウェア・手作業，さらには関連するほかのシステムを結合して動作するかを検証します。

ソフトウェア検証テスト

ソフトウェア検証テストは，**ソフトウェア要件定義で定義したテスト仕様に基づくテスト**です。開発者が，利用者が要求するソフトウェア要件を満たしているかを検証します。

システム検証テスト

システム検証テストは，**システム要件定義で定義したテスト仕様に基づくテスト**です。**システムテスト**とも呼ばれています。開発者が，実際に業務で使うデータや，業務上例外として処理されるデータなどを使い，利用者が要求するシステム要件を満たしているかを検証します。

もっと詳しく テスト手法

ソフトウェア検証テスト・システム統合テスト・システム検証テストでは，目的に応じて，次のようなテスト手法を使います。

機能テスト	必要な機能が全て含まれているかを確認する
性能テスト	処理能力や応答時間などが要求を満たしているかを確認する
操作性テスト	ヒューマンインタフェースの使いやすさやエラーメッセージの分かりやすさなどを確認する
例外処理テスト	誤ったデータを入力しても，エラーとして認識されるかを確認する
負荷テスト（ストレステスト）	大きな負荷（大量データなど）をかけても，システムが正常に動作するかを確認する

運用テスト・受入れテスト

運用テストは，**システム本番移行直前に，最終利用者（業務担当者）が行うテスト**です。開発者が支援して本番環境や本番疑似環境下で，システムが利用者の要求どおりの機能や性能を備えているかどうかを確認します。実際のデータや業務手順どおりにシステムを稼働させ，利用者の操作研修を同時に行う場合もあります。また，その後のシステムの納品を受諾するかどうかを検査する**受入れテスト**を兼ねる場合もあります。

妥当性確認テストは，完成したシステムが当初の目的を果たすものになっているかどうかを確認します。

ここまでのテストをクリアしたら，本番運用開始となり，保守プロセスへ移行します。

ソフトウェア保守

ソフトウェア保守は，**稼働中のソフトウェアに対して，発見された障害を是正したり，新しい要件に対応するために機能を拡張したりすること**です。ソフトウェア保守にあたり行われる**リグレッションテスト**（**退行テスト**）は，**修正や変更によって，影響を受けないはずの個所に影響を及ぼしていないかどうかを確認するテスト**です。

知っ得情報 ソフトウェアの品質特性

開発者は，次のようなソフトウェアの品質特性を考慮して，ソフトウェアを設計する必要があります。これらが備わっていなければ，最終的に出来上がったソフトウェアが利用者側にとって，非常に使いづらく，最悪の場合は使われなくなってしまいます。

機能性	仕様書どおりに操作ができ，正しく動作すること
使用性	利用者にとって，理解，習得，操作しやすいこと
信頼性	必要な時に使用できること。また，故障時には速やかに回復できること
効率性	応答時間や処理時間，信頼性など求められる性能が備わっていること
保守性	プログラムの修正がしやすいこと
移植性	ある環境から他の環境へ移しやすいこと

確認問題 1

▸平成31年度春期 問47　正解率 ▸ 中　頻出　応用

ブラックボックステストに関する記述として，最も適切なものはどれか。

ア　テストデータの作成基準として，命令や分岐の網羅率を使用する。
イ　被テストプログラムに冗長なコードがあっても検出できない。
ウ　プログラムの内部構造に着目し，必要な部分が実行されたかどうかを検証する。
エ　分岐命令やモジュールの数が増えると，テストデータが急増する。

ブラックボックステストでは，入力に対してテスト仕様通りの正しい出力が得られるかを確認します。プログラムの内部構造は確認しないため，プログラム中に冗長なコードがあっても検出できません。

確認問題 2

▸平成28年度秋期 問48　正解率 ▸ 低　応用

整数1～1,000を有効とする入力値が，1～100の場合は処理Aを，101～1,000の場合は処理Bを実行する入力処理モジュールを，同値分割法と境界値分析によってテストする。次の条件でテストするとき，テストデータの最小個数は幾つか。

〔条件〕
① 有効同値クラスの1クラスにつき，一つの値をテストデータとする。ただし，テストする値は境界値でないものとする。
② 有効同値クラス，無効同値クラスの全ての境界値をテストデータとする。

ア　5　　イ　6　　ウ　7　　エ　8

①の条件では，1～100のうちの境界値でない値を一つ，101～1,000のうちの境界値でない値を一つテストデータとします。合計二つです。
②の条件では，0，1，100，101，1,000，1,001の六つの境界値をテストデータとします。
テストデータの最小個数はこれらの合計の八つです。

確認問題 3

▸平成28年度秋期　問49　　正解率▸中　　基本

階層構造のモジュール群から成るソフトウェアの結合テストを，上位のモジュールから行う。この場合に使用する，下位モジュールの代替となるテスト用のモジュールはどれか。

ア　エミュレータ　　　イ　シミュレータ
ウ　スタブ　　　　　　エ　ドライバ

要点解説　トップダウンテストで用いる仮のモジュールはスタブ，ボトムアップテストで用いる仮のモジュールはドライバと呼ばれています。スタブとは，「切り株」という意味です。

確認問題 4

▸平成27年度秋期　問47　　正解率▸中　　

プログラム中の図の部分を判定条件網羅（分岐網羅）でテストするときのテストケースとして，適切なものはどれか。

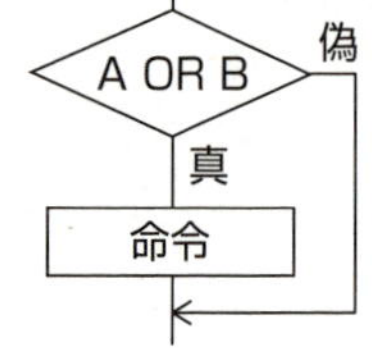

ア

A	B
偽	真

イ

A	B
偽	真
真	偽

ウ

A	B
偽	偽
真	真

エ

A	B
偽	真
真	偽
真	真

要点解説

テストケース	A	B	A or B
No1	真	真	真
No2	真	偽	真
No3	偽	真	真
No4	偽	偽	偽

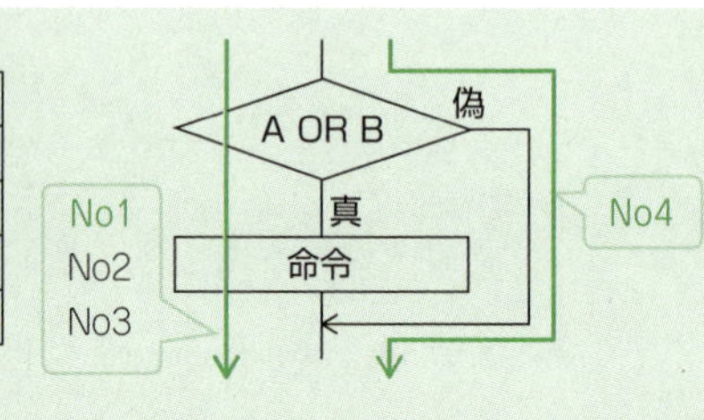

判定条件で，真偽ともに少なくとも1回は実行させます。したがって，ウとなります。

解答

問題1：イ　　問題2：エ　　問題3：ウ　　問題4：ウ

第10章

マネジメント系

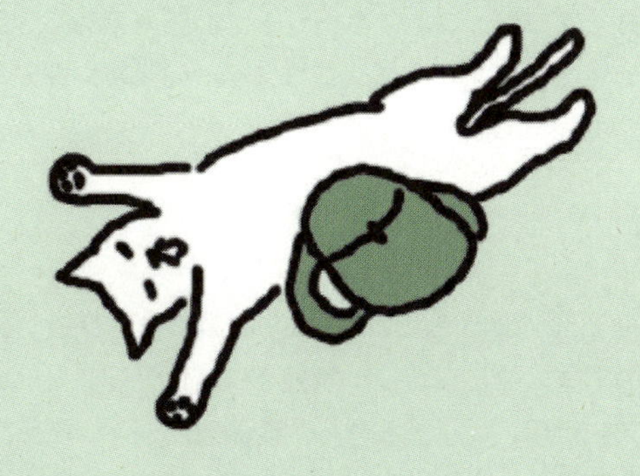

10-01 プロジェクトマネジメント

時々出　必須　超重要

イメージでつかむ

昔は，旅の目安となった一里塚。プロジェクト管理にも，似たようなものがあります。

プロジェクト

プロジェクトは，**特定の目標を達成するために，専門性の高い人材を集めて編成される組織**です。決められた期間と予算で活動し，目標が達成されると解散します。プロジェクトの責任者である**プロジェクトマネージャ**，構成員である**プロジェクトメンバ**，利害関係者である**ステークホルダ**から構成されます。従業員や株主，顧客，得意先，地域社会などがステークホルダになります。

PMBOK（ピンボック）

PMBOK（Project Management Body of Knowledge）は，**プロジェクト管理に必要な知識を体系化したもの**です。プロジェクト管理を「統合管理」・「スコープ管理」・「スケジュール管理」・「コスト管理」・「品質管理」・「資源管理」・「コミュニケーション管理」・「リスク管理」・「調達管理」・「ステークホルダ管理」の10個の知識エリアと「立ち上げ」・「計画」・「実行」・「監視・コントロール」・「終結」の5個のプロセスとに分けて体系化しています。

PMBOKは，プロジェクト管理におけるデファクトスタンダードとなっています。

PDCAサイクル

プロジェクトは，「立ち上げ」から「終結」までの間，**PDCA**（Plan-Do-Check-Action）

サイクルで継続的に改善する活動です。例えば，予定と実績を常に監視して，実績が予定よりも遅れているようであれば，必要に応じて計画を変更して改善します。

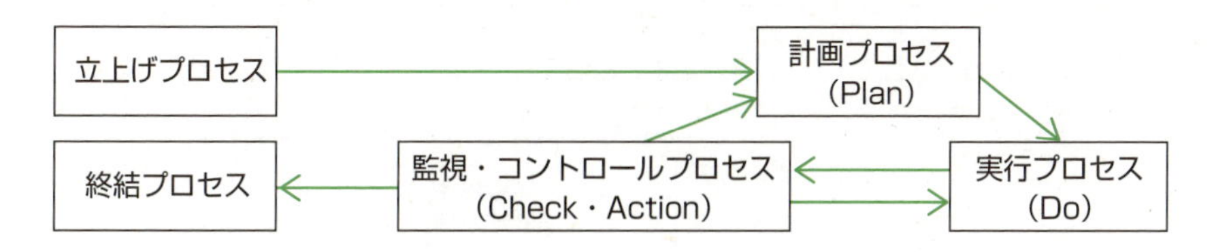

プロジェクト統合マネジメント

プロジェクトでは，「ソフトウェアの品質はできる限り高く，期間は短期間で，予算は少なく」が理想ですが，そうはうまくいかないものです。例えば，「本稼働に間に合わせるために当初必要であった機能を削る」，「コストをかけて人員を補強して間に合わせる」などの調整をすることがあります。このように，**プロジェクト統合マネジメント**では，**他の九つの知識エリアを統合的に管理し，調整を行います。**プロジェクト憲章(後述)の作成もここに含まれます。

また，プロジェクト統合マネジメントの活動の一つに**構成管理**があります。プロジェクトにおけるドキュメントやソースプログラムなどの成果物が最新の状態を保つよう維持する活動です。ソースプログラムの変更履歴管理やバージョン管理などが該当します。

もっと詳しく プロジェクト憲章

プロジェクト憲章は，**プロジェクトを正式に認可するために必要な文書**です。プロジェクトマネージャに対して，適切な責任と権限を与えて，プロジェクトが開始されます。

プロジェクトスコープマネジメント

プロジェクトスコープマネジメントでは，**プロジェクトの作業範囲(スコープ)を明確にし，プロジェクトが生み出す製品やサービスなどの成果物と，それらを完成するために必要な作業を定義します。**次のWBSが用いられます。

WBS

WBS(Work Breakdown Structure)は，**プロジェクトで行う作業を階層的に分解した図**です。「作業分解構成図」と訳されます。次の図のように，作業をトップダウンに細かく分割することで，作業管理がしやすくなります。

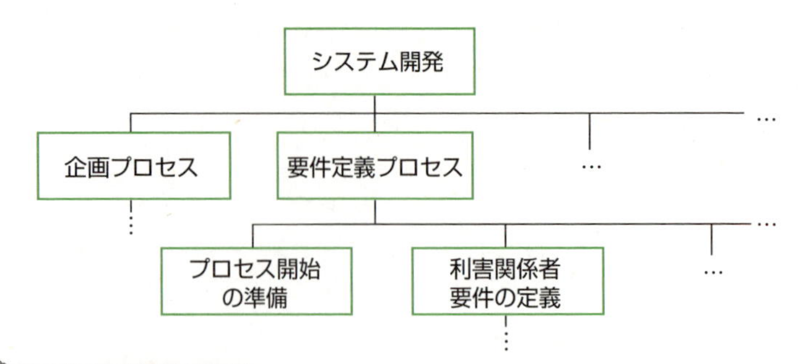

"くれば"で覚える

WBS とくれば **プロジェクトの作業をトップダウンに分解した図**

プロジェクトスケジュールマネジメント

プロジェクトスケジュールマネジメントでは，**プロジェクトを決められた期間内に完了させるために，スケジュール管理や日程管理を行います。**次のガントチャートやアローダイアグラム（10-02参照）が用いられます。

ガントチャート

ガントチャートは，**作業開始・作業終了の予定と実績や，作業中の項目を棒状に表した図**です。進捗が進んでいたり遅れていたりする状況を視覚的に確認できます。

	5月	6月	7月
システム設計			
プログラム作成			
設置工事			
データベース移行			
システムテスト			
運用テスト			

もっと詳しく マイルストーン

プロジェクト全体を幾つかの工程に分割し，それぞれの「開始」と「終了」を明確にします。そのうち，ある意思決定をする時点を**マイルストーン**といいます。Milestoneは，「一里塚」と訳され，中間到達点のことです。プロジェクトを決められた期間内に完了させるには，工程と工程の節目に日時などの中間到達点を設定して，クリアするようにすると，進捗管理が容易になるということです。

知っ得情報 トレンドチャート

プロジェクトのコストを意識しながら進捗管理を行うためのツールとして**トレンドチャート**があります。横軸に開発期間，縦軸に予算消化率をとり，マイルストーンの予定と実績を比較して，進捗の遅れや費用の超過を把握できます。

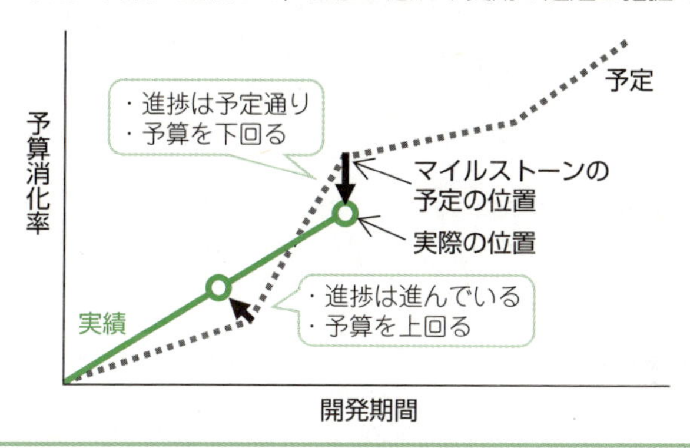

プロジェクトコストマネジメント

プロジェクトコストマネジメントでは，**プロジェクトを決められた予算内で完了させるために，開発コストを積算して管理します。**次のような見積り手法が用いられます。

ファンクションポイント法

ファンクションポイント法は，**帳票数・画面数・ファイル数などからソフトウェアの機能を定量的に把握し，その機能の難易度を数値化して見積もる方法**です。利用者から見える帳票や画面などを単位として見積もるため，利用者にとって理解しやすいという特徴があります。

例えば，次の表の機能と特性をもったプログラムのファンクションポイント値を求めてみましょう。ここで，複雑さの補正係数は0.75とします。

ユーザファンクションタイプ	個数	重み付け係数
外部入力	1	4
外部出力	2	5
内部論理ファイル	1	10
外部インタフェースファイル	0	7
外部照会	0	4

ファンクションポイント数を求めると，(4×1＋5×2＋10×1＋7×0＋4×0)×0.75＝18です。

第10章 マネジメント系

"くれば"で覚える

ファンクションポイント法 とくれば **機能ごとに難易度を数値化して見積もる**

その他にも，次のような見積り手法があります。

類推見積法	開発条件が過去に経験したシステムと類似している場合に，過去の実績値を基にして見積もる
プログラムステップ法	開発するプログラムごとのステップ数を基にして見積もる。LOC法（Lines Of Code）ともいう
COCOMO（ココモ）法	LOC法を基に，開発者のスキルや難易度などの補正係数を掛け合わせて見積もる。COnstructive COst Modelの略
標準タスク法	WBSに基づいて，成果物単位や作業単位に工数を見積もり，ボトムアップに積算して見積もる

開発工数

開発コストを見積もるときに，開発工数を用います。単位には**人月（にんげつ）**などがあり，「人月＝人数×月数」で求めます。例えば，10人月の作業とは，「10人で行えば1か月」，「5人で行えば2か月」，「1人で行えば10か月」かかる作業を意味します。

知っ得情報 TCO

TCO（Total Cost of Ownership）は，**システム導入から運用・維持・管理までを含めた総コスト**です。そのうち，システム導入時に発生する費用を初期コスト（**イニシャルコスト**），システム導入後に発生する運用・保守・維持管理の費用を運用コスト（**ランニングコスト**）といいます。 身近な例では，プリンタの購入代が初期コストで，紙代・インク代・電気代などが運用コストです。

その他の知識エリア

その他にも，次のような知識エリアがあります。

プロジェクト品質マネジメント	プロジェクトが生み出す成果物の品質を管理する
プロジェクト資源マネジメント	プロジェクトに必要な人的資源・物的資源を管理する
プロジェクトコミュニケーションマネジメント	プロジェクトにおける適切なコミュニケーション手段を選択する
プロジェクトリスクマネジメント	プロジェクトに利害を及ぼす可能性があるリスクを管理する
プロジェクト調達マネジメント	プロジェクトに必要な外部資源（サービスや製品など）の調達や契約を管理する
プロジェクトステークホルダマネジメント	プロジェクトの利害関係者を調整する

知っ得情報 フィージビリティスタディ

フィージビリティスタディは，**新しい事業やプロジェクトなどの計画に対して，その実行可能性を評価するために調査・検証すること**です。「実行可能性調査」とも呼ばれています。

確認問題 1 ▸平成30年度秋期 問51 正解率▸高 基本

ソフトウェア開発プロジェクトにおいてWBS (Work Breakdown Structure) を使用する目的として，適切なものはどれか。

ア 開発の所要日数と費用がトレードオフの関係にある場合に，総費用の最適化を図る。
イ 作業の順序関係を明確にして，重点管理すべきクリティカルパスを把握する。
ウ 作業の日程を横棒（バー）で表して，作業の開始時点や終了時点，現時点の進捗を明確にする。
エ 作業を階層に分解して，管理可能な大きさに細分化する。

WBSでは，プロジェクトで行う作業を，大枠から詳細なレベルまでトップダウン方式で階層的に分解して定義します。

確認問題 2 ▸平成27年度春期 問52 正解率▸高 応用

プロジェクトに関わるステークホルダの説明のうち，適切なものはどれか。

ア 組織の内部に属しており，組織の外部にいることはない。
イ プロジェクトに直接参加し，間接的な関与にとどまることはない。
ウ プロジェクトの成果が，自らの利益になる者と不利益になる者がいる。
エ プロジェクトマネージャのように，個人として特定できることが必要である。

ステークホルダは利害関係者のことです。プロジェクトのステークホルダは株主や顧客など組織外部にもいることがあり，その場合は間接的な関与にとどまります。また，特定の個人よりも関係部署や外部の会社などの組織がステークホルダとなることのほうが多いです。

確認問題　3　▸平成28年度春期　問52　正解率▸高　基本

プロジェクトの目的及び範囲を明確にするマネジメントプロセスはどれか。

ア　コストマネジメント　　イ　スコープマネジメント
ウ　タイムマネジメント　　エ　リスクマネジメント

要点解説　プロジェクトの範囲，つまりプロジェクトが提供する成果物とそれを作成する作業をスコープといいます。プロジェクトの目的や範囲を明確にするマネジメントプロセスは，スコープマネジメントです。

確認問題　4　▸平成28年度秋期　問53　正解率▸低

ファンクションポイント法で，システムの開発規模を見積もる際に必要となる情報はどれか。

ア　開発者数　　イ　画面数
ウ　プログラムステップ数　　エ　利用者数

要点解説　ファンクションポイント法は，帳票数・画面数・ファイル数などからソフトウェアの機能を定量化することによって，ソフトウェアの規模を見積もります。

確認問題　5　▸平成30年度秋期　問54　正解率▸中

ある新規システムの機能規模を見積もったところ，500FP（ファンクションポイント）であった。このシステムを構築するプロジェクトには，開発工数の他にシステムの導入や開発者教育の工数が10人月必要である。また，プロジェクト管理に，開発と導入・教育を合わせた工数の10％を要する。このプロジェクトに要する全工数は何人月か。ここで，開発の生産性は1人月当たり10FPとする。

ア　51　　イ　60　　ウ　65　　エ　66

要点解説　開発規模は，10FPで1人月なので，500FPでは50人月となります。
システム導入や教育の工数が10人月必要なので，50＋10＝60人月
プロジェクト管理に，この工数の10％が必要なので，全工数は
60×1.1＝66人月となります。

確認問題 6

▸平成28年度春期　問50　　正解率▸中

頻出 基本

ソフトウェア開発において，構成管理に起因しない問題はどれか。

ア　開発者が定められた改版手続に従わずにプログラムを修正したので，今まで正しく動作していたプログラムが，不正な動作をするようになった。
イ　システムテストにおいて，単体テストレベルのバグが多発して，開発が予定どおりに進捗しない。
ウ　仕様書，設計書及びプログラムの版数が対応付けられていないので，プログラム修正時にソースプログラムを解析しないと，修正すべきプログラムが特定できない。
エ　一つのプログラムから多数の派生プログラムが作られているが，派生元のプログラムの修正が全ての派生プログラムに反映されない。

要点解説

本問のように「○○しないものはどれか」という出題もあるので要注意です。構成管理は，プロジェクトにおけるドキュメントやソースプログラムなどの成果物が最新の状態を保つよう維持する活動です。

ア　プログラムを修正するための手続きを決めておくのは，構成管理です。
イ　単体テストレベルのバグの多発は，構成管理が原因ではありません。
ウ　仕様書や設計書，プログラムの版数の対応付けは，構成管理です。
エ　派生プログラムの管理は，構成管理です。

確認問題 7

▸応用情報　令和元年度秋期　問62　　正解率▸低

応用

TCOの算定に当たって，適切なものはどれか。

ア　エンドユーザコンピューティングにおける利用部門の運用費用は考慮しない。
イ　システム監査における監査対象データの収集費用や管理費用は考慮しない。
ウ　システム障害の発生などによって，その障害とは直接関係のない仕入先企業が被るおそれがある，将来的な損失額も考慮する。
エ　利用部門におけるシステム利用に起因する，埋没原価などの見えない費用も考慮する。

要点解説

TCOは，初期費用に加えて，運用・維持・管理まで含めた総コストです。ただし，システム障害には直接関係のない仕入れ先企業が被るかもしれない将来的な損失額は無関係です。埋没原価とは，既に発生済だったり，今後必ず発生したりする，避けられないコストのことをいいます。利用部門の教育費用などが該当します。

解答

問題1：エ　問題2：ウ　問題3：イ　問題4：イ　問題5：エ
問題6：イ　問題7：エ

10 02 工程管理

時々出　必須　超重要

イメージでつかむ

試験日に間に合うように，第1章はいつまで，第2章はいつまで，第1章と第2章が終われば第3章…と計画はしっかり立てますが，実践するのはなかなか難しいものです。

アローダイアグラム（Arrow Diagram）

プロジェクトは，たくさんの作業で構成されています。作業には，同時に進められるものもあれば，先行作業が終わらないと開始できないものもあります。

アローダイアグラム（PERT図）は，**作業の順序や相互関係をネットワーク状に示した図**です。工程管理の際に用いられます。

プロジェクトの達成に必要な作業を矢線で結び，各作業の結合点を○印で表します。また，矢線の上に作業名を，下に所要日数を記述します。なお，ダミー作業とは，作業の順序関係だけを表す所要日数が0の作業です。

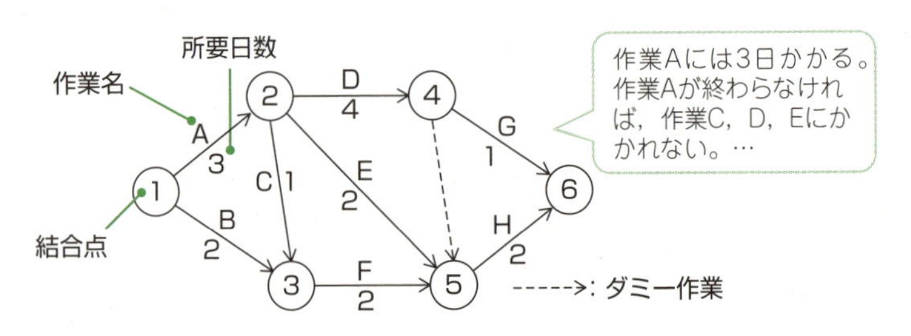

最早開始日（最早結合点時刻）

最早開始日は，**全ての先行作業が完了し，最も早く後続作業を開始できる時点**です。先行作業の最早開始日に作業日数を加えて求めます。複数の先行作業が合流する結合点の最早開始日は，最も遅い作業に合わせるのがポイントです。

なお，先行作業の完了を待って，後続作業が開始する関係を**FS関係**（Finish-to-Start）といいます。

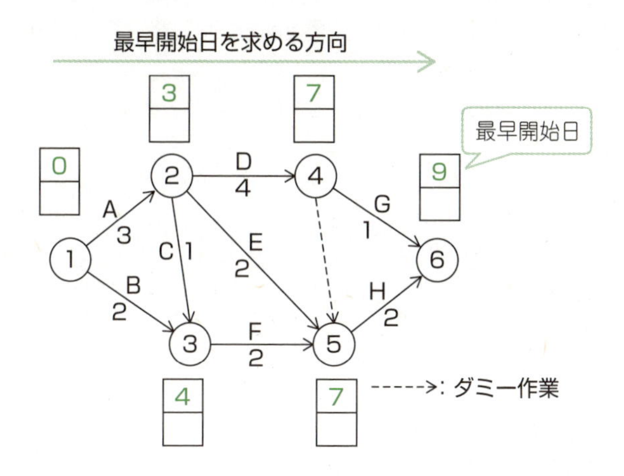

＊ 結合点①の最早開始日：0日（先行作業なし）

＊ 結合点②の最早開始日：0＋3＝3日

＊ 結合点③の最早開始日：4日

①→③＝0＋2＝2日

②→③＝3＋1＝4日 ← 遅い作業に合わせる

＊ 結合点④の最早開始日：3＋4＝7日

＊ 結合点⑤の最早開始日：7日

②→⑤＝3＋2＝5日

③→⑤＝4＋2＝6日

④→⑤＝7＋0（ダミー作業）＝7日 ← 遅い作業に合わせる

＊ 結合点⑥の最早開始日：9日

④→⑥＝7＋1＝8日

⑤→⑥＝7＋2＝9日 ← 遅い作業に合わせる

したがって，このプロジェクトは9日で完了します。

最早開始日　とくれば　**最も遅い作業に合わせる**

最遅開始日（最遅結合点時刻）

最遅開始日は，**全ての後続作業の日程が遅れないように，遅くとも先行作業が完了していなくてはならない時点**です。後続の作業の最遅開始日から作業日数を引いて求めます。複数の後続作業から合流する結合点の最遅開始日は，最も早い作業に合わせるのがポイントです。

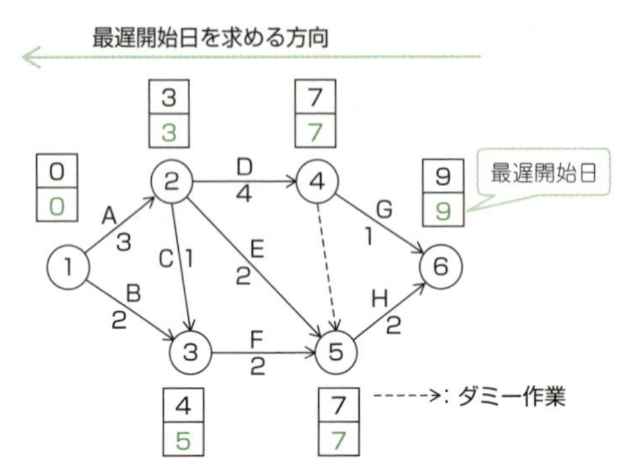

* 結合点 ⑥の最遅開始日：9日（全体の作業が完了する日）
* 結合点 ⑤の最遅開始日：9－2＝7日
* 結合点 ④の最遅開始日：7日
  ⑤→④＝7－0（ダミー作業）＝7日
  ⑥→④＝9－1＝8日
  早い作業に合わせる
* 結合点 ③の最遅開始日：7－2＝5日
* 結合点 ②の最遅開始日：3日
  ⑤→②＝7－2＝5日
  ④→②＝7－4＝3日
  ③→②＝5－1＝4日
  早い作業に合わせる
* 結合点 ①の最遅開始日：0日
  ③→①＝5－2＝3日
  ②→①＝3－3＝0日
  早い作業に合わせる

"くれば"で覚える

最遅開始日　とくれば　**最も早い作業に合わせる**

攻略法 …… **これが最遅開始日のイメージだ！**

最後の単元の学習に3日かかる。その前の単元は，遅くとも試験3日前には完了しておかなければ間に合わない。

クリティカルパス

クリティカルパスは，**最早開始日と最遅開始日が等しい結合点を結んだ経路**です。Critical Pathは，「余裕のない経路」と訳され，最長の経路になっています。クリティカルパス上の作業が遅れると，プロジェクト全体の遅れにつながります。

このプロジェクトのクリティカルパスは，①→②→④→⑤→⑥です。

知っ得情報 スケジュールの短縮の手段

プロジェクトでは，納期が前倒しになったり，予定のスケジュールから遅延したりする事態はよくあります。そのようなときに，コストを上積みしてプロジェクトメンバの時間外勤務を増やしたり，業務内容に精通したプロジェクトメンバを新たに増員したりする**クラッシング**が行われます。また，別の方法として，前工程が完了する前に後工程を開始する**ファストトラッキング**があります。Fast Trackingは，「早期着工」と訳されます。

確認問題 1

▸平成25年度秋期　問53　　正解率▸中　　計算

図は作業A～Eで構成されるプロジェクトのアローダイアグラムである。全ての作業を1人で実施する予定だったが，2日目から6日目までの5日間は，別の1人が手伝うことになった。手伝いがない場合と比較し，開始から終了までの日数は最大で何日短くなるか。ここで，一つの作業を2人で同時には行えないが，他者から引き継ぐことはできる。また，引継ぎによる作業日数の増加はないものとする。

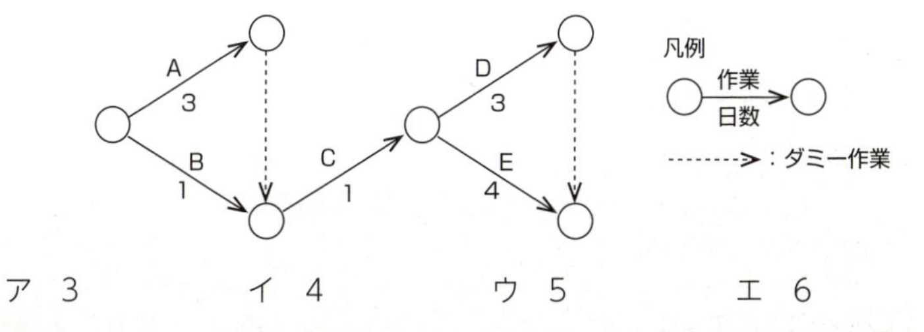

ア　3　　イ　4　　ウ　5　　エ　6

要点解説

1人で実施した場合は並行して作業できないので，全ての作業日数を合計して12日かかります。

2人で作業した場合は，次のように9日かかるため，1人の場合と2人の場合の日数の差は，12－9＝3日となります。

日数	1	2	3	4	5	6	7	8	9
本人	A	A	A	C	D	D	D	E	E
手伝い		B	－	－	E	E			

※網掛けは手伝いがある期間

確認問題　2

▸平成29年度春期　問51　　正解率 ▸ 中　　計算

図のアローダイアグラムで表されるプロジェクトは，完了までに最短で何日を要するか。

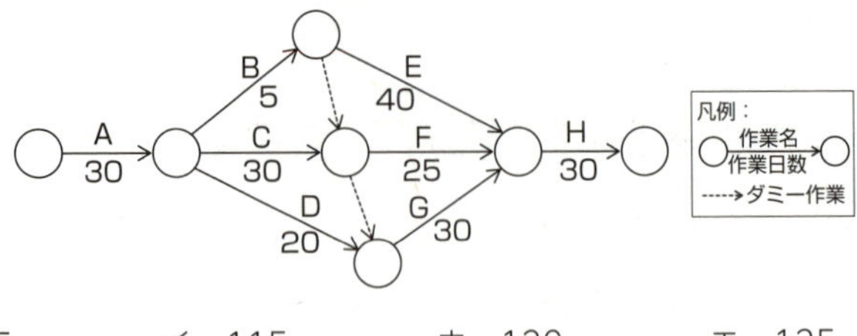

ア　105　　　イ　115　　　ウ　120　　　エ　125

要点解説　各結合点における最早開始日を求めていきます。複数の先行作業が合流する結合点の最早開始日は，最も遅い作業に合わせるのがポイントです。説明上，問題文の図の結合点に番号を付加しました。

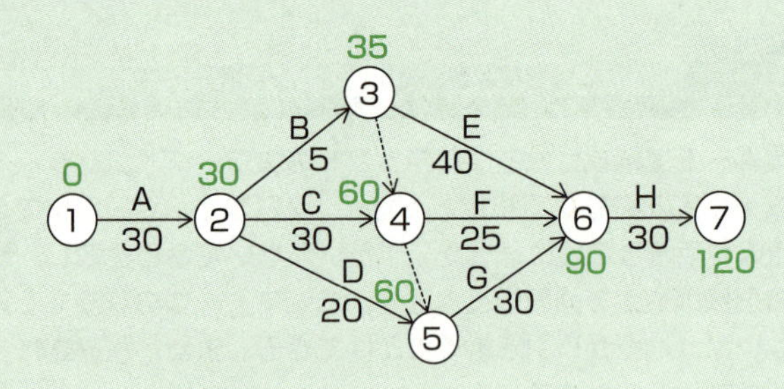

* 結合点①の最早開始日：①＝0日
* 結合点②の最早開始日：①→②＝0＋30＝30日
* 結合点③の最早開始日：②→③＝30＋5＝35日
* 結合点④の最早開始日：60日
  (②→④＝30＋30＝60日，③→④＝35＋0＝35日)
* 結合点⑤の最早開始日：60日
  (④→⑤＝60＋0＝60日，②→⑤＝30＋20＝50日)
* 結合点⑥の最早開始日：90日
  (③→⑥＝35＋40＝75日，④→⑥＝60＋25＝85日，⑤→⑥＝60＋30＝90日)
* 結合点⑦の最早開始日：⑥→⑦＝90＋30＝120日

確認問題 3

▶ 平成26年度秋期 問52　　正解率 ▶ 高　　計算

図に示すアローダイアグラムは，あるシステムの開発作業を表したものである。クリティカルパスはどれか。

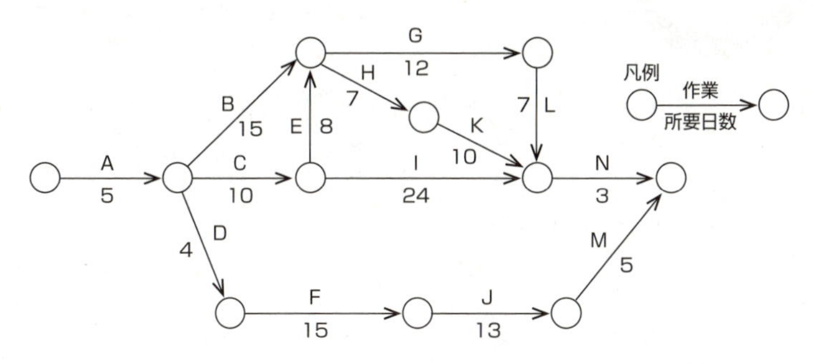

ア　A→B→G→L→N　　イ　A→B→H→K→N
ウ　A→C→E→G→L→N　　エ　A→C→I→N

要点解説

それぞれの結合点における最早開始日と最遅開始日を求めて，等しい結合点を結んだ経路がクリティカルパスとなります。以下の図では上段が最早開始日，下段が最遅開始日です。

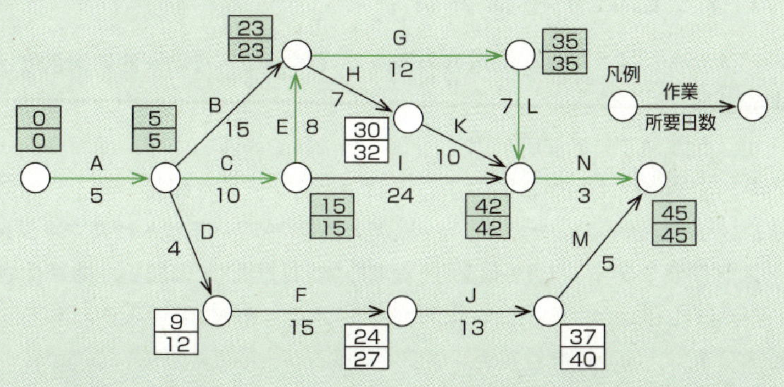

【別解】
それぞれの選択肢ごとに，かかる日数を求めて，一番長いものを選びます。

解答

問題1：ア　　問題2：ウ　　問題3：ウ

10 03 ITサービスマネジメント

時々出　必須　超重要

イメージでつかむ

便利な宅配ピザ。一定の時間内に届けられないとき，ドリンク券をくれることがあります。

情報システムの利用の際も，似た考え方があります。

ITサービスマネジメント

ITサービスマネジメントは，**利用者の視点でITサービスを効果的に提供できるように管理すること**です。

ITサービスを提供する事業者では，限られた予算や人員の中で，情報システムを安定的・効果的に運用し，利用者に対するITサービスの品質を維持・向上させていくことが課題となっていました。そこで，1980年代に英国で，**ITサービスマネジメントに関するベストプラクティス（最も効果的・効率的な実践方法）を作成し，体系化されました。**これが，ITIL（アイティル）(Information Technology Infrastructure Library) と呼ばれるもので，ITサービスマネジメントにおけるデファクトスタンダードとなっています。

サービスデスク

サービスデスクは，**ITサービスを利用する利用者とITサービスを提供する事業者との間の単一窓口**です。利用者への影響を最小限にし，通常サービスへ復帰できるように支援します。具体的には，利用者からの製品の使用方法・トラブル時の対処方法・苦情への対応などのさまざまな問合せを受け付けます。

サービスデスクには，次のような種類があります。

中央サービスデスク	サービスデスクを一か所に配置して効率化を図る
ローカルサービスデスク	利用者の近くにサービスデスクを配置して，利用者との正確な意思疎通や多言語対応を図る
バーチャルサービスデスク	サービスデスクの場所を複数に分散させ，通信技術を用いて，論理的に窓口の一元化を図る

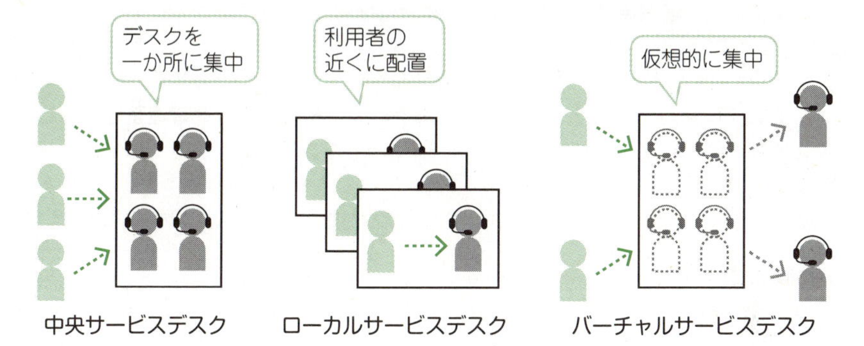

インシデント管理

インシデント管理は，**迅速に正常なITサービスへ復旧させることを優先するプロセス**です。**利用者への悪影響を最小限に抑えます。**

なお**インシデント**とは，ITサービスの停止・処理速度の低下など，**利用者に対する正常なITサービスの妨げになる事象のこと**です。

サービスデスクでは，利用者からのインシデントの報告を受けた時点で，まずは記録をとります。次に，優先度の割当て・分類をし，既知のエラーに該当するかどうかを診断して，解決方法が判明していれば，利用者にその解決方法を知らせます。

ここで，インシデントが解決できた場合は，解決方法や解決までの経過時間などを記録して，インシデントをクローズします。

ただし，サービスデスクだけで解決できない場合は，専門知識や権限のある問題管理(後述)のスタッフに解決を委ねます。これは，**エスカレーション**と呼ばれています。

インシデント管理　とくれば　**ITサービスを迅速に復旧させることを優先する**

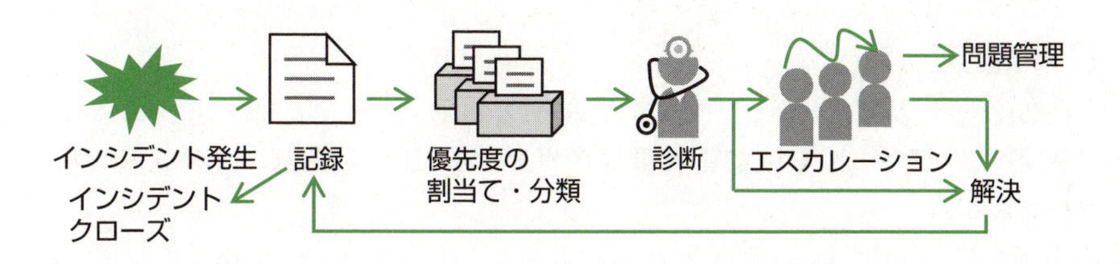

第10章 マネジメント系

知っ得情報　サービス要求

サービスデスクでは，インシデントの連絡のほかに「パスワードを再発行してほしい」・「使用方法を教えてほしい」などの連絡を受けることがあります。これらは**サービス要求**と呼ばれ，インシデントとは区別されます。サービス要求に応えることを**要求実現**といい，あらかじめ決められたマニュアルに沿って処理します。

ここで，ITILに基づいた認証基準として整備された**JIS Q 20000**シリーズでは，インシデント管理とサービス要求をまとめて，**インシデント管理及びサービス要求管理**と呼んでいます。こちらの用語での出題もありますので注意しておきましょう。

問題管理

問題管理は，インシデント管理からエスカレーションされた**インシデントの根本的な原因を突き止め，再発を防止して恒久的な解決策を提供するプロセス**です。解決したインシデントは「既知のエラー」として記録して，その後に発生するインシデントの解決に役立てます。

"くれば"で覚える

問題管理　とくれば　**インシデントの根本的な原因を究明する**

変更管理

変更管理は，インシデントの解決策として，既存ITサービスの変更が必要と判断された場合に，**変更に伴う影響を検証・評価を行った上で，承認または却下の決定を行うプロセス**です。

リリース管理

リリース管理は，**変更管理で承認された変更を，適切な時期に本番環境に適用するプロセス**です。変更の情報は，構成管理（後述）で管理します。

構成管理

構成管理は，構成管理データベース（**CMDB**：Configuration Management Database）を使用して，**ITサービスの提供に必要なIT資産を常に正しく把握し，最新状態に保つプロセス**です。

これまでを図で表すと，次のようなイメージです。

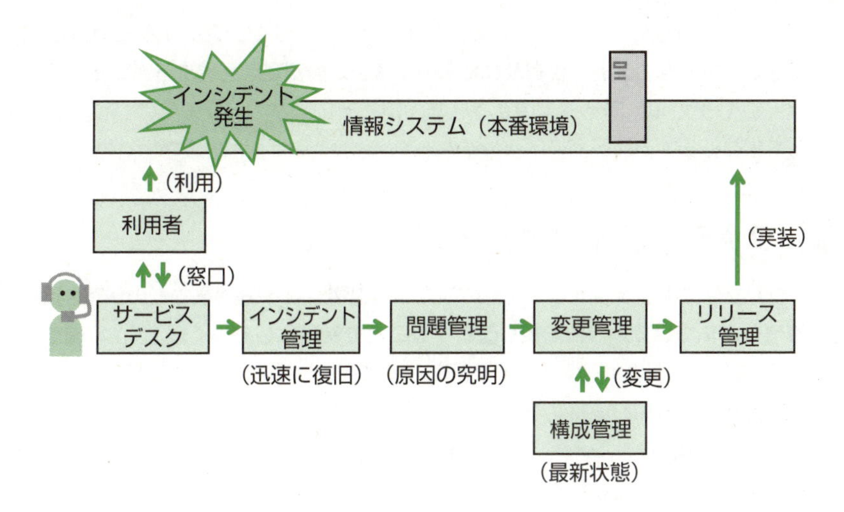

サービスレベル管理

サービスレベル管理は，**利用者が要求するサービスレベルを満たしているかを評価するプロセス**です。事前に利用者とITサービスを提供する事業者とで，**サービスの品質に対するサービスレベルについて合意書を締結**しておきます。これを，**サービスレベルアグリーメント**（**SLA**：Service Level Agreement）といいます。両者間で取り交わす合意事項で，利用者のニーズと費用を考慮してサービスレベルを設定し，課金項目・問合せ受付時間・オンラインシステム障害時の復旧時間などの項目を盛り込みます。SLAの目的は，ITサービスの範囲と品質を明確にすることにあります。

また，SLAの合意事項が達成できるように，PDCAサイクル（Plan-Do-Check-Action）を実施し，**継続的にITサービスの維持・向上を図るマネジメント活動**を**サービスレベルマネジメント**（**SLM**：Service Level Management）と呼ばれています。

“くれば”で覚える

SLA とくれば **利用者とサービス事業者とのサービスの品質に対する合意書**

可用性管理

可用性管理は，サービスの利用者が利用したいときに，確実にITサービスが利用できるよう，**ITサービスを構成する個々の機能の維持管理を行うプロセス**です。

キャパシティ管理

キャパシティ管理は，**ITサービスに必要なネットワークやシステムなどの容量・能力を管理し，最適なコストで現在及び将来のシステムの安定を実現するプロセス**です。例えば，CPU使用率やディスクの空き容量，応答時間，ネットワークのトラフィック量などを常に監視するなどが挙げられます。

ファシリティマネジメント

ファシリティマネジメントは，経営の視点から**建物やIT関連設備などの保有・運用・維持管理などについて，常に監視し改善することで最適化していく経営活動**です。「施設管理」と訳されます。例えば，①電源の瞬断対策のためにUPS（後述）を使う，②地震対策のために免震床を設置する，③落雷によって発生する過電圧を防ぐために**サージ保護デバイス**（SPD：Surge Protective Device）を介して通信ケーブルやコンピュータを接続するなどが挙げられます。

もっと詳しく　UPS

UPS（Uninterruptible Power Supply）は，**電源の瞬断・停電時にシステムを終了させるのに必要な時間だけ電源供給することを目的とした装置**です。「無停電電源装置」とも呼ばれています。容量には限界があるので，電源異常を検出した後，数分以内にシャットダウンを実施する必要があります。

確認問題　1　平成30年度春期　問56　正解率 高

基本

サービスデスク組織の構造とその特徴のうち，ローカルサービスデスクのものはどれか。

ア　サービスデスクを1拠点又は少数の場所に集中することによって，サービス要員を効率的に配置したり，大量のコールに対応したりすることができる。

イ　サービスデスクを利用者の近くに配置することによって，言語や文化が異なる利用者への対応，専門要員によるVIP対応などができる。

ウ　サービス要員が複数の地域や部門に分散していても，通信技術の利用によって単一のサービスデスクであるかのようにサービスが提供できる。

エ　分散拠点のサービス要員を含めた全員を中央で統括して管理することによって，統制のとれたサービスが提供できる。

要点解説

ローカルサービスデスクは，ユーザと同じ拠点に常駐するなど，物理的に近い場所に置かれるサービスデスクです。よりきめ細やかなサポートが期待できます。
ア　中央サービスデスク　　　　ウ　バーチャルサービスデスク
なお，エはフォロー・ザ・サンといいます。

確認問題　2

▸ 平成29年度春期　問57　　正解率 ▸ 中　　基本

ITサービスマネジメントの活動のうち，インシデント管理及びサービス要求として行うものはどれか。

ア　サービスデスクに対する顧客満足度が合意したサービス目標を満たしているかどうかを評価し，改善の機会を特定するためにレビューする。
イ　ディスクの空き容量がしきい値に近づいたので，対策を検討する。
ウ　プログラム変更を行った場合の影響度を調査する。
エ　利用者からの障害報告に対し，既知のエラーに該当するかどうかを照合する。

要点解説

インシデント管理及びサービス要求では，システム利用者の業務の継続を優先し，既知の回避策があれば，まずそれを伝えます。

確認問題　3

▸ 平成30年度秋期　問57　　正解率 ▸ 高　　計算

次の条件でITサービスを提供している。SLAを満たすための，1か月のサービス時間帯中の停止時間は最大何時間か。ここで，1か月の営業日は30日とし，サービス時間帯中は保守などのサービス計画停止は行わないものとする。

〔SLAの条件〕
・サービス時間帯は，営業日の午前8時から午後10時までとする。
・可用性を99.5%以上とする。

ア　0.3　　イ　2.1　　ウ　3.0　　エ　3.6

要点解説

1か月のサービス時間の総計は，14時間×30＝420時間です。
可用性を99.5%以上とするということは，停止時間は総計の0.5%までです。
420時間→100%
x時間　→0.5%
xを求めると，2.1時間となります。

解答

問題1：イ　　問題2：エ　　問題3：イ

第10章　マネジメント系

10-04 システム監査

時々出 必須 超重要

イメージでつかむ

自分の間違いは自分では発見しづらく，見落としてしまう場合もあります。
情報システムにおいても，第三者によるチェックが必要です。

システム監査

システム監査は，**システム監査人が，監査対象から独立した立場で行う情報システムの監査**です。システム監査の目的は，情報システムに係るリスクに適切に対処しているかどうかを，独立かつ専門的な立場のシステム監査人が点検・評価・検証することで，情報システムを安全，有効かつ効率的に機能させ，ITガバナンス（9-01参照）の実現に寄与することにあります。

システム監査人には，外観上の独立性・精神上の独立性・職業倫理が求められています。

なお，システム監査には，企業内の監査部門が行う内部監査と第三者機関に依頼して行う外部監査があり，いずれにせよ第三者の目で客観的にチェックします。

“くれば”で覚える

システム監査 とくれば **システム監査人が独立した立場で，客観的に情報システムを監査する**

知っ得情報 システム監査基準

経済産業省が策定した**システム監査基準**では，システム監査業務の品質を確保し，有効かつ効率的に監査を実施することを目的としたシステム監査人の行為規範がまとめられています。

システム監査の手順

システム監査は，「システム監査計画の作成」・「システム監査の実施」・「システム監査の報告」・「フォローアップ」の順に実施します。

システム監査計画の作成

実施するシステム監査の目的を有効かつ効果的に達成するために，監査手続の内容や時期，範囲などについて，適切な監査計画を立案します。

システム監査の実施

監査計画に基づき，「予備調査」・「本調査」・「評価・結論」の順で実施します。

予備調査	本調査に先立ってアンケート調査などを行い，監査対象業務の実態を把握する
本調査	インタビューや現地調査などを行い，監査対象の実態を詳細に調査し，**監査証拠**を入手する
評価・結論	入手した監査証拠に基づいて，指摘事項などの監査意見を**監査調書**にまとめる

もっと詳しく 監査証拠・監査調書

監査証拠は，**システム監査人が被監査部門から得た情報を裏付けるための文書や記録**です。

監査調書は，**システム監査人が行った監査業務の実施記録で，監査意見の根拠となるもの**です。

システム監査の報告

システム監査人は，監査目的に応じた**監査報告書**を作成し，遅延なく監査依頼者（経営者など）に報告します。

フォローアップ

システム監査人は，改善提案に対する監査対象部門の改善状況をモニタリングします。なお，監査対象部門に対して改善命令を出すのは監査依頼者です。

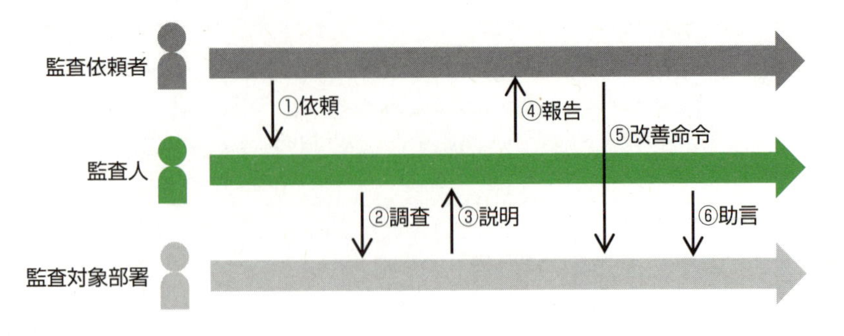

内部統制

内部統制は，**企業自らが業務を適正に遂行していくために，経営者の責任で体制を構築して運用する仕組み**です。そのためには，基準やルール，手続き，チェック体制などの確立が必要になります。例えば，実際に作業を行う人とそれを承認する人のように**役割分担や権限を明確にすること**が挙げられます。これは，**職務分掌**（しょくむぶんしょう）と呼ばれています。

また，内部統制の仕組みを作成して運用したとしても，経営層が暴走したり不正を働いたりするようでは困ります。**株主や監査役により企業経営そのものを監督・監視する仕組み**は，**コーポレートガバナンス**と呼ばれています。内部統制も，コーポレートガバナンスに含めて考える場合もあります。

確認問題　1　▸平成28年度春期　問75　　正解率▸高　**基本**

企業経営の透明性を確保するために，企業は誰のために経営を行っているか，トップマネジメントの構造はどうなっているか，組織内部に自浄能力をもっているかなどの視点で，企業活動を監督・監視する仕組みはどれか。

ア　コアコンピタンス
イ　コーポレートアイデンティティ
ウ　コーポレートガバナンス
エ　ステークホルダアナリシス

要点解説
企業活動そのものを監督・監視する仕組みをコーポレートガバナンスといいます。
コアコンピタンスは，企業が核となるノウハウや技術に経営資源を集中することです。
コーポレートアイデンティティ（CI）は，企業のロゴやブランド名，イメージカラーなどを通じて企業理念を発信し，認知度やブランド力を高めることです。
ステークホルダアナリシスは，企業の利害関係者がもつ課題を分析することです。

確認問題 2

▸ 応用情報　令和2年度秋期　問59　正解率 ▸ 高　応用

システム監査のフォローアップにおいて，監査対象部門による改善が計画よりも遅れていることが判明した際に，システム監査人が採るべき行動はどれか。

ア　遅れの原因に応じた具体的な対策の実施を，監査対象部門の責任者に指示する。
イ　遅れの原因を確かめるために，監査対象部門に対策の内容や実施状況を確認する。
ウ　遅れを取り戻すために，監査対象部門の改善活動に参加する。
エ　遅れを取り戻すための監査対象部門への要員の追加を，人事部長に要求する。

システム監査人は，厳密な調査に基づいて監査報告書をまとめ，改善指導を行います。責任者に指示したり，改善活動に参加したり，人事部長に要求したりすることはなく，指摘・助言・指導にとどまります。

確認問題 3

▸ 平成29年度秋期　問58　正解率 ▸ 高　応用

システム運用業務のオペレーション管理に関する監査で判明した状況のうち，指摘事項として監査報告書に記載すべきものはどれか。

ア　運用責任者が，オペレータの作成したオペレーション記録を確認している。
イ　運用責任者が，期間を定めてオペレーション記録を保管している。
ウ　オペレータが，オペレーション中に起きた例外処理を記録している。
エ　オペレータが，日次の運用計画を決定し，自ら承認している。

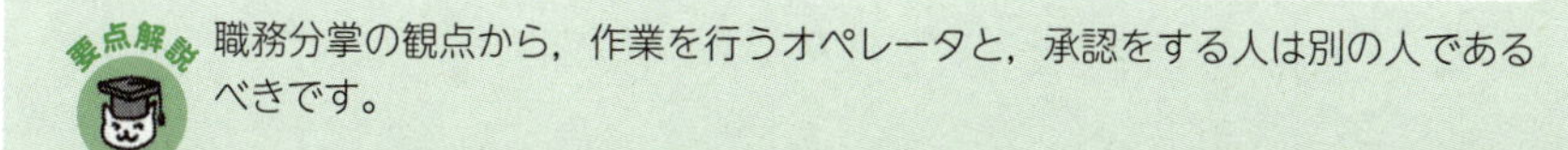

要点解説

職務分掌の観点から，作業を行うオペレータと，承認をする人は別の人であるべきです。

確認問題 4

▶令和元年度秋期 問58　正解率▶中　応用

システムテストの監査におけるチェックポイントのうち，最も適切なものはどれか。

ア　テストケースが網羅的に想定されていること
イ　テスト計画は利用者側の責任者だけで承認されていること
ウ　テストは実際に業務が行われている環境で実施されていること
エ　テストは利用者側の担当者だけで行われていること

「テストがきちんと行われているか」という観点でチェックします。
システムテストでテストケースに漏れがあると，稼働後の不具合につながります。

確認問題 5

▶平成31年度春期 問59　正解率▶中　応用

経営者が社内のシステム監査人の外観上の独立性を担保するために講じる措置として，最も適切なものはどれか。

ア　システム監査人にITに関する継続的学習を義務付ける。
イ　システム監査人に必要な知識や経験を定めて公表する。
ウ　システム監査人の監査技法研修制度を設ける。
エ　システム監査人の所属部署を内部監査部門とする。

外観上の独立性を担保するというのは，他の部署から独立しているように見えるということです。所属部署が内部監査部門であれば，その人はシステム開発などに従事しているのではなく監査専任の人物であり，他の部署から独立していると判断できます。

解答

問題1：ウ	問題2：イ	問題3：エ	問題4：ア	問題5：エ

第11章

ストラテジ系

11 01 ソリューションビジネスとシステム活用促進

時々出　必須　超重要

イメージでつかむ

最近は，情報システムを所有せず，サービスを必要な時にだけ利用してサービス利用料を支払う時代です。

ソリューションビジネス

ソリューションビジネスは，企業が抱えている経営課題や業務上の悩みの解決を目的とした，サービス事業者が提供するサービスのことです。

従来のように，**自社が所有する施設内に，自社の情報システムを導入して運用すること**を**オンプレミス**といいます。

これに対して，最近は自社で情報システムは所有せず，サービス事業者が提供するサービスを利用することが多くなってきています。これは，家で料理をするのではなく，外食で済ませるようなイメージです。

ハウジングサービスとホスティングサービス

サービス事業者が所有する施設やサーバなどを，自社が必要に応じて借りるサービスがあります。

ハウジングサービス

ハウジングサービスは，**耐震設備や高速回線，情報セキュリティなどを整備したサービス事業者の施設内に，自社が所有しているサーバや通信機器を預けることができるサービス**です。自社からネットワーク経由で，自社のサーバや通信機器を利用することができます。

ホスティングサービス

ホスティングサービスは，**サービス事業者が所有するサーバを貸し出すサービス**です。自社からネットワーク経由で，サービス事業者のサーバを利用することができます。

違いをまとめると，次のようなイメージになります。

オンプレミス

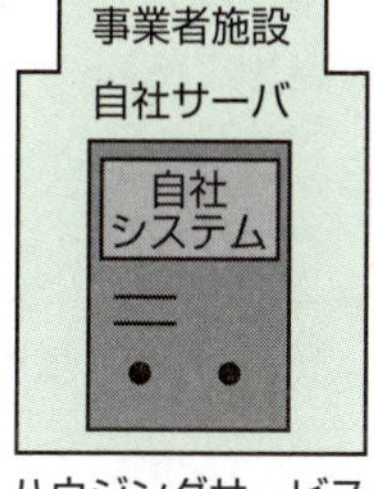

ハウジングサービス

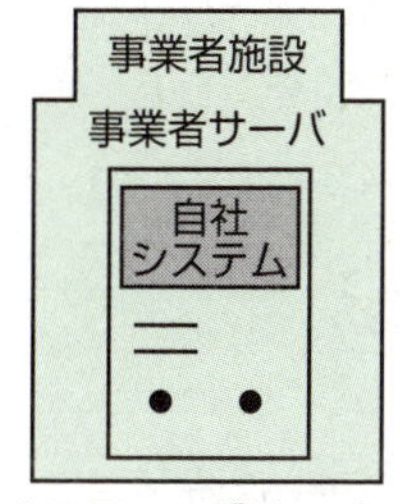

ホスティングサービス

クラウドコンピューティング

クラウドコンピューティングは，**インターネット上のハードウェアやソフトウェアなどを，物理的にどこにあるのかを意識することなく，自社から利用する形態**です。この形態でサービス事業者（クラウド事業者）が，サーバやOS，ソフトウェアなどを所有して提供するサービスを，**クラウドサービス**といいます。自社はネットワーク経由で，クラウド事業者が提供するサービスを利用することができます。自社でハードウェアやソフトウェアなどを所有せず，クラウド事業者が提供するサービスを利用する時代です。つまり「所有」から「利用」へと移り変わっています。

クラウドサービスでは，仮想化技術の利用により，導入コストが小さくなっています。多くは月額や年額の料金体系となっていて，自社はサービスの利用に対してサービス利用料を支払うだけです。また，CPUパワーやメモリ，ストレージ容量の増減の自由度が高く，メンテナンスもクラウド事業者が実施します。

ただし，いったんクラウドサービスに移行してしまうと，別のクラウド事業者への移設が困難になったり，情報セキュリティや障害管理が自社の管理外となったりするデメリットもあります。

クラウドサービスには，次のようなものがあります。

IaaS（イァース/アイアース）

IaaS（Infrastructure as a Service）は，**クラウド事業者が，情報システムの稼働に必要なサーバやハードディスク，インターネットなどのインフラをネットワーク経由で提供するサービス**です。「サービスとしてのインフラ」と訳されます。サーバは，仮想サーバで提供される場合が多く，サーバの数やCPUパワー，メモリ容量，磁気ディスクなどを柔軟に増減できます。

PaaS（パース）

PaaS（Platform as a Service）は，クラウド事業者が，**ソフトウェアの稼働に必要なOSやデータベース，プログラム実行環境などをネットワーク経由で提供するサービス**です。「サービスとしてのプラットフォーム」と訳されます。アプリケーションは自社で用意します。なお，OSをPaaSに含めるか，IaaSに含めるかは，サービス事業者によって異なります。

SaaS（サース）

SaaS（Software as a Service）は，クラウド事業者が，**ソフトウェアをネットワーク経由で提供するサービス**です。「サービスとしてのソフトウェア」と訳されます。ソフトウェアの導入や更新，保守にかかる手間や費用を低減できます。身近な例では，「Microsoft 365」，「Gmail」や「Yahoo!メール」のWebメールなどがあります。

“くれば”で覚える

SaaS とくれば **サービスとしてのソフトウェアをネットワーク経由で提供すること**

まとめると，以下のようになります。

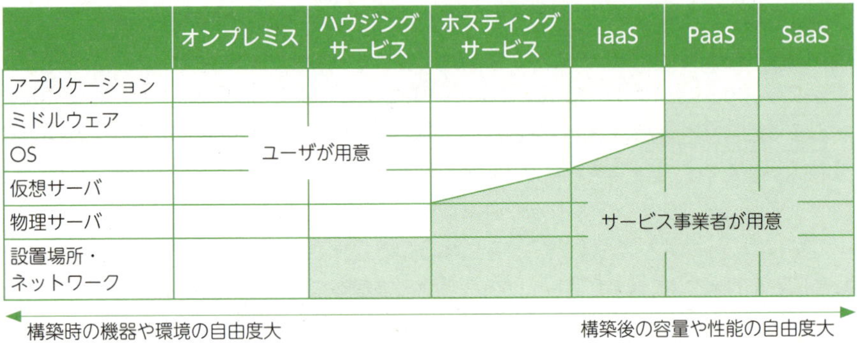

	オンプレミス	ハウジングサービス	ホスティングサービス	IaaS	PaaS	SaaS
アプリケーション						
ミドルウェア						
OS	ユーザが用意					
仮想サーバ						
物理サーバ				サービス事業者が用意		
設置場所・ネットワーク						

構築時の機器や環境の自由度大 ←→ 構築後の容量や性能の自由度大

さらに，**DaaS**（ダース）（Desktop as a Service）というものもあります。シンクライアントシステム（5-02参照）を，外部のクラウドサービスで実現するものです。「サービスとしてのデスクトップ仮想化」と訳されます。

知っ得情報 ASP

ASP (Application Service Provider) は，**業務アプリをネットワーク経由で提供する事業者のこと**です。また，その提供するサービスを含むこともあります。ASPは一つの環境を一人で独占するシングルテナント，SaaSは一つの環境を複数で共有するマルチテナントといわれていますが，現在は本質的な違いがなく，SaaSという言葉がよく用いられています。

なお，クラウドサービスには，不特定多数の利用者に提供する**パブリッククラウド**と，特定の企業や個人だけに提供する**プライベートクラウド**があります。一般的に，パブリッククラウドのほうが安価ですが，サーバやOS，ソフトウェア，回線など，パブリッククラウド事業者から準備された環境を利用するため自由度は低くなります。

オンラインストレージ

オンラインストレージは，クラウド事業者が，**インターネット経由でデータを保管するディスク領域を貸し出すサービスのこと**です。DropboxやOneDrive，Google Driveなどが代表例です。インターネットに接続されている環境であれば，自宅や外出先などからデータにアクセスできます。

SOA

SOA (Service Oriented Architecture：サービス指向アーキテクチャ) は，**業務プロセスの機能をサービスとして部品化し，そのサービスを組み合わせることによって，情報システム全体を構築していく考え方**です。ネットワーク経由で情報システムに外部のサービスを新たに組み入れたり，不要なサービスを外したり容易かつ柔軟に行うことができます。クラウドコンピューティングを実現するためのベースとなる概念となっています。

"くれば"で覚える

SOA とくれば **サービスを組み合わせて情報システムを構築する考え方**

知っ得情報 情報システムの請負

SI (System Integration：**システムインテグレーション**) は，**情報システムの企画から開発・運用・保守までの業務を請け負うサービスのこと**です。請け負うサービス事業者は，**システムインテグレータ**と呼ばれています。

システム活用促進

PCを利用して情報の整理や蓄積，分析などを行ったり，インターネットなどを使って，情報を収集・発信したりする，**情報を取り扱う能力のこと**を**情報リテラシ**といいます。企業では社員に対して，オフィスツールやデータ分析ツールといったツールの使用方法やそれらの業務への活用方法などに関する研修を実施することで，情報リテラシの向上を図っています。

ディジタルデバイド

ディジタルデバイドは，PCやインターネットなどの**ITを利用する能力や機会の違いによって生じる経済的・社会的な格差**です。「情報格差」と訳されます。

知っ得情報 RPA

RPA (Robotic Process Automation) は，**人がPC上で行う定型的な操作を，ロボットと呼ばれるソフトウェアにより自動化・効率化すること**です。

インターネット経由で受注したデータを，配送システムに自動的に転記するなどが活用例です。

確認問題 1 ▸平成29年度秋期　問14　　正解率 ▸ 中　応用

社内業務システムをクラウドサービスへ移行することによって得られるメリットはどれか。

ア　PaaSを利用すると，プラットフォームの管理やOSのアップデートは，サービスを提供するプロバイダが行うので，導入や運用の負担を軽減できる。
イ　オンプレミスで運用していた社内固有の機能を有する社内業務システムをSaaSで提供されるシステムへ移行する場合，社内固有の機能の移行も容易である。
ウ　社内業務システムの開発や評価で一時的に使う場合，SaaSを利用することによって自由度の高い開発環境が整えられる。
エ　非常に高い可用性が求められる社内業務システムをIaaSに移行する場合，いずれのプロバイダも高可用性を保証しているので移行が容易である。

要点解説
ア　プラットフォームの管理の負担を軽減できます。
イ　社内固有の機能の移行はカスタマイズが発生するため困難です。
ウ　SaaSの場合は自由度が低くなります。
エ　プロバイダにより異なります。

確認問題 2 ▸平成30年度秋期 問63 正解率 ▸ 中 頻出 基本

SOAを説明したものはどれか。

ア 業務体系，データ体系，適用処理体系，技術体系の四つの主要概念から構成され，業務とシステムの最適化を図る。
イ サービスというコンポーネントからソフトウェアを構築することによって，ビジネス変化に対応しやすくする。
ウ データフローダイアグラムを用い，情報に関するモデルと機能に関するモデルを同時に作成する。
エ 連接，選択，反復の三つの論理構造の組合せで，コンポーネントレベルの設計を行う。

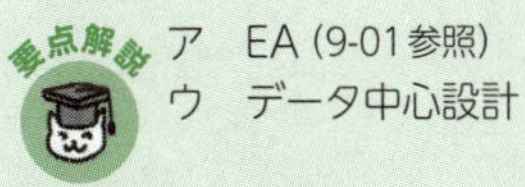

ア EA (9-01参照) イ SOA
ウ データ中心設計 エ 構造化設計 (9-05参照)

確認問題 3 ▸令和元年度秋期 問62 正解率 ▸ 中 応用

自社の経営課題である人手不足の解消などを目標とした業務革新を進めるために活用する，RPAの事例はどれか。

ア 業務システムなどのデータ入力，照合のような標準化された定型作業を，事務職員の代わりにソフトウェアで自動的に処理する。
イ 製造ラインで部品の組立てに従事していた作業員の代わりに組立作業用ロボットを配置する。
ウ 人が接客して販売を行っていた店舗を，ICタグ，画像解析のためのカメラ，電子決済システムによる無人店舗に置き換える。
エ フォークリフトなどを用いて人の操作で保管商品を搬入・搬出していたものを，コンピュータ制御で無人化した自動倉庫システムに置き換える。

RPAは，事務職の定型的なPC作業を，ロボットと呼ばれるソフトウェアに代替させるものです。

解答

問題1：ア 問題2：イ 問題3：ア

11 02 経営組織と経営・マーケティング戦略

時々出　必須　超重要

イメージでつかむ

「このじゃらし方で全てのネコは陥落するはず！」

あなたにも，だれにも負けない独自のノウハウや技術があるはずです。企業を伸ばすには，独自のノウハウが核となります。

経営組織

経営組織の代表的な形態として，次のようなものがあります。

職能別組織	「生産」・「販売」・「人事」・「財務」などの仕事の性質（職能）によって，部門を編成した組織
事業部制組織	社内を「製品」・「顧客」・「地域」などの事業ごとに分割し，編成した組織。編成された組織単位に自己完結的な経営活動が展開できる
マトリックス組織	構成員が，自己の専門とする職能部門と特定の事業を遂行する部門の両方に所属する組織
プロジェクト組織	特定の問題を解決するために，一定の期間に限って結成される組織。問題が解決されると解散する

経営戦略

経営戦略は，企業全体を対象とした全社戦略，個別の事業を対象とした事業戦略，営業・開発・生産・人事などの部署（機能）を対象とした機能別戦略の視点から策定されます。

全社戦略

全社戦略は，企業全体の視点から進むべき方向性を示したものです。自社がどの事業領域（ドメイン）を核とするのかを示し，経営資源であるヒト・モノ・カネ・情報を集中させていきます。自社の経営資源だけでは不十分な場合は，他社の経営資源で補完していくことも考えます。

コアコンピタンス

コアコンピタンスは，**競合他社がまねのできない独自のノウハウや技術などに経営資源を集中し，競争優位を確立する手法**です。Coreには「核」，Competenceには「能力」という意味があります。

ベンチマーキング

ベンチマーキングは，**最強の競合他社，または先進企業と比較して，製品やサービス，オペレーションなどを定性的・定量的に把握する手法**です。優れた業績を上げている企業との比較分析から，自社の経営革新を行います。Benchmarkには，「標準点」という意味があります。

PPM

PPM（Product Portfolio Management）は，事業や製品を，**「花形」・「負け犬」・「金のなる木」・「問題児」の四つのカテゴリに分類し，経営資源の最適配分を意思決定する手法**です。市場成長率と市場占有率のマトリックスによって分析します。

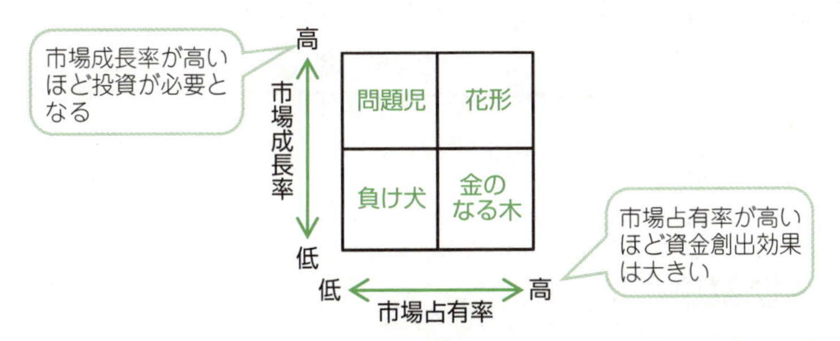

花形	市場成長率 市場占有率	**高** **高**	資金創出効果は大きいが，継続して投資も必要となる
負け犬	市場成長率 市場占有率	**低** **低**	将来的には撤退を考えざるを得ない
金のなる木	市場成長率 市場占有率	**低** **高**	企業の主たる資金源の役割を果たしている
問題児	市場成長率 市場占有率	**高** **低**	事業としての魅力はあるが，事業を育てるためには積極的な投資が必要である

M&A

M&A (Mergers and Acquisitions) は，**企業を合併・買収すること**です。他社を合併・買収することで，自社の不足している経営資源を短期間で獲得できます。A＋B→Aのイメージです。Mergersには「合併」，Acquisitionsには「買収」という意味があります。

アライアンス

アライアンス (Alliance) は，**企業同士が連携すること**です。他社と統合することなく，自社で不足している経営資源を他社との連携によって補完します。Allianceには，「同盟」という意味があります。A＋B→A・Bのイメージです。また，企業提携とも呼ばれ，技術提携・販売提携・生産提携などがあります。

アウトソーシング

アウトソーシング (Outsourcing) は，**情報システムのコストを削減するために，情報システムの開発や運用・保守に関わる全部またはほとんどの機能を外部の専門企業に委託する形態**です。

また，人件費などが比較的安い海外の企業に外部委託することを**オフショアアウトソーシング**といいます。Offshoreには，「海外の」という意味があります。

さらに，自社の業務を含めて外部企業に委託することを**BPO** (Business Process Outsourcing) といいます。例えば，自社の管理部門やコールセンタなど特定部門の業務プロセス全般を，業務システムの運用などと一体として外部の専門業者に委託することなどが挙げられます。

事業戦略

事業戦略は，事業ごとに進むべき方向性を示したものです。顧客や競合他社などの外部環境を分析し，事業の目標や戦略を策定します。

SWOT（スウォット）分析

SWOT分析 (Strength，Weakness，Opportunity，Threat) は，**企業の経営環境を内部環境である「強み」と「弱み」，外部環境である「機会」と「脅威」の四つのカテゴリに分類し分析する手法**です。

内部環境には商品価格や技術力，ブランド力などがあり，外部環境には政治・経済情勢や市場，競合他社などがあります。

	プラス要素	マイナス要素
内部環境	強み	弱み
外部環境	機会	脅威

バリューチェーン分析

バリューチェーン分析は，企業の事業活動を機能ごとに主活動と支援活動に分け，**企業が顧客に提供する製品やサービスの利益などの付加価値が，どの活動で生み出されているかを分析する手法**です。

主活動	購買物流	製造	出荷物流	販売・マーケティング	サービス
支援活動	調達，技術開発，人事・労務管理，全般管理				

付加価値

成長マトリクス

アンゾフが提唱した**成長マトリクス**は，製品と市場の２軸に，それぞれ新規と既存の観点から，事業を**「市場浸透」・「市場開拓」・「製品開発」・「多角化」の四つのタイプに分類し，事業の方向性を分析する手法**です。

		製品	
		既存	新規
市場	既存	市場浸透	製品開発
	新規	市場開拓	多角化

マーケティング

時間をかけて素晴らしい経営戦略を策定しても，最終的に自社の製品やサービスが顧客に売れなければ何も意味がありません。マーケティング戦略は，顧客が自社の製品やサービスに満足してもらうことで，継続的に売れる仕組みを作る一連の活動です。

最近，「顧客満足度ランキングNo.1」をうたったテレビのCMや雑誌の記事をよく見かけます。マーケティング戦略において，顧客に対して精神的・主観的に満足させる**顧客満足度**（**CS**：Customer Satisfaction）も重要な要素となっています。

プロダクトライフサイクル

プロダクトライフサイクルは，**製品を，「導入期」・「成長期」・「成熟期」・「衰退期」の四つの段階に分類し，企業にとって最適な戦略を分析する手法**です。

第11章　ストラテジ系

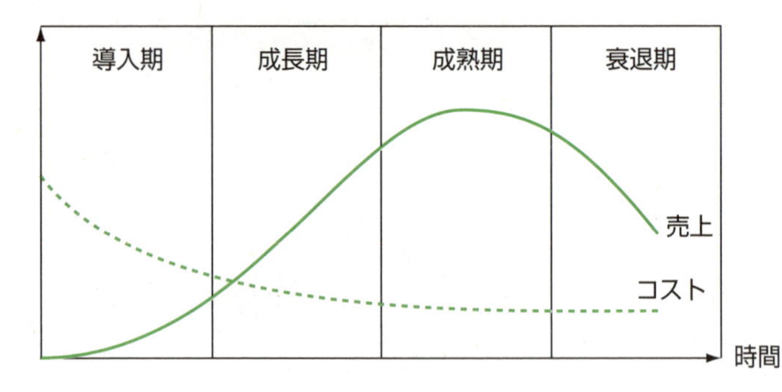

導入期	市場に商品を投入した直後の時期。商品の認知度を高める戦略をとる
成長期	売上や利益が急激に上昇する時期。新規参入企業によって競争が激化してくるため，競合他社との差別化を図る戦略をとる
成熟期	売上や利益が鈍化してくる時期。商品の品質改良やスタイル変更などによって，シェアの維持・利益の確保を図る戦略をとる
衰退期	売上や利益が急激に減少する時期。場合によっては，市場からの撤退を検討する

もっと詳しく PLM

PLM（Product Life Cycle Management）は，**企画・発売から廃棄までの一連のサイクルを通じて，製品の情報を一元管理し，商品力向上やコスト低減を図る取り組み**です。

STP分析

マーケティングの基本戦略の要素に，セグメンテーション（Segmentation）・ターゲティング（Targeting）・ポジショニング（Positioning）があり，三つの観点で分析することを**STP分析**といいます。自社がどのような市場や顧客を狙い，どのような立ち位置で勝負していくのかを分析します。

コトラーの競争戦略

コトラーが提唱した競争戦略は，**マーケットシェアの観点から「リーダ」・「チャレンジャ」・「フォロワ」・「ニッチャ」の四つに分類して，競争上の地位に応じた戦略をとる手法**です。業界のトップを走る「リーダ」，2番手・3番手グループの「チャレンジャ」，トップをまねる「フォロア」，そして全く別を走る「ニッチャ」というイメージです。

リーダ	全市場をカバーし，トップシェアを維持する全方位戦略
チャレンジャ	リーダのトップシェアを奪取するための差別化戦略
フォロア	リーダを参考にして，市場チャンスに素早く対応する模倣戦略
ニッチャ	他社が参入しにくい特定の市場や商品に絞った特定化戦略

マーケティングミックス

マーケティングミックスは，**「製品戦略」・「価格戦略」・「チャネル戦略」・「プロモーション戦略」などを適切に組み合わせて，自社製品を効果的に販売していく手法**です。売り手から見た要素は**4P**，買い手から見た要素は**4C**と呼ばれています。

売り手から見た要素（4P）		買い手から見た要素（4C）
Product（製品）	⟷	Customer Value（顧客価値）
Price（価格）	⟷	Customer Cost（顧客負担）
Place（場所）	⟷	Convenience（利便性）
Promotion（販売促進）	⟷	Communication（対話）

コストプラス法

コストプラス法は，**製造原価，または仕入原価に一定のマージンを乗せて価格を決定する手法**です。「原価＋利益→価格」ということです。

コストプラス法はコスト志向型ですが，そのほか，競争相手の価格を反映する**競争指向型**や，目標とするROI（11-07参照）を実現できる価格にする**ターゲットリターン型**，一番売れそうな価格に設定する**需要指向型**などもあります。

イノベータ理論

新製品をすぐ購入する人もいれば，あまり関心のない人もいます。イノベータ理論では，消費者を，新製品への関心が高い順に五つに分類しています。

イノベータ	2.5%	革新者。新製品を他の人に先駆けて購入する
アーリーアダプタ	13.5%	初期採用層。新製品が市場に流通し始めてから購入し，情報を友人や知人に伝える。オピニオンリーダやインフルエンサーとも呼ばれる
アーリーマジョリティ	34%	前期追随層。新製品の信頼性や利便性を確認してから購入する
レイトマジョリティ	34%	後期追随層。新製品には懐疑的で，周囲にユーザが増えてから購入する
ラガード	16%	遅滞層。新製品には興味がなく保守的

アーリーアダプタとアーリーマジョリティの間には，**重要視するポイントの違いによる溝**（**キャズム**）があるといわれています。新製品をアーリーマジョリティまで浸透させるには，目新しさよりも信頼性や利便性を伝えられるようにマーケティングを行います。

確認問題　1　▸応用情報　令和3年度春期　問69　正解率▸中　基本

ジェフリー・A・ムーアはキャズム理論において，利用者の行動様式に大きな変化をもたらすハイテク製品では，イノベータ理論の五つの区分の間に断絶があると主張し，その中でも特に乗り越えるのが困難な深く大きな溝を“キャズム”と呼んでいる。“キャズム”が存在する場所はどれか。

ア　イノベータとアーリーアダプタの間
イ　アーリーアダプタとアーリーマジョリティの間
ウ　アーリーマジョリティとレイトマジョリティの間
エ　レイトマジョリティとラガードの間

画期的な製品を早期に購入するアーリーアダプタと，信頼性や利便性を確認してから購入するアーリーマジョリティの間に大きな溝（キャズム）があるとされています。そこを乗り越えることで，市場に浸透してヒット商品になっていきます。

確認問題　2　▸平成28年度春期　問67　正解率▸高　基本

SWOT分析を説明したものはどれか。

ア　企業のビジョンと戦略を実現するために，財務，顧客，業務プロセス，学習と成長という四つの視点から検討し，アクションプランにまで具体化する。
イ　企業を，内部環境と外部環境の観点から，強み，弱み，機会，脅威という四つの視点で評価し，企業を取り巻く環境を認識する。
ウ　事業を，分散型，特化型，手詰まり型，規模型という四つのタイプで評価し，自社の事業戦略策定に役立てる。
エ　製品を，導入期，成長期，成熟期，衰退期という四つの段階に分類し，企業にとって最適な戦略策定に活用する。

ア　バランススコアカード（11-03参照）
イ　SWOT分析
ウ　競争変数の大小と，優位性構築可能性の大小により事業を分類する，アドバンテージマトリクスです。
エ　プロダクトライフサイクル

確認問題 3

▸平成30年度春期 問69　正解率 ▸高　基本

コストプラス価格決定法を説明したものはどれか。

ア　買い手が認める品質や価格をリサーチし，訴求力のある価格を決定する。
イ　業界の平均水準や競合企業の設定価格を参考に，競争力のある価格を決定する。
ウ　製造原価又は仕入原価に一定のマージンを乗せて価格を決定する。
エ　目標販売量を基に，総費用吸収後に一定の利益率が確保できる価格を決定する。

ア　需要指向型　　イ　競争指向型
ウ　コストプラス法　　エ　ターゲットリターン型

確認問題 4

▸平成30年度秋期 問67　正解率 ▸高　頻出　基本

プロダクトライフサイクルにおける成長期の特徴はどれか。

ア　市場が商品の価値を理解し始める。商品ラインもチャネルも拡大しなければならない。この時期は売上も伸びるが，投資も必要である。
イ　需要が大きくなり，製品の差別化や市場の細分化が明確になってくる。競争者間の競争も激化し，新品種の追加やコストダウンが重要となる。
ウ　需要が減ってきて，撤退する企業も出てくる。この時期の強者になれるかどうかを判断し，代替市場への進出なども考える。
エ　需要は部分的で，新規需要開拓が勝負である。特定ターゲットに対する信念に満ちた説得が必要である。

四つの期のどれかが出されることが多いので，四つの期の特徴を覚えておきましょう。
ア　成長期　　イ　成熟期　　ウ　衰退期　　エ　導入期

解答

問題1：イ　　問題2：イ　　問題3：ウ　　問題4：ア

11-03 業績評価と経営管理システム

時々出　必須　超重要

イメージでつかむ

学校では，新学期に目標を立て，学期末に評価されます。目標達成なら引き続き頑張ろう，目標未達成ならもっと頑張ろう。企業でも同じです。

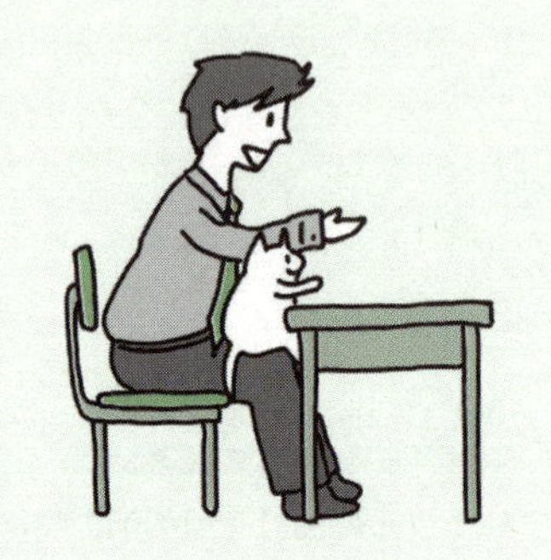

業績評価手法

BSC

BSC（Balance Score Card：**バランススコアカード**）は，企業のビジョンや戦略を実現するために，**「財務」・「顧客」・「業務プロセス」・「学習と成長」の四つの視点から，具体的に目標を設定して業績を評価する手法**です。

財務の視点（過去の視点）………………… 売上高・利益・キャッシュフローなど
顧客の視点（外部の視点）………………… 市場占有率・顧客満足度の結果など
業務プロセスの視点（内部の視点）…… 開発効率・在庫回転率など
学習と成長の視点（未来の視点）……… 特許取得件数・新技術の提案件数など

以下は，生命保険会社のバランススコアカードの例です。

視点	目標達成指標（KGI）	重要成功要因（CSF）	業績評価指標（KPI）	アクションプラン
財務	利益率向上	既存顧客の契約高の維持向上	当期純利益率	効率良い営業活動
顧客	顧客満足度向上	顧客からの信頼回復	解約率	アフターサービス強化
業務プロセス	保険金不払解消	不払防止体制の強化	不払件数	支払事由発生有無確認の強化
学習と成長	顧客対応力向上	モチベーション強化	従業員満足度	報酬制度の整備

BSC とくれば **財務・顧客・業務プロセス・学習と成長の四つの視点から業績評価**

また，BSCでは四つの視点において，次のKGI・KPI・CSFを設定し，モニタリングを繰り返して継続的に改善していきます。

KGI (Key Goal Indicator)	目指すべき最終的な目標となる数値。「重要目標達成指標」と訳される。売上高など
KPI (Key Performance Indicator)	KGIを細分化した中間的な目標となる数値。「重要業績評価指標」と訳される。訪問数，客単価など
CSF (Critical Success Factor)	最終目標を達成するために必要不可欠となる要因。「重要成功要因」と訳される

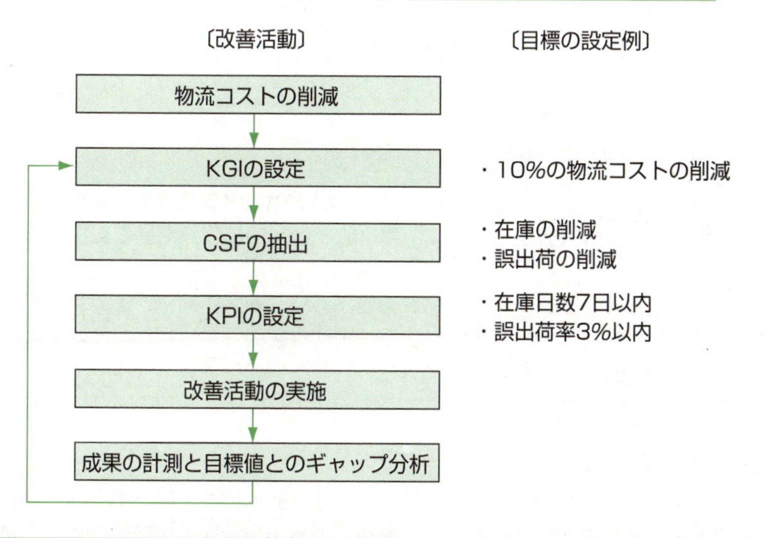

もっと詳しく 継続的な改善

PDCAとは，マネジメントサイクルの一つで，**Plan（計画）→ Do（実行）→ Check（評価）→ Act（改善），これを繰り返すことによって，継続的に改善していく手法**です。何事もやりっぱなしではなく，評価して改善していくことが重要です。

経営管理システム

経営管理システムは，今まで個人別・部署別など，ばらばらに管理していた情報を1か所に集約（一元管理）し，全社的，さらには企業間で情報を共有することによって，効率的な経営の実現を支援するシステムです。

SCM

部品の調達から生産・物流・販売までの一連のプロセスを，**サプライチェーン**といいます。**SCM**（Supply Chain Management：**サプライチェーンマネジメント**）は，**サプライチェーンの情報を一元管理し共有することで，業務プロセスの全体最適化を図る手法**です。「供給連鎖管理」と訳されます。商品を受注してから納品するまでの期間（**リードタイム**）の短縮や，在庫コストや流通コストの削減が目的です。

CRM

CRM（Customer Relationship Management）は，**個別の顧客に関する情報や対応履歴などを一元管理し共有することで，長期的な視点から顧客との良好な関係を築き，収益の拡大を図る手法**です。「顧客関係管理」と訳されます。顧客の年齢や性別，趣味，購買履歴などの個人情報を収集し，顧客のニーズに細かく対応することで，顧客満足度や一人の顧客が企業にもたらす価値（**顧客生涯価値**）を向上させることが目的です。

もっと詳しく 営業活動の支援

SFA（Sales Force Automation）は，**個人がもつ営業に関する知識・ノウハウなどを一元管理し共有することで，効率的・効果的に営業活動を支援する手法**です。

SFAの基本機能の一つに**コンタクト管理**があり，顧客訪問日・営業結果などの履歴を管理し，見込客や既存客に対して効果的な営業活動を行います。SFAは，CRMの一環として行われます。

ERP

ERP（Enterprise Resource Planning）は，生産・流通・販売・財務・経理などの**企業の基幹業務の情報を一元管理し共有することで，企業の経営資源の最適化を図る手法**です。「企業資源計画」と訳されます。各業務の状況をリアルタイムに把握し，効率的な経営を実現することが目的です。

ナレッジマネジメント

ナレッジマネジメント（Knowledge Management）は，**社員個人がビジネス活動から得た客観的な知識や経験，ノウハウなどを一元管理し共有することで，全体の問題解決力を高める経営を行う手法**です。「知識管理」と訳されます。個人の知識や情報を統合された経営資源として活用することが目的です。

"くれば"で覚える

SCM	とくれば	**サプライチェーンを一元管理する**
CRM	とくれば	**顧客情報を一元管理する**
ERP	とくれば	**企業の経営資源を一元管理する**
ナレッジマネジメント	とくれば	**個人の知識・経験・ノウハウを一元管理する**

確認問題 1

▸ 令和元年度秋期　問67　　正解率 ▸ 中　　応用

バランススコアカードの内部ビジネスプロセスの視点における戦略目標と業績評価指標の例はどれか。

ア　持続的成長が目標であるので，受注残を指標とする。
イ　主要顧客との継続的な関係構築が目標であるので，クレーム件数を指標とする。
ウ　製品開発力の向上が目標であるので，製品開発領域の研修受講時間を指標とする。
エ　製品の製造の生産性向上が目標であるので，製造期間短縮日数を指標とする。

要点解説
ア　受注残は，受注後未納品の状態をいい，財務の視点です。
イ　顧客との関係は，顧客の視点です。
ウ　製品開発力の向上は，学習と成長の視点です。
エ　生産性向上は，内部ビジネスプロセス（業務プロセス）の視点です。

確認問題 2

▸ 平成28年度秋期　問69　　正解率 ▸ 中　　基本

CRMの目的はどれか。

ア　顧客ロイヤリティの獲得と顧客生涯価値の最大化
イ　在庫不足による販売機会損失の削減
ウ　製造に必要な資材の発注量と発注時期の決定
エ　販売時点での商品ごとの販売情報の把握

要点解説
CRMは，顧客と良好な関係を築いて自社の顧客として囲い込み，収益の拡大を図る手法です。顧客ロイヤリティとは，顧客からの信頼や愛着のことです。
ア　CRM　　イ　SCM　　ウ　MRP（11-05参照）　　エ　POS

解答

問題1：エ　　問題2：ア

11 04 技術開発戦略

時々出　必須　超重要

イメージでつかむ

「人生は山あり谷あり」と言われますが，「技術開発は谷ばかり」です。多くの時間とコストをかけても，日の目を見る技術は限られています。

技術開発戦略

技術開発戦略は，企業を持続的に発展させていくために，技術開発への投資やイノベーション（後述）の促進を図り，技術と市場のニーズを結びつける戦略です。

MOT

MOT（Management of Technology）は，企業が独自の高度な技術をコアコンピタンスと位置づけ，技術開発に投資して，イノベーションを創出することで，**技術革新を効果的にビジネスに結び付けていこうとする経営の考え方**です。「技術経営」と訳されます。イノベーションを強く念頭に置いた経営です。

イノベーション

イノベーションは，**今までにない，画期的な新しいものを創り出すこと**です。Innovationには，「技術革新」・「新機軸」・「新しい切り口」という意味があります。

イノベーションには，大きく分けて，次のようなものがあります。

プロダクトイノベーション	革新的な新製品を開発するといった，製品そのものに関する技術革新
プロセスイノベーション	研究開発過程，製造工程，物流過程の技術革新
インクリメンタルイノベーション	既存製品の細かな部品改良を積み重ねる技術革新
ラディカルイノベーション	経営構造の全面的な改革を必要とする技術革新

もっと詳しく イノベーションのジレンマ

イノベーションのジレンマは，大企業が**既存製品の改良を進めた結果，顧客が求める以上に高機能化してしまい，別の基準で評価される新技術を用いた新製品に敗北してしまうこと**です。例えば，高画質を追及していたディジタルカメラが，画質は劣るものの手軽さやSNSとの親和性が高いスマートフォン内蔵のカメラを相手に苦戦しています。評価軸の違う新技術の動向を追い続け，新規市場に向けた製品開発の持続が重要です。

APIエコノミー

API（Application Programming Interface）は，**アプリケーションの機能を外部から利用できるようにする仕組み**です。**企業同士がAPIを使ってサービスを連携させることで生まれる新しい経済圏**を**APIエコノミー**といいます。例えば，配車サービスのUberのアプリは，Google MapsのAPIを使って地図を表示し，決済機能も外部のAPIを利用します。また，Uberで車を呼ぶボタンもAPIとして外部アプリに配置でき，新規顧客がそのアプリ経由でUberを使うと，Uberから外部アプリ製作者にバックマージンがあります。

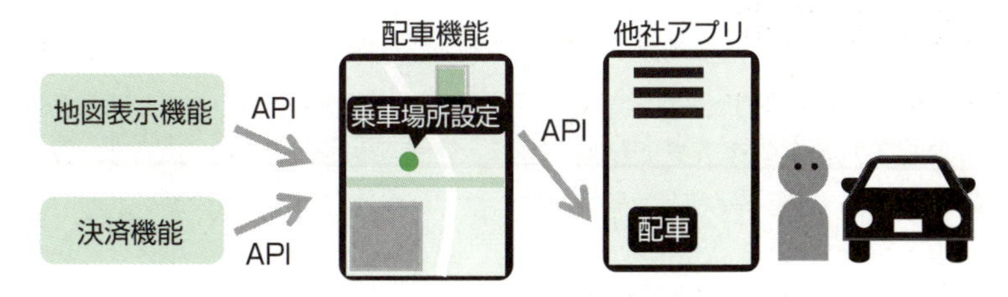

もっと詳しく オープンイノベーション

オープンイノベーションは，企業内部にとどまらず，他企業・他業種・大学・地方自治体・官公庁などと協力して，**互いの専門知識を生かしてイノベーションを起こそうという考え**です。APIエコノミーも広い意味ではオープンイノベーションの結果であるといえます。

魔の川・死の谷・ダーウィンの海

それぞれ技術経営における課題を表す言葉です。**魔の川**は，**基礎研究が製品開発に結び付かないこと**，**死の谷**は，**製品開発が事業に結び付かないこと**，**ダーウィンの海**は，**事業化できても市場に浸透できないこと**をいいます。

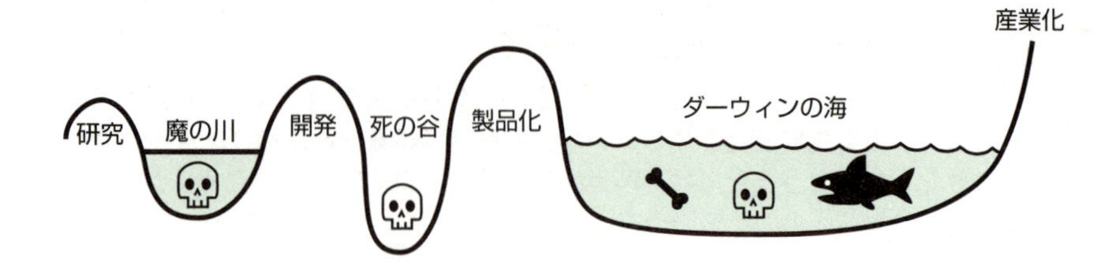

技術のSカーブ

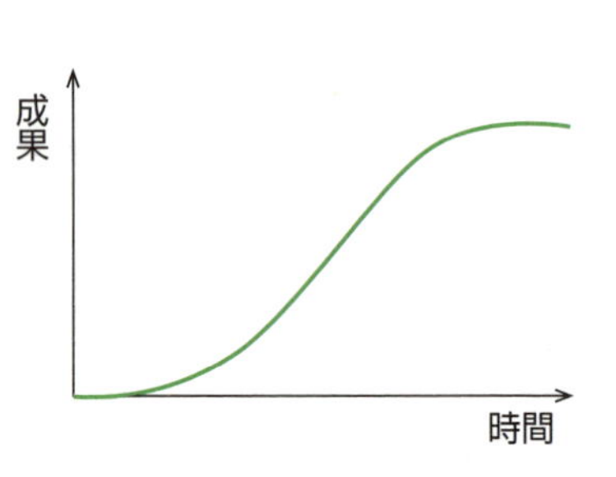

技術のSカーブは，**技術の進歩の過程を示した曲線**です。最初は緩やかに進歩しますが，やがて急激に進歩し，その後，穏やかに停滞していく過程は，Sのカーブを描きます。

デザイン思考

デザイン思考は，**「顧客の立場で観察する」・「潜在的な問題点を抽出する」・「問題解決のためにより多くのアイディアを出す」・「すぐにプロトタイプを作る」・「評価・改善する」というプロセスを繰り返し，イノベーションを生み出していくこと**です。ここでのデザインとは，色や形だけの話ではなく，もっと広く「設計する」・「問題を解決する」という意味があります。例えば，この手法を使って，MDプレーヤーでの曲数の少なさやMDの入れ替えの手間を問題点とし，大量の音楽データをメディアの入れ替えなしに手軽に持ち歩けるiPodが開発されました。

ハッカソン

ハッカソンは，**開発者やデザイナーなどが集まってチームを組み，数時間や数日間の日程で，与えられた課題にチャレンジするイベントのこと**です。企業や組織を超えて協力し合うオープンイノベーションの一つで，新しいサービスや機能が生まれるきっかけになります。

技術ロードマップ

技術ロードマップは，**将来の技術動向を予測して進展の道筋を時間軸上に表したもの**です。例えば，経済産業省の技術戦略マップがあります。特定技術分野の有識者によって作成され，将来的な研究開発や技術利用の方向性を示したものです。

もっと詳しく デルファイ法

デルファイ法は,**「複数の専門家からの意見を収集」・「収集した意見を集約」・「集約された意見をフィードバック」というプロセスを繰り返すことで意見を収束させていく手法**です。技術開発戦略の立案に必要となる将来の技術動向の予測などに用いられます。

確認問題 1　▸平成31年度春期　問70　正解率▸高　基本

プロセスイノベーションに関する記述として,適切なものはどれか。

ア　競争を経て広く採用され,結果として事実上の標準となる。
イ　製品の品質を向上する革新的な製造工程を開発する。
ウ　独創的かつ高い技術を基に革新的な新製品を開発する。
エ　半導体の製造プロセスをもっている他企業に製造を委託する。

要点解説
ア　デファクトスタンダード　　イ　プロセスイノベーション
ウ　プロダクトイノベーション　　エ　アウトソーシング(11-02参照)

確認問題 2　▸平成30年度秋期　問70　正解率▸中　応用

技術は,理想とする技術を目指す過程において,導入期,成長期,成熟期,衰退期,そして次の技術フェーズに移行するという進化の過程をたどる。この技術進化過程を表すものはどれか。

ア　技術のSカーブ　　イ　需要曲線
ウ　バスタブ曲線　　エ　ラーニングカーブ

「導入期,成長期,成熟期,衰退期」はプロダクトライフサイクル(11-02参照)でよく使われる言葉ですが,ここでは技術の進化の過程を表しています。導入期の進化は緩やかですが,その後急速に成長し,やがてゆっくりと成熟し,ついには進化が止まります。

解答

問題1:イ　　問題2:ア

11 05 ビジネスインダストリ

時々出　必須　超重要

イメージでつかむ

PCを使って商品を注文して，カードで決済。買い物も非常に楽な時代になりました。でも，PCに表示された商品をながめるだけで買ったつもり。これはいつの時代も変わらない？？

e-ビジネス

e-ビジネスは，インターネット技術を活用したビジネスのことです。

EC

EC（Electronic Commerce）は，**インターネット技術を活用した，消費者向けや企業間などの商取引**です。「電子商取引」と訳されます。誰と取引するかで，次のような取引形態があります。

CtoC	Consumer to Consumer：個人間取引 （例）ネットオークション，逆オークション
BtoC	Business to Consumer：企業対個人取引 （例）バーチャルモール（仮想商店街）のインターネットショッピングで，書籍を購入する
BtoB	Business to Business：企業間取引 （例）Web-EDI（後述）を利用して，企業が外部ベンダに資材を発注する
BtoE	Business to Employee　企業対従業員間取引 （例）企業内の社員販売サイトで，割引特典のあるサービスを申し込む
GtoC	Government to Citizen：政府対個人間取引 （例）住民票や戸籍謄本，婚姻届，パスポートなどを電子申請する
GtoB	Government to Business：政府対企業間取引 （例）自治体の利用する物品や資材の電子調達・電子入札を行う
GtoG	Government to Government：政府間取引 （例）住民基本台帳ネットワークによって，自治体間で住民票データを送受信する

EDI

EDI(Electronic Data Interchange)は，**ネットワークを介して，商取引のためのデータをコンピュータ間で交換すること**です。「電子データ交換」と訳されます。取引の際に当事者間で必要となる各種の取決めには，次のような規約があります。

情報伝達規約	接続方法・伝送手順などを定めたもの
情報表現規約	データフォーマットなどを定めたもの
情報運用規約	システムの運用時間・障害対策などを定めたもの
情報基本規約	支払時期・支払方法などを定めたもの

暗号資産

暗号資産(**仮想通貨**)は，**代金の支払いに使用可能で，電子的に記録・移転でき，法定通貨やプリペイドカードではない財産的価値**です。ハッシュ関数(8-04参照)を利用して，取引の履歴(**ブロックチェーン**)を分散して持ち合うことで，改ざんなどの不正を防ぐ仕組みになっています。

また，取引の確認や計算作業に参加して報酬を得ることを**マイニング**といいます。

Webによる販売促進

Webサイトへのアクセス件数のうち，最終的に商品やサービスなどの購入に至った件数を**コンバージョン率**といいます。コンバージョン率を上げるには，買うかもしれない人がWebサイトに来てもらうこと(集客)，来た人が買ってくれるよう導くこと(接客)が重要です。以下のような仕組みが使われています。

SEO	Search Engine Optimization。検索エンジン最適化。Googleなどの検索サイトで上位に表示させるような工夫や技術
リスティング広告	検索誘導型広告。ある用語を検索したときに，その用語と関連した商品の広告を同じ画面に表示させる
アフィリエイト	成果報酬型広告。個人のWebサイトなどに企業の広告や企業サイトへのリンクを掲載し，誘導実績に応じた報酬を支払う
SNS	Social Networking Service。Web上で社会的な繋がりを促進するサービス。利用者が発信する情報を多数の利用者に伝播させる
CGM	Consumer Generated Media。消費者が情報発信した内容を基に生成されていくメディア。口コミサイト・Q&Aサイト・動画投稿サイトなど
eマーケットプレイス	インターネット上に設けられた市場を通じて，多くの売手と買手が出合い，中間流通業者を介さず，直接取引をする

ロングテール

実店舗では，売り場面積などの制約もあり，売筋商品しか店頭に並びません。しかし，インターネットショッピングでは，**あまり売れない商品群も売り続けることがで**

第11章 ストラテジ系

き，この売上や利益が無視できないくらい大きなものになっているという現象が起こっています。これを**ロングテール**といいます。

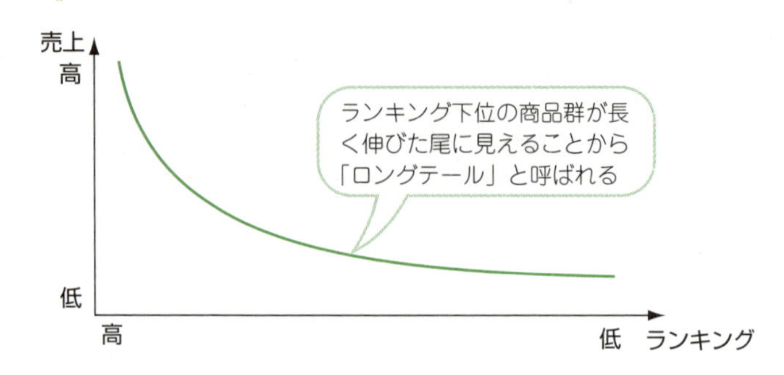

オムニチャネル

オムニチャネルは，実店舗での販売やカタログ通販，ネット通販など，**複数の販売チャネルをもち，それらを統合して，どの手段でも不便なく購入できるようにすること**です。実店舗で在庫がなければ他店の在庫やネット通販用の在庫を自宅に直送で送るなどの例があります。ターゲットは主にリピータの顧客です。

類似の考え方として，**O to O** (Online to Offline) があります。**Webサイトを見た顧客を仮想店舗から実店舗に，また逆に，実店舗から仮想店舗に誘導すること**です。SNSで会員にクーポンを発行するなどの例があります。主に新規顧客をターゲットにしています。

行政システム

マイナンバー制度は，**行政を効率化し，国民の利便性を高めるため，公平・公正な社会を実現する社会基盤のこと**です。日本に住民票がある人に，氏名・住所・性別・生年月日と関連付けられる12桁の**マイナンバー**（**個人番号**）が付与されます。社会保障・税・災害対策の分野で効率的に情報の管理を行うことが目的であり，行政機関に書類を提出するときに記載が必要となります。なお，社会保障・税・災害対策など法に定めた目的以外にマイナンバーを使用することはできません。これらの手続きに必要な場合を除いて，マイナンバーそのものを民間が利用することは禁止されています。

希望者に配布される**マイナンバーカード**は，表に顔写真・氏名・住所・生年月日・性別が，裏にマイナンバーが記載され，身分証明書として利用できます。また，ICチップによる公的個人認証機能があり，名前・住所・生年月日・性別が含まれる**署名用電子証明書**と，個人情報が含まれない**利用者証明用電子証明書**の2種類が記録されています。これらの公的個人認証機能は，国税の電子申告に利用できるほか，健康保険証などとしての利用が可能になっています。

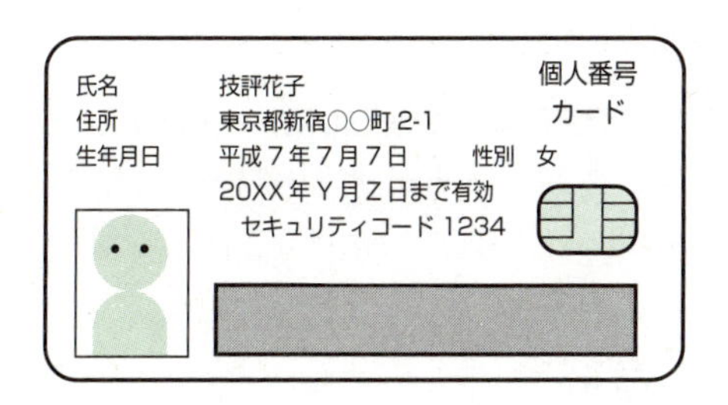

エンジニアリングシステム

エンジニアリングシステムは，生産工程において生産性を上げる考え方や自動化を図るシステムです。

JIT

ジャストインタイム（JIT：Just In Time）は，**必要な物を，必要な時に，必要な量だけを生産する方式**です。中間在庫を極力減らすため，生産ラインにおいて，後工程が自工程の生産に合わせて，必要な部品を前工程から調達します。JITを採用しているトヨタ自動車では，部品のやりとりの際に「かんばん」と呼ばれる作業指示書を使うことから**かんばん方式**と呼ばれています。この方式は，後に製造業以外にも適用できるようリーン生産方式として一般化されています。

セル生産方式

セル生産方式は，**部品の組立てから完成検査までの全工程を，1人または数人で作業する生産方式**です。従来のライン生産方式と違い，1人が広範囲の作業を行うため，多種類かつフレキシブルな生産に向いています。

MRP

MRP（Materials Requirements Planning）は，**製品を生産するために必要となる部品や資材の量を計算し，生産計画に反映させる資材管理手法**です。「資材所要量計画」と訳されます。「今後の生産計画と部品構成表を基に，部品や材料の種類や必要量を計算する」→「引当可能な在庫量と比較して正味発注量を割り出す」→「製造／調達のリードタイムを考慮して構成部品の発注時期を決定する」という手順で，部品や材料の発注を処理します。

CAD

CAD（Computer Aided Design）は，**コンピュータを使って設計作業を支援すること**です。「コンピュータ支援設計」と訳されます。製図作業や図面作成などが短時間で正確に処理できます。

デジタルツイン

デジタルツインは，**仮想空間に，物理的な実体とリアルタイムで連動する「双子」を作る方法**です。例えば，プラントの運転状況を監視したり，プラントの最適な運転方法をAIが学習して実際の運転支援につなげたりできるとされています。

民生機器・産業機器

組込みシステム

組込みシステムは，PCなどの汎用的なシステムとは異なり，**特定の機能を実現するために専用化されたハードウェアと，それを制御するソフトウェアから構成されるシステム**です。ソフトウェアを変更するだけで，製品の改良を低コストで実現できるメリットがあります。家庭で使用されている冷蔵庫などの民生機器や，産業用途で使用されているエレベータや信号機，銀行のATMなどの機器に組み込まれています。用途により，高いリアルタイム性や安全性，信頼性が求められる特徴があります。

組込みシステムをネットワークにつなぐときは，端末の近くにサーバを置いてタイムラグを減らす**エッジコンピューティング**を用いることも増えています。

IoT

IoTも組込みシステムの一種です。**IoT**（Internet of Things）は，**身の回りのあらゆるモノがインターネットにつながること**です。「モノのインターネット」と訳されます。さまざまなモノに通信機能をもたせ，インターネットに接続することで，自動認識や遠隔計測などが可能になったり，大量のデータを収集・分析して高度なサービスや自動制御を実現したりすることができます。例えば，産業機器から車・カメラ・体重計・家の鍵に至るまで，あらゆるモノがインターネットに接続される時代になっています。

実際の応用事例として，次の用語が出題されています。

M2M（エムツーエム）	Machine to Machine。機械同士が直接通信し，人が介在せずに高度な処理を実現すること
HEMS（ヘムス）	Home Energy Management System。家庭内の太陽光発電装置や家電，センサなどをネットワーク化して，エネルギーの可視化と消費の最適制御を行う
スマートメータ	双方向の通信機能を備えた電力量計。遠隔地からの検針や開閉が可能なほか，電力消費量を可視化できる
デジタルサイネージ	ディスプレイに映像・文字などの情報を表示する電子看板。リアルタイム情報や動画も表示できる

知っ得情報 豊かな未来を目指す

IoT・ビッグデータ・人工知能などのICT技術が活用され，サイバー空間と現実空間が高度に融合した「**超スマート社会**」の進展で，年齢や性別，言語などの違いに関わらず，誰もが快適に生活することができる人間中心の社会**Society5.0**が実現できるとされています。Society5.0とは，狩猟社会・農耕社会・工業社会・情報社会に続く5番目の社会です。

また，**地球環境を保護しながら全ての人が貧困を脱し，平和的で豊かに暮らせるような世界を目指そうという国際的な目標**を**SDGs**といいます。

MaaS（マース）

MaaS (Mobility as a Service) は，公共交通機関やカーシェアリング，シェアサイクルなどの**様々な交通手段をITによりサービスとして統合し，利便性の向上から地域の課題解決，環境負荷の軽減までを目指すこと**です。

確認問題 1 ▸平成31年度春期　問72　　正解率▸高　**基本**

CGM (Consumer Generated Media) の例はどれか。

ア　企業が，経営状況や財務状況，業績動向に関する情報を，個人投資家向けに公開する自社のWebサイト
イ　企業が，自社の商品の特徴や使用方法に関する情報を，一般消費者向けに発信する自社のWebサイト
ウ　行政機関が，政策，行政サービスに関する情報を，一般市民向けに公開する自組織のWebサイト
エ　個人が，自らが使用した商品などの評価に関する情報を，不特定多数に向けて発信するブログやSNSなどのWebサイト

CGM (Consumer Generated Media) とは，消費者 (Consumer) によって作られた (Generated)，メディアを指します。ブログやSNS，口コミサイト，Q&Aサイトなどのことです。

確認問題 2

▸ 平成30年度春期　問71　　正解率 ▸ 高　　応用

IoT (Internet of Things) の実用例として，**適切でないもの**はどれか。

ア　インターネットにおけるセキュリティの問題を回避するために，サーバに接続せず，単独でファイルの管理，演算処理，印刷処理などの作業を行うコンピュータ
イ　大型の機械などにセンサと通信機能を内蔵して，稼働状況，故障箇所，交換が必要な部品などを，製造元がインターネットを介してリアルタイムに把握できるシステム
ウ　検針員に代わって，電力会社と通信して電力使用量を送信する電力メータ
エ　自動車同士及び自動車と路側機が通信することによって，自動車の位置情報をリアルタイムに収集して，渋滞情報を配信するシステム

要点解説　IoTは，身の回りの家電や自動車，さまざまな工業機器がインターネットに接続されることをいいます。アのようにスタンドアロンで使用するコンピュータはIoTの例としては不適切です。

確認問題 3

▸ 平成31年度春期　問69　　正解率 ▸ 低　　応用

サイトアクセス者の総人数に対して，最終成果である商品やサービスの購入に至る人数の割合を高める目的でショッピングサイトの画面デザインを見直すことにした。効果を測るために，見直し前後で比較すべき，効果を直接示す値はどれか。

ア　ROAS (Return On Advertising Spend)
イ　コンバージョン率
ウ　バナー広告のクリック率
エ　ページビュー

要点解説　商品やサービスの購入に至る人数の割合を高めるために画面デザインを見直したということなら，改善前/改善後のコンバージョン率を比較すれば効果がわかります。

確認問題 4

▶令和元年度秋期　問70　　正解率 ▶ 中　　基本

“かんばん方式”を説明したものはどれか。

ア　各作業の効率を向上させるために，仕様が統一された部品，半製品を調達する。
イ　効率よく部品調達を行うために，関連会社から部品を調達する。
ウ　中間在庫を極力減らすために，生産ラインにおいて，後工程の生産に必要な部品だけを前工程から調達する。
エ　より品質が高い部品を調達するために，部品の納入指定業者を複数定め，競争入札で部品を調達する。

かんばん方式とは，JITともいわれ，必要な物を，必要な時に，必要な量だけ生産する方法です。後工程の生産に必要な部品だけを前工程から調達します。

確認問題 5

▶平成31年度春期　問74　　正解率 ▶ 中　　基本

ディジタルサイネージの説明として，適切なものはどれか。

ア　情報技術を利用する機会又は能力によって，地域間又は個人間に生じる経済的又は社会的な格差
イ　情報の正当性を保証するために使用される電子的な署名
ウ　ディスプレイに映像，文字などの情報を表示する電子看板
エ　不正利用を防止するためにデータに識別情報を埋め込む技術

要点解説

ディジタルサイネージは，電子看板と訳されます。駅や地下街などに設置される大型のディスプレイで，動画の広告や案内などを表示します。
ア　ディジタルディバイド
イ　ディジタル署名
ウ　ディジタルサイネージ
エ　電子透かし

解答

問題1：エ	問題2：ア	問題3：イ	問題4：ウ	問題5：ウ

11-06 品質管理手法

時々出　必須　超重要

イメージでつかむ

どの世界でも成功するためには，うまく道具を使いこなすことが大事です。品質管理では，道具としてさまざまな図解が用いられます。

品質管理手法

製造部門を中心に，品質を管理するために，データを収集・数値化して定量的または定性的にデータを分析します。その数値化したデータをもとに，現状分析や課題を視覚的に図解にして整理します。次のような図解が用いられています。

特性要因図

特性要因図は，**原因と結果の関連を魚の骨のような形態に整理して体系的にまとめた図**です。結果に対してどのような原因が関連しているかを把握します。フィッシュボーン図とも呼ばれています。

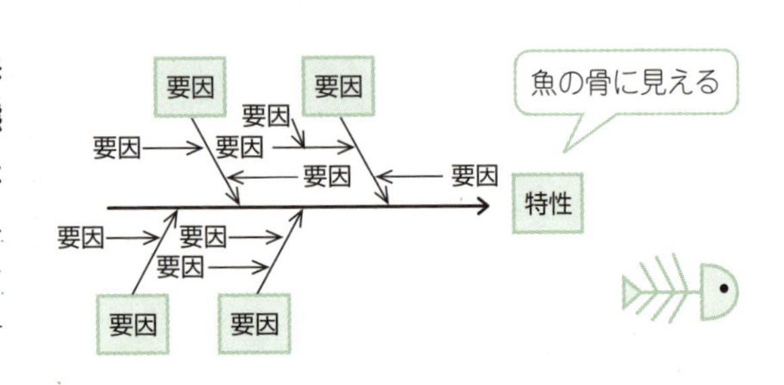

散布図

散布図は，**X軸とY軸の座標上をプロットした点のばらつき具合を表した図**です。二つの特性間の相関関係を把握します。相関関係には，「正の相関」・「負の相関」・「相関なし」があります。

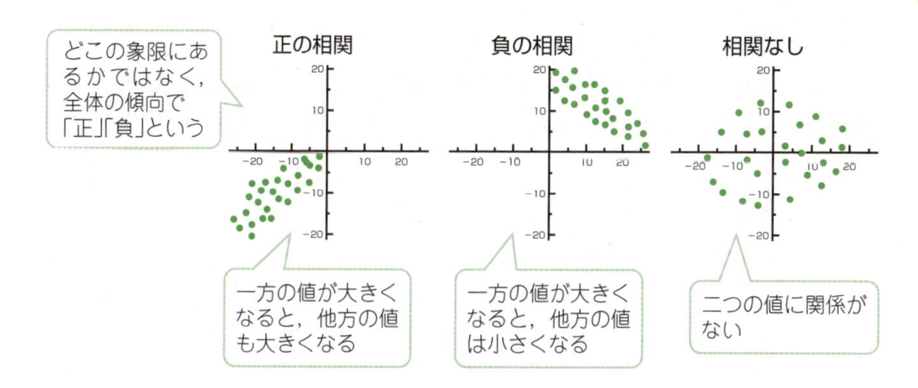

散布図にプロットされた個々の点の値から，次のものが求められます。

回帰直線は，**全体の大まかな傾向を表す直線**で，個々の点からの誤差が最も少なくなるように最小二乗法を用いて求めます。

相関係数は，**二つの特性間に直線的な関係があるかを示す値**で，+1 ～－1の間の数値になります。1に近いほど正の相関が大きく，0に近いほど相関は少なくなります。－1に近くなると，負の相関が大きくなります。

パレート図

パレート図は，**データを幾つかの項目に分類し，横軸方向に大きさの順に棒グラフとして並べ，累積値を折れ線グラフで表した図**（左下図）です。

また，パレート図を利用したものに**ABC分析**があります。ABC分析は，ある項目の件数を降順に並べた結果，全体に対する比率によって，例えば，A群（70%），B群（20%），C群（10%）のようにクラス分けをします。クラスに分けることによって，重点項目を把握します（右下図）。

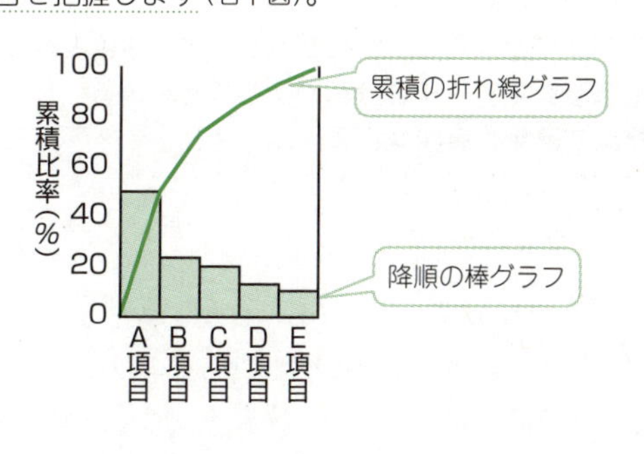

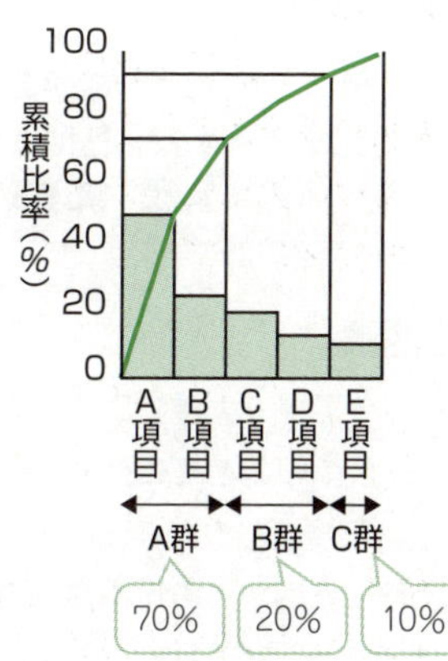

ヒストグラム

ヒストグラムは，**収集したデータを幾つかの区間に分け，各区間に属するデータの個数を棒グラフで表した図**です。品質のばらつきを把握します。

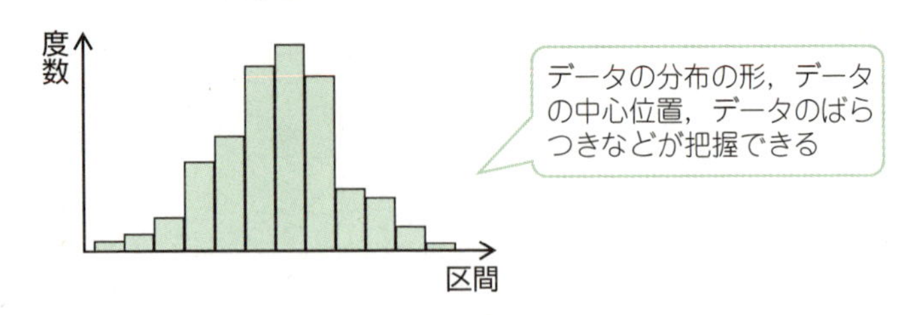

管理図

管理図は，**時系列データのばらつきを折れ線グラフで表した図**です。管理限界線を利用して，品質不良や工程の異常がないかを把握します。

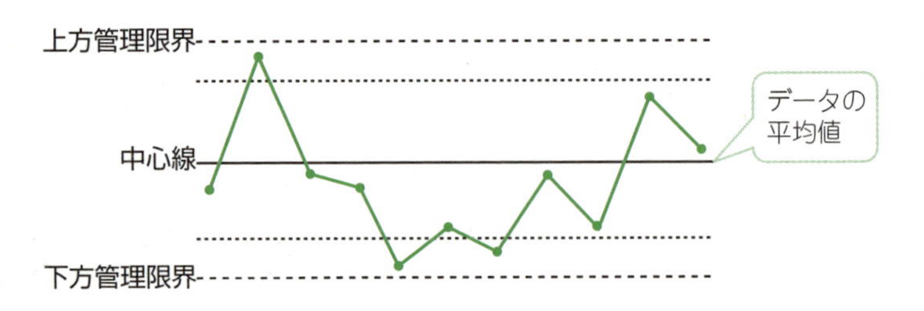

"くれば"で覚える

特性要因図	とくれば	**特性（結果）と要因（原因）の関連をみる**
散布図	とくれば	**2項目間の相関関係をみる**
パレート図	とくれば	**降順の棒グラフと累積の折れ線グラフで重点項目をみる**
ヒストグラム	とくれば	**区間と出現度数でデータの分布やばらつきをみる**
管理図	とくれば	**管理限界線で異常の有無をみる**

OC曲線

同じものを工場で大量生産する場合，一定量をまとめて作るほうが効率的です。まとめて作る一定量のことをロットといいます。ロットの品質の良し悪しを知りたい場合，ロット全数を検査しなくても，いくつかの標本を抜き取って検査すれば，推定できます。抜き取り検査で，**ある不良率のロットがどれくらいの確率で合格できるかを知ることができる**のが**OC曲線**（OC：Operating Characteristic）です。横軸をロットの不良率，縦軸をロットの合格率とし，不良率と合格率の兼ね合いを見ながら，どこまでの不良率なら出荷するか決定します。

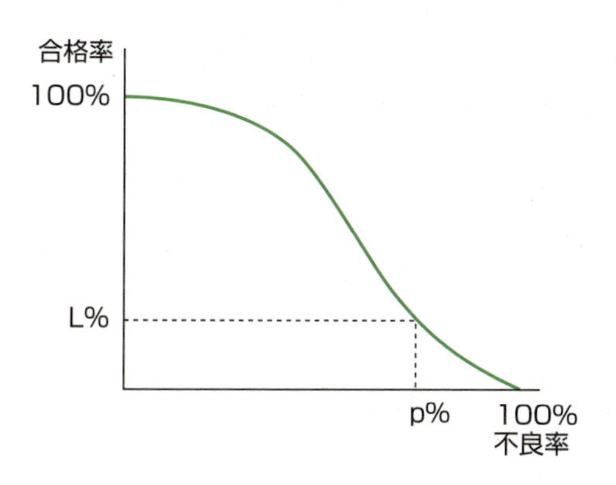

PDPC法

PDPC法（Process Decision Program Chart）は，**事前に考えられる様々な結果を予測し，プロセスの進行をできるだけ望ましい方向に導く手法**です。試行錯誤を避けられない状況における最適策の立案に役立ちます。

確認問題 1　▸平成30年度春期　問75　正解率▸高　基本

ABC分析手法の説明はどれか。

ア　地域を格子状の複数の区画に分け，様々なデータ（人口，購買力など）に基づいて，より細かに地域分析をする。
イ　何回も同じパネリスト（回答者）に反復調査する。そのデータで地域の傾向や購入層の変化を把握する。
ウ　販売金額，粗利益金額などが高い商品から順番に並べ，その累計比率によって商品を幾つかの階層に分け，高い階層に属する商品の販売量の拡大を図る。
エ　複数の調査データを要因ごとに区分し，集計することによって，販売力の分析や同一商品の購入状況などの分析をする。

ABC分析は，データをいくつかの項目に分類し，値が高いものから順に並べ，全体に対する比率によってA群，B群，C群などに分けて重点項目を把握します。

解答

問題1：ウ

11 07 会計・財務

時々出　必須　超重要

イメージでつかむ

モノを売るときは，これだけ売れれば儲かり，これだけしか売れなければ損になると常に考えているものです。

管理会計と財務会計

企業会計は，その目的から管理会計と財務会計に分けることができます。管理会計は「内部に対しての報告」，財務会計は「外部に対しての報告」です。

管理会計

管理会計は，企業内部の意思決定や組織統制が目的です。損益分岐点分析（後述）・原価管理・予算管理など，経営判断のための内部報告書を作成します。

財務会計

財務会計は，企業の経営者が，株主や債権者などの企業外部の利害関係者（**ステークホルダ**）に対して会計報告を行うことが目的です。会計法規に準拠した会計処理を行い，貸借対照表・損益計算書（後述）などの財務諸表を作成します。なお，**企業の経営成績や財務状態を外部に公開すること**を**ディスクロージャ**といいます。

費用と利益

費用のうち，売上に関係なく一定であるものは**固定費**，売上に比例して増減するものは**変動費**と呼ばれています。例えば，人件費や店舗の家賃，光熱費などは固定費であり，材料費や材料の運送料などが変動費に当たります。

また，総費用は，固定費と変動費を足したもので，次の式が成立します。

総費用＝固定費＋変動費

売上高がわかれば，利益は次の式で求めることができます。

利益＝売上高－総費用＝売上高－（固定費＋変動費）

損益分岐点分析

損益分岐点は，**損失と利益の分岐点**です。損益分岐点での利益は0であり，売上高がこの点を上回れば利益が，下回れば損失が出ることになります。損益分岐点での売上高（損益分岐点売上高）は，変動費と固定費の和に等しくなります。

損益分岐点売上高＝固定費＋変動費　（…①）

また，変動費は売上高に比例して一定の割合で増えていきます。この割合を**変動費率**といい，変動費率＝変動費÷売上高で表され，変動費＝売上高×変動費率（…②）です。

ここで，損益分岐点売上高を求めてみましょう。

①より，損益分岐点売上高＝固定費＋損益分岐点売上高に比例した変動費
②より，損益分岐点売上高＝固定費＋損益分岐点売上高×変動費率
　　　　損益分岐点売上高－損益分岐点売上高×変動費率＝固定費
　　　　損益分岐点売上高×（1―変動費率）＝固定費
　　　　損益分岐点売上高＝固定費÷（1―変動費率）

次の式を公式として覚えておきましょう。

損益分岐点売上高＝固定費÷（1－変動費率）
変動費率＝変動費÷売上高

“くれば”で覚える

損益分岐点　とくれば　**損益分岐点売上高＝固定費÷（1－変動費率）**
　　　　　　　　　　　　変動費率＝変動費÷売上高

なお，損益分岐点をグラフに表すと，次のようになります。

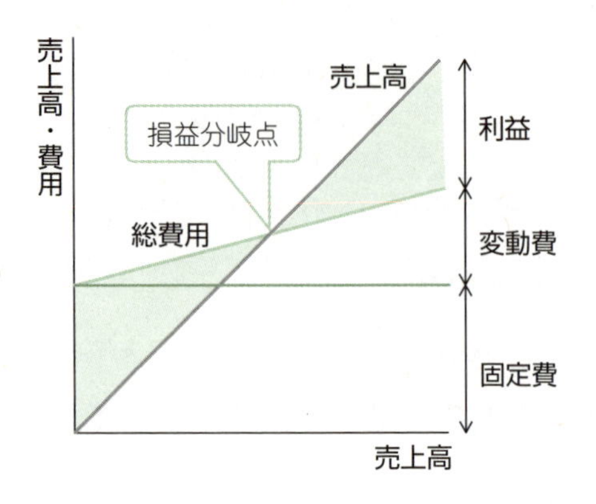

例えば，次の目標利益を達成できるような売上高を考えてみましょう。

売上高が100百万円のとき，変動費が60百万円，固定費が30百万円です。目標利益18百万円を達成するために必要な売上高は何百万円かを求めましょう。

まず，変動費率を求めます。変動費率＝変動費÷売上高＝60百万÷100百万＝0.6

必要な売上高をx（百万）とすると，変動費は0.6x（百万）です。

ここで，利益＝売上高－（固定費＋変動費）に数値を代入すると

　18百万＝x－（30百万＋0.6x）

求めると，x=120百万となり，目標利益18百万円を達成するためには，120百万の売上高が必要です。

ちなみに，この場合の損益分岐点は，

　損益分岐点＝30百万÷（1－0.6）＝75百万円です。

財務諸表

財務諸表は，**企業の財政状態や経営成績をステークホルダへ報告するために作成される計算書類**です。次のようなものがあります。

貸借対照表

貸借対照表は，**会計期間末日時点の全ての資産・負債・純資産などを記載したもの**です。企業の財政状態を明らかにします。B/S（Balance Sheet）とも呼ばれています。「その時点での会社の財産や借金はいくらあるの？」ということです。

貸借対照表	
資産	負債
	純資産

貸借対照表の左側と右側の合計額は一致する。
資産＝負債＋純資産の関係にある

資産 …… プラスの財産。現金，預金，土地，建物，売掛金，受取手形など
負債 …… マイナスの財産。借入金，買掛金，支払手形，社債など
純資産 … 正味の財産。資産－負債。資本金，利益剰余金など

攻略法 …… **これが買掛金と売掛金のイメージだ！**

企業間の代金のやりとりは，一定期間の取引をまとめて後払いするのが普通です。これは「ツケ」のイメージです。買ったときのツケが買掛金，売ったときのツケが売掛金です。

損益計算書

損益計算書は，**会計期間に発生した収益と費用を記載し，算出した利益を示したもの**です。P/L (Profit and Loss statement) とも呼ばれます。「その期間にいくら儲かった？　損した？」ということです。

売上高から費用を引けば利益が求まりますが，どこまで差し引くかにより5段階の利益があります。

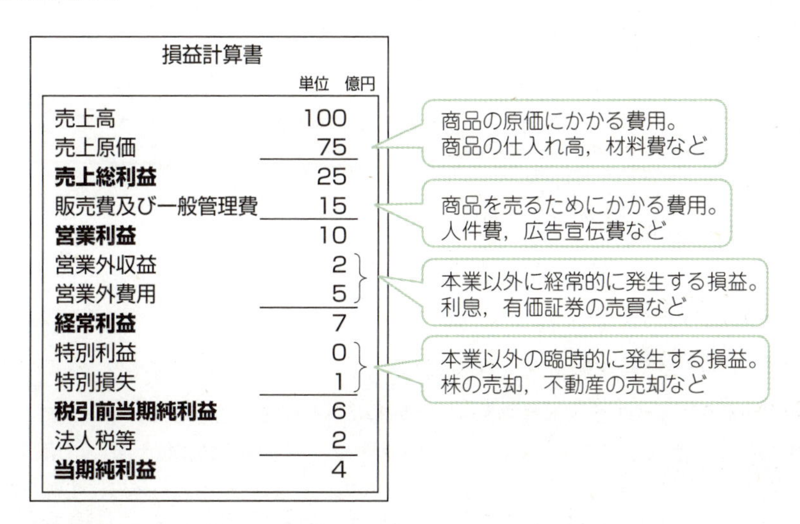

損益計算書

単位　億円

売上高	100
売上原価	75
売上総利益	25
販売費及び一般管理費	15
営業利益	10
営業外収益	2
営業外費用	5
経常利益	7
特別利益	0
特別損失	1
税引前当期純利益	6
法人税等	2
当期純利益	4

① **売上総利益**＝売上高－売上原価
② **営業利益**＝売上総利益（①）－販売費及び一般管理費
③ **経常利益**＝営業利益（②）＋営業外収益－営業外費用
④ **税引前当期純利益**＝経常利益（③）＋特別利益－特別損失
⑤ **当期純利益**＝税引前当期利益（④）－法人税等

知っ得情報 ROEとROI

ROE (Return On Equity：**自己資本利益率**) は，**自己資本に対する当期純利益の割合**を示した指標です。ROE (%) ＝当期純利益÷自己資本×100で求めます。この指標により，自己資本（返済の必要がない資金。資本金，利益剰余金，など）がどの程度効率的に利益を生み出しているかを把握でき，この数値が高いほど，自己資本が効率的に活用されていると判断できます。

ROI (Return On Investment：**投資利益率**) は，**投資に対する利益の割合**です。ROI (%) ＝利益÷投資額×100＝（売上－売上原価－投資額）÷投資額×100で求めます。この指標により，投資額に見合うリターンが得られるかどうかを把握できます。費用対効果を具体的な数値として表したものです。

キャッシュフロー計算書

キャッシュフロー計算書は，**会計期間における現金の流れを示したもの**です。「その期間の現金の動きは？資金繰りは？」ということです。「営業活動」「投資活動」「財務活動」の3活動区分に分けて表します。

営業活動によるキャッシュフロー	企業活動による現金の増減を表したもの 増加要因…商品の販売，棚卸資産の減少など 減少要因…商品の仕入，給与の支払いなど
投資活動によるキャッシュフロー	固定資産や設備投資，有価証券などの投資活動による現金の増減を表したもの 増加要因…固定資産の売却，有価証券の売却など 減少要因…固定資産の取得，有価証券の取得など
財務活動によるキャッシュフロー	資金の調達や返済による現金の増減を表したもの 増加要因…借入，社債の発行，株式の発行など 減少要因…借入金の返済，社債の償還，配当金の支払いなど

減価償却

建物や機械などのような固定資産は，時間の経過とともに価値が減っていきます。**減価償却**は，**資産の購入にかかった金額**（**取得価額**）**を，一定の方法に従って，利用した年度ごとに減価償却費として計上していく方法**です。これは，取得した年度に全額を計上すると，その年度だけ支出が急に増えてしまい，正確な経営状況がつかめなくなるからです。

また，資産の利用可能な年数を耐用年数といい，資産の種別ごとに**法定耐用年数**として定められています。PCは4年，サーバは5年，ソフトウェアも「販売するための原本」及び「研究開発目的」は3年，「その他のもの」は5年と定められています。

減価償却の方法には，毎年同じ金額を計上する**定額法**と，一定の割合の金額を計上する**定率法**があります。

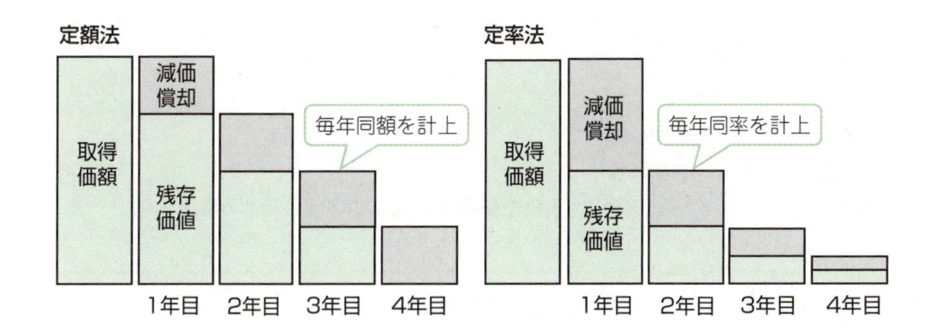

在庫評価

商品を倉庫に保管するうち，帳簿上の在庫数と実際の在庫数が合わなくなることがあります。そのため，実際の数を数えて帳簿上に反映させる「棚卸し」が必要です。

棚卸しでは，在庫数を確認するだけではありません。決算書に計上するためには，その数がいくら分に当たるのか，金額に換算する必要があります。ただし，同じ商品でも仕入時期によって仕入単価が異なることがあるので，次のような方法で在庫を評価します。

先入先出法	先に仕入れた商品から先に売れたものとみなして払出単価とする方法
移動平均法	商品を購入した都度，そのときの在庫金額と購入価額との合計額を，在庫数量と購入数量との合計数量で割り，払出単価とする方法
総平均法	期初在庫の評価額と仕入れた商品の総額との合計をその総数量で割り，払出単価とする方法

例えば，先入先出法による4月10日の払出単価を求めてみましょう。右側の在庫のイメージ欄は，理解しやすくするために書き加えたものです。

取引日	取引内容	数量(個)	単価(円)	金額(円)	在庫のイメージ(1000個単位)
4月1日	前月繰越	2,000	100	200,000	100 100
4月5日	購入	3,000	130	390,000	100 100 130 130 130
4月10日	払出	3,000			~~100~~ ~~100~~ ~~130~~ 130 130

先入先出法は，先に仕入れた商品から先に払い出したとみなします。

4月10日に払い出した3,000個のうち2,000個が前月繰越分で，残りの1,000個が4月5日に購入した商品です。

前月繰越分の2,000個は単価100円で，残りの1,000個が単価130円であるため，払出単価は，(2,000 × 100 + 1,000 × 130) ÷ 3,000 = 110円です。

ここで，4月10日払出後の在庫金額を求める場合は，倉庫に残っている商品の単価と個数を掛け合わせるので，2000個×130＝260,000円です。

“くれば”で覚える

先入先出法　とくれば　**先に仕入れた商品から先に払い出したとみなす方法**

アドバイス［会計・財務の計算問題］

ここは覚える用語も計算も多く，出題もさまざまなバリエーションがあるため，なかなか攻略しづらい節です。この節で一番出題頻度が高いのは先入先出法なので，計算方法をマスターしておきましょう。

確認問題 1

▶平成29年度春期 問77　正解率 ▶ 高　基本

キャッシュフロー計算書において，営業活動によるキャッシュフローに該当するものはどれか。

ア 株式の発行による収入
イ 商品の仕入による支出
ウ 短期借入金の返済による支出
エ 有形固定資産の売却による収入

営業活動によるキャッシュフローは，商品の販売や仕入に関わる収入・支出が該当します。

確認問題 2

▶平成26年度春期 問78　正解率 ▶ 中　計算

表は，ある企業の損益計算書である。損益分岐点は何百万円か。

単位　百万円

項　目	内　訳	金　額
売上高		700
売上原価	変動費 100 固定費 200	300
売上総利益		400
販売費・一般管理費	変動費 40 固定費 300	340
営業利益		60

ア 250　イ 490　ウ 500　エ 625

固定費＝200＋300＝500，変動費＝100＋40＝140
変動費率＝変動費÷売上高＝140÷700＝0.2　より
損益分岐点＝固定費÷（1－変動費率）
＝500÷（1－0.2）＝500÷0.8＝625百万円です。

確認問題 3　▸平成29年度秋期　問77　正解率▸中　頻出

財務諸表のうち，一定時点における企業の資産，負債及び純資産を表示し，企業の財政状態を明らかにするものはどれか。

ア　株主資本等変動計算書　　イ　キャッシュフロー計算書
ウ　損益計算書　　エ　貸借対照表

ある時点における企業の資産・負債・純資産を示すものは貸借対照表です。なお，株主資本等変動計算書は，貸借対照表における純資産の部の変動額のうち，株主資本の変動理由を報告するものですが，本試験のためには特に覚える必要はありません。

確認問題 4　▸平成23年度特別問77　正解率▸中　基本

売上総利益の計算式はどれか。

ア　売上高－売上原価
イ　売上高－売上原価－販売費及び一般管理費
ウ　売上高－売上原価－販売費及び一般管理費＋営業外損益
エ　売上高－売上原価－販売費及び一般管理費＋営業外損益＋特別損益

要点解説

ア　売上総利益　　イ　営業利益　　ウ　経常利益　　エ　税引前当期純利益

確認問題 5　▸平成29年度春期　問78　正解率▸低　計算

当期の建物の減価償却費を計算すると，何千円になるか。ここで，建物の取得価額は10,000千円，前期までの減価償却累計額は3,000千円であり，償却方法は定額法，会計期間は1年間，耐用年数は20年とし，残存価額は0円とする。

ア　150　　イ　350　　ウ　500　　エ　650

要点解説

定額法では，毎年同じ額を計上します。残存価額とは，耐用年数経過後に残る帳簿上の価値のことです。残存価額が0ということは，10,000千円－0円を20年間，同額で減価償却すればよいことになります。
(10,000－0)÷20＝500なので，毎年500千円ずつ減価償却することになります。当期の減価償却費は500千円です。
なお，前期までの減価償却累計額は3,000千円ということは，3,000÷500＝6なので，6回の会計年度が過ぎていることになり，今期は7年目になることがわかります。

確認問題 6

▶平成30年度春期 問78　　正解率▶低　　計算

商品Aの当月分の全ての受払いを表に記載した。商品Aを先入先出法で評価した場合，当月末の在庫の評価額は何円か。

日付	摘要	受払個数		単価（円）
		受入	払出	
1	前月繰越	10		100
4	仕入	40		120
5	売上		30	
7	仕入	30		130
10	仕入	10		110
30	売上		30	

ア　3,300　　イ　3,600　　ウ　3,660　　エ　3,700

在庫評価の問題は，計算方法さえ覚えてしまえば得点源になります。
倉庫にある在庫の評価額合計を計算させたり，売上で倉庫から出庫した商品の払出単価を計算させたりするパターンがあるので，何を求めるのかに注意しましょう。
先入先出法は，先に仕入れた商品から先に払い出したとみなします。
在庫の品の動きを見てみます。在庫のイメージ欄の左側が，先に仕入れた商品です。

日付	摘要	受払個数		単価（円）	在庫のイメージ（10個単位）
		受入	払出		
1	前月繰越	10		100	100
4	仕入	40		120	100 120 120 120 120
5	売上		30		~~100~~ ~~120~~ ~~120~~ 120 120
7	仕入	30		130	120 120 130 130 130
10	仕入	10		110	120 120 130 130 130 110
30	売上		30		~~120~~ ~~120~~ ~~130~~ 130 130 110

当月末の在庫の評価額は，130×20＋110×10＝3,700円です。

解答

問題1：イ　問題2：エ　問題3：エ　問題4：ア　問題5：ウ
問題6：エ

11-08 知的財産権とセキュリティ関連法規

時々出　必須　超重要

イメージでつかむ

誰かが著作物を創作した時点で著作権が発生します。
あなたの頭の中にも，たくさんの財産が眠っています。

知的財産権

知的財産権は，文化的な創造物を保護する権利である著作権と，産業の発展を保護する権利である産業財産権とに大別できます。

著作権

著作権は，**文芸・学術・美術・音楽の範囲に属する著作物の利用について，著作者が独占的・排他的に支配して利益を受ける権利**です。出願や登録をしなくても，著作物を創作した時点から権利が発生し，個人では著作者の死後70年間は保護されます。

さらに，著作権は著作者人格権と著作財産権とに分けられます。

著作者人格権	公表権・氏名表示権・同一性保持権など
著作財産権	複製権・貸与権・頒布権など

* 公表権 …………未公表の著作物を公開するかどうか，公表の時期や方法，条件などを著作者が決定できる権利
* 氏名表示権 ……著作名を表示するのか，実名で表示するのか，ペンネームで表示するのかなどを著作者が決定できる権利
* 同一性保持権 …著作物に対して，著作者の意に反する改変などを受けない権利

著作者人格権は，他人に譲渡・相続することはできませんが，著作財産権は，他人に一部または全部を譲渡・相続することができます。

"くれば"で覚える

著作権 とくれば **著作物を創作した時点から発生する**

コンピュータに関する著作物

プログラムやマニュアル，Webページなどのコンピュータに関する著作物も著作権の対象であり，無断で複製した時は著作権の侵害になります。

また，次のようなことがよく出題されます。

* プログラム言語やアルゴリズム（解法），規約（プロトコル）は著作権の保護対象外であるが，プログラムは著作権の保護対象である
* A社に属するBさんが業務でプログラムを開発した場合，特段の取り決めがない限り，プログラムの著作権はA社にある
* A社がB社にプログラム開発を委託した場合，特段の取り決めがない限り，プログラムの著作権はB社にある

産業財産権

産業財産権には次のようなものがあり，特許庁に出願・審査・登録することによって権利が発生します。

名称	概要	スマートフォンの例
特許権	新しい高度な発明を保護	リチウムイオン電池
実用新案権	物品の構造・形状の考案を保護	ボタンの配置
意匠権	物品のデザインを保護	画面のデザイン
商標権	商品やサービスに使用するマークを保護	商品名

"くれば"で覚える

産業財産権 とくれば **特許権・実用新案権・意匠権・商標権**

特許権

特許権は，**産業上利用することができる新しい高度な発明について，独占的・排他的に利用できる権利**です。日本では，最初の出願者に与えられる権利（**先願主義**）で，出願日から20年間保護されます。

また，従来の特許は，製品や技術を対象にしたものでしたが，最近はコンピュータやインターネットなどを活用した**新しいビジネスの仕組み（ビジネスモデル）を対象とした****ビジネスモデル特許**があります。例えば，Amazon社の「1-click」があります。これは，あらかじめ利用者が支払情報を入力しておけば，1回のクリックで商品のオンライン購入を完結することができます。

実用新案権

実用新案権は，**物品の形状・構造または組合せにかかる考案について，独占的・排他的に使用できる権利**です。出願日から10年間保護されます。特許権と違い，高度さは求められていません。

意匠権

意匠権は，**物品の形状・模様・色彩などで表した商品のデザインについて，独占的・排他的に使用できる権利**です。出願日から25年保護されます。

商標権

商標権は，**文字や図形・記号・立体的な形状などで表した商品やサービスのマークについて，独占的・排他的に使用できる権利**です。登録日から10年保護され，更新の申請を繰り返すことによって，実質的に半永久的な権利を保有できます。さらに，商品について使用する**トレードマーク**のほかに，サービス（役務）について使用する**サービスマーク**もあります。

“くれば”で覚える

特許権	とくれば	**高度な発明を保護する**
実用新案権	とくれば	**考案を保護する**
意匠権	とくれば	**デザインを保護する**
商標権	とくれば	**マークを保護する**

不正競争防止法

不正競争防止法は，**事業活動に有用な技術上または営業上の秘密として管理されている情報を保護し，不正な競争を防止することを目的とした法律**です。これにより，他人の商品の形態の丸写し（デッドコピー）などの模倣，他人の商品や営業活動と誤認混同されるような表示の不正な使用に対して，差止請求や損害賠償請求ができます。**営業秘密**とは，次の三つの要件を満たすものです。

①秘密として管理されているもの
②事業活動に有用な技術または情報であるもの
③公然と知られていないもの

“くれば”で覚える

不正競争防止法 とくれば **営業秘密を保護する法律**

セキュリティ関連法規

セキュリティ関連法規には，次のようなものが出題されます。

サイバーセキュリティ基本法

サイバーセキュリティ基本法は，**日本のサイバーセキュリティに関する施策の基本理念やセキュリティ戦略を定めた法律**です。この法律では，国・地方公共団体・重要社会基盤事業者（重要インフラ事業者）などの責務等が定められています。また，国民についても，「国民は，基本理念にのっとり，サイバーセキュリティの重要性に関する関心と理解を深め，サイバーセキュリティの確保に必要な注意を払うよう努めるものとする」とされています。

不正アクセス禁止法

不正アクセス禁止法は，**ネットワークに接続され，かつアクセス制限機能をもつコンピュータに対して，不正なアクセスを禁止する法律**です。

以下のような行為を禁止し，違反者に対しての罰則規定を定めています。

* 無断で他人のIDやパスワードなどの認証情報を使い，コンピュータにアクセスする行為
* 無断で第三者に他人の認証情報を教える行為
* セキュリティホール（ソフトウェアのセキュリティ上の弱点）を攻撃してコンピュータに侵入する行為　など

他人の認証情報を勝手に使う

他人の認証情報を第三者に教える

セキュリティホールをついて侵入

“くれば”で覚える

不正アクセス禁止法　とくれば　**不正なアクセスを禁止する法律**

個人情報保護法

個人情報保護法は，**個人情報の不適切な取り扱いによって，個人の権利利益が侵害されないようにすることを目的とした法律**です。個人情報は，生存する個人に関する情報で，氏名・生年月日・性別・住所などの記述により特定の個人を識別することができる情報，また個人識別符号（DNA・顔・マイナンバー・免許証の番号など）を含む情報です。防犯カメラの映像なども，個人を特定できるときは個人情報に該当します。

個人情報保護法では，以下のことを定めています。

* 利用目的を本人に明確にすること
* 本人の了解を得て収集すること
* 正確な個人情報を保つこと
* 本人に開示可能であること
* 本人の申し出により訂正を加えること
* 個人情報の流出や盗難，紛失を防止すること

もっと詳しく　匿名加工情報

匿名加工情報は，**特定の個人が識別できないように匿名加工した情報**です。個人情報には当たらず，一定のルールの下で本人の同意を得ることなく目的外利用や第三者提供が可能になっています。データが大量になるにつれ，データのセキュリティの確保が重要になります。また，データが特定の企業に集中しすぎて寡占化が起こり，健全な競争を阻害する懸念もあります。

プロバイダ責任制限法

プロバイダ責任制限法は，**インターネット上で誹謗中傷などがあった場合，プロバイダの責任の範囲や削除請求・発信者情報開示請求ができる権利を定めた法律**です。開示請求されたプロバイダは，発信者に開示するかどうか聴取します。開示拒否の場合は，請求者は，裁判に開示請求することができます。

コンピュータ犯罪と刑法

刑法によって処罰対象となるコンピュータ犯罪に，「不正指令磁気的記録作成・提供罪」があります。通称，**ウイルス作成罪**と呼ばれています。これは，コンピュータ使用時に意図していない**不正な指令を与える電磁的記録（コンピュータウイルスなど）を作成したり，提供や供用・取得・保管したりすることが処罰の対象**です。

ウイルスの作成・保管

ウイルスの取得・供用

確認問題　1　▸平成30年度秋期　問79　　正解率▸高　応用

個人情報保護委員会“個人情報の保護に関する法律についてのガイドライン（通則編）平成28年11月（平成29年3月一部改正）”によれば，個人情報に該当しないものはどれか。

ア　受付に設置した監視カメラに録画された，本人が判別できる映像データ
イ　個人番号の記載がない，社員に交付する源泉徴収票
ウ　指紋認証のための指紋データのバックアップデータ
エ　匿名加工情報に加工された利用者アンケート情報

個人が特定できるような顔や住所氏名などの情報を削除し，復元できないように加工した匿名加工情報については，個人情報には該当しません。

確認問題　2　▸平成30年度春期　問79　　正解率▸高　応用

A社は，B社と著作物の権利に関する特段の取決めをせず，A社の要求仕様に基づいて，販売管理システムのプログラム作成をB社に委託した。この場合のプログラム著作権の原始的帰属はどれか。

ア　A社とB社が話し合って決定する。
イ　A社とB社の共有となる。
ウ　A社に帰属する。
エ　B社に帰属する。

特に契約に定めない限り，プログラム著作権の原始的帰属は実際にプログラムを作成した受託側です。この場合は，B社に帰属します。

確認問題 3

▸平成29年度春期　問80　　正解率▸高　　基本

不正競争防止法において，営業秘密となる要件は，“秘密として管理されていること”，“事業活動に有用な技術上又は営業上の情報であること”と，もう一つはどれか。

ア　営業譲渡が可能なこと
イ　期間が10年を超えないこと
ウ　公然と知られていないこと
エ　特許出願をしていること

要点解説　不正競争防止法で営業秘密として保護されるための3要件のもう一つは，「公然と知られていないこと」です。

確認問題 4

▸平成28年度春期　問79　　正解率▸中　　応用

著作権法において，保護の対象とならないものはどれか。

ア　インターネットで公開されたフリーソフトウェア
イ　ソフトウェアの操作マニュアル
ウ　データベース
エ　プログラム言語や規約

要点解説　プログラム言語や規約，解法（アルゴリズム）は，著作権保護対象外です。

確認問題 5

▸平成27年度春期 問79　正解率▸中　応用

刑法における，いわゆるコンピュータウイルスに関する罪となるものはどれか。

ア　ウイルス対策ソフトの開発，試験のために，新しいウイルスを作成した。
イ　自分に送られてきたウイルスに感染した電子メールを，それとは知らずに他者に転送した。
ウ　自分に送られてきたウイルスを発見し，ウイルスであることを明示してウイルス対策組織へ提供した。
エ　他人が作成したウイルスを発見し，後日これを第三者のコンピュータで動作させる目的で保管した。

コンピュータウイルスに関する罪は，不正指令電磁的記録作成・提供罪ともいいます。コンピュータウイルスを，後日第三者のコンピュータで動作させる目的で保管する行為はこれに該当します。

確認問題 6

▸応用情報　平成27年度秋期　問79　正解率▸高　応用

サイバーセキュリティ基本法において，サイバーセキュリティの対象として規定されている情報の説明はどれか。

ア　外交，国家安全に関する機密情報に限られる。
イ　公共機関で処理される対象の手書きの書類に限られる。
ウ　個人の属性を含むプライバシー情報に限られる。
エ　電磁的方式によって，記録，発進，伝送，受信される情報に限られる。

ボーナス問題ですね。サイバーセキュリティに関する戦略を定めた法律なので，イの手書きは除外されそうです。また，外交や国家安全の機密情報，個人のプライバシー情報だけに限定されないので，ア・ウも除外されます。

解答

問題1：エ　問題2：エ　問題3：ウ　問題4：エ　問題5：エ
問題6：エ

第11章 ストラテジ系

11 09 労働・取引関連法規と標準化

時々出　必須　超重要

イメージでつかむ

何事も頼まれたことは，責任をもって期間内にやり遂げなくてはなりません。仕事も同じです。

労働関連法規

労働関連には，次のようなものが出題されます。

労働基準法

労働基準法は，**賃金や労働時間，休息，休暇など，労働者の労働条件の最低基準を定めた法律**です。この中で，労働時間は原則として1日8時間，週40時間としていますが，時間外や休日の労働を認めるためには，労使協定を書面で締結し，行政官庁に届けることになっています。これは，労働基準法第36条に規定されているので，**36協定**（サブロク）と呼ばれています。

また，休息時間については，労働時間が6時間を超える場合は45分，8時間を超える場合は1時間を少なくとも途中で入れる必要があります。

関連した法規として**労働契約法**があります。**労働者や使用者が，対等の立場で労働条件について合意し，労働契約を締結することを定めたもの**です。

知っ得情報 多様な働き方

裁量労働制は，**実際の労働時間に関係なく，労使間であらかじめ取り決めた労働時間を働いたとみなす制度**です。仕事の進め方や時間配分を労働者にまかすよというイメージです。ただし，特定の専門業務や企業業務に限られています。

ワークシェアリングは，**従業員一人あたりの勤務時間を短縮し，仕事配分を見直すことで，より多くの雇用を確保すること**です。

ワークライフバランスは，**仕事と生活の調和を実現するため，多様かつ柔軟な働き方を目指す考え方**です。

テレワークは，**ICTを活用して，時間や場所の制約を受けない柔軟な働き方**の一つです。自宅やサテライトオフィス（自宅に近いところに設けられた拠点）などの場所で仕事をします。「Tele（離れた場所）」と「Work（仕事）」を合わせた造語です。

労働者派遣契約

労働者派遣契約は，**労働者が，派遣元企業（派遣会社）との雇用関係とは別に，派遣先企業の指揮命令を受けて仕事を行う契約**です。雇用関係と指揮命令関係が切り離されている形態です。

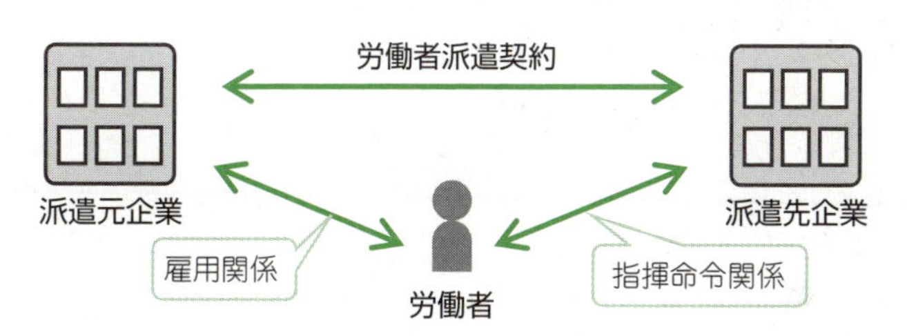

労働者派遣法では，派遣労働者を保護する目的で，次のようなことが定められています。

* 同一の組織単位への同一人物の派遣は原則3年を上限とする
* 派遣先企業は，派遣労働者を選ぶことができない（事前面接の禁止）
* 派遣先企業は，派遣された労働者を別会社へ再派遣することはできない（二重派遣の禁止）
* 派遣元企業は，派遣労働者との雇用期間が終了後，派遣先企業に雇用されることを禁止することはできない（派遣先企業が雇用してもよい）
* 自社を離職した労働者を1年以内に派遣労働者として迎えることはできない
* 建設・警備・医療関係などの派遣禁止の業務がある

請負契約

請負契約は，**請負企業が発注企業から請け負った仕事を期日までに完成させることを約束して，発注企業がその仕事の成果物に対して対価を支払う契約**です。請負契約は民法で定められています。

請負契約では，成果物を納入するまでは，全て請負企業の責任とリスクにおいて作業を実施するため，発注企業が請負企業の労働者に直接指示を出すことができません。

さらに，目的物が契約の内容に合致しない場合は，請負企業が一定期間責任を負う**契約不適合責任**があります。

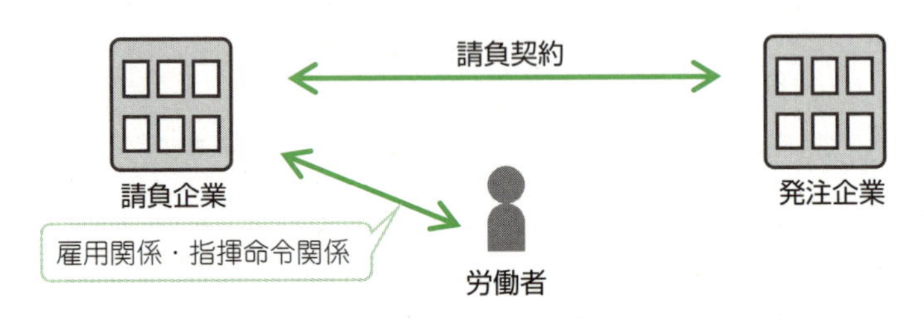

知っ得情報 準委任契約

準委任契約は**業務を委託する契約**で，請負と違い完成責任は負いません。要件定義・外部設計・システムテスト・導入受入れなどは利用者側が主体として進めるべきもので，ベンダはサポートする立場であるため，請負よりも準委任契約のほうが適切といえます。なお，委任契約は，法律行為の委託の契約です。

公益通報者保護法

公益通報者保護法は，**所属する組織や派遣先企業などの重大な犯罪行為を知り，公益のために内部告発（公益通報）した労働者が，解雇などの不利益な扱いを受けないように保護する法律**です。

取引関連法規

取引関連の法規には，次のようなものがあります。

製造物責任法

製造物責任法（PL法）は，**製造物の欠陥が原因で，人の生命・身体などに係る被害が生じた場合，過失の有無に関わらず，製造業者等の損害賠償の責任について定めた法律**です。消費者を保護することを目的としています。製造物責任とは，次の要件を満たすものです。

①製造業者等が製造物を自ら引き渡したこと
②製造物に欠陥が存在すること
③欠陥と損害発生との間に因果関係が存在すること

特定商取引法

特定商取引法は，店舗以外での販売形態をとる訪問販売や通信販売など，**トラブルが生じやすい取引において，消費者保護を目的として定めた法律**です。事業者名の表示義務や契約締結時の書面交付の義務，不当な勧誘の禁止，誇大広告の規制，通信販売などの広告メールの規制などが定められています。

知っ得情報　シュリンクラップ契約

シュリンクラップ契約は，**ソフトウェアの購入者がパッケージを開封することで，使用許諾契約に同意したものとみなす契約**です。Shrink Wrapは，熱によって収縮するプラスチックフィルムを使った包装のことです。

標準化

標準化は，**製品や業務において，仕様や構造，形式を同じものに統一すること**です。標準化によって定められた「取決め」を規格，または標準といいます。標準化することで，製品の互換性が確保され，利便性が上がります。また，品質の確保や大量生産に役立ち，良質のものを安く作ることができるようになります。

身近な例では，単三電池や単四電池などの電池は，規格が決まっていてサイズや形状などが細かく決められています。そのお陰で，私たちはストレスなく電池を購入して使うことができます。

次のような規格が出題されています。

ISO

ISO（International Organization for Standardization：国際標準化機構）は，電気分野を除く，工業及び技術に関する国際規格の策定と国家間の調整を行っています。

規格の例

ISO 9000シリーズ	品質マネジメントシステムに関する国際規格
ISO 14000シリーズ	環境マネジメントシステムに関する国際規格
ISO/IEC 20000シリーズ*	ITサービスマネジメントシステムに関する国際規格
ISO/IEC 27000シリーズ*	情報セキュリティマネジメントシステムに関する国際規格

*国際標準化機構（ISO）と国際電気標準会議（IEC）が共同で策定

"くれば"で覚える

ISO9000シリーズ	とくれば	品質マネジメントシステムに関する国際規格
ISO14000シリーズ	とくれば	環境マネジメントシステムに関する国際規格
ISO/IEC20000シリーズ	とくれば	ITサービスマネジメントシステムに関する国際規格
ISO/IEC27000シリーズ	とくれば	情報セキュリティマネジメントシステムに関する国際規格

JISC

日本国内の産業標準化全般に関する審議会がJISC（Japanese Industrial Standards Committee：日本産業標準調査会）です。**JIS**（Japanese Industrial Standards：日本産業規格）の制定，改正などに関する審議を行っています。ISOなどの国際規格との整合性に配慮した規格となっています。

規格の例

ISO	JIS
ISO 9000シリーズ	JIS Q 9000シリーズ
ISO 14000シリーズ	JIS Q 14000シリーズ
ISO/IEC 20000シリーズ	JIS Q 20000シリーズ
ISO/IEC 27000シリーズ	JIS Q 27000シリーズ

IEEE

IEEE（The Institute of Electrical and Electronics Engineers：米国電気電子技術者協会）は，米国に本部をもつ電気工学と電子工学に関する学会で，LANなどの標準規格を策定しています。

規格の例

IEEE802.3	有線LAN
IEEE802.11	無線LAN

IETF

IETF（The Internet Engineering Task Force：インターネット技術特別調査委員会）は，インターネットで利用される技術（TCP/IPなど）の標準化を行っています。技術仕様をまとめた文書が**RFC**としてインターネット上に公開されています。

確認問題 1 ▸平成31年度春期 問80 正解率▸低 基本

インターネットで利用される技術の標準化を図り，技術仕様をRFCとして策定している組織はどれか。

ア ANSI　イ IEEE　ウ IETF　エ NIST

要点解説 TCP/IPなど，インターネットで利用されている技術の仕様や要件をRFCとしてまとめ，発行している組織は，IETFです。

確認問題 2 ▸令和元年度秋期 問80 正解率▸低 応用

ソフトウェアやデータに瑕疵がある場合に，製造物責任法の対象となるものはどれか。

ア ROM化したソフトウェアを内蔵した組込み機器
イ アプリケーションソフトウェアパッケージ
ウ 利用者がPCにインストールしたOS
エ 利用者によってネットワークからダウンロードされたデータ

要点解説 ソフトウェアについては製造物責任法の対象外ですが，組込み機器にソフトウェアが内蔵されている場合は対象となります。

確認問題 3 ▸平成26年度春期 問80 正解率▸低 応用

労働者派遣における派遣元の責任はどれか。

ア 派遣先での時間外労働に関する法令上の届出
イ 派遣労働者に指示する業務の遂行状況の管理
ウ 派遣労働者の休日や休憩時間の適切な取得に関する管理
エ 派遣労働者の日々の就業で必要な職場環境の整備

労働者は，派遣元企業とは雇用関係，派遣先企業とは指揮命令関係にあります。労働者の時間外労働については，労使協定を書面で締結し行政官庁に届ける必要がありますが，労働者が雇用関係を結んでいるのは派遣元企業なので，派遣元企業が法令上の手続きを行う必要があります。

解答

問題1：ウ　問題2：ア　問題3：ア

11 10

オペレーションズリサーチ

時々出 必須 超重要

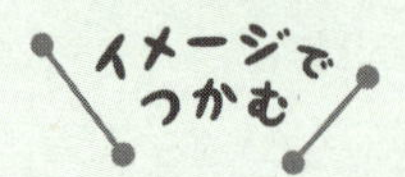

「1カ月以内に1キロ減量する」と目標を立てても，周りには誘惑するものがたくさんあります。私たちも，さまざまな制約の中で生活しています。

オペレーションズリサーチ

オペレーションズリサーチ（OR：Operations Research）は，**制約がある課題の最適解を数理的な手法で合理的に得るための問題解決の手法**です。需要の予測から生産計画・政策決定まで，さまざまな分野に応用できます。

線形計画法

線形計画法は，**「1次式で表現される制約条件の下にある資源を，どのように配分したら最大の効果が得られるか」という問題を解く手法**です。

例えば，T商店では，毎日KとLという菓子を作り，これを組み合わせて箱詰めした商品MとNを販売しています。箱詰めの組合せと1商品当たりの利益は次の表に示すとおりで，菓子Kの1日の最大製造能力は360個，菓子Lの1日の最大製造能力は240個です。全ての商品を売ったときの1日の販売利益を最大にするように，商品MとNを作ったときの利益を求めてみましょう。

	K（個）	L（個）	販売利益（円）
商品M（x個）	6	2	600
商品N（y個）	3	4	400
	最大360個	最大240個	最大の販売利益z

ここで，商品Mの製造個数をx，商品Nの製造個数をyとします。xもyも，負にはならないので，

$x \geqq 0,\ y \geqq 0$

菓子Kの1日の最大製造能力は360個であるため，

$6x + 3y \leqq 360$

また，菓子Lの1日の最大製造能力は240個であるため，

$2x + 4y \leqq 240$

これらの四つの制約条件式を満たす範囲は，次のグラフの灰色の部分です。

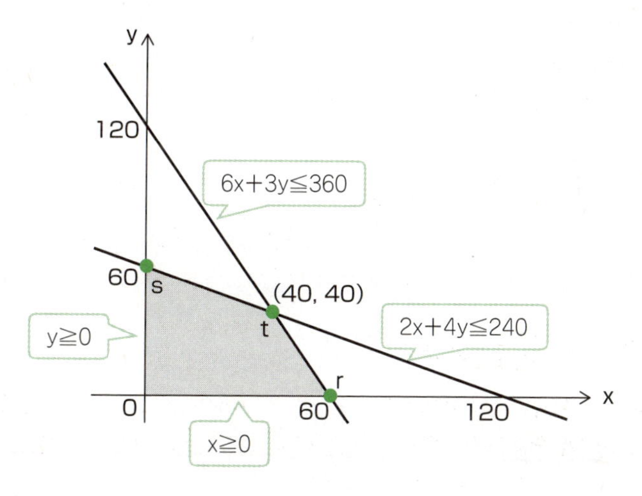

この制約条件下での最大となる販売利益(z)を求めます。
式で表すと，

$z = 600x + 400y$

ここで，制限条件の範囲内にある三つの頂点s，t，rは解の候補となります。
それぞれの場合の販売利益(Z)を求めると，

(s，t，r) = (24,000，40,000，36,000)です。

したがって，最大の販売利益(Z)を得るためには，商品Mを40個，商品Nを40個製造することになり，そのときの利益は40,000円です。

グラフ理論

グラフ理論は，**ノード（頂点・接点）と，そのつながりであるエッジ（枝）で表された対象をグラフといい，このグラフの性質を分析すること**です。ここでいうグラフは，棒グラフや円グラフなどではありません。

次の二つの図は，ぱっと見は違うように見えますが，ノードとそのつながりという観点からは同じ意味です。エッジの長さは関係ありません。

あるノードから出ているエッジの数のことを次数といいます。例えば，下図のDの次数は3です。

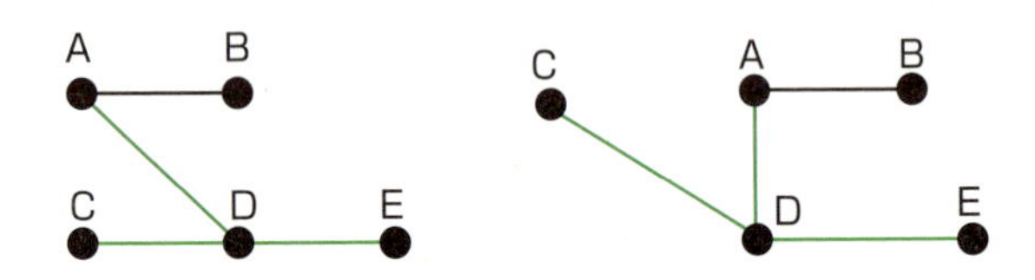

点どうしのつながりということで，さまざまな分野に応用できます。SNSでのフォローや乗換案内，ルーティングなどが代表例です。アローダイアグラムも応用例の一つです。

また，つながりに方向性がないものを無向グラフ，あるものを有向グラフといいます。

ゲーム理論

ゲーム理論は，競争者がいる地域での販売戦略の策定のように，**お互いの戦略が相手に影響する関係（相互依存関係）のある状況において，相手がどのような戦略を選択するか，またそれに対して自分にとって最善となる戦略は何なのかを分析する理論**です。

最悪の事態でも自分の利得（得られる利益）が最大になるように行動することを**マキシミン戦略**といい，最良の事態になることを予想して行動することを**マキシマックス戦略**といいます。

また，お互いに非協力的な戦略を採るプレーヤーが，どのプレーヤーもこれ以上自らの戦略を変更する動機付けが働かない戦略の組合せを**ナッシュ均衡**といいます。

例えば，A社とB社がそれぞれ2種類の戦略を採る場合の利得が表のように予想されるとき，両社がそれぞれのマキシミン戦略を採った場合の戦略の組合せはどうなるでしょうか。ここで，表の各欄において，左側の数値がA社の利得，右側の数値がB社の利得とします。この例は，片方が得すれば片方が同じ分だけ損をする，ゼロサムゲームになっています。

		B社	
		戦略b1	戦略b2
A社	戦略a1	－15，15	20，－20
	戦略a2	5，－5	0，0

まず，A社の立場から考えるときは左側の数字を見ます。A社が仮にa1の戦略を採ったとき，b社が戦略b1を採ってきたならA社の利得は－15，戦略b2なら20です。A社が仮にa2の戦略を採ったとき，B社がb1なら5，b2では0です。B社がどちらの戦略を採ったとしても，戦略a1では最悪の場合－15の利得になりますが，戦略a2なら0なので，よりマシな戦略a2を採ります。

		B社	
		戦略b1	戦略b2
A社	戦略a1	**－15**，15	20，－20
	戦略a2	5，－5	**0**，0

a1では最悪－15，
a2では最悪0

次に，B社の立場から考えるときは右側の数字を見ます。B社が戦略b1を採ったときは，A社の戦略がa1ならB社の利得は15，a2なら－5となります。B社が戦略b2を採ったときは，A社の戦略がa1ならB社の利得は－20，a2では0です。戦略b1なら最悪－5ですが，b2だと－20なので，戦略b1を採ります。

		B社	
		戦略b1	戦略b2
A社	戦略a1	－15，15	20，**－20**
	戦略a2	5，**－5**	0，0

b1では最悪－5，
b2では最悪－20

結局A社の戦略はa2，B社の戦略はb1になるので，A社の利得は5，b社の利得は－5となります。このようにマキシミン戦略は，「最悪の状況を少しでもマシにする」という慎重・保守的な考え方です。

確認問題 1

▸平成30年度秋期　問68　　正解率▸高　　応用

ある製品の設定価格と需要との関係が1次式で表せるとき，aに入る適切な数値はどれか。

(1) 設定価格を3,000円にすると，需要は0個になる。
(2) 設定価格を1,000円にすると，需要は60,000個になる。
(3) 設定価格を1,500円にすると，需要は［ a ］個になる。

ア　30,000　　イ　35,000　　ウ　40,000　　エ　45,000

要点解説

1次式で表せるということは，設定価格と需要との関係で$y = ax + b$の式が成立するということです。
yを需要，xを設定価格とし，(1)(2)の式に代入します。
(1)より$0 = 3{,}000a + b$
よって$b = -3{,}000a$…①
(2)より$60{,}000 = 1{,}000a + b$…②
①を②に代入すると，
$60{,}000 = 1{,}000a - 3{,}000a$
$2{,}000a = -60{,}000$
よって$a = -30$…③
③を①に代入すると
$b = -3{,}000 \times -30$
よって$b = 90{,}000$…④
③，④を$y = ax + b$に代入すると，
$y = -30x + 90{,}000$
この式が，需要と設定価格の間で成立します。
設定価格が1500のときの需要は，
$y = -30 \times 1500 + 90{,}000$
$y = 45{,}000$個となります。

確認問題 2

▸平成28年度秋期 問71　　正解率▸中　　計算

ある工場では表に示す3製品を製造している。実現可能な最大利益は何円か。ここで，各製品の月間需要量には上限があり，また，製造工程に使える工場の時間は月間200時間までで，複数種類の製品を同時に並行して製造することはできないものとする。

	製品X	製品Y	製品Z
1個当たりの利益（円）	1,800	2,500	3,000
1個当たりの製造所要時間（分）	6	10	15
月間需要最上限（個）	1,000	900	500

ア　2,625,000　　イ　3,000,000
ウ　3,150,000　　エ　3,300,000

要点解説

線形計画法の一種ですが，本問では，複数の変数を含む制約条件式は，組立て所要時間に関する式の一つしかないので，単純に1分当たりの利益が多いものから割り当てていけば解けます。
工場が使える時間は200時間＝12,000分。
製品Xの1分当たりの利益は，1,800÷6＝300
製品Yの1分当たりの利益は，2,500÷10＝250
製品Zの1分当たりの利益は，3,000÷15＝200
1分当たりの利益が一番多い製品Xを，需要最上限まで作ると1,000×6＝6,000分。
得られる利益は1,800×1,000＝1,800,000円で，残りの時間は6,000分。
残りの時間で製品Yは，6,000÷10＝600個作成でき，得られる利益は600×2,500＝1,500,000円。トータルの利益は，3,300,000円となります。
なお，この条件でいくと，製品Zは製造しないことになります。

確認問題 3

▸令和元年度秋期　問76　　正解率▸中　　計算

製品X及びYを生産するために2種類の原料A，Bが必要である。製品1個の生産に必要となる原料の量と調達可能量は表に示すとおりである。製品XとYの1個当たりの販売利益が，それぞれ100円，150円であるとき，最大利益は何円か。

原料	製品Xの1個当たりの必要量	製品Yの1個当たりの必要量	調達可能量
A	2	1	100
B	1	2	80

ア　5,000　　イ　6,000　　ウ　7,000　　エ　8,000

要点解説

製品Xの生産数をx，製品Yの生産量をyとし，負にならないので

$x \geqq 0$，$y \geqq 0$

原料Aの調達可能量は100，原料Bの調達可能量は80なので，次のような制約条件が成り立ちます。

$2x + y \leqq 100$…①，$x + 2y \leqq 80$…②

これらの四つの制約条件を満たす範囲は，次のグラフの灰色の部分になります。

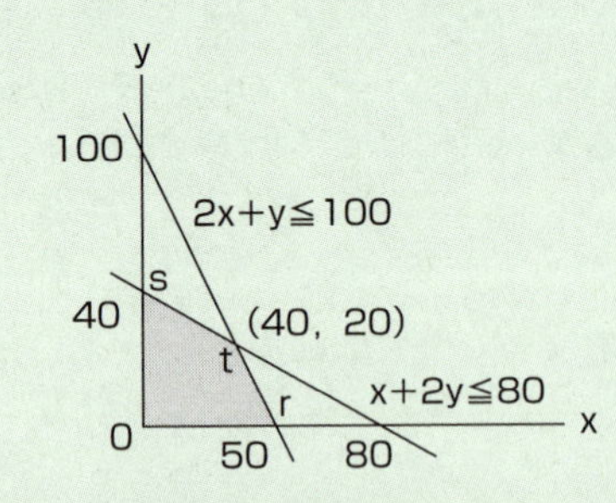

この制約条件下での最大となる販売利益(z)は$z = 100x + 150y$と表せます。

ここで，制約条件の範囲にある三つの頂点s，t，rは解の候補となります。

それぞれ求めると

sは②の式でxが0のときなので，

$y = 40$，$x = 0$となり，利益は6,000

rは①の式でyが0のときなので，

$y = 0$，$x = 50$となり，利益は5,000

tの①・②の交点は連立方程式で求まるので，$y = 20$，$x = 40$となり，

利益は7,000

(s，t，r) = (6,000，7,000，5,000)となります。

したがって，製品Xを40個，製品Yを20個生産したときに販売利益7,000円で最大となります。

確認問題 4

▸ 平成26年度秋期 問77　　正解率 ▸ 低　　応用

A社とB社がそれぞれ2種類の戦略を採る場合の市場シェアが表のように予想されるとき，ナッシュ均衡，すなわち互いの戦略が相手の戦略に対して最適になっている組合せはどれか。ここで，表の各欄において，左側の数値がA社のシェア，右側の数値がB社のシェアとする。

		B社	
		戦略b1	戦略b2
A社	戦略a1	40，20	50，30
	戦略a2	30，10	25，25

ア　A社が戦略a1，B社が戦略b1を採る組合せ
イ　A社が戦略a1，B社が戦略b2を採る組合せ
ウ　A社が戦略a2，B社が戦略b1を採る組合せ
エ　A社が戦略a2，B社が戦略b2を採る組合せ

要点解説

A社はB社が戦略b1を採った場合，戦略a1 (40)，戦略a2 (30) なので，戦略a1を採る。
A社はB社が戦略b2を採った場合，戦略a1 (50)，戦略a2 (25) なので，戦略a1を採る。
B社はA社が戦略a1を採った場合，戦略b1 (20)，戦略b2 (30) なので，戦略b2を採る。
B社はA社が戦略a2を採った場合，戦略b1 (10)，戦略b2 (25) なので，戦略b2を採る。
まとめると，

		B社	
		戦略b1	戦略b2
A社	戦略a1	40，20	50，30
	戦略a2	30，10	25，25

したがって，互いの戦略が相手の戦略に対して最適になっている組合せは，A社が戦略a1，B社が戦略b2の戦略を採るときです。

解答

問題1：エ　　問題2：エ　　問題3：ウ　　問題4：イ

索引

■数字・記号

■アルファベット

あ行

さ行

■た行

ま行

●著者紹介

栢木　厚（かやのき　あつし）

「面白おかしく斬新に」をスローガンとしたITパスポートと基本情報の試験対策の講師経験を活かし、現在、執筆活動にあたる。

●装丁・本文デザイン
平塚兼右（PiDEZA）

●カバー・本文イラスト
石川ともこ

●本文レイアウト
（有）フジタ

●編集　藤澤奈緒美

令和04年　イメージ&クレバー方式でよくわかる
栢木先生の基本情報技術者教室

2006年　1月10日　初　版　第1刷発行
2021年12月10日　第17版　第1刷発行
2022年　4月20日　第17版　第4刷発行

著　者　栢木　厚
発行者　片岡　巌
発行所　株式会社技術評論社
東京都新宿区市谷左内町21-13
電　話　03-3513-6150　販売促進部
03-3513-6166　書籍編集部
印刷／製本　昭和情報プロセス株式会社

定価はカバーに表示してあります。

ISBN978-4-297-12393-2 C3055
Printed in Japan

「令和04年　栢木先生の基本情報技術者教室準拠　書き込み式ドリル」も発売中！
本書に完全対応したサブノート&ドリルです。書き込み式のまとめ集としても，簡単な問題集としても使える便利な1冊です。

■注意

本書に関するご質問は，FAXや書面でお願いいたします。電話での直接のお問い合わせには一切お答えできませんので，あらかじめご了承下さい。また，以下に示す弊社のWebサイトでも質問用フォームを用意しておりますのでご利用下さい。

ご質問の際には，書籍名と質問される該当ページ，返信先を明記して下さい。e-mailをお使いになれる方は，メールアドレスの併記をお願いいたします。

■連絡先

〒162-0846
東京都新宿区市谷左内町21-13
（株）技術評論社 書籍編集部
「令和04年
栢木先生の基本情報技術者教室」係
FAX　：03-3513-6183
Webサイト：https://gihyo.jp/book